	대표원소		d−전이원소										대표원소					영족기체
주기번호, 가장 높은 채워진 전자순위	I (족번호) ns^1	II (족번호) ns^2	$(n-1)d^1ns^2$	$(n-1)d^2ns^2$	$(n-1)d^3ns^2$	$(n-1)d^4ns^2$	$(n-1)d^5ns^2$	$(n-1)d^6ns^2$	$(n-1)d^7ns^2$	$(n-1)d^8ns^2$	$(n-1)d^{10}ns^1$	$(n-1)d^{10}ns^2$	III ns^2np^1	IV ns^2np^2	V ns^2np^3	VI ns^2np^4	VII ns^2np^5	ns^2np^6
1	**H** 1 $1s^1$ 1.0079																	**He** 2 $1s^2$ 4.0026
2	**Li** 3 $2s^1$ 6.941	**Be** 4 $2s^2$ 9.0128											**B** 5 $2s^22p^1$ 10.81	**C** 6 $2s^22p^2$ 12.011	**N** 7 $2s^22p^3$ 14.0067	**O** 8 $2s^22p^4$ 15.9994	**F** 9 $2s^22p^5$ 18.9984	**Ne** 10 $2s^22p^6$ 20.179
3	**Na** 11 $3s^1$ 22.9898	**Mg** 12 $3s^2$ 24.305											**Al** 13 $3s^23p^1$ 26.9815	**Si** 14 $3s^23p^2$ 28.086	**P** 15 $3s^23p^3$ 30.9738	**S** 16 $3s^23p^4$ 32.06	**Cl** 17 $3s^23p^5$ 35.453	**Ar** 18 $3s^23p^6$ 39.948
4	**K** 19 $4s^1$ 39.098	**Ca** 20 $4s^2$ 40.08	**Sc** 21 $3d^14s^2$ 47.959	**Ti** 22 $3d^24s^2$ 47.90	**V** 23 $3d^34s^2$ 50.9414	**Cr** 24 $3d^54s^1$ 51.996	**Mn** 25 $3d^54s^2$ 54.9380	**Fe** 26 $3d^64s^2$ 55.847	**Co** 27 $3d^74s^2$ 58.9332	**Ni** 28 $3d^84s^2$ 58.70	**Cu** 29 $3d^{10}4s^1$ 63.546	**Zn** 30 $3d^{10}4s^2$ 65.38	**Ga** 31 $4s^24p^1$ 69.72	**Ge** 32 $4s^24p^2$ 72.59	**As** 33 $4s^24p^3$ 74.9216	**Se** 34 $4s^24p^4$ 78.96	**Br** 35 $4s^24p^5$ 79.904	**Kr** 36 $4s^24p^6$ 83.80
5	**Rb** 37 $5s^1$ 85.4678	**Sr** 38 $5s^2$ 87.62	**Y** 39 $4d^15s^2$ 88.9059	**Zr** 40 $4d^25s^2$ 91.22	**Nb** 41 $4d^45s^1$ 92.9064	**Mo** 42 $4d^55s^1$ 95.94	**Tc** 43 $4d^65s^1$ (97)	**Ru** 44 $4d^75s^1$ 101.07	**Rh** 45 $4d^85s^1$ 102.905	**Pd** 46 $4d^{10}$ 106.4	**Ag** 47 $4d^{10}5s^1$ 107.868	**Cd** 48 $4d^{10}5s^2$ 112.4	**In** 49 $5s^25p^1$ 114.82	**Sn** 50 $5s^25p^2$ 118.69	**Sb** 51 $5s^25p^3$ 121.75	**Te** 52 $5s^25p^4$ 127.60	**I** 53 $5s^25p^5$ 126.904	**Xe** 54 $5s^25p^6$ 131.30
6	**Cs** 55 $6s^1$ 132.905	**Ba** 56 $6s^2$ 137.33	**La*** 57 $5d^16s^2$ 138.905	**Hf** 72 $4f^{14}5d^26s^2$ 178.49	**Ta** 73 $5d^36s^2$ 180.948	**W** 74 $5d^46s^2$ 183.85	**Re** 75 $5d^56s^2$ 186.207	**Os** 76 $5d^66s^2$ 190.2	**Ir** 77 $5d^76s^2$ 192.22	**Pt** 78 $5d^96s^1$ 195.09	**Au** 79 $5d^{10}6s^1$ 196.967	**Hg** 80 $5d^{10}6s^2$ 200.59	**Tl** 81 $6s^26p^1$ 204.37	**Pb** 82 $6s^26p^2$ 207.19	**Bi** 83 $6s^26p^3$ 208.980	**Po** 84 $6s^26p^4$ (209)	**At** 85 $6s^26p^5$ (210)	**Rn** 86 $6s^26p^6$ (222)
7	**Fr** 87 $7s^1$ (223)	**Ra** 88 $7s^2$ (226)	**Ac⁺** 89 $6d^17s^2$ (227)	**Rf** 104 (260)	**Ha** 105 (260)													

f−전이원소

* 란탄족 $4f^n5d^{0-1}6s^2$	**Ce** 58 $4f^15d^16s^2$ 140.12	**Pr** 59 $4f^35d^06s^2$ 140.907	**Nd** 60 $4f^45d^06s^2$ 144.24	**Pm** 61 $4f^55d^06s^2$ (145)	**Sm** 62 $4f^55d^06s^2$ 150.35	**Eu** 63 $4f^75d^06s^2$ 151.96	**Gd** 64 $4f^75d^16s^2$ 157.25	**Tb** 65 $4f^95d^06s^2$ 158.925	**Dy** 66 $4f^{10}5d^06s^2$ 162.50	**Ho** 67 $4f^{11}5d^06s^2$ 164.930	**Er** 68 $4f^{12}5d^06s^2$ 167.26	**Tm** 69 $4f^{13}5d^06s^2$ 168.934	**Yb** 70 $4f^{14}5d^06s^2$ 173.04	**Lu** 71 $4f^{14}5d^16s^2$ 174.97
+악티늄족 $5f^n6d^{0-1}7s^2$	**Th** 90 $5f^{10}d^27s^2$ 232.038	**Pa** 91 $5f^26d^17s^2$ (231)	**U** 92 $5f^26d^17s^2$ 238.029	**Np** 93 $5f^46d^17s^2$ (237)	**Pu** 94 $5f^46d^07s^2$ (244)	**Am** 95 $5f^76d^07s^2$ (243)	**Cm** 96 $5f^76d^17s^2$ (247)	**Bk** 97 $5f^96d^07s^2$ (247)	**Cf** 98 $5f^{10}6d^07s^2$ (251)	**Es** 99 $5f^{11}6d^07s^2$ (254)	**Fm** 100 $5f^{12}6d^07s^2$ (257)	**Md** 101 $5f^{13}6d^07s^2$ (258)	**No** 102 $5f^{14}6d^07s^2$ (259)	**Lw** 103 $5f^{14}6d^17s^2$ (260)

기호: **H** — 1 ← 원자번호, $1s^1$ ← 바깥배치, 1.0079 ← 원자량

최신 주기율표

괄호안의 숫자는 가장 긴 반감기를 가진 동위원소의 원자 질량수이다.

INDUSTRIAL HYGIENE EVALUATION METHODS

작업환경측정 및 평가

신은상 · 이정주 · 장봉기 · 지동하

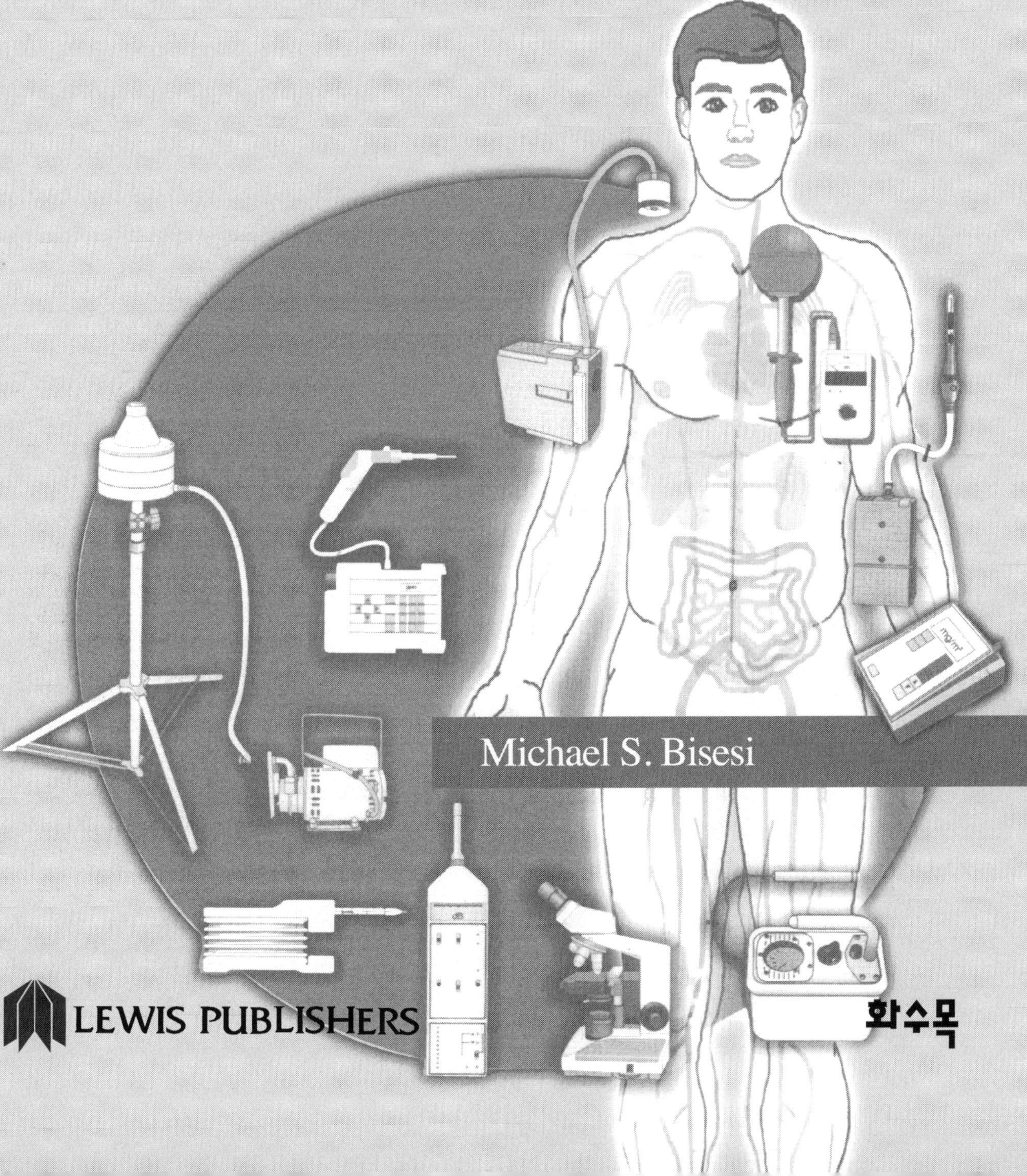

Michael S. Bisesi

LEWIS PUBLISHERS

화수목

저자 머리말

작업장 환경의 측정 및 평가는 산업위생 분야의 중요한 활동 중의 한 축입니다. 흔히 산업 위생의 이론, 원리 및 실행방법들의 적용은 산업현장과 제조업의 구조물을 넘어선 분야로 확장되고 있습니다. 따라서 이 책에 수록된 많은 주제들은 작업장과 비작업장, 제조업과 비제조업 작업환경 전체에 적용되는 것입니다.

작업자의 건강에 대한 잠재적인 위해도와 위험도를 야기시키는 물리적, 화학적, 생물학적 동인(動因)과 인간공학적 요인을 적절하게 배치시키는 것과 작업장 환경을 평가하기 위해서는 여러 가지 방법들이 사용되어 집니다. 이 책은 여러 가지 산업위생 관련 기기들과 작업환경 및 약간의 비작업 환경을 평가하기 위한 방법들을 요약하여 제시하고 있습니다. 또한 이 책은 주로 기술적인 실험 방법들에 따른 간결한 개요와 기본 개념의 기술을 제공하는 짧은 단원들과 부록들로 나누어져 있으며 이 중 몇 단원들은 내용에 따른 예제와 짧은 사례들로 짜임새 있게 이루어져 있습니다.

이 책에 제시된 단계별 실험방법들은 적용된 동인(動因)들의 검출 및 측정이 가능할 뿐만 아니라 다른 요인들도 관찰될 수 있도록 제시되었습니다. 유용성 있고 축적된 측정 및 평가로 실험실에서도 행할 수 있게 하였기 때문에 어떤 경우라도 학습자가 기본적인 산업위생 원리에 대한 지식, 이해 및 기술 습득과 실험을 행하는데 필요한 시료채취, 검출, 정량, 산정 및 정성적이고 정량적인 자료의 해석을 위한 내용을 얻을 수 있을 것입니다.

작업장 환경에서의 실제적인 실험 결과는 숙달된 실험으로 달성될 것입니다. 비록 이 책에 제시된 실험방법들이 기본적으로 작업장 환경의 대표적인 산업위생 실험방법이라고 할지라도 기존에 이미 관련 정부기관과 협회에 의해 나와 있는 방법들의 대안으로는 사용되어지지 않습니다. 학습자는 NIOSH 매뉴얼과 OSHA 기술 매뉴얼에 나와 있는 작업환경 측정 및 평가 방법들에 숙달해야 합니다. 이 책은 The Occupational Environment-Its Evaluation and the Fundamental of Industrial Hygiene과 같은 책과도 관련성이 깊습니다.

이 책은 환경 분야와 산업위생 및 안전분야를 학습하는 학생들에게는 물론 작업환경을 측정하는 현장 책임자에게도 실습서로서 매우 유익하리라고 생각하며 이 책을 통하여 작업환경 측정 및 평가 분야에 일조하였으면 합니다.

저자 Michael Bisesi 박사

역자 머리말

작업환경의 유해물질 농도와 유해조건을 측정하는 것은 유해한 업무를 행하는 작업장의 작업환경 실태를 파악하고 그곳에서 근무하는 근로자의 건강과 안전을 확보하는데 대단히 중요한 일이다. 이러한 이유로 산업안전보건법에서는 근로자들이 작업하는 사업장에 대하여 작업환경의 측정과 그 측정치의 기록, 보존 및 보고를 의무화하였다. 그러나 현재 우리나라에서 작업환경측정의 구체적인 기술지침, 특히 측정기기에 대한 언급은 측정자의 자격과 기능에 비하여 부족한 실정이며, 고용노동부고시인 '작업환경측정 및 지정측정기관 평가 등에 관한 고시'만을 가지고는 작업환경측정과 평가에 관한 구체적인 방법을 판단하기에 무리가 따랐음을 인정하지 않을 수 없다. 특히 산업위생관리기사가 측정기기를 보정하고 관리하는데 있어 필요한 지식을 얻기란 여간 어려운 일이 아니었다.

이 책은 그간 우리나라에서는 교재화되어 있지 않은 측정기기의 전반적인 작동법을 비롯하여 작업장에서 이루어지는 공기 시료채취를 어떻게 하여야 하는가를 구체적으로 설명하고 안내해주는 귀중한 자료를 포함하고 있다. 산업위생을 공부하는 학생들에게 작업환경측정의 기본을 실제 시판되는 측정기기를 중심으로 설명하였기 때문에 현실적이고 구체적인 교재라고 자부한다. 막연하기만 하였던 작업환경측정업무에 대한 자신감을 불어 넣어주는 책으로 손색이 없을 것이다.

작업환경측정은 측정대상 작업장에 대한 예비조사와 시료채취전략을 잘 세워서 그것을 바탕으로 적절한 시료채취를 실시하여 그에 대한 분석결과를 평가함으로써 필요한 행동을 취하는 일련의 작업인 것이다. 이것을 행하는 측정자는 작업환경측정에 대한 고도의 지식과 전문적인 기술을 필요로 한다. 그러한 것을 충족시키는데 이 책이 일조할 것이다.

이 책을 정리하는데 있어 우리나라의 산업보건 및 안전에 많은 자료와 매뉴얼을 발간하는 한국산업안전공단에서 발행한 책자와 시중에 나와 있는 작업환경측정 서적들이 많은 도움을 주었다.

특히 '작업환경측정 및 평가'가 출판되기까지 Taylor & Francis Group, LLC사와 출판저작권협의를 해준 도서출판 화수목 관계자분들께 심심한 감사의 뜻을 전한다.

역자 대표

차 례

CHAPTER 01 작업환경 및 비작업환경의 유해인자와 요인의 평가

CHAPTER 02 유해환경인자와 요인

CHAPTER 03 작업환경평가에 사용되는 시료채취와 측정기기

CHAPTER 04 공기 중 총 입자상물질(분진)의 평가

CHAPTER 05 공기 중 호흡성 입자상물질의 평가

CHAPTER 06 공기 중 석면섬유의 평가

CHAPTER 07 공기 중 금속분진 및 흄의 평가

CHAPTER 08 공기 중 입자상물질(분진)의 평가

CHAPTER 09 공기 중 유기성 가스와 증기의 평가

CHAPTER 10 공기 중 무기·유기성 가스, 증기 및 미스트의 평가

CHAPTER 11 공기 중 가연성 가스 및 산소의 평가

CHAPTER 12 공기 중 무기 및 유기성 가스와 증기의 평가

CHAPTER 13 공기 중 독성가스와 증기의 평가

CHAPTER 14 표면 및 발생원 오염물질의 평가

CHAPTER 15 공기 중 바이오에어로졸의 평가

CHAPTER 16 공기 중 소음의 평가

CHAPTER 17 공기 중 소음레벨의 평가

CHAPTER 18 개인 청력 역치의 평가

CHAPTER 19 열스트레스(Heat stress)의 평가

CHAPTER 20 조도(Illumniation)의 평가

CHAPTER 21 공기 중 마이크로파 방사선의 평가

CHAPTER 22 공기 중 극저주파 전기장의 평가

CHAPTER 23 공기 중 전리 방사선의 평가

CHAPTER 24 인간공학 인자의 평가

CHAPTER 25 공기압력, 유속 및 유량의 평가

CHAPTER 26 개인보호구의 평가

CHAPTER 27 폐기능 검사

CHAPTER 28 작업환경측정 및 평가의 총정리(문제풀이)

APPENDIX A 산업위생 시료채취의 전략, 시간가중평균농도 계산 및 통계학적 분석

APPENDIX B 실습과제 문제 정답

APPENDIX C 산업위생과 관련된 약어의 정의 및 국내외 산업보건정보 웹사이트 소개

APPENDIX D 작업환경측정 및 지정측정기관 평가 등에 관한 고시

CHAPTER

01

작업환경 및 비작업환경의 유해인자와 요인의 평가

CHAPTER 01

작업환경 및 비작업환경의 유해인자와 요인의 평가

학습목표 제1장의 학습목표를 달성하기 위해서는 학습자가 내용을 충분히 읽고 이 장과 관련된 자료를 연구하는 자세가 필요하다.

- 산업보건관리자/산업위생관리기사(산업기사)의 역할을 요약한다.
- 물리적, 화학적, 생물학적 요인에 대한 외부노출의 측정을 위한 산업위생 시료채취방법과 분석의 분류를 파악하고 결정한다.
- 인체공학적 인자를 평가하는 측면을 논의한다.
- 위해성 관리를 평가하는 측면을 논의한다.
- 외부 및 내부노출, 유효노출과 관련하여 산업위생과 의학적 측정 및 분석방법을 논의한다.

1.1 개요

작업환경이란 근로자들이 보수를 받으면서 일하는 실내 및 실외의 모든 장소라고 간단히 정의할 수 있다. 산업보건 또는 산업위생이란 근로자 또는 일반대중에게 건강장해를 줄 수 있는 작업환경과 관련된 요인, 인자 및 스트레스원(stressor)을 예측, 인지(확인), 평가 및 관리하는 네 가지 요소에 기초를 두고 있다. 이 네 가지 요소가 서로 관련이 있으나 이 책의 내용은 주로 몇 가지 중요한 기기의 사용, 측정방법과 산업위생 평가의 실무에 초점을 맞추고자 한다.

작업환경은 거의 대부분 산업위생관리기사(산업기사)라고 하는 산업보건관리자에 의하여 다양한 시각으로 평가되어진다. 산업위생 평가의 활동은 작업장 설비의 기초적인 조사활동과 정성적·정량적인 자료를 파악하는 측정활동을 포함한다. 측정활동이란 특정 지역에 존재하는 유해한 물리적, 화학적, 생물학적 요인들을 수집, 검출, 동정 및 측정하기 위한 시료채취 및 분석 행위와 근로자들과 지역주민들이 잠재적, 실질적으로 노출되었는지를 파악하는 것을 포함한다. 산업위생관리기사(산업기사)는 보통 직·간접적으로 내과의사, 간호사, 이비인후과의사들과도 서로 협력하며, 종종 근로자가 높은 소음치에서 장기간 노출됨으로써 발생하는 청력손실과 같이, 유해요인의 과다한 노출로 인한 근로자의 상태를 판단하기 위한 몇 가지 임상기법의 일반적인 원리도 잘 알아야 한다. 더욱이 산업위생관리기사(산업기사)는 근로자의 노출에 대한 잠재적인 부분까지도 효과적으로 감소시키기 위하여 작업실무, 개인보호구와 환기시스템을 포함한 관리방법을 평가하기도 한다. 뿐만 아니라 근로자와 그들의 물리적 작업장 환경이 잘 조화가 되는지를 알아보기 위해 인간공학적 인자의 평가도 수행해야 한다.

산업위생 원리와 실무는 보통 작업장 영역 이상으로 확대된다. 예를 들면, 전문가 수준과 기술자 수준의 산업위생관리기사(산업기사)의 업무는 주택, 학교 및 비제조업체와 같은 비작업성 장소에서의 실내공기질(Indoor air quality, IAQ) 조사도 포함한다. 따라서 이 책에 나타난 많은 주제들은 작업환경 및 비작업환경 모두 적용이 가능하다.

1.2 작업환경측정의 목적(ACGIH)

1.2.1 기초자료 확보를 위한 측정

측정에 의해 얻어지는 작업환경에 대한 기초자료는 역학조사에서 유용하게 활용되는 것으로 동일노출그룹별(HEG, Homogeneous Exposure Group)로 유해물질의 노출 농도범위, 노출 분포를 평가하기 위한 측정이다. 이 측정은 진단을 위한 시료채취가 필요한지, 또는 추가적인 대책이 필요한지, 그리고 노출이 타당한지를 결정하기 위한 가장 기초적인 자료를 제공하기 위한 측정이다.

1.2.2 진단을 위한 측정

작업장에서 근로자에게 가장 큰 위험을 초래하는 작업과 그 원인이 무엇인지를 알아내기 위한 것이다. 따라서 특정한 작업이나 상황에 대한 노출평가를 목적으로 하며, 노출위험의 원인을 찾아서 가장 적절하고 효율적인 대책을 수립하기 위한 자료를 제공하기 위한 측정이다.

1.2.3 법적인 노출기준 초과여부를 판단하기 위한 측정

작업과정에서 근로자들의 노출되고 있는 유해물질의 농도를 평가하여 산업안전보건법에서 정한 노출기준과 비교하여 노출이 적정한가를 판단하기 위한 측정이다. 이 경우의 시료채취는 최악의 노출상황이라고 추정되는 상태에서 하거나 가장 많이 노출되는 것으로 추정되는 근로자를 대상으로 한다. 이외에도 기존의 공학적 개선대책의 성능평가와 유해물질 발생원 파악 등을 위해 작업환경측정을 한다.

1.3 작업환경측정의 법적근거

산업안전보건법 제42조(작업환경측정 등) ①항에서는 "인체에 해로운 작업을 행하는 작업장으로서 고용노동부 장관이 정하는 작업장에 대하여 고용노동부 장관이 정하는 자격을 가진 자로 하여금 작업환경을 측정・평가하도록 한 후, 그 결과를 기록・보존하고 고용노동부 장관에게 보고하여야 한다"라고 규정하고 있다. 시행규칙 제93조에서 정한 작업으로 반드시 작업환경측정을 해야 하며, 산업보건기준에 관한 규칙상의 측정항목과 측정횟수는 표 1.1과 같다.

작업환경측정을 행하는 측정자의 자격은 고용노동부고시 제97-53호, 제6조에 다음과 같이 나타나 있다.

① 보건관리자로서 산업위생관리산업기사 이상 자격증을 소유한 산업위생 실무경력 2년 이상인 자(단, 측정에 필요한 장비를 보유하고 있는 경우에 한함)
② 지정측정기관(고용노동부지방관서장이 지정)

표 1.1 시행규칙(제93조) 및 보건기준에 관한 규칙에 의한 작업환경측정 항목과 횟수

관계조항	측정항목	측정횟수
규칙 제 31조	소음	6개월에 1회
규칙 제 31조	고열	6개월에 1회
규칙 제 50조	분진	6개월에 1회
규칙 제 95조	연	6개월에 1회
규칙 제116조	4알킬연	6개월에 1회
규칙 제147조	유기용제	6개월에 1회
규칙 제186조	특정화학물질	6개월에 1회
규칙 제212조	산소농도	매 작업시작 전
영 제 93조	코우크스 오븐 발생물질	6개월에 1회

③ 보건관리대행기관(보건관리 업무를 위탁받은 사업장의 측정에 한함)
④ 안전관리자, 보건관리자 또는 안전관리대행기관 및 안전담당자(산소농도 측정에 한함)
⑤ 종합안전보건진단기관 및 보건진단기관(보건진단명령을 받고 측정을 실시하는 경우)
⑥ 상기의 ②, ③, ⑤의 경우로서 측정을 실시하는 때에는 산업위생관리산업기사 이상인 자로 하여금 측정하도록 해야 함.

1.4 산업위생 측정을 통한 외부노출 평가

작업환경의 시료채취와 분석은 대기, 수질, 토양과 같은 환경매체에서 발견되는 대표적인 요인을 채취, 검출, 정량 그리고 측정하는 것을 의미한다. 작업환경과 비작업환경에서 실내와 실외 모두 물리적, 화학적, 생물학적 요인을 검출, 정량하고 이의 노출 농도를 측정하기 위해 공기를 채취한다. 작업환경에서 채취, 분석되어지는 가장 일반적인 매체는 공기이다. 실제로 근로자가 오염된 공기를 흡입하는 것이 거의 대부분의 작업환경에서 외부 유해인자에 노출되는 대표적인 형태라고 생각된다. 더욱이 공기는 높은 음압치, 극한 온도 및 습도, 전리 및 비전리방사선에너지의 이동매체 역할을 한다.

분석된 자료는 사람들이 노출되는 요인에 대해 실제 노출과 외부노출 가능성을 평가하는 데 이용된다. 다음 단계에서 측정치가 노출기준을 초과하였는지를 알아보기 위해 확인된 작업장 노출한계치(Occupational exposure limits, OELs)와 비교한다. 미국의 비광산제조업 산업안전보건분야의 주관부서인 산업안전보건청(Occupational Safety and Health Administration, OSHA)에서 시행하고 있는 노출기준은 PELs(Permissible Exposure Level)이다. 광산제조업의 산업안전보건분야의 주관부서인 광산안전보건청(Mine Safety and Health Administration, MSHA)에서 시행하고 있는 노출기준은 TLVs(threshold limit values)이다. 다른 기관들도 기준치로서 노출기준치를 제정하였는데 그 중에서도 가장 널리 알려진 것은 미국정부산업위생전문가협의회(American Conference on Governmental Industrial Hygienist, ACGIH)에서 만든 TLVs와 미국국립산업안전보건연구원(National Institute for Occupational Safety and Health, NIOSH)의 권장노출 기준인 RELs(Recommended Exposure Levels)이다. 어떤 경우의 노출기준 항목은 기준치를 초과하였는지에 관계없이 반드시 측정해야 한다. 예를 들어, 조도(illumination)는 노출기준에 적합한지, 초과했는지에 관계없이 적절한 광량(光量)인지를 확인하기 위하여 권장 기준치와 비교하고 평가한다. 이 책의 부록에 공식적, 비공식적으로 제정된 작업환경 노출기준과 비교하기 위하여 노출평가를 위한 전략과 시간가중평균농도(time-weighted averages, TWAs)의 계산방법에 관련된 몇 가지 사례를 제시하였고, 또한 산업위생 평가 보고서를 작성하기 위한 대략적인 형태의 예를 나타내었다.

시료채취와 관련된 분석업무는 수행된 측정형태에 따라 몇 가지 범주로 나눌 수 있다. 그 범주는 채취시간, 장소, 채취방법, 검출, 정량화 그리고 분석방법을 포함한 여러 요인에 기초를 두고 있다. 이러한 것들은 근로자들이 여러 유해요인에 어느 정도 노출되었는지 결정하기 위한 작업환경을 평가하려는 목적으로 제공된다.

1.4.1 순간 또는 실시간 시료채취(Instantaneous or Real-Time Sampling)

순간시료채취는 몇 초부터 10분 이내 범위의 비교적 짧은 시간 동안 행하는 시료채취를 의미한다. 순간시료채취의 가장 큰 이점은 시료의 채취와 분석 모두 시료채취장치로부터 직접 판독을 할 수 있다는 것이다. 그 자료는 특정한 시료채취시간에서 작업환경 유해요인의 농도(level)를 의미한다. 따라서 순간시료채취를 "직독(直讀)" 또는 "실시간" 시료채취라고 하기도 한다. 실제로 실험실 분석과 같은 시간적 지체 없이 결과를 제공하는 누적 또는 연속시료채취를 위하여 개발되어진 장치가 있기 때문에 실시간 시료채취가 더 적절한 명칭이라고 할 수 있다. 더욱이 실시간 시료채취의 주된 목적은 어느 순간이나 실제시간 동안 어떤 유해요인의 농도가 얼마인가를 밝혀내는 것이다.

실시간 시료채취는 다양하게 적용된다. 시료채취 전략은 특정 시간과 위치에서 어떤 유해요인의 농도에 관한 예비정보가 필요할 때, 즉 예비조사시에 사용된다. 예를 들면, 실시간 시료채취는 보통 유해요인을 확인하고 관련된 농도 측정을 스크리닝 하기 위하여 사용된다. 이 방법은 누적시료채취가 보장된다면 사후 검토되어질 측정전략을 개발하고 결정짓는데 중요한 역할을 한다. 또한 실시간 시료채취는 순간노출이 매우 높을 것으로 예상되거나 의심되는 단기간 공정이나 특정 격리공정에서 유해요인 노출농도를 결정짓는데 유용하다.

1.4.2 누적 또는 연속 시료채취(Integrated or Continuous Sampling)

누적시료채취는 10분 또는 15분부터 몇 시간 동안 장기간에 걸쳐 계속적으로 시료를 채취하는 것을 말하며 또한 연속적인 측정을 반영하기 때문에 연속시료채취라고 말하기도 한다. 대부분 작업시간이 8시간이므로 작업 노출한계는 보통 8시간 노출시간에 기초를 둔다. 따라서 작업시간 동안 채취하는 것이 보통인데 여기에는 여러 방안이 있을 수 있다. 예를 들어, 시료채취는 8시간 작업의 시작 시점에서 시작되어 작업이 종료될 때까지 계속된다.

시료의 분석은 주어진 기간 동안 특정 유해요인의 대표적인 한 개의 농도값을 제시하게 된다. 그 값은 측정기간 동안 모든 농도값의 누적치를 나타낸다. 그러나 단 한 개의 측정된 농도값으로는 8시간 중 매우 높거나 낮은 또는 단기간 동안 검출되지 않은 농도의 변동에 관한 정보를 알 수 없다. 더욱이 이 측정치는 작업시간 동안 특정 시점과 장소에서의 노출수준을 나타내지 않는다. 결과적으로 이러한 점에 대한 대안으로 전체 8시간 작업시간 중 더 짧은 시간 동안 몇 개 시료의 채취를 행할 수 있다. 개별적인 시료의 분석은 8시간 동안 특정 시간대, 업무, 장소와 관련된 농도를 제공한다. 하나의 시료에서 유해요인의 농도(C)와 그에 상응하는 시료채취시간(T), 또는 여러 개의 시료에서 측정된 다수의 농도(C_1, C_2, …, C_n)와 그에 상응하는 시간(T_1, T_2, …, T_n)은 시간가중치($C \times T$)로 표현할 수 있고, 8시간 작업에 대한 하나의 전체적인 시간가중평균치(TWA)로 나타낼 수 있다(부록 A에 자세히 나타나 있음).

$$8h\,TWA = \frac{(C_1 T_1)}{8h}$$

$$8h\,TWA = \frac{(C_1 T_1) + (C_2 T_2) + \cdots + (C_n T_n)}{8h} \tag{1.1}$$

누적시료채취의 최대 장점은 장시간에 걸친 유해요인의 농도가 하나의 값으로 표현된다는 것이다. 이 유해요인의 농도는 작업기간 내 구분된 시간대와 위치에서 높은 작업장 노출농도와 외부 노출농도에 영향을 미치는 요인을 확인하는데 도움을 줄 수 있다. 누적 시료채취와 관련된 단점은 거의 대부분의 경우 관련 측정방법으로 검출된 농도를 알아보기 위하여 시료들을 분석실로 보내야만 한다는 것이다. 그래서 시료채취부터 결과자료의 보고까지 시간이 많이 걸린다는 점이다.

작업환경에서 누적개인시료채취와 지역시료채취를 수행할 때는 몇 가지 절차를 따라야 한다. 즉, 측정장치나 채취 과정이 특정 측정활동을 위하여 적절하게 조립, 보정, 작동되는 것을 확인하는 것이 중요하다. 또한 특정 위치, 지역, 개인, 날짜, 시간, 공정, 장비, 온도, 습도, 대기압 등과 같이 시료와 관련된 현장 측정자료를 기록하는 것도 중요하다. 그림 1.1에 일반적인 누적시료채취 방법 기록문의 대표적인 예를 요약하였다.

- 정확한 측정을 위하여 모든 능동적 시료채취 장치들은 측정 전에 사전 검사와 함께 정확한 보정을 해야 한다. 배터리의 충전상태와 채취매체의 수명을 확인해야 한다.
- 시료채취 할 근로자와 지역을 선택한다. 근로자에게 간단히 시료채취의 목적을 설명하고, 시료채취장치나 매체를 근로자가 만지지 않도록 주지시킨다. 근로자의 이름이나 채취된 지역, 생년월일, 작업명을 기록하고, 날짜, 채취위치, 채취장치와 매체의 고유번호를 기록한다.
- 개인시료일 경우, 시료채취장치와 매체를 근로자의 활동에 방해가 되지 않도록 근로자에게 부착시킨다. 호흡영역의 시료가 필요하다면 채취매체(예 : filter cassette)를 근로자의 쇄골 근처의 옷깃에 부착한다. 가청영역의 노출정도를 측정하려면 매체(예 : audiodosimeter microphone)를 귀 부위에 부착한다. 유연한 호스나 선이 있다면 일어서고, 앉고, 구부리고, 몸을 비틀 때 근로자의 행동범위에 방해가 되거나 위험이 없도록 선의 길이가 충분해야 한다.
- 지역시료일 경우 시료채취장치나 매체를 바닥에서부터 약 120~180 cm의 높이에 설치하고, 매체가 오염물질(예 : 가라앉거나 흩뿌려진 입자)에 직접 닿거나 너무 가깝지 않게 한다.
- 능동적 시료채취장치를 켜고, 시작 시간을 기록한다. 장치가 작동 중인지 확인해야 한다. 수동장치라면 수동장치가 처음으로 작업장 공기에 노출되었을 때의 시작 시간을 기록한다.
- 시료채취 기간 동안 그 지역에서 수행한 근로자가 행한 업무와 공정가동을 기록한다. 특정한 활동이나 공정 상태를 통해 노출농도가 높아질 때, 그 시간을 적어야 한다. 측정시작 15분부터 30분까지 그리고 최소한 2시간 간격으로 시료채취장치와 매체를 검사해야 한다. 가능하다면, 작업조건상 타당할 때, 즉 과부하의 징후가 있거나, 오염물질의 공기농도가 과도하거나, 특정시간이나 특정업무에 대한 노출을 별도로 측정해야 할 필요가 있을 때, 채취매체를 교환하는 것이 좋다.
- 매체를 교환할 때(시료채취가 끝났을 때)의 종료시간과 매체가 재장착 되었을 때의 시작 시간을 기록하고, 각 시료의 고유번호를 확실히 기록해야 한다. 가능하다면 채취시료와 같은 방법으로 현장 바탕시료를 취급한다(시작과 종료 시간을 군대시간(예 : 16시 30분)으로 기록하면 시료채취시간을 계산하거나 분으로 바꾸기에 편리하다).
- 근로자나 채취한 지역으로부터 시료채취장치나 매체를 수거한다.
- 모든 능동적 시료채취 장치를 시료채취 후에 보정하고 검사해야 한다. 시료채취 후 보정은 배터리 재충전 전에 실시해야 한다.

그림 1.1 대기시료채취의 개인, 지역 누적시료채취 방법을 위한 기록문의 일례

1.4.3 개인시료채취

개인시료채취(personal sampling)는 근로자에게 누적시료채취장치를 직접 부착시키는 것을 의미한다. 그 장치는 특정한 지역과 근로자의 특정 업무수행 동안 시료를 채취하고 요인의 강도를 기록한다. 더욱이 시료채취장치를 부착한 근로자와 같은 지역을 동시에 이동하므로 개인시료채취는 이동시료채취의 한 형태라고 할 수 있다. 유해인자가 근로자의 호흡기를 통해 인체에 침입될 경우 시료채취장치와 매체는 근로자 호흡영역에 부착해야 한다. 여기서 호흡영역은 근로자의 코와 입으로부터 30 cm 원주 안의 영역을 의미한다(그림 1.2a). 전형적으로 개인시료채취를 위한 누적시료채취장치는 근로자의 어깨나 쇄골 근처에 부착한다. 그러나 소음의 평가시 청각기가 소음전파의 주된 경로가 되므로 시료채취장치는 근로자의 청각기 부위의 가청영역(hearing zone)에 설치한다. 가청영역이란 이론적으로 귀 자체를 말하거나 양쪽 귀와 어깨에서 연장선으로 그어 연결된 귀로부터 30 cm 내의 사다리꼴 영역을 말한다(그림 1.2b).

또한 순간 또는 실시간 시료채취가 근로자의 호흡영역과 청각영역의 유해인자 수준을 평가하는데 사용된다. 예를 들면, 소음측정기(sound level meter)는 근로자의 청각영역에서 개인노출 정도를 알아내는데 유용하다. 이 방법은 특정한 시간에 근로자의 청각영역에서 소음레벨을 즉석에서 평가할 수 있도록 해 준다.

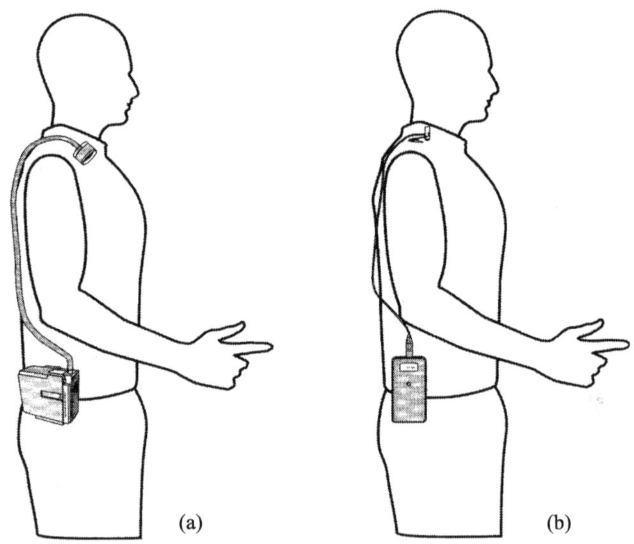

그림 1.2 (a) 능동적 시료채취장치의 펌프는 작업자의 허리에 장착되어진다. 채취호스는 펌프에서 작업자의 쇄골을 따라 호흡영역 내에 위치한 웃옷 깃에 클립으로 고정된 시료채취매체로 연결된다. (b) 소음측정기(sound dosimeter)는 작업자의 허리에 위치하며 개인누적시료채취를 위하여 가청영역 내의 작업자 웃옷에 클립으로 고정된 마이크와 연결선으로 이어져 있다.

1.4.4 지역시료채취

지역시료채취(area sampling)의 관심사는 특정 근로자의 노출수준을 평가하는 대신 특정위치에서 유해인자의 노출수준을 평가하는 것이다. 지역 누적시료채취장치는 한 위치에 고정시켜 바닥에서 대략 120 cm 높이에서 측정한다(그림 1.3a). 지역시료채취의 자료는 채취되는 동안 특정 위치에서 어느 인자의 노출 수준을 의미한다. 그러나 순간 또는 실시간지역시료 채취는 고정 또는 이동 측정이 모두 가능하다. 고정지역 순간시료채취는 해당지역에서 선 채로 직독식 기기를 사용하여 측정할 수도 있다. 순간시료채취 기기는 운반도구를 이용하여 여러 지역으로 이동하면서 측정할 수 있으며, 이 경우 간헐적으로 기기의 지시값을 확인하여야 한다(그림 1.3b).

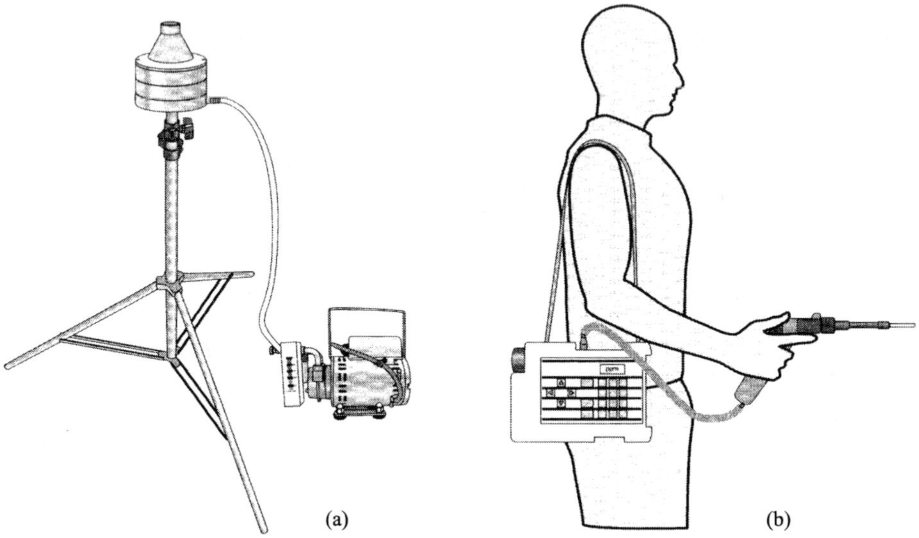

그림 1.3 (a) 고정 삼각대에 설치된 2단 바이오에어로졸 임펙터를 이용한 지역 누적시료채취방법 (b) 직독식 기기를 이용한 이동식 지역시료채취 방법

1.4.5 능동적 시료채취

현재 공기 시료와 공기 중 오염물질의 채취시 가장 대표적인 측정기술은 '강제흐름(active flow)' 방식이다. 능동적 시료채취방법은 시료를 채취할 때 전원장치(AC 또는 DC)와 같은 에너지를 필요로 하는 것을 의미한다. 따라서 공기와 대기 중의 오염물질은 능동적으로 채취매체를 통과하거나 채취용기 안으로 빨려 들어가게 된다. 예를 들어, 시료를 채취매체나 시료용기에 채취하기 위해 배터리가 내장된 공기채취펌프를 주로 사용한다. 또한 에너지는 능동적 시료채취를 수행하기 위해서 물리적인 펌핑장치를 통하여 수동으로 얻을 수도 있다.

1.4.6 수동적 시료채취

수동적 시료채취(passive flow monitoring)는 공기시료 채취장치를 작동시키는데 있어 전기에너지나 인력(人力)을 필요로 하지 않는 것을 의미한다. 이 방식은 확산될 수 있는 가스와 증기의 채취, 침강 입자상물질의 채취, 압력 · 기습 · 기온의 측정, 비전리 및 전리 방사선의 검출과 측정에 적용된다. 수동식 모니터 또는 선량계(방사능 흡수량 측정장치, dosimeter)를 사용한 가스와 증기의 수동적 시료채취 적용시 가스나 증기의 시료채취는 공기의 이동과 같이 상대적으로 고농도 지역에서 저농도 지역으로의 이동(확산)에 관계가 있다. 그러므로 채취를 위해 실제적으로 공기를 움직일 필요는 없으며, 오염물질은 시료채취 매체를 통해 흐른다. 이 방법은 정확도(accuracy)와 정밀도(precision)가 낮기 때문에 작업환경을 평가하는 데에는 잘 사용되지는 않지만, 미리 무게를 잰 낙하먼지 채취용기를 사용하여 낙하먼지를 채취하는 방법과 세균배양 한천을 채운 뚜껑이 열린 배양접시를 사용하여 침강성 미생물을 채취하는 것이 이 경우에 속한다.

1.4.7 표면 시료채취

독성물질이나 병원성 물질에 오염됐을 것이라 의심되거나 오염의 가능성이 있는 표면에서 시료를 채취하는 것이다. 표면에서 시료를 채취하는데 보습 또는 전처리 된 셀룰로오스 종이나 면봉이 사용되며, 이것에 채취된 오염물질을 분석한다. 표면 시료채취(surface sampling)를 'wipe' 또는 'swab' 시료채취라고 부르기도 한다.

1.4.8 벌크 시료채취

벌크 시료채취(bulk sampling)는 어떤 매체의 대표가 되는 부분을 채취하는 것이다. 예를 들면, 매체 중의 어떤 물질의 농도를 측정하는 것이 아니라 그 물질 자체를 채취하는 것이다. 공기 중 벌크 시료채취에는 특별한 유리병이나 금속실린더 또는 플라스틱 백(Mylar)이 사용 된다. 벌크시료 내의 일정부분을 가지고 특정물질을 분석한다. 벌크채취는 유해물질 그 자체나 발생원이 될 수 있는 것을 채취한다. 예를 들면, 건물의 석면을 분석하기 위해 건축물 시료를 채취하는 것이다. 더욱이 액체 용매나 분말물질의 벌크시료는 독성성분의 존재여부와 그것의 함유율을 알아보기 위해 채취하는 것이다. 결정성 무수규산(crystalline silica)을 분석하기 위해서는 분말 광물질의 벌크시료를 이용한다.

1.4.9 임의 시료채취

임의 시료채취(grab sampling)는 특정 위치나 특정 시간에서 시료의 채취를 의미한다. 그러므로 실시간 시료채취는 공기의 임의채취의 한 형태이다. 또한 이 방법은 특정한 시간이나 공간에 관계없이 시행하는 무작위 시료채취에 적용할 수 있다.

1.5 인간공학적 요인의 평가

근로자와 작업장의 주변 물건들 사이의 관계를 평가하는 것은 중요한 일이다. 인간공학적 평가는 근로자와 근로자가 사용하는 연장, 기계, 그리고 근무하는 작업장의 물리적 측면의 측정을 포함한다. 이상적으로 근로자와 그들이 사용하는 공구, 그리고 작업환경 사이의 '적합성 유지'는 근로자의 불편함을 최소화시키며 작업의 효율을 증가시킨다.

1.6 관리의 평가

유해물질과 유해인자에 대한 인체노출의 관리는 작업환경 및 비작업환경에 대한 질환의 예방 및 치료측면에서 중요하다. 특히 공기 중 오염물질에 대한 외부 노출을 관리하는 두 가지의 큰 방법은 개인보호구와 국소 그리고 전체 환기시스템의 사용이다. 그러나 사실상 모든 유해관리 프로그램은 여러 가지 유해물질과 유해요인에 대한 근로자와 비근로자에 있어서 개인적인 노출을 최소화시키거나 없애는데 적절하고, 가능성이 있고, 타당한 것이어야 한다. 산업위생관리기사(산업기사)는 적절한 개인보호구의 선택, 유지, 적합성 여부를 결정하기 위해 오염물질과 눈, 피부조직 그리고 호흡기계 사이의 차단막으로서 제공되는 도구를 포함하여 사용되는 개인보호구의 직업적 적합성 여부를 평가해야 한다. 그러한 측면(선택, 유지, 적합)들 중 어느 하나의 부족은 개인보호구에 의한 보호성을 저하시킬 수 있다.

국소 및 전체 환기시스템은 공기 중 오염물질을 제거하거나 감소시키고 작업환경 및 비작업환경에 공기의 안락함을 제공하는 1차적인 공학적 관리이다. 환기시스템의 설계와 작동이 작업환경의 특성과 효과적으로 연관됨을 알아보기 위해 현재의 오염물질의 형태와 노출농도를 포함하여 환기시스템을 주기적으로 평가하는데 있어 산업위생관리기사(산업기사)가 관여하여야 한다.

1.7 의학적 측정에 의한 내부 또는 유효노출의 평가

이상적으로 산업위생 분석자료는 직업과 관련된 질병이나 건강장해를 예방하기 위해 사용한다. 그러므로 위험한 수준이라 생각되는 유해인자를 검출하고 측정을 통해서 근로자에게 악영향을 미치기 전에 유해요인을 개선하고, 조절할 수 있다. 그러나 대부분의 자료는 근로자가 유해요인이나 유해인자에 외부적으로 노출된 것만을 나타낸다. 따라서 근로자가 의학적으로 어떤 업무에 적합한지의 여부와 유해물질의 과다한 노출이나 유해노출로 인한 직업 관련 질병이나 기능장해의 징후를 보이는지의 여부를 결정하기 위해서는 의학적 시료채취가 필요하다. 내부노출(internal exposure)은 어느 인자가 몸 안으로 흡수되고, 침투했음을 의미한다. 다음 단계인 유효노출(effective exposure)은 유해물질에 과도하게 노출되어 상호작용을 일으켜 생화학적, 병리학적, 형태학적, 그리고 정신적 영향의 증상이나 징후를 일으키는 것을 의미한다.

OSHA의 기준에 의하면 다양한 의학적 시료채취와 검사를 실시하도록 하고 있으며, 여기에는 신체검사, X선(x-rays), 혈액과 요의 생물학적 시료채취와 검사, 호흡기의 폐기능 검사 그리고 청각기의 청력검사 등이 포함된다. 작업환경측정과 의학적 측정 및 생화학적 검사를 통해 작업환경 및 비작업환경에서 발생하는 여러 유해인자에 대한 근로자와 비근로자의 포괄적인 노출상태를 파악할 수 있다.

CHAPTER

02

유해 환경인자와 요인

CHAPTER

02 유해 환경인자와 요인

학습목표 제2장의 학습목표를 달성하기 위해서는 학습자가 내용을 충분히 읽고 이 장과 관련된 자료를 연구하는 자세가 필요하다.

- 주요한 신체적 요인의 일반적인 특성과 인간의 건강에 대한 잠재적 영향인자를 분류하고 요약한다.
- 화학적 요인의 일반적인 특성과 인간의 건강에 대한 잠재적 영향인자를 분류하고 요약한다.
- 생물학적 요인의 일반적인 특성과 인간의 건강에 대한 잠재적 영향인자를 분류하고 요약한다.
- 인간공학적 인자의 일반적인 특성과 인간의 건강에 대한 잠재적 영향인자를 분류하고 요약한다.

2.1 개요

작업환경과 비작업환경 내에서는 높은 농도로 노출되거나 수용할 수 없는 상태로 노출되어 근로자와 일반인들의 건강에 유해한 영향을 미치는 많은 인자와 요인들이 있다. 더욱이 근로자들에 대한 유해요인의 노출 정도와 기간에 제한을 두기 위해서 특별한 직업적 노출한계인 일반적인 가이드라인이 제정되어져 왔다. 작업장과 그 밖의 장소에 존재하는 여러 가지 물리학적, 화학적, 생물학적 요인의 노출 농도를 결정하기 위하여 특히 공기 중의 측정이 수행되어진다. 또한 인간의 건강에 나쁜 영향을 미치는 물리학적, 화학적, 생물학적 요인들에 대한 노출 이외의 요소에 대해서도 노출에 대한 지침을 정하고 있다. 그러므로 산업위생 전문가들이 관심을 갖는 4가지 주된 환경적 요인과 요소는 표 2.1에 나타나 있는 것처럼 물리학적 요인, 화학적 요인, 생물학적 요인, 인간공학적 인자들이다.

표 2.1 유해 환경요인과 인자의 분류

물리학적 요인
소음
비전리 방사선
전리 방사선
극한온도(예 : heat stress)
화학적 요인
독성물질
가연성 물질
부식성 물질
반응성 물질
생물학적(미생물학적) 요인
병원성 물질
전염성 물질
알레르기성 물질
중독물질
인간공학적 인자
작업장
개략도 및 설계도
작업자
인체측정

2.2 물리학적 요인

물리학적 요인은 소음, 전리 방사선, 비전리 방사선, 극한온도와 같은 에너지 발생원을 포함한다. 이와 같은 요인들과 관련된 유해성은 일반적으로 공기를 통하여 인체에 물리적 에너지의 형태로 영향을 준다.

2.2.1 소음

음파는 진동하는 물체들에 의해 발생되고, 사람의 귀에 감지될 수 있는 공기입자들의 균일한 압력의 흐름에 대한 교란으로 표현할 수 있다. 물체들이 앞뒤로 진동함에 따라 공기의 입자는 번갈아 가면서 압축되고 이완(희박해짐, 부분적 진동)된다.

따라서 소리는 고체, 액체, 기체들을 포함한 다양한 매체들을 통해 전도될 수 있는 진동의 에너지 형태이다. 음파의 이동속도는 분자의 탄성반응(압력)과 질량(매체의 밀도)에 따라 다양하다.

소리의 진폭이나 강도는 음압과 관련되어 있다. 음압은 정상적인 대기압에서 공기압의 변화이고, 진폭과 관계가 있다. 음압의 진폭을 평가하는데 사용할 수 있는 가장 좋은 방법은 평균압력의 변화일 것이다. 그러나 만약 평균압을 사용한다면 공기의 압축과 이완에서 생기는 압력변화의 평균은 항상 '0'이거나 대기압과 같아지는 문제점이 발생한다. 따라서 단순한 평균 대신에 먼저 순간압들을 제곱하고, 이를 RMS(root mean-square)로 불리는 값으로 변환한다. RMS 음압들은 dyn/cm², N/m², μbar, 또 세계 공통적으로는 μPa과 같은 단위로 측정된다. 음의 파워(sound power)는 음파의 진폭과 관련된 또 다른 형태의 측정치이다. 이것은 음원으로부터 발생한 전체 소리에너지를 일컫는다. 음의 파워단위는 전통적으로 Watt(W)로 표시된다.

음파의 진폭은 주어진 음원으로부터 일정 거리 떨어진 한 지점에서 발생하는 음의 양(sound quantity)뿐만 아니라, 음을 방출할 수 있는 그것의 전체적 능력이라고 할 수 있다. 일반적으로 음의 강도나 음압으로 표현되는 것은 평균 대기압으로부터 압력의 변화량이다. 소음이 클수록 강도도 높아진다. 음의 크기는 음의 크고(시끄럽고) 작은(조용한) 정도에 대한 관찰자의 지각 또는 느낌이라고 말할 수 있다.

음압(sound pressure)과 음의 파워(sound power)의 산출은 대수값인 dB(decibel)을 사용한다. 정의에 따라 dB(decibel)은 기준량에 대한 음압으로서의 μPa(micropascals) 또는 음의 파워로서 Watt(W)와 같은 측정량의 관계를 나타내는, 차원이 없는 대수단위로 정의된다. 데시벨은 일반적으로 청각의 강도, 청각적인 힘, 청력 역치 수준을 설명하고자 할 때 사용된다. 음압수준(sound pressure levels)은 20 μPa을 기준으로 했을 때, dB로 측정된다. 이 기준치는 사람이 귀로 감지할 수 있는 가장 낮은 음압값이다.

$$SPL = 20\log\frac{P_{meas}}{P_{ref}} = 20\log\frac{P_{meas}}{20\ \mu\mathrm{Pa}} \tag{2.1}$$

소리의 진폭이나 강도 외에도 작업환경에서 소음을 평가하고 이해하는데 있어 유용한 음의 3가지 중요한 특성은 주파수(frequency), 파장(wavelength)과 속도(velocity)이다. 소리의 주파수는 반드시 알아야 하는 중요한 속성이다. 주파수(f)란 주어진 시간 동안에 발생하는 완전한 진동수를 말하고, 1초당 음파(cps, cycles/s)의 완전한 주기(압축과 이완을 포함한 변화)의 총수이며 Hz로 측정된다. 더 높은 주파수(일반적으로 고음조의 음)는 저음조의 음들보다 더욱 유해한 경향이 있다.

소리의 또 다른 중요한 속성은 파장이다. 파장은 음압의 한 완전한 주기를 완결하는데 필요로 하는 길이라고 할 수 있다. 이 속성은 소리의 영향을 생각할 때 매우 중요하다. 예를 들면, 주변의 물체들보다 더 긴 파장을 갖는 음은 이 장애물들 주변으로 회절하여 돌아가지만, 반면에 파장이 적은 음은 반사 또는 분산되어 주변의 방해물들이 효과적인 차음벽 기능을 할 수 있다. 파장은 소음대책에 있어 중요한 변수가 된다.

마지막으로 중요시되는 음의 파라미터는 음파의 속도(음속)이다. 속도는 매체나 환경의 온도에 영향을 받는다. 약 22℃에서 음파의 속도는 대략적으로 344 m/s이다. 음파의 속도(C)는 파장(λ)과 주파수(f)의 곱으로 결정되어진다.

$$C = \lambda f$$
$$344\ \text{m/s} = \lambda f \tag{2.2}$$

정도가 지나치거나, 원치 않는 소리를 소음이라 말한다. 소리에너지는 공기를 통해 파장으로 전파되고, 대기압보다 높거나 낮은 음압의 진동 결과로 발생된다. 소리에너지는 인체 내에서 처음에 고막을 진동시켜 중이(中耳)로 에너지를 전달하며, 여기에서 이소골의 진동을 통해 더 상위로 전달하게 된다. 결국 이 에너지는 내이(內耳)로 들어가 와우각 내에서 압력을 변화시키고 액체 속에 있는 털세포(hair cell)의 움직임은 청신경을 자극하여 최종적으로 뇌에 신호를 전달한다. 일정한 주파수 영역에서의 과도한 소음은 장기간의 노출과 관련되어 청각기에 전도성 또는 감각신경성 난청을 유발할 수 있다. 이 책의 제16장과 17장에 이론을, 기기 및 소리의 측정방법을, 제18장에 소음성난청을 평가하는 이론, 기기, 방법을 요약하여 놓았다.

2.2.2 비전리 방사선(Nonionizing Radiation)

방사능은 흔히 전자기파의 형태일 뿐 아니라 매우 적고, 높은 속도를 지닌 입자의 운동에너지로서 설명된다. 전자기파는 주파수, 파장, 속도의 세 가지 인자에 의하여 특징 지워진다. 주파수(f)는 단위시간당 완전한 파의 사이클 수, 즉 Hz라고 알려진 초당 사이클 수를 의미한다. 파장(λ)은 하나의 완전한 사인커브형태 사이클(sine-curve)의 길이, 즉 m, mm, km로 나타낸다. 속도는 파동이 주어진 거리로 전파되는 속도를 의미한다. 이 세 가지 요소는 속도와 관련되어 있는데, 대략 빛의 속도(3×10^8 m/s)는 주파수와 파장의 곱과 같다.

$$C = \lambda f$$

$$3 \times 10^8 \ \mathrm{m/s} = \lambda f \tag{2.3}$$

모든 전자기파는 고체, 액체, 기체와 같이 서로 다른 매체들 사이를 움직일 때 반사, 굴절, 분해, 흡수, 전도와 같은 현상들을 나타낸다. 어떤 파동은 서로 직각(90°)을 이루고, 각각의 각에서 파동이 이동하는 방향과 속도에 대해 관계를 맺는 진동하는 전기장과 자기장(벡터의 형태로)으로 구성되어 있다. 이들을 집합적으로 전자기파 또는 전자기선이라 말한다. 전자기선은 여러 주파수 영역의 스펙트럼을 이루고 있다. 전자기선 영역의 스펙트럼은 파장의 길이와 진동수에 근거하여 그 차이를 보인다. 또한 전자기 스펙트럼의 영역은 광자에너지의 양에 따라 달라진다. 광자에너지는 J(Joules)을 단위로 나타내는데, 이는 어떤 물체를 1 m 움직이는데 1 N(Newton) 힘을 사용하여 얻어진 일을 말한다. 빛에너지(E)는 플랭크상수(Planck's constant, h=6.624×10−34 J/s)와 전자기 주파수(cps)의 곱으로 나타낸다.

$$E = hf = (6.624 \times 10^{-34} \ \mathrm{J/s}) \cdot (\mathrm{cps}) \tag{2.4}$$

또한 전자기파는 광자에너지 다발로 분리된 것과 같은 반응을 나타낸다. 전자기 방사선의 광자에너지는 eV(electron volts)를 사용하여 표현할 수 있는데, eV란 전자가 1 V의 전위차를 지날 때 얻어지는 에너지를 말한다. 1 eV는 1.602×10−19 J과 같다. 전자기 방사선의 힘(power)은 시간당 에너지를 말하며, 단위는 와트(W)를 사용한다. 1 W는 시간당 힘이 1 J/s와 같다.

건강과 안전성 분야에 있어서 전자기파는 보통 두 가지의 중요한 스펙트럼 분류, 즉 전리 방사선과 비전리 방사선으로 분리된다. 전리 방사선과 비전리 방사선의 첫 번째 차이점은 전리 방사선은 아원자의 오비탈전자들을 충돌시켜 이온형태로 전리시킬 수 있을 만큼의 충분한 에너지(>10 eV)를 갖고 있다는 것이고, 이와는 반대로 비전리 방사선은 저에너지를 가지고 있어 오비탈 전자들을 전리시킬 수 없으나 흥분상태에서 이탈하는 원자들에게 열과 진동에너지를 준다는 점이다. 비전리 방사선을 파장이 증가하고, 주파수가 감소하는 순서대로 나타내면 자외선(UV, ultraviolet), 가시광선(VIS, visible light), 적외선(IR, infrared), 라디오파(RF, radiofrequencies), 극저주파수(ELF, extremely low frequency), 전자기장(EMF, electromagnetic fields)으로 분류할 수 있다.

비전리 방사선의 노출과 관련된 생물학적 작용은 방사선의 특정한 형태에 따라 다르게 나타난다. 생물학적 작용은 비전리 방사선의 광학적 형태와 관련되어 있다. 가시광선 노출에 영향을 받는 가장 중요한 기관은 눈과 그 주변의 세포들이다. 급성효과로는 망막화상, 눈의 피로, 눈물, 잔상, 두통 등이 있고, 가시광선에 강한 강도의 노출로 인해 나타나는 만성효과들로는 망막원추의 손상이 있다. 적외선과 자외선의 노출과 관련된 가장 중요한 기관은 눈과 피부이다. 피부홍반과 화상뿐만 아니라 광각막염과 광결막염을 포함한 각막의 효과는 특정 파장에서 노출되었기 때문이다. 특히 백내장과 용접공백내장(welder's flash)은 각각 자외선과 적외선 노출에 의한 눈의 손상들이다.

라디오파(RF)의 파장 대역은 비교적 짧은 주파수, 3 kHz에서 300 GHz까지로 특징지어지는데 이 중 마이크로파(MW, microwave radiation)는 RF에 속하지만 다음과 같이 분리하기도 한다[마이크로파는 300 Mhz~300 GHz(1 mm~1 m), 라디오파는 3 kHz~300 MHz(1 m~100 km)]. 파장 0.1 cm~300 m와 주파수 1 MHz~300 GHz 사이의 특정 마이크로파와 파장 0.1 cm~300 m와 주파수 1 MHz~300 GHz는 인체를 투과할 수 있어 내부장기에 악영향을 미친다. 열성효과에는 열스트레스(heat stress), 기형발생(teratogenesis), 눈(백내장이나 각막손상)에의 영향들이 포함된다. 또한 면역학적 효과, 중추신경계, 신경내분비 작용, 관절염 효과 등을 일으킬 수 있는 세포반응에 대한 증거들이 증가되고 있다.

극저주파수(ELF), 특히 60Hz주파수에 대한 방사선에 대한 관심이 증가되고 있다. ELF의 발생원은 고전압선, VDTs(video display terminals), 가전제품과 같은 것의 전선에 가까운 위치 등이 있다. ELF노출에 대한 미완성 연구에 따르면 잠재적인 생물학적 효과들 중 하나로 백혈병 같은 암이 거론된다. 그러므로 ELF 방사선의 노출과 건강장애에 대하여 충분한 논의는 공개되어야 하고, 나아가 더 많은 연구를 필요로 하고 있다. 제20장, 21장에 비전리 방사선의 형태에 따른 이론, 기기, 적절한 측정방법들을 요약하여 놓았다.

2.2.3 전리 방사선(Ionizing Radiation)

전기화학적으로 불안정한 원소들이나 화합물은 원자핵 내의 양성자(protons, p^+)나 중성자(neutrons, n^o)의 불균형으로 인해 붕괴되고 전리 방사선 형태로 에너지를 발산한다. 원소나 화합물은 입자나 전자기 광자형태로 원자에너지의 방출을 통하여 능동적으로 안정화하려는 자연적 반응이 진행된다. 입자나 광자는 이것들과 상호 작용하는 물질 자체에 과도한 여분의 에너지를 전달함으로써 이들은 결과적으로 전리된다.

전리 입자상 방사선은 α입자(하전된 헬륨핵으로 $2n^o+2p^+$ 형태, ${}^{2}_{4}He^{+2}$), β입자(음전자 e^-와 양전자 e^+), 양성자(p^+), 중성자(n^o)들로 구성되어 있다. 전리 방사선을 구성하는 방사능 입자 또는 전자파는 독성물질로 분류되는 다른 유해물질처럼 인체의 세포 구성 성분이나 거대분자를 직접 또는 간접적으로 전리시키고, 결과적으로 노출된 사람이나 그 자손에게 기형, 각종질환, 조기사망과 같은 생화학적, 생리적 악영향을 미치게 된다.

전리에너지는 eV(electron volts)로 측정된다. 원소의 방사능 붕괴가 진행되는 율을 방사능(activity)이라 하고 단위는 Ci(curies)나 Bq(becquerel) 단위로 측정된다. 1 Ci는 1초당 붕괴수(dps, disintegrations per second)가 3.7×10^{10} dps인 것을 말한다. 큐리의 현대적 표현인 Bq(becquerel)은 1 Bq=1 dps이므로 1 Bq=2.7×10^{-11} Ci이다. 반감기(half-life)란 방사능 원소의 50%가 붕괴하는, 즉 방사능이 50% 감소하는데 필요한 시간을 말한다.

전리 방사선의 노출은 렌트겐(R, roentgens)의 단위로 측정되는 공기량 또는 체적당 전리량으로 결정되어지는(공기 1 kg당 C(coulombs), 여기서 1 R=2.58×10^{-4} C/kg air) x-ray 또는 γ-ray 광자빔의 강도로 나타낸다. 공기 중 한 쌍의 이온이 생성하는 에너지는 대략 34 eV이다. 6.2×10^{18} ion pairs/C과 에너지 1 J은 1/(6.2×10^{18} eV)와 같으며, 1 C의 이온이 발생하는 에너지는 34 J 정도이다. 따라서 1 R의 공기 중의 노출량은 (2.58×10^{-4} C/kg)×34 J/C =0.0087 J/kg이다. 물질의 중량당 흡수된 에너지는 흡수선량(absorbed dose)으로 나타내며 단위는 rad(1 rd=0.01 J/kg) 또는 gray(1 Gy=1 J/kg=100 rd)이다. 이러한 결과로부터 1 R의 노출량은 0.87 rd 또는 0.0087 Gy 흡수선량으로 주어진다. 흡수선량(absorbed dose)이란 방사선에너지(예를 들면, 모든 이온발생원으로부터 발생된 에너지)가 인체 특수한 부위나 몸 전체로 흡수된 양을 말한다. 이것은 세포(또는 다른 개체)의 질량당 축적된 전리에너지의 양과 같고, 단위는 rads(1 rad=100 ergs energy/g tissue)를 사용한다. 방사선의 안전성을 목적으로 사용하는 선량당량(equivalent dose)은 흡수선량을 세포 무게 요소 같은 전리 방사선의 주어진 형태에 관련된 요소의 곱으로 표시된다. 선량당량은 rem(roentgen equivalent man) 단위로 측정하는데 최근 들어서는 Sieverts(1 Sv=100 rem)을 사용하기도 한다. 제23장에 전리 방사선의 이론, 측정기기, 측정방법을 요약하여 놓았다.

표 2.2 전리 방사선의 단위

구분	현행 SI단위	이전 단위	환산식
방사능 단위	Bg(베크렐)	C_i(큐리)	1 Ci = 3×10^{10} Bq
조사선량 (X선, γ선)	C/kg(쿨롱/킬로그램)	R(렌트겐)	1 R = 2.58×10^{-4} C/kg
흡수선량	Gy(그레이)	rad(라드)	1 rad = 0.01 Gy
등가선량 (X선, γ선, β입자, α입자)	S_v(시버트)	rem(렘)	1 rem = 0.01 Sv ※ 가중치 α입자 : 10 β입자 : 1

2.2.4 극한온도

고온과 한냉에 의한 피로는 극한온도에서 발생하는 생리적 반응이다. 따라서 열인자는 반드시 작업환경평가의 한 부분으로 고려되어야 한다. 인체는 기초대사와 활동 과정에서 대사열을 발생한다. 만약 주위 환경이 매우 춥다면 인체가 열을 생산해내는 것보다 더 빨리 열을 손실하므로 한냉피로로 알려진 현상들로 발전될 수 있다. 또 만약 주위 환경이 매우 덥다면 신체를 아주 빠르게 식힐 수 없기 때문에 고열피로를 유발할 수 있다. 또한 개인이 고온에 폭로된 상태에서 매우 많은 운동을 한다면 고열피로가 더욱 심각하게 발생된다.

인체 열교환은 주로 대류, 복사, 증발로 이루어진다. 피부와 대기 사이의 열교환율은 이 세 가지 과정의 서로 다른 요인에 의해 영향을 받는다. 대류의 경우에 있어 피부온도, 기온, 바람의 속도가 중요하고, 복사의 경우는 주변물체의 온도와 피부온도가 열교환율을 결정하며, 증발의 경우는 습도와 풍속이 주요한 결정요인이다. 고온상태에서 더 이상 열평형이 유지되지 않을 때 열허탈증, 열경련, 열사병이 발생할 수 있다. 따라서 열피로는 기온(℃, °F), 기류(m/sec, ft/min), 습도(%), 복사열(℃, °F)과 같은 몇 가지 환경적 요인에 의해 영향을 받는다. 고온은 인체에 열의 양을 증가시킨다. 기온의 악영향은 높은 습도로 인해 공기 중에 너무 많은 수증기가 있으면 더욱 악화된다. 높은 습도는 피부에서 발생하는 땀의 증발률을 감소시킨다. 땀이 나고, 계속해서 땀이 증발되는 것은 몸으로부터 과도한 열을 없애는 본능적인 방어기전이다. 습도가 많은 공기는 증발작용과 증발에 의한 냉각을 통하여 열을 배출하는 작용을 방해한다. 증발에 의한 냉각은 충분한 바람의 부족으로 인해 방해기류의 움직임을 증가시켜 촉진할 수 있다. 마지막으로 여러 가지 발생원으로부터 발생한 복사열은 공기를 통과하여 인체로 흡수된다. 흡수된 복사열은 체내의 열부담감을 증가시킨다. 이들 열요소들은 근로자 개개인의 생리작용 및 적응 정도에 근거한 대사적 요인들과 병합되어 각 개인에게 열피로를 발생하게 하는데 영향을 미친다. 뿐만 아니라 열과 관련된 장해의 발생 가능성은 생리적 조건, 나이, 체중, 성, 불투과성 보호의복과 같은 요소에 의해서 증가된다. 제19장에 극한온도에 대한 이론, 측정기기, 적합한 측정방법을 요약하여 놓았다.

2.3 화학적 요인

화학적 요인은 유기물과 무기물로 분류되고, 대부분 산업보건의 관점에서 널리 알려진 대로 독성과 가연성으로 분류된다. 비록 화학적 요인에 대한 외부노출이 음식물 섭취(소화기), 피부침투, 주사기 주입, 흡입(호흡기)을 경유하여 발생되지만 작업환경과 비작업성 환경에서 체내로 침입되는 것이 거의 일반적인 경로이다. 화학적 요인의 흡입형태는 공기 중 에어로졸(고체상 및 액체상 형태)과 가스상 및 증기상(가스상 형태)으로 분류된다. 입자상물질로 알려진 에어로졸은 먼지(dusts), 박무(mists), 훈연(fumes), 섬유(fibers), 연기(smoke)로 나뉘어진다. 먼지(dusts)는 고체 물질을 분쇄, 연마, 절단하는 과정에서 발생한다. 일반적으로 대부분의 먼지와 에어로졸은 구형 또는 판상형이다. 섬유는 다른 먼지나 에어로졸의 형태와는 달리 원주모양을 가지고 있으며 섬유의 길이와 폭(직경)을 측정함으로써 확인된다. 박무(mist)는 액체가 작은 물방울로 나뉜 것으로 액체의 교반공정이나 스프레이, 디핑(dipping) 같은 공정에서 가스상 또는 증기상 물질이 응축되어 발생한다. 흄(fume)은 금속이 승화될 때 발생한다. 금속은 증기로 형성되어 대기로 상승하여 대기 내 산소분자와 반응하여 금속산화물이 된다. 이때 증기는 매우 불완전한 연소반응으로 응축된다. 연기입자는 높은 함량의 탄소 성분물질이 불완전한 연소반응을 행할 때 발생한다.

에어로졸은 물리적으로 형태(구형, 원반형, 원주형)와 크기(동역학적 등가직경, 길이와 폭의 비)로 특징지어지며, 자연침강 및 여과를 포함한 여러 가지 인위적인 과정을 거쳐 제거된다. 여기서 여과는 다공성 고체표면에 확산, 차단, 충돌을 조합한 과정을 말한다. 섬유를 제외한 모든 입자는 공기 중 부피에 대한 질량의 비(mg/m³ 또는 μg/m³)로 측정하고 섬유의 경우는 공기 중 일정 부피 내의 섬유개수(개/cm³ 또는 f/m³)로 측정한다. 에어로졸은 가스나 증기와는 달리 발생지역 내에서 균일하게 분포되어 있지는 않다.

공기 중에 함유된 것 이외의 가스와 증기는 작업환경 또는 비작업성 환경에서 자주 발생한다. 순수가스는 표준상태(stp, 0℃ 또는 273K, 1 atm)와 기준상태(ntp, 25℃ 또는 298K, 1 atm)에서 기체상의 형태로 존재한다. 반면에 가스상 증기의 발생원은 stp와 ntp에서 고체나 액체상태로 존재한다. 증기는 온도와 기압이 변함에 따라 대부분 휘발성 액체나 고체에서 발생한다. 대기압에서 증기나 가스는 순용액을 형성한다. 다시 말해 주위 공기와 완전히 혼합하고 팽창한다는 뜻이다. 가스상 물질의 그램분자량은 stp에서 대략 22.4 L이고, ntp에서 24.45 L이다.

가스나 증기는 분자크기에 따라 확산된다. 이것은 특정한 가스나 증기의 모든 분자들은 같은 크기라는 것을 의미한다. 가스상 물질은 입자처럼 크기에 의해 분류되지 않는다. 입자와는 달리 가스나 증기는 분자의 크기에 따라 분류한다. 즉, 그들이 물리적 여과방법으로 공기로부터 제거될 수 없다는 것을 의미한다. 가스나 증기는 반드시 흡수나 흡착을 통해 주위 공기분자들로부터 분리되어진다. 독성가스나 증기는 백만 부피당(ppm, parts per million) 또는 십억 부피당(ppb, parts per billion)의 비율단위로서 단위 부피당 부피(V/V)로 측정된다. 가연성 가스와 증기, 산소가스는 또한 부피 대 부피로 측정되는데, 이때의 단위는 공기 중 가스나 증기의 퍼센트(%)를 단위로 한다.

2.3.1 독성물질

독성물질에는 금속(금속원소, 금속염, 금속수화물, 금속산화물), 수용성 산과 염기, 석유성 용제(지방족 탄화수소, 방향족 탄화수소, 치환족 탄화수소)가 있다. 화학물질의 인체 독성은 노출기간, 농도, 접촉방법과 같은 요인과 관련되어 있다. 작업환경 내의 화학인자에 있어 흡입과 피부접촉은 각각 1차 노출방법과 2차 노출방법이다. 따라서 작업환경은 일반적으로 대기 중 독성화학물질에 의해 평가되고, 화학물질의 노출을 취급하는 동안 물질이 직접 피부에 접촉되고 간접적으로는 부유물질의 호흡이나 피부접촉에 의해 발생될 수 있다. 이런 물질들은 또한 취급물질이 손에 오염되어 인체 내로 섭취될 수 있고, 본래 호흡기로 흡입된 후 섬모 운동에 의해 목과 구강으로 옮겨져 그 곳에서 소화기로 섭취될 수 있다.

독성 화학물질은 유기물과 무기물이 있다. 유기물질은 탄화수소류와 치환된 탄화수소류가 있다. 탄화수소류는 탄소와 수소로만 구성되어 있고, 치환된 탄화수소는 탄소와 수소에 염소, 질소, 인산, 황, 산소와 같은 원소들로 형성된 치환기들이 첨가되어 있다. 작업환경에서 유기화합물에 의한 유해성 및 그 화합물의 분해는 주로 그들의 화학적 조성 및 그와 관련된 물리적 특성에 의해 결정된다. 독성 무기물질은 금속과 비금속 원소가 있고, 일반적으로 염이나 수산화물, 산화물을 형성한다.

비록 이런 화학물질들은 세부 분류들 사이에 차이가 있지만 하나의 화학성분이 여러 가지 특성이 조합되어 나타날 수도 있다는 것에 유념해야 한다. 실제로 어떤 화학물질이든지 적합한 양이나 농도에서는 독성을 지닌다는 관점에서 보면 모든 가연성, 부식성, 반응성물질, 방사능, 생물학적 인자들도 역시 독성을 지닌다. 그러나 역으로 반드시 그런 것만은 아니다. 즉, 모든 독성물질이 다른 유해한 특성을 나타내는 것은 아니다. 독성 유해인자는 혈액이나 조직을 통한 전신적인 접촉 또는 국소적인 접촉을 통해 흡수되어 인체 내에서 생화학적, 생리학적 변화를 일으킨다. 이와 같은 변화들은 결국 폭로된 사람들이나 그들의 자손에서 형태학적 이상과 기능의 이상, 질병, 조기사망과 같은 역효과가 나타난다. 앞서 언급한 것처럼 독성은 모든 화합물에서 내재적인 것이다. 그러나 주어진 인자들의 독성은 직접적으로 모화합물(parent compound)에서 나타나거나 간접적으로 인체 내에서 생물학적 전환을 통해 형성된 반응성 대사물에 의한 것일 수 있다. 또한 인화성, 부식성, 반응성 물질들이 어떤 반응, 화재, 폭발로부터 발생하는 부산물의 형태로 2차적인 독성물질이 발생할 수 있다는 것을 염두에 두어야 한다.

제4~10장, 제12~14장에 독성 화학물질에 대한 이론, 측정기기, 적합한 측정방법을 요약하여 놓았다.

2.3.2 가연성 물질

가연성 화학물질들은 연료(환원제)로 사용할 수 있는 물질로서 발화원(열, 스파크)이 존재해야 발화될 수 있고, 산소(산화제)와 적합한 비율로 결합할 때 연쇄반응을 유지할 수 있는 물질이다. 가연성 인자들은 직접적으로 증기압과 관련된 고유의 발화점(<60℃)을 가지고 있다. 일반적으로 유기화합물들은 상대적으로 낮은 온도에서 기화된다. 따라서 무기화합물보다는 열에 대해 더욱 민감하다. 가연성 물질의 인체조직에 대한 잠재적 화상의 표준점에서 명백한 유해성을 나타낼 수 있다. 그러나 간접적으로 연소 중 가연성 물질들은 강한 자극물질이나 화학적 질식제 같은 독성 부산물질의 발생뿐만 아니라 연소 중 산소분자들의 소비로 인해 유독한 대기를 형성하는데 기여할 수 있다.

제11장에 가연성 화학물질에 대한 이론, 측정기기, 적합한 측정방법을 요약하여 놓았다.

2.3.3 부식성 물질

부식성 화학물질들은 인체조직과 접촉으로 인해 심한 자극과 조직괴사로 탈수반응을 가속화할 수 있는 물질을 말한다. 또한 부식성 인자들은 상대적으로 짧은 기간 내에 금속을 용해시킬 수 있는 물질을 말한다. 부식성의 전형적인 예로써 유기산과 염기 및 무기산과 염기를 들 수 있다. 산과 염기의 강도와 pH의 극단치(각각 pH 2 이하 및 pH 12.5 이상)는 부식성의 정도와 서로 연관되어 있다. 제10장과 14장에 부식성 화학물질에 대한 이론, 측정기기, 적합한 측정방법을 요약하여 놓았다.

2.3.4 반응성 물질

반응성 화학물질은 전형적으로 강한 산화제나 환원제의 특성을 가진 화학적으로 불안정한 물질로 구성된다. 화학적 불안정성은 결과적으로 매우 급속하게 열과 가스를 방출할 수 있는 폭발적인 반응을 유발할 수 있고 다음에 인화, 폭발 또는 독성 부산물의 발생에 이르게 된다. 어떤 불안전한 화합물은 공기나 물과 반응할 수 있다.

제4, 7~13장, 제14장에 반응성 화학물질에 대한 이론, 측정기기, 적합한 측정방법을 요약하여 놓았다.

2.4 생물학적 인자

생물학적 인자들은 일반적으로 병원성 미생물을 말한다. 환경 내에는 확인된 병원성 미생물학적 인자들이 많다. 이들은 인체로 들어가면 감염, 알레르기, 독성의 경로를 통하여 생화학적, 생리학적 기능을 파괴할지도 모르는 인자들로 구성되어 있다. 만약 면역계가 생물학적 유해인자를 제거할 수 없다면 질병이나 죽음으로 나타날 수 있다. 감염은 주어진 목표 조직에서 존재하는 유해요인의 개체군 밀도 및 병독성과 관련되어 있다. 알레르기는 외부 신체나 항원으로 인정된 생물학적 요인의 결과로써 과장된 면역반응과 관련이 있다. 독성은 화학적 독물(toxin, 그램음성 박테리아 내독소, 균주독소)을 합성하여 방출할 수 있는 미생물에 의해 유발된다. 미생물과 관련된 감염, 알레르기 반응, 중독의 결과로 생기는 인체의 파괴는 즉시 병원균을 파괴시키는 면역체계가 작동되지 않는다면 급성 및 만성질병과 죽음을 불러온다.

병원성 미생물에는 박테리아(bacteria), 방선균류(actinomycetes), 리케차(rickettsia), 진균류(fungi), 원생류(protozoans), 기생충류(helminths), 선충류(nematodes), 바이러스가 있다. 방사능 및 화학적 물질들과는 다르게 바이러스를 제외한 모든 생물학적 인자는 생체 또는 살아있는 유기체의 예들이다. 바이러스는 살아있지 않은 인자로써 인체조직 내로 침투하여 파괴하는 생화학 물질(단백질이나 핵산)로 구성되어 있다. 미생물의 농도는 다음과 같이 측정되어진다.

- 공기시료(바이오에어로졸) : CFUs/m^3, CFUs/L[공기세제곱미터(m^3) 또는 L당 CFUs(집락을 형성하는 단위부피 중 미생물 수)]
- 물과 기타 액체시료 : CFUs/L(물과 기타액체 L당 CFUs)
- 토양 또는 기타 고체시료 : CFUs/kg 또는 CFUs/g
- 표면시료 : CFUs/cm^2 또는 CFUs/in^2

제14장과 15장에 생물학적 인자에 대한 이론, 측정기기, 적합한 측정방법을 요약하여 놓았다.

2.5 인간공학적 요인

인간공학적 요인은 생활하는 공간이나 작업환경에서 적용될 때 인체에 미치는 기여도, 능력, 제한성을 포함한다. 이상적인 최적의 작업조건은 적절하게 고안된 도구, 기계, 업무 및 환경을 통해서 업무의 효율성과 효과를 증진시키면서 인간의 건강과 편안함 그리고 안녕을 극대화시킬 때 존재할 것이다.

특정한 인체 요인은 정신적 수행능력, 신체적 차원(인체측정학)과 수행성(인체공학), 심리적 요인이 포함된다. 피로나 권태, 직업상 스트레스, 불면증, 정신적 문제(기억력 감소), 일주기성리듬, 감성능력, 인체공학적이고 생물역학적 원인, 동료, 직장상사, 조직적 성격상의 변화들은 작업환경에서 좋지 않은 환경으로 기여할 수 있는 많은 요인 중 한 부분이다.
인체공학에서 관심을 갖는 작업장에서의 중요한 몇 가지 요인들은 작업환경에서 발견될 수 있는 기계, 장비, 도구 및 작업배치나 도안과 관련된 유해성을 포함한다.

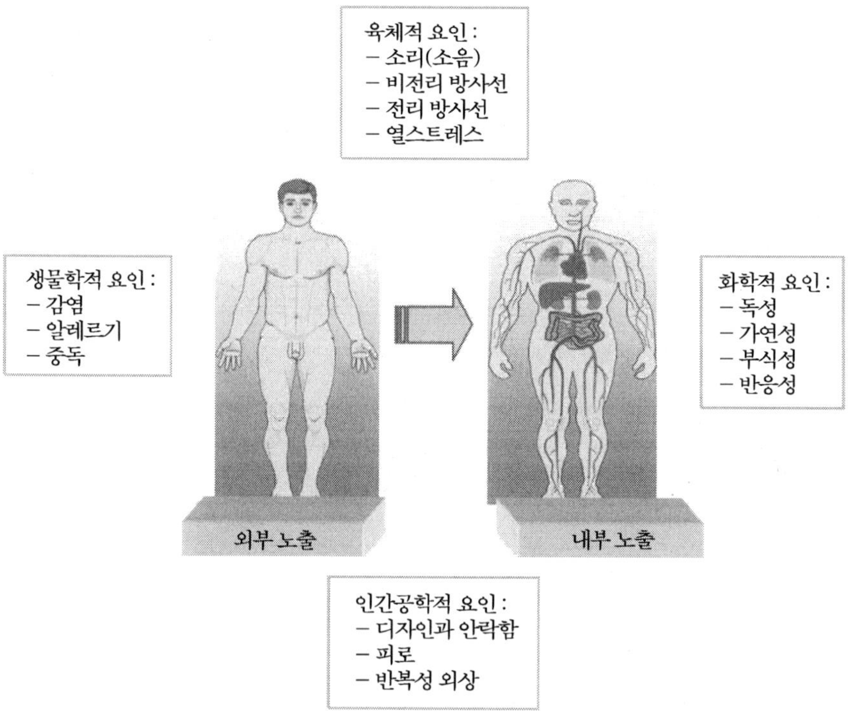

그림 2.1 유해 환경요인과 인자에 대한 노출

- 혼란스러운 표시(표준수치)
- 작동하는데 있어 과도한 힘이 요구되는 조절
- 사용자에게 불편한 몸의 위치나 자세를 필요로 하는 손 도구
- 지나치게 무거운 도구
- 불합리한 빈도수, 기간, 장소, 장거리 이동 등은 인간공학 문제와 관련되어 직업성 원인을 평가하고자 할 때 아주 다양한 관심사 중 하나이다.

결국 물리적, 화학적, 생물학적 인자들은 전체적인 인간공학적 시각에서 기여하는 요인들이다. 이들의 환경적 인자(극한온도, 습도, 가벼운 소음, 공기오염)들은 직업적 설비 내에서 관찰하여 인간공학 문제로 기여할 수 있다. 예를 들면, 극심한 고온과 높은 습도의 작업장은 이런 문제점들과 관련하여 건강에 영향을 미칠 수 있다. 반면 어두운 환경을 밝은 환경으로 옮길 때 빛과 시각적 적응은 안전과 관련된 문제를 해결하는데 기여한다.

제24장에 인간공학적 요인의 평가에 대한 이론, 측정기기, 적합한 측정방법을 요약하여 놓았다.

CHAPTER 03

작업환경평가에 사용되는 시료채취와 측정기기

일반적인 기술과 보정과 관련된 사항

CHAPTER 03

작업환경평가에 사용되는 시료채취와 측정기기

학습목표 제3장의 학습목표를 달성하기 위해서는 학습자가 내용을 충분히 읽고 이 장과 관련된 자료를 연구하는 자세가 필요하다.

- 작업환경평가에 사용되는 주요 시료채취와 측정기기의 일반적인 분류와 적용을 나타낸다.
- 측정 공기의 시료채취유량에 사용되는 두 가지 주요한 1차 및 2차 보정기준을 비교하고 대조한다.
- 무마찰 거품관 유량계의 기능을 설명한다.
- 정밀 로터미터의 기능을 설명한다.
- 무마찰 거품관 유량계에 대한 로터미터의 교정
- 정밀 로터미터용 검량선을 개발한다.
- 1차 또는 2차 보정기준을 사용하여 공기 시료채취펌프를 보정한다.
- 1차 또는 2차 보정기준을 사용하여 보정과정을 요약한다.

3.1 개요

실질적으로 작업환경과 비작업환경(가정 등)에 잠재되어 있는 유해요인과 인자를 평가하기 위하여 여러 가지 형태와 모델의 시료채취와 분석기기가 사용된다. 직독식 및 누적 시료채취 기기는 일반적으로 전자식이고, 알칼리전지나 재충전이 가능한 니켈-카드뮴전지(DC 전원)에 의하여 작동된다. 그러나 몇몇 시료채취 장비는 수동으로 작동된다. 측정기기의 거의 모든 부분은 교류(AC 전원)를 이용하여 전기적으로 작동되지만, 수동식 기구를 포함한 일부의 시료채취장치는 결과를 분석하는 과정 없이 즉석에서 측정의 결과를 알 수 있으며, 이를 직독식 장치 및 기구라고 한다.

모든 기기에 대해서 시료채취 전후에 이 기기가 정량적이고 정성적으로 제대로 작동되고 있는지를 체크해야 한다. 이러한 평가과정을 보정(calibration)이라고 한다. 이 평가과정에는 계획된 사용 방법과 기간에 맞게 전지가 충분하게 충전되어 있는지를 확인하는 것이 포함된다. 정성적으로 측정기기가 적정하게 반응하고 인자들을 검출하는지를 점검하며, 정량적으로는 기기가 수용 가능한 범위 내에서 요인을 검출하도록 기기가 보정되고 조절되었는지를 점검한다. 또한 능동식 유량 펌프가 내장된 기기는 유량이 원하는 세팅값에 보정되어 있는지를 정량적으로 점검하여야 한다. 시료채취와 분석기기는 정성적으로 요인물질을 검출・확인하고, 정량적으로 요인물질의 농도나 양을 측정하기 위하여 시료를 채취하는 것이 필요하다. 대부분의 누적 또는 연속 측정장치는 단지 시료만을 채취하는데 사용되며 채취된 시료는 요인물질의 검출, 정량화, 측정을 위하여 분석기기가 있는 실험실로 보내어진다.

직독식 또는 실시간 측정기기는 채취와 직독기술을 병행한 여러 가지 형태로 요인물질을 채취하고 검출하며 정량화 및 측정한다. 이 두 가지 형태의 기기는 포괄적인 산업위생과 인체노출 평가실행의 한 부분으로써 중요한 목적을 제공한다.

3.2 시료채취와 측정기기의 설명과 보정

작업환경과 보정에 관련된 문제를 평가하기 위하여 주요한 시료채취와 측정장치를 요약하여 놓았다.

3.2.1 입자상물질, 가스, 증기의 누적 또는 연속 시료채취용 전자식 공기시료채취 펌프

공기 중 에어로졸, 입자상물질, 가스, 그리고 증기에 대한 대부분의 누적시료채취(integrated monitoring)에서는 전지로 작동되는 공기시료채취펌프(electronic active flow air sampling pump)가 필요하다. 펌프는 공기와 공기 중 오염물질을 채취매체(필터, 고체 또는 액체흡수제) 또는 채취용기(플라스틱백) 속에 공기가 능동적으로 흐르도록 공기 이동기구의 역할을 한다. 일반적인 산업위생 측정용 전자식 능동형 공기시료채취펌프는 저용량(<1 L/min), 고용량(1~4 L/min), 초고용량(>4 L/min)으로 분류하며 그림 3.1에 나타내었다. 다단계유량(multi-flow) 공기시료채취펌프는 저용량 또는 고용량 모두 적용이 가능하기 때문에 대중화되어 있다. 대부분의 초고용량 펌프는 전기코드, 전기발전기와 같은 교류 전원의 에너지를 필요로 하는데, 이는 장기간 동안 초고용량을 사용할 경우 전지로부터 전하를 빠르게 소모시키기 때문이다. 누적시료채취와 직독식 시료채취에 사용되는 공기시료채취펌프용 충전지로는 니켈-카드뮴과 리튬이온 전지를 사용한다.

공기시료채취펌프는 시료채취 매체 또는 시료채취 용기에 유연호스(flexible hose)로 연결한다. 공기와 공기 중 오염물질은 시료채취매체나 채취용 용기에 들어가고 시료채취매체는 여과, 흡착 또는 흡수과정을 통해서 유입된 공기 중의 오염물질을 분리해낸다. 오염물질을 극미량 함유하거나 함유하지 않은 실제 공기시료는 시료채취매체에서 펌프로 공기를 전달하는 관으로 사용하는 유연호스를 통과하여 펌프로 보내진다. 결국 공기는 펌프 밖으로 배출된다. 채취된 시료채취매체는 분석을 행하기 위하여 실험실로 보내진다.

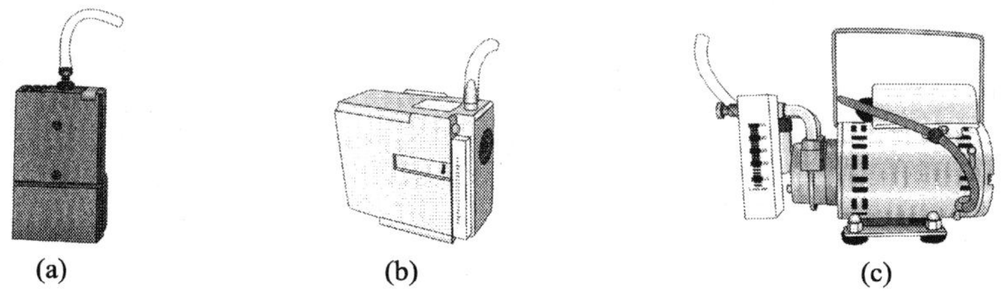

그림 3.1 입자상 및 가스상 물질의 누적 및 연속 시료채취용 (a) 저용량 펌프, (b) 고용량 펌프, (c) 초고용량 펌프

누적공기시료채취 펌프를 사용하는 두 가지 시료채취매체로는 여지와 흡수(흡착)제가 있다. 여지의 종류에는 멤브레인필터(PVC, MCE), 유리섬유필터, 실리카섬유필터, 그리고 폴리카보네이트(polycarbonate) 필터 등이 있다. 흡수(흡착)제로는 활성탄과 실리카겔 같은 고체흡착제(adsorbents)와 다양한 종류의 흡수제(absorbents)가 있다. 누적시료채취용 전자식 공기시료채취펌프는 알고 있는 유량으로 정확히 작동되는지 보정하여야 하며, 펌프의 보정은 뒤에서 설명할 무마찰 거품관(frictionless bubble-tube) 유량측정기나 로터미터(rotameter) 유량측정기를 일반적으로 사용한다.

시료채취관과 시료채취매체 사이에서 공기압의 손실(압력강하)과 마찰과 난류에 의한 공기흐름 역전이 일어날 수 있어 대부분의 공기시료채취 펌프는 일정유량 펌프(constant flow pump)로 고안되어 있다. 일정유량 펌프는 압력이 감소하면 이에 반응하여 펌핑작용(pumping mechanism)을 증가시켜 압력을 일정하게 유지시킨다. 그 결과 오염물질이 시료채취매체에 축적되는 시료채취기간 동안 일정한 공기 유량비율을 유지한다.

이 책의 제4~7장, 9장, 10장, 15장에 공기 중 방사선물질(전리방사선), 화학적 요인물질, 미생물 요인물질을 누적 또는 연속 측정하는데 사용하는 전자식 공기시료채취 펌프의 사용에 대한 이론, 기기작동법, 시료채취방법을 요약하여 놓았다.

3.2.2 입자상물질, 가스, 증기의 순간 또는 실시간 시료채취용 전자식 공기시료채취 펌프

입자상물질, 가스 그리고 증기를 채취, 분석하기 위한 대부분의 순간시료채취기기구(instantaneous monitoring)는 전지작동펌프가 장착되어 있는데(그림 3.2) 전지는 보통 충전식이다. 펌프의 사용목적은 공기를 이동시키고 실제 유량을 유지시키는 것이다. 채취된 공기는 감지기(sensor)나 검출기(detector)를 통과하면서 측정물질의 존재에 순간적으로 반응하고 직독식 판독기(direct readout meter)를 통해 전자식으로 농도를 나타낸다.

가스와 증기에 대한 순간 또는 실시간 시료채취기기는 기기의 반응에 대한 정확성을 점검하기 위해서 알고 있는 농도의 오염물질 또는 대조가스(reference gases)와 비교하여 보정한다. 측정물질에 대한 알고 있는 농도의 표준물질은 제조할 수 있고, 상품화된 압축가스형태로 구입할 수 있다. 입자상물질, 가스, 그리고 증기용 전자식 실시간 시료채취장치는 정기적으로 제조자나 공장에서 우선적으로 보정을 행하여야 한다.

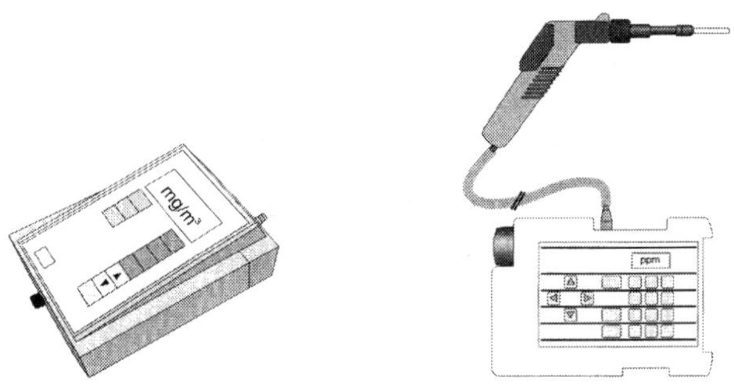

(a) (b)

그림 3.2 입자상 및 가스상물질의 직독식 또는 실시간 시료채취용 (a) 총 입자상물질 및 호흡성 입자상물질 채취기, (b) 총 이온화 유기가스 및 증기채취기

제8장, 11장, 13장에 공기 중 측정물질(에어로졸, 순수가스, 증기)의 순간, 실시간 측정을 위한 공기시료채취 펌프의 사용에 대한 이론, 기기작동법, 시료채취방법을 요약하여 놓았다.

3.2.3 가스와 증기 시료채취용 수동식 공기 채취펌프

공기시료채취 펌프 중에서는 작동 시 전기에너지를 필요로 하지 않는 펌프가 있다. 이것은 전기에너지 대신에 수동적으로 작동되어 수동식 펌프(manual pump)라고 한다(그림 3.3). 그럼에도 불구하고 펌프가 공기이동기구의 역할을 하고 공기 흐름을 증가시켜 시료채취매체로 공기가 통과한다. 시료채취매체는 공기 중 오염물질과 반응하여 농도를 직접 읽을 수 있도록 나타낸다.

수동식 공기시료채취 펌프는 피스톤형(piston type)과 송풍형(bellows type) 펌프가 있다. 이런 펌프들은 공기 중 가스와 증기 측정용 검지관(detector tube)을 사용하며 일반적으로 무마찰 거품관 유량측정기로 보정한다. 제12장에 공기 중 가스상 측정물질의 순간 또는 실시간 측정용 수동식 펌프 사용에 대한 이론, 기구작동법, 시료채취방법을 요약하여 놓았다.

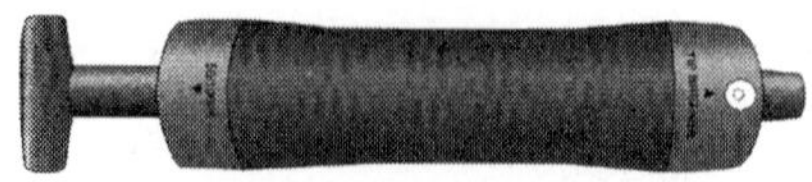

(a)

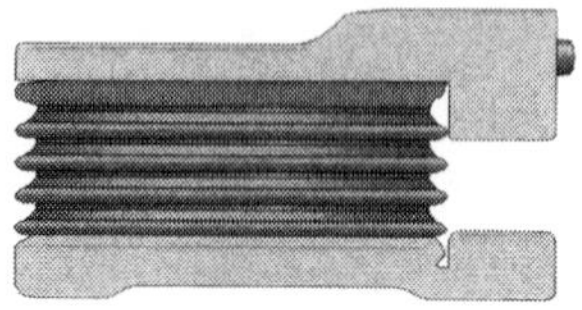

(b)

그림 3.3 가스상물질의 직독식 또는 실시간 시료채취용 (a) 수동식 피스톤형 펌프, (b) 수동식 송풍형 펌프

3.2.4 에너지 시료채취용 전자식 측정기

물리적 인자를 주로 검출하고 측정하는 많은 시료채취 기구는 어떤 종류의 펌프나 공기이동장치가 없다(그림 3.4). 전지로 작동되는 이 장치들은 내부의 전자장치를 통해서 소리, 진동, 온도, 전리 방사선(알파와 베타입자)과 비전리방사선(빛, 전기 및 자기장, 초음파), 그리고 공기 속도와 공기흐름(운동에너지)과 같은 다양한 형태의 에너지를 감지하고 측정한다. 작업환경평가에서 일반적으로 사용하는 것은 소음측정기(sound level meter)와 옥타브 분석기, 오디오미터, 흑구온도계, 풍속계, 전리방사선 측정기, 조도계, 전자기장(EMF, electromagnetic field) 측정기, 초음파 측정기, 그리고 폐활량계/폐기능 측정기이다. 검출된

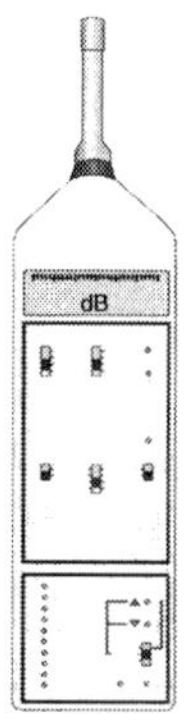

(a)

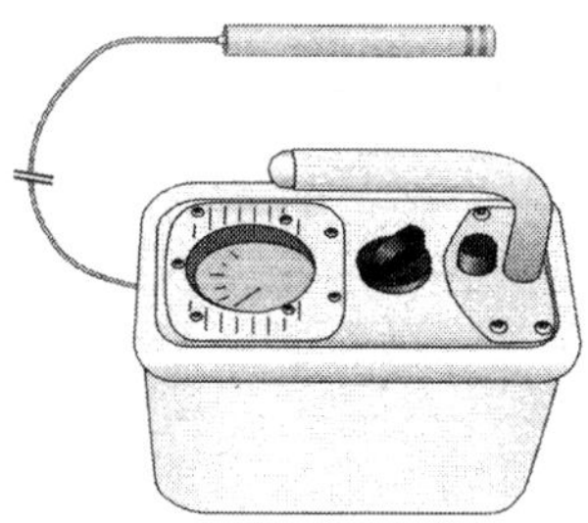

(b)

그림 3.4 물리적 요인(에너지)의 직독식 또는 실시간 시료채취용 (a) 옥타브밴드분석용 소음측정기(SLM-OBA, sound level meter-octave band analyzer), (b) 전리 방사선 측정기

에너지는 직독식 측정량으로 변환된다.

물리적 인자를 시료채취하는 전자식 측정기는 특별한 기기를 이용하여 표준화된 에너지원으로 보정을 청하여야 한다. 예를 들어, 전자식 소음측정기는 이미 알고 있는 소음 레벨과 진동수를 나타내는 음보정기를 사용하여 보정한다. 음보정기 자체는 제조자가 보정하고, 대부분의 전자식 실시간 시료채취 기구로 물리적 인자를 검출하고 측정하는 계기는 정기적으로 제조자 등에 의해서 검정되어야 한다. 제16장, 17장, 19장, 제20~23장에 공기 중 물리적 요인(소리, 비전리방사선)의 누적 순간 측정용 전자식 측정기기의 사용에 대하여 이론, 기기작동법, 시료채취방법을 요약하여 놓았다.

3.2.5 채취된 에어로졸, 가스 및 증기 분석용 전자식 장치

누적시료채취(integrated monitoring)로 채취한 시료를 검출, 측정하기 위해서는 여러 종류의 분석장치가 사용된다. 작업환경과 일반 환경에서 채취된 시료들의 분석에 사용되는 가장 일반적인 장치들은 입자상물질의 분석을 위한 중량분석용 전자저울, 채취된 유기성 가스와 증기의 정성, 정량분석을 위한 가스크로마토그래프(GC, gas chromatograph), 채취된 무기·유기성 가스, 증기, 그리고 미스트의 분광학적 분석을 위한 자외·가시광선 분광광도계(ultraviolet-visible light spectrophotometer), 채취된 금속분진과 흄의 분광학적 분석을 위한 원자흡광광도계(AAS, atomic absorption spectrometer)와 유도플라즈마 분광기(ICP, inductively coupled plasma emission spectrometer), 채취된 섬유와 미생물의 현미경 분석을 위한 위상차현미경(phase contrast microscope)이 있다.

전자저울은 제조사에서 보정되지만 알고 있는 표준중량의 물체를 칭량함으로써 정확성을 점검할 수 있다. 가스크로마토그래피와 여러 가지 분광기기는 수용 가능한 범위 내에서 기기가 반응 또는 측정하는지 확인하기 위해서 알고 있는 농도의 표준 분석물질로서 보정한다. 검량선(calibration curve)은 분석물질의 알고 있는 양의 증가에 대한 분석기기 반응의 관계를 나타내는 것이다. 현미경과 부속품(접안렌즈 계수선)은 확대배율(magnification)과 시야면적(viewing area)의 정확성을 확인하기 위해서 보정한다. 이러한 분석장치와 관련된 사용법은 이 책의 제4장과 5장에 전자식 저울분석법, 제6장, 14장, 15장에 현미경분석법, 제7장과 14장에 원자흡수분광광도법, 제9장과 14장에 기체크로마토그래프법, 제10장과 14장에 자외·가시광선 분광광도 분석법으로써 요약하여 놓았다.

3.2.6 여러 가지 기상상태 평가용 전자식 및 수동식 장치

현장 및 실험실에서 장치를 보정하고 시료채취를 행하고 분석하는 동안 중요한 기상상태를 측정하여 제공하여야 한다. 주요한 기상요소인 기온, 기압, 기습은 수동 및 전자식 기기로 측정을 행할 수 있다.

기온은 표준(건구) 온도계 및 건구 및 습구온도로 구성된 건습구습도계로 건구온도에 기초를 둔 기온(℃ 또는 °F)을 측정할 수 있다. 습구온도계는 구부의 끝을 이온수 및 증류수에 적신 목화천으로 씌운 표준 온도계를 말한다. 약 1분 가량 건습구습도계를 흔들거나 회전시켜 건구와 습구온도를 읽는다. 건구의 지시값은 기온을 나타낼 뿐이고, 건구와 습구온도를 비교하여 습도계표와 대조함으로써 공기 중 비교습도(%RH)를 결정한다. 또한 전자식 습도조절기로 비교습도를 측정하기도 한다.

기압(mmHg)은 기압계(barometer)로 측정한다. 기류는 바람이 부는 상태의 실외에서 측정을 행할 때 적용하는데, 여러 가지 형태의 풍속계 또는 풍력계(anemometer)를 사용하여 기류 또는 풍속(m/s 또는 ft/min)을 측정한다.

3.3 시료채취와 분석에 관련된 정보와 형태

시료채취와 분석과 관련된 많은 정보가 있다. 산업위생 측정은 과학과 기술에 기초를 두고 있다. 그러한 정보는 측정을 행하는데 있어 측정 전, 측정 중, 측정 후에 걸쳐 제공된다.

- 평가를 위하여 무엇을, 누가, 어디서, 언제 행하는가?
- 공정과 가동방법은 무엇인가?
- 누가 시료채취를 수행하는가?
- 분석을 행하는 실험실은 어디인가?
- 시료채취와 분석을 위하여 어떤 지침(미국립산업안전보건연구원 : NIOSH, National Institute for Occupational Safety and Health 또는 미국산업안전보건청 : OSHA, Occupational Safety and Health Administration)을 사용하는가?
- 시료채취를 행할 때 어떤 매체를 사용하는가?
- 보정방법은 무엇인가?
- 유량과 시료채취시간은 어떤가?

- 평가를 하기 위한 개인과 지역의 수와 채취, 분석하기 위한 시료는 무엇인가?
- 채취, 분석을 위한 현장의 바탕시료의 수는 얼마인가?
- 매체의 저장, 취급, 이동 및 선적은 어떠한가?

산업위생 분야에서 시료채취와 분석에 관련된 모든 방법, 적용하거나 관련된 가이드라인과 표준치 등은 개인, 회사, 정부기관, 예를 들면 NIOSH, OSHA, MSHA(미광산안전보건청), ACGIH(미정부산업위생전문가협의회), AIHA(미산업위생협회), EPA(미환경청), NIST(미표준기술연구소), ASTM(미물질시험협회), ANSI(미국립표준연구소) 등으로부터 얻을 수 있다.

3.4 전자식, 수동식 공기시료채취 펌프의 보정

공기시료채취 펌프는 단위시간당 공기의 체적 또는 공기채취유량의 정확성을 확인하기 위해서 보정하여야 한다. 미리 알고 있는 펌프의 공기유속과 채취시간을 기초로 하여 전체적인 공기채취량을 계산하며, 공기유량은 시료채취 매체를 통과한 공기의 양이고 누적 또는 연속채취 과정에서 오염물질 농도를 계산하는데 중요하다. 농도는 시료채취매체에 채취, 검출, 측정된 오염물질의 양을 시료채취 매체로 흘러간 공기유량으로 나누어 준 값이다.

$$
\begin{aligned}
\text{농도} &= \frac{\text{물질의 양}}{\text{공기의 체적}} = \frac{\text{에어로졸의 무게}}{\text{공기의 체적}} \\
\text{또는} &= \frac{\text{섬유의 개수}}{\text{공기의 체적}} \\
\text{또는} &= \frac{\text{오염기체의 체적}}{\text{공기의 체적}} \\
\text{또는} &= \frac{\text{세균의 집락수}}{\text{공기의 체적}}
\end{aligned}
\tag{3.1}
$$

공기시료채취펌프는 채취 전·후 모두 보정되어야 한다. 특정 유량으로 펌프를 조절하고 표준유속과 비교하여 측정한다. 유량은 분당 리터(L/min)와 분당 세제곱 센티미터(cm^3/min)의 단위로 표현된다(1 cm^3/min=1 mL/min=1 cc/min). 채취 전후의 유량 검정값이 각각의 ±5% 미만의 결과를 가져야 한다.

보정은 실제로 알고 있는 기준과 비교하는 과정이다. 유량보정의 기준은 두 가지 종류가 있는데 1차기준과 2차기준이 있다. 1차기준은 매우 정확도가 높은(≤ 1%) 보정장치이다. 유량보정용 2차보정기준은 1차기준에 대하여 보정된 것이다. 1차기준이 가장 정확하다.

무마찰 거품관(또는 비누막) 유량 측정기는 산업위생 응용분야의 주요한 1차보정기준 장치이다(그림 3.5). 거품관은 유리로 된 용량 실린더의 형태로 구성되어 있다. 실린더의 바닥에 들어있는 거품용액을 이용하여 거품관 내로 평편하고 둥근 디스크 형태의 거품필름을 발생시켜 사용한다. 거품관 위쪽 끝에 유연호스로 연결된 공기시료채취 펌프가 있다(그림 3.6) 단위시간당 체적 또는 유량은 알고 있는 체적(1000 cm^3)을 지닌 실린더의 처음(0 cm^3)과 끝(1000 cm^3)을 표시하여 놓고 두 표시 지점 사이를 거품필름이 통과하는데 걸리는 시간을 측정하여 결정할 수가 있다. 유량(Q, L/min)은 거품관의 거품이 특정 부피(Vol, cm^3)를 이동한 것에 대하여 측정된 시간으로 나눔으로써 계산할 수 있다.

$$Q(\mathrm{L/min}) = \frac{V(\mathrm{cm^3})}{T(\mathrm{s})} \times \frac{60\ \mathrm{s}}{1\ \mathrm{min}} \times \frac{1\ \mathrm{L}}{10^3\ \mathrm{cm^3}} \tag{3.2}$$

기온과 대기압은 보정과 시료채취 중에 측정하여야 하며, 표준유속(Q_{std})에 대하여 실제유속(Q_{act})을 보정할 수 있다. 표준온도는 0℃(273K)이지만 산업위생에서 기준온도와 표준 대기압은 각각 25℃(298K)과 760 mmHg이다.

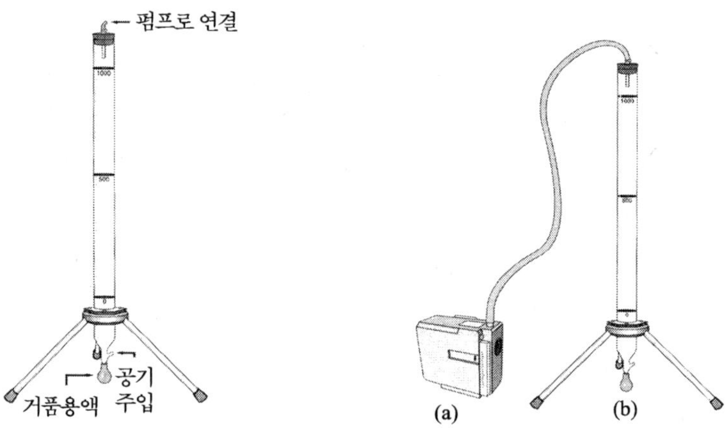

그림 3.5(좌) 시료채취 펌프의 보정용 1차기준으로 사용되는 수동식 무마찰 거품관 보정기
그림 3.6(우) 수동식 무마찰 거품관 보정기(b)에 연결된 고용량 펌프(a)

$$Q_{std} = Q_{act} \times \frac{298}{T} \times \frac{P}{760} \tag{3.3}$$

일반적인 거품관 유량측정기는 수동식과 전기식의 두 종류가 있다. 수동식은 유량을 결정하기 위해서 거품이 알고 있는 부피를 가로지르는 시간을 수동적으로 측정하여야 한다. 하지만 전자식 거품관 유량측정기는 거품이 정해진 부피를 이동하는 시간을 자동 결정하고 유량을 자동측정하는 전자식 유량센서(적외선)가 장착되어 있으며 L/min 또는 mL/min의 단위로 LCD 표시창에 나타난다. 그리고 전자식 거품관 유량측정기는 정기적으로 공장에서 수동식 거품관과 대비하여 보정, 점검해야 한다(그림 3.7).

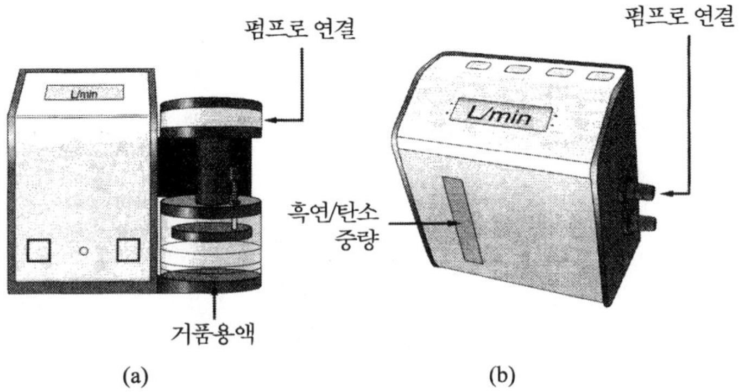

그림 3.7 공기 시료채취펌프 보정용 1차기준으로 사용된 (a) 전자식 무마찰 거품관 보정기, (b) 전자식 건식형 보정기

정확도와 정밀도, 사용의 간편성, 압축된 크기 등 여러 가지 이유로 수동식 무마찰 거품관 보정장치가 전자식 보정장치로 빠르게 교체되고 있다.

로터미터(rotameter)는 공기 시료채취펌프를 보정하기 위한 2차기준장치이며(그림 3.8), 투명유리 또는 플라스틱으로 만들어져 있고 내부에 고체 부표가 있는 끝이 가는 정밀-천공관으로 이루어져 있다. 거품관 보정장치로서 공기시료채취 펌프는 유연호스로 거품관의 끝에 연결되어 있다(그림 3.9). 공기흐름은 관 바닥으로 들어가서 공기압력이 부표의 중량에 의해서 상쇄되는 수준까지 부피를 위쪽으로 이동시킨다. 관 바닥으로부터 부표의 높이는 공기유량을 나타낸다. 부표는 최대 높이와 최대 폭에서 읽어야 한다.

로터미터는 일반적으로 1차검정기구와 비교함으로써 검정한다(그림 3.10). 예를 들어, 실제 공기시료채취 펌프, 로터미터, 그리고 거품관이 유연호스를 이용해서 일렬로 연결되고 다섯 가지의 상이한 유량이 설정된 펌프에 대하여 거품관으로 측정된 유량수치와 로터미터 수치를 기록한다. 수치는 직선그래프를 이용하여 그림으로 나타낼 수 있고(그림 3.11) 이것은 로터미터 수치와 거품관 유량수치를 대비한 것이다. 여러 로터미터의 수치에 맞는 유량은 검량선으로부터 추적할 수 있다.

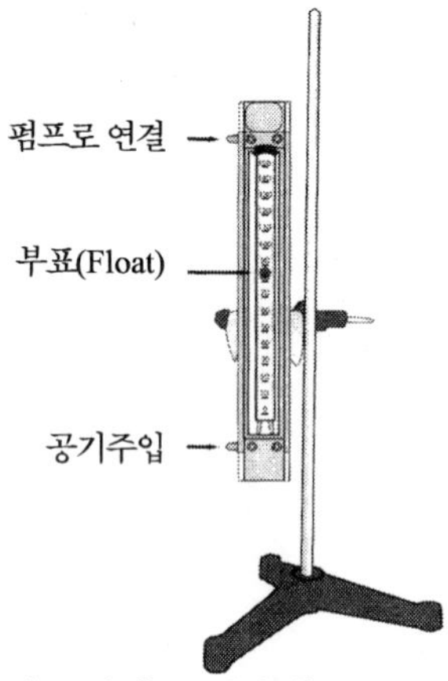

그림 3.8(좌) 로터미터(rotameter)

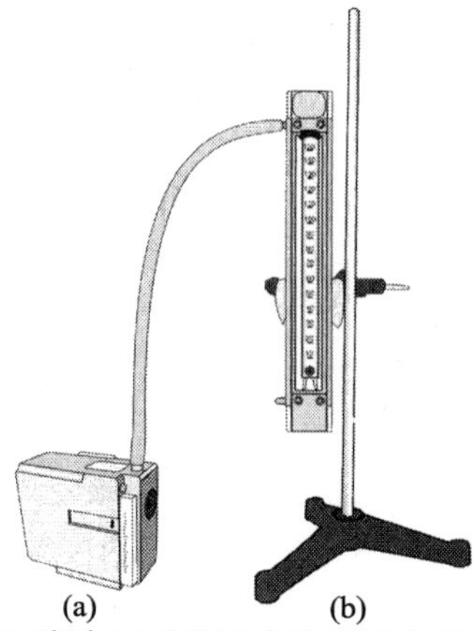

그림 3.9(우) 로터미터(b)에 연결된 고용량 펌프(a)

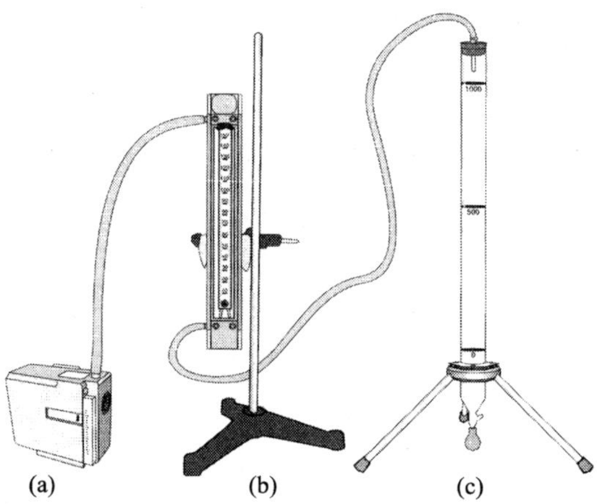

그림 3.10 무마찰 거품관 보정기(c)와 로터미터 보정기(b)를 연결한 고용량 펌프(a)

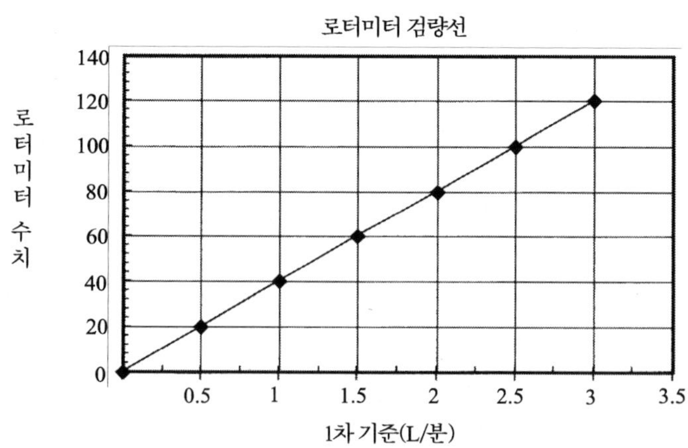

그림 3.11 로터미터 검량선

로터미터는 항상 같은 압력과 온도 조건에서 보정해야 한다. 한 번 보정된 로터미터는 공기 시료채취 펌프의 보정에 직접 사용할 수 있다. 만일 로터미터가 어떤 위치에서 보정되어(기온 T_{cal}, 대기압 P_{cal}에서 측정된 Q_{cal}) 오차 5% 미만으로 시료를 채취하였다면(기온 T_{samp}, 대기압 P_{samp}에서) 실제유량의 계산은 식 (3.4)와 같다.

$$Q_{actual} = Q_{cal} \times \sqrt{\left(\frac{T_{samp}}{T_{cal}} \times \frac{P_{cal}}{P_{samp}}\right)} \tag{3.4}$$

휴대용 로터미터와 전자식 보정장치는 시료채취 위치에서 공기시료채취 펌프의 이상적인 보정과 시료채취 중 유량의 주기적인 점검을 할 수 있게 해준다. 그러나 비록 로터미터가 1차 기준 보정장치의 인정할 만한 대체라고 할지라도 보다 높은 정확도(±<1%)와 다양한 범위(5 mL~30 L)의 장치가 필요하다고 하겠다.

3.5 실습

3.5.1 개요

이 과정은 1차 보정기준으로써 수동식 또는 전기식 거품관 유량측정기기를 이용하여 공기채취펌프를 검정하는 기초이론에 관하여 연습하는 것이다. 그리고 1차기준과 비교하여 로터미터의 보정을 증명할 것이다. 적용되는 물질을 얻고 보정방법의 과정이 끝났을 때 □에 √ 체크를 한다.

3.5.2 기구

(1) 1차 기준을 사용한 공기 시료채취 펌프의 보정

- □ 다용량 또는 고용량 공기채취 펌프
- □ 길이 2피트(60 cm), 내경 1/4인치(0.64 cm)의 유연호스
- □ 수동식 또는 전자식 거품관 유량 측정기(1차 보정기준)
- □ 비누용액
- □ 초시계(수동식 보정기 사용 시)
- □ 거품관 보정자료 결과보고서(그림 3.12)

보정자료 결과보고서
(저용량, 고용량, 다용량 공기시료채취 펌프)

보정장소 : ______________________

보정수행자 : ______________________ 보정날짜 : ______________

보정기기 : ______________________
(모델명 및 제조회사)

공기시료채취펌프 : ______________________
(모델명 및 제조회사)

채취매체 : ______________ 보정부피 : ______________cc

기온 : __________℃ 기압 : ______mm Hg 상대습도 : _______%

펌프번호	시료채취 전 보정유량(Q_{pre})					시료채취 후 보정유량(Q_{post})					평균 유량
	시간(초)				Q_{pre}/min	시간(초)				Q_{post}/min	Q_{avg}/min
	T_1	T_2	T_3	T_{avg}		T_1	T_2	T_3	T_{avg}		

보정 시 주의사항 :

그림 3.12 공기채취 펌프용 보정자료 결과보고서

(2) 1차 기준 대비 2차 기준의 보정

☐ 위의 (1)항에 나열된 기구

☐ 로터미터(2차 보정기준)

☐ 길이 1피트(30 cm), 내경 1/4인치(0.64 cm)의 유연호스

☐ 로터미터 보정결과 그래프(그림 3.13)

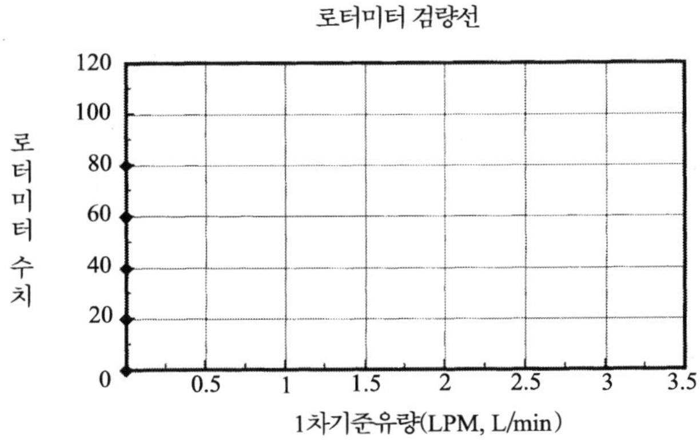

그림 3.13 로터미터용 검량선

3.5.3 방법

(1) 1차기준을 사용한 공기시료채취 펌프의 보정방법

- □ 펌프에서 충전기를 제거한 후 "ON"을 하고 보정하기 전에 5분 동안 시운전한다.
- □ 공기채취 펌프의 입구에 호스의 한 끝을 연결한다.
- □ 유연호스의 다른 한 끝을 수동식 또는 전자식 무마찰 거품관 보정장치에 연결한다. 이것으로 공기채취 펌프 보정시스템을 완성한다(그림 3.6).
- □ 비누필름("거품")을 형성시키기 위해서 보정장치로 거품용액을 빨아들인다.
- □ 비누필름이 1,000 mL의 부피를 이동하는 시간(T, 초)을 기록한다.
- □ 유량(Q)을 분당 리터(L/min)로 계산한다.
- □ 보정자료 결과보고서를 작성한다.

(2) 1차기준 대비 2차기준의 보정방법

- □ 펌프에서 충전기를 제거한 후, "ON"을 하고 보정하기 전에 5분 동안 시운전한다.
- □ 공기채취 펌프의 입구에 길이 2 ft(60 cm)인 유연호스의 한 끝을 연결한다.
- □ 펌프와 연결된 유연호스의 다른 한 끝을 로터미터의 출구에 연결한다.
- □ 길이 30 cm의 호스를 로터미터의 입구에 연결한다.
- □ 유연호스의 다른 한 끝을 수동식 또는 전자식 무마찰 거품관 보정기구에 연결한다. 이것으로 로터미터 보정시스템을 완성한다(그림 3.10).
- □ 공기채취 펌프의 유량을 조절하여 가장 높은 위치로 맞춘다.
- □ 로터미터 부표가 안정이 되도록 방치한다.

□ 비누필름("거품")을 형성시키기 위해서 보정기구로 거품용액을 빨아들인다.

□ 비누필름이 1,000 mL의 부피를 이동하는 시간(T, 초)을 기록하고 이 값을 A_1으로 한다. 동시에 부표의 가장 높고 넓은 점에서의 로터미터 값을 B_1으로 기록한다.

□ 결과쌍 A와 B를 기록한 후 펌프의 유량을 조절해서 유량을 각 시간마다 1/4 정도로 감소시키고, 다섯 쌍의 결과를 기록한 후 중지한다.

□ 로터미터 보정양식에 Y-축을 로터미터 수치로, X-축에 거품관 수치(L/min)로 하여 결과쌍(A_1B_1, A_2B_2, A_3B_3, A_4B_4, A_5B_5)을 그려놓고 다섯 좌표를 직선으로 연결하여 X-Y축 선그래프를 그린다.

□ 로터미터에서 거품관을 제거한 후 로터미터와 펌프만 연결한다(그림 3.9와 대기압(1 atm 또는 760 mmHg, STP)).

□ 공기채취 펌프의 유량을 조절하여 약간 높은 유량까지 올린 후 수치를 기록한다.

□ 그래프 Y-축의 상응하는 수치에서 수평선을 긋고, X-축과 교차하는 점까지 평행선을 긋는다. L/min의 단위로 상응하는 유속을 읽는다.

3.6 계산예

예제 3.1 수동식 무마찰 거품관을 사용하여 다용량 공기시료채취 펌프를 보정하였다. 세 번을 측정 (n = 3)해 본 결과 1000 cm^3의 체적을 지닌 거품관에 거품이 지나가는 시간을 측정하였더니 25.5초(T_1), 25.2초(T_2), 25.9초(T_3)이었다면 평균유량은 몇 L/분인가?

풀이_ $Q_{avg}(\text{L/min}) = \dfrac{\text{V}(\text{cm}^3)}{\text{T}_1[\text{sec}]+\text{t}_2+\text{T}_3[\text{sec}]/3} \times \dfrac{60\ \text{sec}}{\text{min}} \times \dfrac{1\ \text{L}}{10^3\ \text{cm}^3}$

$$= \frac{1000\ \text{cm}^3}{(25.5\ \text{sec}+25.2\ \text{sec}+25.9\ \text{sec})/3} \times \frac{60\ \text{sec}}{\text{min}} \times \frac{1\ \text{L}}{10^3\ \text{cm}^3}$$

$$= 2.35\ \text{L/min}$$

예제 3.2

1차보정기준장치로 무마찰 거품관을 사용하여 로터미터의 보정을 행하여 다음과 같은 자료를 얻었다. 검량선을 그리고 그것을 이용하여 로터미터에서 읽은 수치가 35일 경우 유량은 몇 L/min인가?

로터미터 수치	거품관 유량(L/min)
63	3.00
50	2.50
42	2.00
31	1.50
22	1.00
9	0.50
0	0

풀이_

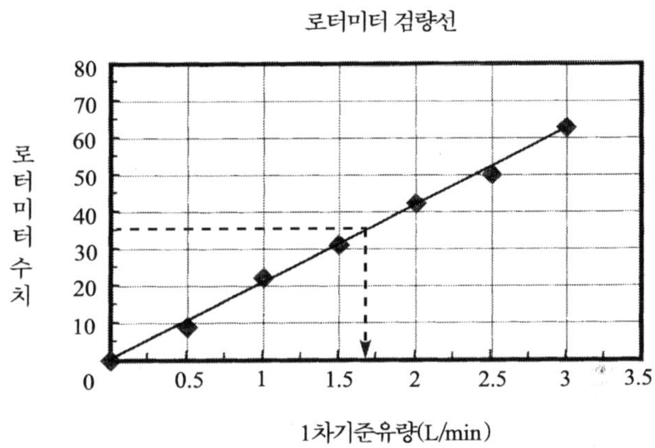

따라서, 1.75 L/min

CHAPTER

04

공기 중 총 입자상물질(분진)의 평가

PVC 여지를 부착한 공기채취 펌프를 이용한 개인 및 지역 누적시료채취

CHAPTER

04 공기 중 총 입자상물질(분진)의 평가

학습목표 제4장의 학습목표를 달성하기 위해서는 학습자가 내용을 충분히 읽고 이 장과 관련된 자료를 연구하는 자세가 필요하다.

- 특정 시료채취매체를 포함한 총 입자상물질(분진)의 누적시료채취를 위한 시료채취 절차의 명칭, 확인, 조립 등
- 다용량 또는 고용량 공기 시료채취펌프의 유량측정용 1차 기준 장치를 사용한 적용 보정 절차의 명칭, 확인, 조립 등
- 수동식 또는 전자식 무마찰 거품관 유량측정기 사용시 대표적인 시료채취 매체를 지닌 다용량 또는 고용량 공기 시료채취펌프의 보정
- 공기 중 총 입자상물질(분진)의 시료채취 원리 요약
- 공기 중 총 입자상물질(분진)의 누적 시료채취의 수행
- 채취된 입자상물질(분진)의 중량분석을 위한 시료의 준비
- 기계식 및 전자식 저울의 명칭 및 확인
- 전자식 저울을 이용한 총 입자상물질(분진) 시료의 분석에 필요한 구성성분의 명칭 및 확인
- 표준 무게추를 사용한 전자식 저울의 보정점검
- 공기 중 총 입자상물질(분진)의 채취에 사용된 필터의 시료분석의 원리요약
- 전자식 저울을 사용한 총 입자상물질(분진) 시료의 분석 수행
- 적용한 공기 시료채취펌프의 채취 전·후 시료채취 유량, 평균 유량, 필터의 채취 전·후 무게, 시료채취시간, 채취된 공기체적, 채취된 총 입자상물질(분진)의 무게, 총 입자상물질(분진)의 농도(mg/m3)의 계산 및 단위환산의 수행
- 적용한 보정, 시료채취, 보정된 분석자료, 현장 시료채취 및 실험실분석 결과보고서의 기록

4.1 개요

미정부산업위생전문가협의회에서 제시한 작업환경 공기 중 입자상물질(분진)의 노출기준(ACGIH- TLVs)과 미산업안전보건청에서 제시한 노출기준(OSHA-PELs)은 입자상물질의 고유특성에 기초하여 각각의 개별 요소에 대해서 또는 혼합물에 대해서 설정되었다. 물질의 독성 정도에는 관계없이 공기 중 입자상물질의 농도를 나타낸 것이다. 그러나 각 개별적인 입자농도보다는 개인이 외적으로 노출되는 총 입자상물질(분진)의 농도를 결정해야 하는 경우도 있으며 어떤 특정한 물질이나 혼합물에 대해 작업 노출한계가 없는 경우도 있다. 이런 물질들은 대개 '기타 분류되지 않은 물질'로 분류된다. 이 두 가지 경우 모두 총 입자상물질(분진)에 대한 측정, 즉 다양한 크기와 구성 성분이 혼합된 물질에 대한 측정이 타당성을 갖는다.

이들 입자에 따라서 특별한 채취방법 및 분석방법이 있고, 여기에는 전형적으로 특정채취 및 분석방법은 그러한 입자상물질(분진)들에 유용하며 전형적 입자의 크기나 구성성분에 따라 선택된 채취매체인 여지를 통과하는 기류의 흐름이 관여된다. 공기 중 입자상물질(분진)들은 정전기 원리로 여지에 부착되고 쌓이게 되어, 결과적으로 공기와 입자의 분리가 일어난다(그림 4.1).

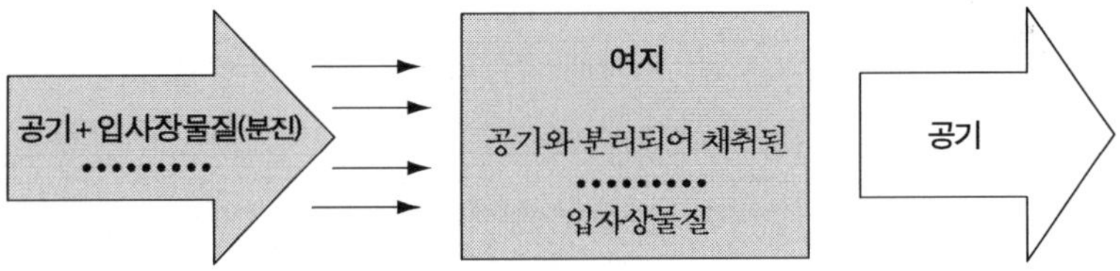

그림 4.1 여지를 통과하는 입자상물질(분진) 시료의 분리도

ACGIH는 입자상물질(분진) 질량에 대한 크기별 시료채취에 기초를 둔 세 가지 형태의 TLVs를 나타내었는데 그것은 입자상물질(분진)이 쌓일 때 해롭다고 생각하는 부위로 구분하였다.

- 호흡기 전체 : 흡입성 입자상물질(분진)의 허용농도
  (IPM, inhalable particulate mass- TLV)
- 폐기도와 가스교환 구역 전체, 기관지 : 흉곽성 입자상물질(분진)의 허용농도
  (TPM, thoracic particulate mass-TLV)

- 가스교환 구역 전체, 세기관지 및 폐포 : 호흡성 입자상물질(분진)의 허용농도 (RPM, respirable particulate mass−TLV)

이러한 분류와 관련하여 공기 중 입자상물질(분진)을 채취하고, 분석하며 특징짓는데 필요한 것이 입자상물질(분진)의 입경별 시료채취 기기 및 채취방법이다. 입경별 시료채취기기는 제5장에 요약하여 놓았다.

4.2 총 입자상물질(분진)용 여지

시료매체는 여지의 공경(孔經)이 5.0 μm 이고 지름이 37 mm인 PVC이다. 여기서 37 mm는 입자상물질(분진)이 침강되고 채취되는 단면적의 지름을 말한다. 공경보다 큰 직경을 가진 입자상물질(분진)이 여지의 표면에 채취된다. 그러나 공경보다 작은 직경의 입자상물질(분진)도 또한 채취된다. 입자와 여지의 정전기로 인해 구멍 내에 작은 입자들이 채취된다. 실제로 입자상물질(분진)이 여지에 축적될수록 채취효율은 증가한다. 총 입자상물질(분진)은 다양한 크기의 입자로 구성되어 있으므로 여지의 막힘과 과부하를 줄이기 위해 공경이 큰 여지(5 μm)가 공경이 작은 여지(0.45~0.8 μm)보다 많이 사용된다.

시료 전처리와 분석은 중량측정 방법을 이용하므로 여지는 사용 전까지 건조기구에 보관된다. 표준 데시케이터(건조기구)는 실리카겔 결정체와 같은 건조제가 들어가 있으며 이는 여지의 채취 전·후 무게 측정시 과중량을 일으킬 수 있는 수분을 흡수하는 탈수 때문이다. 플라스틱은 상대적으로 물을 흡수하지 않기 때문에 PVC 플라스틱 여지는 종이셀룰로오스 여지 대신에 사용된다. 그러므로 탈수시킨 여지의 채취 전 무게는 여지 자체의 무게이고, 채취 후 무게는 여지와 채취된 입자의 무게임을 확실하게 해준다. 여지는 무게 측정 전 거의 24시간 동안 탈수시켜야 한다. 만약 진공건조기구(vacuum dessicator)를 사용하면 탈수가 빨리 되며, 데시케이터 안에 방치하는 시간도 30분 미만으로 줄일 수 있다.

여지를 셀룰로오스 지지패드(support pad) 위에 놓고 37mm 3단 카세트로 고정한다(그림 4.2). 1단(first stage)은 패드와 여지를 받치며, 채취된 공기의 출구역할을 하는 구멍이 중앙에 있다. 2단(second stage)은 공기가 카세트 안으로 들어올 때 공기 중 입자상물질(분진)의 침강을 잘되게 하기 위해 카세트의 깊이와 높이를 증가시킨 링 모양의 공간이다. 채취된 공기가 카세트 안으로 들어오는 입구역할을 하는 구멍이 3단(third stage)의 중앙에 있다.

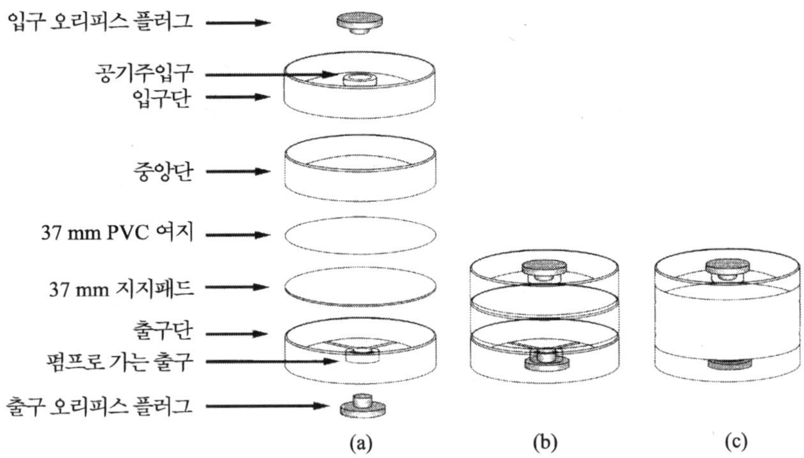

그림 4.2 37 mm PVC 여지와 지지패드가 있는 37 mm 3단 카세트 (a) 전개도, (b) 조립도, (c) 수축밴드 또는 테이프로 틈을 두른 완성도

4.3 주의사항

공기 중 농도와 채취유량이 너무 많으면 여지에 과부하가 걸릴 수 있다. 입자상물질(분진)은 카세트입구 바로 밑 여지 중앙에 삼각뿔 모양으로 축적된다. 그렇게 축적된 입자는 카세트와 시료를 주의 깊게 취급하지 않으면 유실될 수도 있다. 분석을 위해서 카세트를 분리하기 전에 더러워진 카세트를 닦지 않으면 이 먼지로 인해 여지가 오염될 수 있다. 그런 경우에 여지 내 입자상물질(분진)의 유실이나 여지의 오염으로 잘못된 자료가 나오거나 가치가 없는 시료가 될 수 있다.

이러한 주의사항들은 공기 중 입자상물질(분진)을 포함한 시료에 해당되며 총 입자상물질(분진), 흡입성 입자상물질(분진), 섬유, 금속분진과 흄에도 적용된다.

4.4 시료채취

각각의 현장시료와 바탕시료를 채취할 여지의 무게를 사전에 측정하는 것이 시료채취매체에 대한 준비이다. 공기 중 입자상물질(분진)을 끌어들여 여지를 오염시킬 수 있는 정전기를 제거하기 위해 탈수된 여지 무게를 측정하기 전에 이온화장치에 통과시킨다. 정전기 제거장치는 풀로늄(Po, polonium-210)과 같은 방사성 동위원소를 사용한다. 여지를 즉시 삼단 플라스틱 카세트 내 셀룰로오스 지지패드 위에 놓는다. 카세트를 조립하고 카세트의 입구와 출구에 플러그를 끼운다. 채취할 때는 플러그를 빼고 카세트를 직경 1/4 in의 유연호스로 공기 채취펌프에 연결한다(그림 4.3). 보통 채취유량은 1.5~2.0 L/min 이다. 채취 후 현장에서 카세트를 펌프에서 떼어내고 플러그를 입구와 출구에 끼운 다음 그 시료를 분석실로 보낸다.

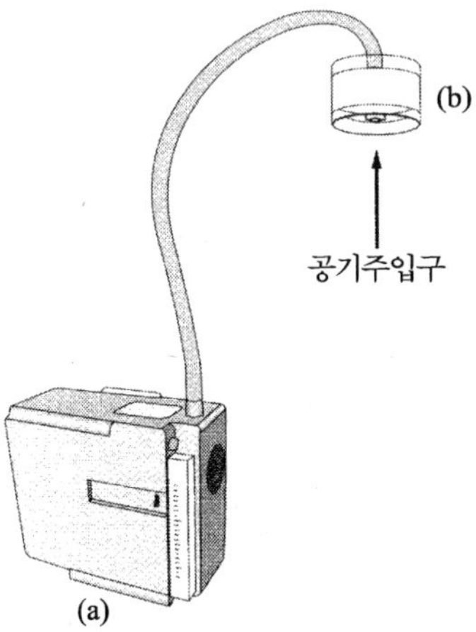

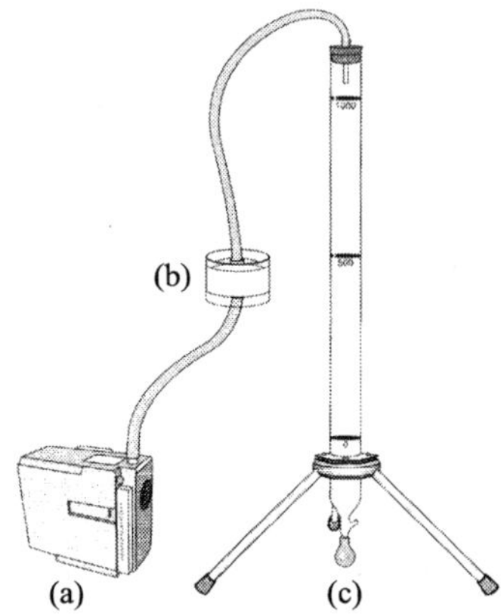

그림 4.3(좌) 총 입자상물질(분진) 측정용 시료채취장치 (a) 37 mm PVC 여지를 넣은 3단 카세트 (b) 고용량 펌프
그림 4.4(우) 입자상먼지 보정용 장치 (a) 고용량 펌프, (b) 37 mm PVC 여지를 넣은 3단 카세트, (c) 무마찰거품관

4.4.1 보정(Calibration)

- 37 mm, 5 μm PVA 여지와 지지패드를 포함하여 조립된 3단 카세트에 수동 또는 전자보정기를 사용해 공기의 유량을 맞추거나 결정하기 위해 채취 전·후로 공기채취 펌프를 보정한다(그림 4.4).
- 비누방울이 관의 특정부피(V, cm^3)를 이동하는 시간(초)을 세 번 측정하여 평균시간(T_{avg}, 초)을 구하여 채취 전(Q_{pre}), 후(Q_{post}) 유량을 결정한다.

$$Q(L/min) = \frac{V(cm^3)}{T_{avg}(s)} \times \frac{60\ s}{1\ min} \times \frac{10\ L}{10^3\ cm} \tag{4.1}$$

- 채취 전(Q_{pre}), 후(Q_{post}) 유량으로 평균유량(Q_{avg})을 구한다.

$$Q_{avg} = \frac{Q_{pre} + Q_{post}}{2} \tag{4.2}$$

- 총 입자상물질(분진)의 시료채취유량은 1.5~2.0 L/min이다.

4.4.2 시료채취의 준비

- 무게를 측정한 PVC 여지와 무게를 측정하지 않은 지지패드를 플라스틱 카세트 안에 넣고 조립하여 번호를 붙인다.
- 채취기구는 다용량 또는 고용량 펌프, 직경 6.35 mm의 집게가 있는 유연호스, 무게를 측정하지 않은 셀룰로오스 지지패드 위에 무게를 측정한 37 mm, 5 μm 여지를 포함한 37 mm 3단 플라스틱 카세트로 구성되어 조립된다.

4.4.3 시료채취 수행

- 번호가 붙여진 플라스틱 카세트를 입구가 아래쪽으로 되게 한 후 호흡영역에 부착한다. 카세트에 연결된 공기채취 펌프는 개인시료채취인 경우 근로자의 혁대에 고정시키고 지역시료채취인 경우는 특정 위치에 놓는다.
- 펌프를 켜고(ON) 시작시간을 기입한다.
- 일정시간 경과 후 펌프를 끄고(OFF) 종료시간을 기입한다.
- 플러그를 플라스틱 카세트의 입구, 출구에 끼우고 분석실로 보낸다.

4.5 분석

총 입자상물질(분진)의 채취방법은 공기오염 중 특정 입자상물질(분진)을 검출하고 측정하기 위한 채취방법과 유사하다. 그러나 가장 큰 차이점은 분석방법이다. 공기 오염물질 중 특정 입자상물질(분진) 분석은 특정 분석물질을 확인하고 채취된 양을 측정할 분석방법을 필요로 하지만 총 입자상물질(분진) 분석은 간단한 중량분석방법으로 채취된 양을 측정한다. 그 시료의 분석은 기계 또는 전자저울을 이용한 중량측정법이다(그림 4.5).

중량측정방법은 여지의 전·후 무게의 비교이다. 이론적으로 채취 전 무게는 여지만의 무게이며, 채취 후 무게는 여지와 채취된 총 입자상물질(분진)의 무게이다. 채취 전·후의 무게차는 채취된 총 입자상물질(분진)의 무게이다. 중량측정방법은 가장 중요한 분석방법들 중 가장 간단한 방법이다. 구성요소와 원리의 간결하고 명확한 요약은 다음과 같다.

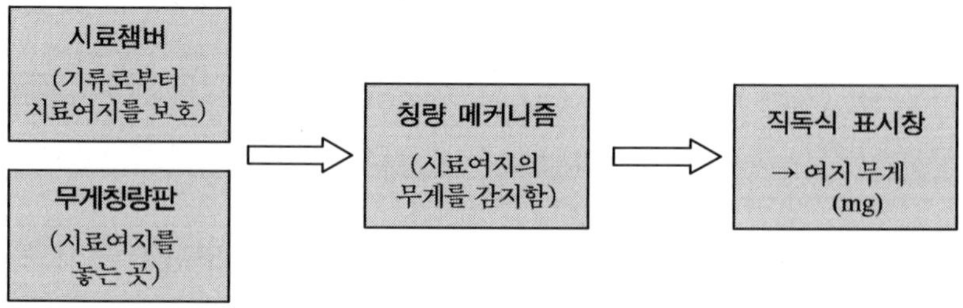

그림 4.5 기계식과 전자식 저울의 구상도

4.5.1 구성요소

- 시료/칭량 챔버 : 무게를 측정하는 동안 기류와 난류를 막기 위한 미닫이문이 달린 투명한 유리나 새시
- 칭량팬 : 무게를 측정하기 위해 여지를 놓는 곳
- 기계, 전자저울 장치 : 여지의 무게에 반응하는 기계, 전자장치
- 수치판 : 저울장치로부터의 기계적, 전기적 신호에 대응하는 것이며 여지의 무게를 알려준다.

4.5.2 분석원리

- 채취 후 그리고 분석 전에 카세트에서 플러그를 제거하고, 시료채취 동안 입자상물질(분진)과 여지에 흡수됐던 수분을 탈수시키기 위해 건조용기(desiccator)에 넣어둔다.
- 탈수 후 카세트를 분리하고 여지를 꺼내어 채취 후 무게를 0.001 mg까지 잰다.
- 여지와 시료의 흡착력과 오염을 최소화하기 위해서 채취 전, 후 이온화장치에 통과시켜서 무게 측정 시 정전기를 제거한다.

4.5.3 총 입자상먼지 농도의 계산

- 채취 후 여지 무게에서 채취 전 여지 무게를 빼서 총 입자상물질(분진)의 양을 구하고 무게를 mg으로 표현한다.

$$\text{총 입자상물질의 양(mg)} = \text{채취 후 여지무게(mg)} - \text{채취 전 여지무게(mg)} \qquad (4.3)$$

- 채취시간(T, min)과 평균채취유량(Q, L/min)을 곱해 채취된 공기의 체적을 구한다. 그리고 L를 m^3으로 바꾼다.

$$\text{공기의 체적}(\mathrm{m}^3) = \mathrm{T}(\mathrm{min}) \times \mathrm{Q}_{\mathrm{avg}}(\mathrm{L/min}) \times \frac{1\ \mathrm{m}^3}{10^3\ \mathrm{L}} \quad (4.4)$$

- 무게(mg)를 채취된 공기의 체적(m^3)으로 나누어 총 입자상물질(분진)의 농도를 구해 mg/m^3으로 표현한다.

$$\text{총 입자상물질의 농도}(\mathrm{mg/m}^3) = \frac{\text{총 입자상물질의 무게}(\mathrm{mg})}{\text{공기의 체적}(\mathrm{m}^3)} \quad (4.5)$$

- 시료 PVC 여지(S)의 무게에서 공시료 PVC 여지(B) 무게를 빼고 채취공기의 체적(V)으로 나누고 1보다 적거나 같은 채취계수(E)를 보정해 준 것이 보정농도(C)이다.

$$C = \frac{S-B}{EV} \quad (4.6)$$

4.6 실습

4.6.1 개요

이 실습은 여과지를 이용한 총 입자상물질(분진)에 대한 누적시료채취를 수행하는데 필요한 기초적 개념을 제공해 준다. 또한 전자저울을 사용한 일반적인 분석방법을 소개한다. 그러므로 이 실습은 총 입자상물질(분진)의 시료채취와 분석에 초점을 맞춘 것이다. 기구 및 방법은 NIOSH Method 0500의 수정안에 기초를 둔다(우리나라의 경우 한국산업안전공단 '작업환경측정·분석방법지침서'에 나타난 KOSHA CODE 분석방법 A-1-113의 지침을 따른다). 적당한 기구가 준비되었거나 시료채취 및 분석방법의 단계가 완료되었을 때 □에 √ 표시를 한다.

4.6.2 기구

(1) 공기채취 펌프의 보정

- □ 다용량 또는 고용량 공기채취 펌프
- □ 조립된 3단 플라스틱 카세트에 놓인 셀룰로오스 지지대 위의 37 mm, 5.0 μm PVC 여지
- □ 직경 6.35 cm, 길이 약 60 cm의 유연호스 2개
- □ 수동식 또는 전자식 무마찰 거품관 보정기

☐ 비누액

☐ 초시계(만약 수동식 보정기를 사용한다면)

☐ 보정자료 결과보고서(그림 4.6)

보정자료 결과보고서
(저용량, 고용량, 다용량 공기시료채취 펌프)

보정장소 : ______________________

보정수행자 : ______________________ 보정날짜 : ______________

보정기기 : ______________________________________
(모델명 및 제조회사)

공기시료채취 펌프 : __________________________________
(모델명 및 제조회사)

채취매체 : ________________ 보정부피 : ________________cc

기온 : __________℃ 기압 : ______mmHg 상대습도 : ______%

펌프 번호	시료채취 전 보정유량(Q_{pre})					시료채취 후 보정유량(Q_{post})					평균유량
	시간(초)				Q_{pre}/min	시간(초)				Q_{post}/min	Q_{avg}/min
	T_1	T_2	T_3	T_{avg}		T_1	T_2	T_3	T_{avg}		

보정 시 주의사항 :

그림 4.6 고용량 공기시료채취 펌프용 보정자료 결과보고서

(2) 총 입자상물질(분진)의 시료채취

- □ 정전기 방지장치와 채취여지의 채취 전 질량을 재기 위한 전자저울
- □ 조립된 3단 플라스틱 카세트 안에 셀룰로오스 지지대 위에 채취 전 질량을 잰 37 mm, 5.0 μm PVC 여지
- □ 오리피스 마개
- □ 카세트 단을 고정시키기 위한 셀룰로오스 카세트나 테이프
- □ 다용량 또는 고용량 공기채취 펌프
- □ 직경 6.35 mm, 길이 40 cm의 유연호스 1개
- □ 현장 시료채취자료 결과보고서(그림 4.7)

(3) 총 입자상물질(분진)의 분석

- □ ≥ 0.00 1mg 정량 가능한 전자저울
- □ 실험실 분석자료 결과보고서(그림 4.8)

4.6.3 방법

(1) 공기채취 펌프의 채취 전 보정

- □ 충전기에서 펌프를 떼어 전원을 켜고(ON) 보정에 앞서 5분간 작동시킨다.
- □ 보정표를 만들어 이름, 위치, 날짜, 기온, 기압, 펌프 제조사와 모델명, 보정기구, 세 번 보정할 때마다의 시간, 시료채취 전·후 보정의 평균유량을 기록한다.
- □ 공기채취펌프의 보정에 사용하기 위한 채취 여지(37 mm, 5.0 μm PVC)와 3단 플라스틱 카세트 내의 지지대가 있어야 한다.
- □ 약 60 cm 유연호스의 한쪽 끝에 카세트 어댑터를 넣는다.
- □ 유연호스의 다른 끝을 공기채취 펌프에 연결한다.
- □ 유연호스 끝의 어댑터를 표준채취매체로 사용되는 카세트 1단 중앙의 출구에 연결한다.
- □ 또 다른 카세트 어댑터를 또 다른 약 60 cm 유연호스의 한쪽 끝에 넣는다.
- □ 두 번째 유연호스 끝의 어댑터를 표준채취매체로 사용되는 카세트 3단 중앙의 입구에 연결한다.
- □ 수동식 또는 전자식 무마찰 거품관 보정장치에 남은 유연호스의 끝을 연결한다. 이것으로 보정체계가 구성된다.

현장시료 채취자료 결과보고서
(총 입자상물질(분진) 및 호흡성 입자상물질(분진)용 누적 측정)

설비명 및 설치장소 : ____________________ 채취오염물질 : □ 총 입자상물질(분진)
□ 호흡성 입자상물질(분진)
□ 결정실리카
____

측정수행자 : ______________________________

채취매체 : ______________

채취날짜 : ______________

방법(발생원/번호/명칭) : ______________________

측정기기(모델명 및 제조회사) : ____________________________________

기온 : ________℃ 기압 : ________mm Hg 상대습도 : ______%

개인 또는 지역명칭	현장 시료	펌프 번호	시료채취 전 보정유량	시료채취 후 보정유량	평균 유량(Q)	시료채취 시작시간	시료채취 마감시간	총 시료채취 시간(T)	시료채취 시 공기체적(Vol)

현장노트(비고) :

그림 4.7 총 입자상물질(분진)용 현장 시료채취자료 결과보고서

실험실 분석자료 결과보고서
(총 입자상 물질의 전자저울을 이용한 중량분석)

설비명 및 설치장소 : ______________________ 채취오염물질 : __________

측정수행자 : ______________________ 측정수행날짜 : __________

실험실 및 장소명칭 : ______________________ 분석오염물질 :

방법(발생원/번호/명칭) : ______________________

□ 총 입자상물질(분진)

□ 결정형 실리카

____

분석수행자 : ______________________ 분석날짜 : __________

여지매체(여지명, 제조회사, Lot번호) : ______________________

전자식저울(모델명 및 제조회사) : ______________________

X선 회절장치(모델명 및 제조회사) : ______________________

기온 : ____℃ 기압 : _____mm Hg 상대습도 : ______%

실험실내 시료번호	현장 시료 번호	시료재취 전 여지무게 (mg)	시료채취 후 여지무게 (mg)	시료채취 후 여지무게 –시료채취 전 여지무게 (mg)	평균 유량(Q) (L/min)	총 시료채취 시간(T) (min)	시료채취 시 공기체적 (Vol) (m3)	% 실리카	입자상 물질농도 (mg/m^3)
									총 입자상 물질
									실리카

실험실노트(비고) :

그림 4.8 총 입자상물질(분진)의 중량분석용 실험실분석자료 결과보고서

□ 보정장치 내부로 비누용액을 방울형태로 끌어 올린다.
□ 공기방울이 500 mL에서 1000 mL까지 통과하는데 걸리는 시간(T, 초)을 기록한다.
□ 수동식 거품관을 사용한다면 유량(Q, L/min)을 계산하고, 그렇지 않다면 전자식 거품관 보정기에서 유량을 직접 읽는다.
□ 유량이 2 L/min ±5%로 유지되지 않으면 펌프의 유량을 조절하고 원하는 유량을 얻을 때까지 반복해서 보정과정을 거친다.
□ 2 L/min ±5%로 원하는 유량을 얻었다면 2~3번 보정검사를 반복하고 평균적인 채취 전 유량을 계산한다.
□ 보정기구로부터 펌프를 떼어내고 스위치를 끈다(OFF). 보정한 공기채취펌프는 이제 사용할 준비가 된 것이다.

(2) 시료채취 매체의 준비

□ 실험실 분석표를 만들고 측정자 이름, 측정한 위치, 날짜, 기온, 기압, 분석물질(총 입자상물질(분진)), 전자저울 제조회사, 모델명, 여지의 종류, 여지 고유번호, 여지의 채취 전 질량을 기록한다.
□ 전자저울을 0점 조정한다.
□ 표준질량을 사용하여 전자저울의 보정을 검사하고 잘 되었으면 시작한다.
□ 건조용기(desiccator)에서 여지 봉투를 꺼낸다.
□ 핀셋을 사용하여 봉투에서 PVC 여지를 꺼낸 후 저울에 올려놓기 전 이온화장치에 통과시킨다.
□ 전자저울로 질량을 0.001 mg까지 측정한다.
□ 여지의 질량을 2번 측정하여 두 질량의 차이가 0.005 mg 이상 차이가 나면 전자저울을 다시 0점 조정하고 다시 측정한다.
□ 두 질량의 차가 0.005 mg 이하이면 여지의 질량을 0.001 mg까지 측정하고 평균을 낸다.
□ 핀셋을 사용하여 3단 카세트의 출구단(outlet stage) 속에 질량을 측정하지 않은 셀룰로오스 지지대를 넣는다.
□ 여지 위에 3단 카세트 중심링을 놓는다.
□ 중앙단 위에 입구단을 놓는다.
□ 평편하고 단단한 플라스틱 또는 금속판과 손바닥을 사용하여 3단 카세트를 고르게 누른다.
□ 카세트의 흡입구와 배출구 구멍에 마개를 끼운다.

□ 카세트 주변 둘레를 젖은 셀룰로오스 밴드 또는 테이프로 감는다.

□ 카세트에 시료의 고유번호를 붙인다.

(3) 총 입자상물질(분진)의 공기 중 시료채취

□ 공기 중 입자상물질(분진)의 농도를 검출할 수 있고 측정 가능한 지역에서의 시료채취 실행을 승인받아 그에 따라 시료채취를 행한다. 그렇지 않으면 모의 시료채취 실습을 하여 다음 분석을 위해 훈련의 기초가 될 수 있는 입자상물질(분진) 시료를 얻는다.

□ 현장 시료채취자료 결과보고서를 만들어 이름, 채취위치, 개인 또는 지역을 채취대상, 날짜, 기온, 기압, 상대습도, 분석물질(총 입자상물질(분진)), 공기 채취펌프 제조사와 모델명, 펌프, 시료 고유번호, 채취매체, 시료번호, 유량 채취의 시작 및 종료시간, 채취유량을 기록한다.

□ 펌프를 켜고 유연호스와 채취매체에 연결하기 전에 5분간 시운전한다.

□ 유연호스의 한쪽 끝에 카세트 어댑터를 넣는다. 이는 나중에 펌프에 연결한다.

□ 시료를 채취할 지역에 펌프를 놓고 고정시킨다.

□ 카세트의 오리피스 마개를 제거하고 펌프에 연결된 유연호스를 카세트의 출구 포트에 부착시킨다.

□ 유연호스를 펌프에 연결하고 채취매체를 고정시킨다.

□ 시료번호와 시작시간을 적고 시표가 카세트 안으로 통과되도록 적어도 2시간 이상 둔다.

□ 적당한 채취시간에 펌프를 끄고 종료시간을 기록, 채취 시간(T, min)을 계산한다.

□ 시료채취기구로부터 카세트를 떼고 입구와 출구에 마개를 꽂아서 시료를 실험실로 옮긴다.

□ 다른 이물질이 카세트 표면에 묻어 있을 가능성이 있으므로 조심스럽게 닦아 제거한다.

□ 마개를 빼고 분석하기 전에 대략 24시간 정도 건조용기(desiccator)에 시료를 둔다.

(4) 시료채취 후 공기 시료채취펌프의 보정

□ 방법 (1)에서 요약된 단계를 반복하고 펌프의 유량조정을 하지 않는다.

□ 채취 후 유량(Q_{post})은 채취 전 유량(Q_{pre})의 ±5% 이내이어야 한다.

□ 시료채취의 평균유량은 채취 전, 후 유량의 평균(Q_{avg})으로 구하고 L/min으로 나타낸다.

(5) 총 입자상물질(분진) 시료의 분석

- □ 전자저울을 영점조정하고 표준무게를 사용하여 보정 검사한다.
- □ 데시케이터에서 시료를 꺼내고 카세트의 둘레에 셀룰로오스 밴드나 테이프가 있으면 제거한다.
- □ 여지를 꺼내기 위해 중앙단과 입구단을 조심스럽게 분리하여 카세트를 분리한다.
- □ 탐침(probe)을 출구단 오리피스에 부드럽게 넣어 지지패드 및 여지를 올려 핀셋으로 잡을 수 있게끔 한다.
- □ 핀셋을 사용하여 조심스럽게 여지를 꺼내 전자저울의 무게칭량판에 놓는다.
- □ 여지의 채취 후 무게를 0.001 mg까지 재어 적는다.
- □ mg/m^3로 총 입자상물질(분진)의 농도를 계산한다.
- □ 실험실 분석결과보고서를 만들어 이름, 날자, 기온, 기압, 분석물질(예 : 총 입자상물질(분진)), 전자저울 제조회사 및 모델명, 시료 번호, 채취 전 여지 무게, 채취 후 여지 무게, 총 입자상물질(분진) 무게, 채취유량, 농도를 적는다.

4.7 예제

예제 4.1

고용량 공기채취 펌프를 수동식 무마찰 거품관을 사용해 보정하였다. 비누방울이 체적(V) 500 cm^3를 이동하는 데 3번 측정하여 평균 15초(T) 걸렸다면 유량(Q)은 몇 L/min인가?

풀이_

$$Q(L/min) = \frac{v(cm^3)}{T_{avg}(s)} \times \frac{60\ s}{1\ min} \times \frac{1\ L}{10^3\ cm^3}$$

$$= \frac{500\ cm^3}{15\ s} \times \frac{60\ s}{1\ min} \times \frac{1\ L}{10^3\ cm^3}$$

$$= 2\ L/min$$

예제 4.2

고용량 펌프를 사용하여 2.5시간(T, min) 동안 유량(Q) 2 L/min로 시료를 채취했다. 그러면 펌프로 채취된 공기의 체적(V, m^3)은 얼마인가?(단, 2.5 h=150 min)

풀이_
$$V(m^3) = T(min) \times Q_{avg}(L/min) \times \frac{1\ m^3}{10^3\ L}$$
$$= 150(min) \times 2(L/min) \times \frac{1\ m^3}{10^3\ L}$$
$$= 0.300\ m^3$$

예제 4.3

총 입자상물질(분진)을 채취하기 위해 채취 전 무게가 측정된 직경 37 mm, 공경 5 μm PVC 여지와 지지패드를 포함한 3단 플라스틱 카세트에 연결된 고용량 공기 채취펌프를 사용하여 공기체적 0.300 m^3을 채취했다. 실험실에서 중량측정계를 사용해 여지를 분석한 결과, 여지의 채취 전 무게는 14.616 mg, 채취 후 여지 무게는 16.517 mg이 나왔다. 시료채취 기간 중 총 입자상물질(분진)의 농도는 몇 mg/m^3인가?

풀이_
$$\text{총입자상물질}(mg/m^3) = \frac{\text{채취 후 무게}(mg) - \text{채취 전 무게}(mg)}{\text{공기체적}(m^3)}$$
$$= \frac{16.517\ mg - 14.616\ mg}{0.300\ m^3}$$
$$= \frac{1.901\ mg}{0.300\ m^3}$$
$$= 6.34\ mg/m^3$$

4.8 실습과제

4.8.1 공기 중 총 입자상물질(분진)의 시료채취와 분석

(1) 목적

학습자가 제4장에서 배운 것을 완성하기 위하여 가정된 산업위생 시료채취와 다음에 제시된 분석자료를 통하여 해결할 수 있도록 하기 위함이다.

- 측정농도와 시간가중평균농도(TWAs)의 계산
- 분석자료와 결과의 해석
- 간결한 보고서 안에 정보를 요약
- 일반적인 과학과 기술원리 및 주제와 관련된 개념을 보유

(2) 개요

간단한 적용연구를 읽은 후에 NIOSH에서 제시한 시료채취와 분석방법을 적용시킨다(출처 : http://www.cdc.gov/niosh/nmam/nmammenu.html). 그 다음 표(ntp라고 가정)에 제시된 자료를 보고 표의 빈 칸을 채우기 위하여 필요한 계산을 행한다. OSHA-PEL, ACGIH-TLV, 고용노동부고시-TLV와 같은 작업장 노출허용값과 계산된 TWAs와 비교하여 본다. 또한 질문사항에 대한 응답을 준비하고 마지막으로 부록 B에 나타낸 간단한 구성에 따라 보고서를 준비한다.

(3) 실습과제

플라스틱 제품 생산 공장에서 한 그룹의 근로자가 커다란 혼합기 안에 23 kg용 자루에 들어있는 분말 PVC 수지를 수동으로 쏟고 있다. 이때 발생하는 PVC 먼지는 열려있는 반응조 근처에 설치된 국소배기장치인 슬로트 후드(slot hood)로 잡아들인다. 작업을 행하는 동안 공기 중 먼지가 관찰되곤 한다. 더욱이 각 자루를 비운 후 근로자들은 소각로로 운반하기 위하여 편평한 수레차 위에 자루를 던지는 모습이 관찰되었는데, 비록 빈자루라고는 하나 약간의 분말 PVC 수지가 남아있었다.

이러한 과정에서 공기 중 먼지가 발생하고 있는 상황이다. 따라서 산업위생관리기사(산업기사)가 총 입자상물질(분진)로써 PVC 먼지를 채취하기 위하여 누적 개인 및 지역시료채취를 할 필요가 있다고 생각하였다. 시료채취를 행하여 채취된 시료와 현장 바탕시료를 AIHA가 인정한 실험실로 분석의뢰를 하였다.

총 입자상물질(분진)의 시료채취와 분석은 NIOSH Method 0500 및 KOSHA CODE A-1-113의 지침에 의거하였다.

보정자료, 현장자료 및 실험실자료는 다음 표로 요약되어졌다. 이 표의 빈 칸을 채우시오.

(4) 자료와 농도계산

표 4.1 보정과 현장자료

개인 또는 지역시료 명칭	시료 번호	분석 물질명	시료채취 전 평균유량	시료채취 후 평균유량	평균 유량	시료채취 시작시간	시료채취 종료시간	시료채취 시간	시료채취 공기체적
Jim K.	2155	총 분진	펌프 No. 0321: 2.00	펌프 No. 0321: 2.00			N/A		
	2157						N/A		
Mixer 1	2136	총 분진	펌프 No. 3023: 2.01	펌프 No. 3023: 2.01			N/A		
	2135						N/A		
Blank	2130	총 분진	N/A	N/A		<LOD	N/A		

N/A=Not applicable(해당없음).

표 4.2 실험실 자료

개인 또는 지역시료 명칭	시료 번호	분석물질명	시료채취 전 여지무게 (mg)	시료채취 후 여지무게 (mg)	채취된 총 먼지무게 (mg)	% 결정 실리카 (%)	(m^3)	총 분진의 농도 (mg/m^3)
Jim K.	2155	총 분진	11.016	15.643		N/A		
	2157		11.000	15.444		N/A		
Mixer 1	2136	총 분진	11.101	13.756		N/A		
	2135		11.099	14.041		N/A		
Blank	2130	총 분진	11.011	11.011	<LOD	N/A		

LOD=Limit of detection(검출한계).

N/A=Not applicable(해당없음).

표 4.3 계산된 시간가중평균농도(TWA, time-weighted averages)

개인 및 지역시료 명칭	시료번호	분석물질	8-hr TWA 총 분진(mg/m^3)
Jim K.	2155	총 분진	
	2157		
Mixer 1	2136	총 분진	
	2135		
Blank	2130	총 분진	

(5) 질의사항

- 시료채취 전, 후 평균유량은 ±5% 내에 있었는가?
- 적용된 NIOSH method에서 제시한 최소 및 최대범위 내에 채취된 총 시료체적이 있었는가?
- NIOSH method에서 제시한 채취시료의 수에 대한 현장 바탕시료의 최소수는 얼마인가?
- TWAs를 계산할 경우 고려 및 가정하여야 할 것은 무엇인가?(예를 들어 노출시간, 노출장소, 쉬는 시간 등)
- NIOSH method당 분석물질의 검출한계(LOD, limit of detection)는 얼마인가?
- OSHA-PEL, ACGIH-TLV 및 고용노동부고시 TLV와 같이 계산된 TWAs와 노출기준의 비교는 어떠한가?
- 제안된 노출기준의 근거는 무엇인가?(NIOSH Criteria 및 ACGIH Documentation of the TLVs, BELs에서 정보를 찾을 것)
- NIOSH 또는 OSHA에 있는 공기 시료채취 및 분석방법은 서로 다른 점이 있는가?(예를 들어 매체사용, 분석기기 사용 등)

(6) 보고서 작성요령

부록 B를 참조하여 보고서를 준비하시오. 보고서에는 보정방법, 시료채취방법, 분석방법 등을 기록하고, 총 입자상물질(분진)의 시료채취와 분석을 위하여 준비해야 할 것은 무엇인가를 작성한 후 각 표의 빈 칸을 채우고, 결과를 논의하고, 보고서와 관련된 각종 서적과 저널 등을 참조한다. 끝으로 적용된 NIOSH methods 및 KOSHA CODE A-1-2004의 분석방법 A-1-085, A-1-113을 복사하여 첨부한다.

CHAPTER

05

공기 중 호흡성 입자상물질의 평가

PVC 여지매체와 Dorr-Oliver cyclone이 부착된 공기시료채취 펌프를 이용한 개인 및 지역 누적시료채취

CHAPTER

05 공기 중 호흡성 입자상물질의 평가

학습목표 제5장의 학습목표를 달성하기 위해서는 학습자가 내용을 충분히 읽고 이 장과 관련된 자료를 연구하는 자세가 필요하다.

- 특정 시료채취 매체를 포함한 호흡성 입자상물질의 누적 시료채취를 위한 시료채취장치의 명칭, 확인, 조립 등
- 다용량 또는 고용량 공기 시료채취펌프의 유량측정용 1차 기준장치를 사용한 적용 보정장치의 명칭, 확인, 조립 등
- 수동식 또는 전자식 무마찰 거품관 유량측정기 사용시 대표적인 시료채취 매체를 지닌 다용량 또는 고용량 공기시료채취 펌프의 보정
- 공기 중 호흡성 입자상물질의 시료채취 원리 요약
- 공기 중 호흡성 입자상물질의 누적 시료채취의 수행
- 채취된 입자상물질의 중량분석을 위한 시료의 준비
- 기계식 및 전자식 저울의 명칭 및 확인
- 전자식 저울을 이용한 호흡성 입자상물질 시료의 분석에 필요한 구성성분의 명칭 및 확인
- 표준 무게추를 사용한 전자식 저울의 보정점검
- 공기 중 호흡성 입자상물질의 채취에 사용된 필터의 시료분석의 원리 요약
- 전자식 저울을 사용한 호흡성 입자상물질 시료의 분석 수행
- 적용한 공기시료채취 펌프의 채취 전·후 시료채취 유량, 평균 유량, 여지의 채취 전·후 무게, 시료채취시간, 채취된 공기체적, 채취된 호흡성 입자상물질의 무게, 호흡성 입자상물질의 농도(mg/m^3)의 계산 및 단위환산의 수행
- 적용한 보정, 시료채취, 보정된 분석자료, 현장 시료채취 및 실험실분석자료 결과보고서의 기록

5.1 개요

폐의 가스교환 구역(폐포)에 도달한 입자상물질의 농도를 안다는 것은 공기 중 입자상물질의 노출과 관련하여 그 유해성을 파악하는데 중요한 의미가 있다. 10 μm 미만의 입경을 갖는 입자상물질은 호흡된 먼지량의 일부이다. 호흡성 입자상물질에 대한 노출 기준은 정해져 있는 총 입자상물질의 노출기준보다 2~3배 정도 낮다.

Dorr-Oliver Cyclone와 같은 분립장치에 의한 여지법은 흡입성 입자상물질 또는 총 입자상물질로부터 호흡성 입자상물질의 분리와 채취에 사용된다. 여지에 채취된 입자상물질은 공기 중 입자상물질 중 호흡된 일부분을 나타낸다. 또한 이렇게 호흡된 양의 입자상물질이 높은 독성을 지닌 특정 원소이거나 화합물 또는 혼합물일 수도 있고, 비독성 화합물일 수도 있다는 것을 알아내는 것이 중요하다. 결정성 실리카(석영)는 분립장치(cyclone)를 사용하여 호흡성 입자상물질을 채취한 것 중 비교적 높은 독성먼지의 한 예이다.

5.2 호흡성 입자상물질 채취에 사용되는 여지와 분립장치

호흡성 입자상물질의 시료채취에 사용되는 여지는 총 입자상물질의 채취에 사용된 것과 동일한 5 μm 공경(孔經)의 직경 37 mm PVC(polyvinyl chloride) 여지를 사용하며 여지에 입자상물질의 침강・채취의 원리도 동일하다. 여지 건조 조건도 총 입자상물질 시와 같다.

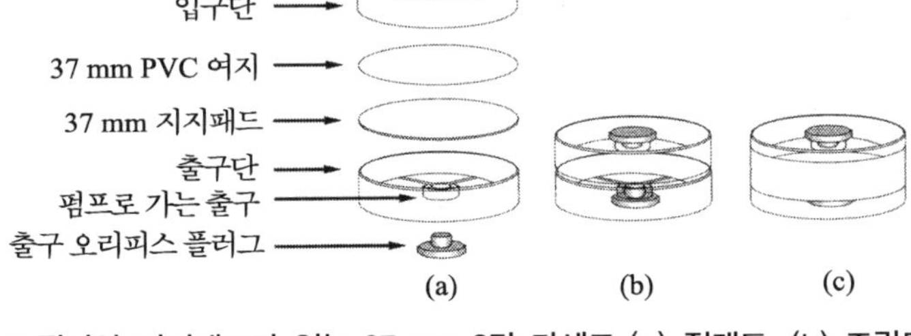

그림 5.1 37 mm PVC 필터와 지지패드가 있는 37 mm 2단 카세트 (a) 전개도, (b) 조립도, (c) 수축밴드 또는 테이프로 틈을 두른 완성도

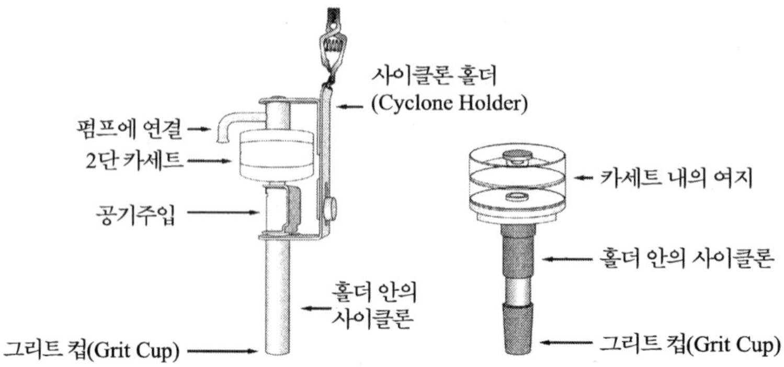

그림 5.2 (a) 37 mm PVC 필터와 지지패드가 들어 있는 37 mm 2단 카세트를 포함한 Dorr-Oliver Cyclone 측정기, (b) 37 mm PVC 필터와 지지패드가 들어 있는 37 mm 2단 카세트를 포함한 알루미늄 사이클론의 예

표 5.1 사이클론 형식별 시료채취 파라미터

사이클론 형식	유량비교(L/min)	50% 절단입경(μm)
Dorr-Oliver	1.7	4.0
Higgins-Dewell	2.2	5.0
Aluminum	2.5	5.0

그러나 호흡성 입자상물질의 채취에 사용하는 여지는 3단 직경 37 mm 플라스틱 카세트 대신에 셀룰로오스 지지대를 사용하고 2단(그림 5.1) 내에 고정시킨다. 1단(first stage)은 지지대와 여지를 지지하고 채취된 공기가 카세트로 나가는 배출구로서 작용하는 구멍이 가운데 있다. 중앙단 고리는 사용하지 않는다. 그러므로 2단에는 채취된 공기가 카세트로 들어가는 입구로 작용하는 구멍이 있다.

호흡성 입자상물질의 시료채취를 할 때 중요한 차이점은 단지 입경 10 μm 미만의 입자들만이 카세트 속으로 유입되어 여지와 접촉된다. 2단 카세트는 단지 입경 10 μm 미만의 입자들이 카세트 속으로 직접 유입되는 분립장치로 알려진 Dorr-Oliver cyclone(그림 5.2)에 이어서 부착시킨다. 사이클론 내에 공기가 유입되어 와류를 일으키고, 원심력에 의하여 크고 밀도 높은 입자들은 아래를 향하여 유동하고 '그리트 컵(grit cup)'이라 불리 우는 장치의 밑바닥에 침전된다. 동시에 입경 10 μm 미만의 호흡성 입자상물질들은 반대 방향에서 떠오르며 2단 카세트 입구로 들어가서 채취 전 PVC 여지 위에 침강되고 채취된다.

여러 가지 분립장치들이 절단입경 및 유량별로 설계되어 사용된다. 절단입경은 50% 시료채취효율을 지닌 사이클론과 분립장치별로 입자상물질의 입자크기 또는 입경에 따라 달라진다. Dorr-Oliver Cyclone은 50% 절단입경이 4.0 μm이며, 채취효율은 이 절단입경보다 작으면 높아지고 크면 낮아지게 된다. 표 5.1에 대표적인 사이클론별 유량과 절단입경을 나타내었다. 이론적으로 높은 절단입경을 지닌 분립장치들이 입자상물질을 더 잘 채취한다. 예를 들어, 절단입경이 4.0 μm 인 사이클론이 3.5 μm 의 절단입경을 지닌 사이클론보다 입자상물질의 양이 더 많다.

따라서 4장에서 취급한 흡입성 입자상물질을 채취하는 분립장치가 절단입경이 더 높다. 예를 들어, 흡입성 입자상물질을 채취하는 분립장치인 IOM 시료채취기는 폭 넓은 입자크기를 채취하기 위하여 절단입경이 100 μm 에 이른다.

5.3 시료채취방법

호흡성 입자상물질의 측정 방법은 공기 중 총 입자상물질 측정 방법과 유사하다. 그러나 가장 중요한 차이점은 호흡성 입자상물질을 분리하는데 있어 분립장치를 사용하여 행하는 채취방법이라는 점이다. 호흡성 입자상물질의 측정에는 중량분석법을 사용하며, 그 과정은 일반적으로 총 입자상물질에 대해 설명한 것과 마찬가지이다.

PVC 여지의 채취 전 질량은 전자저울을 사용하여 측정하고 2단 플라스틱 카세트에 있는 셀룰로오스 지지대 위에 여지를 놓는다. 카세트를 조립하고 입구와 출구를 마개로 막는다. 시료를 채취할 때 카세트의 마개를 벗기고 공기 시료채취펌프와 내경 6.35 mm의 유연호스로 연결된 나일론 Dorr-Oliver Cyclone 내에 놓는다(그림 5.3).

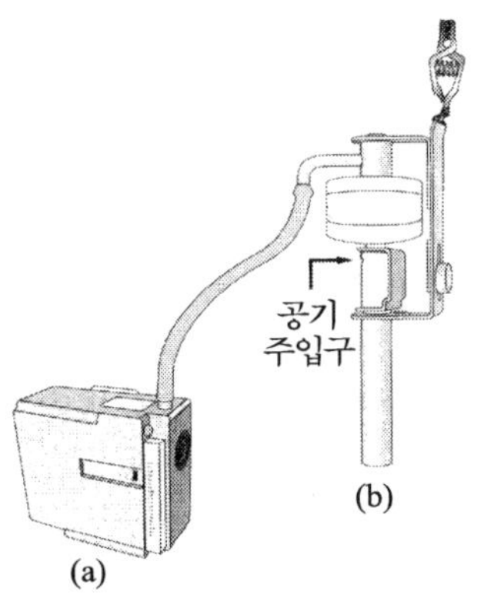

그림 5.3 호흡성 먼지측정용 시료채취장치 (a) 고용량 펌프, (b) Dorr-Oliver Cyclone 측정기

일반적인 시료채취 유량은 1.7 L/min ±5%이다. 사이클론을 사용할 때 시료채취 유량은 정확해야 하는데, 그 이유는 이 장치가 정해진 유량에서 가장 효과적으로 비호흡성 입자상물질로부터 호흡성 입자상물질의 채취와 분리를 하도록 설계되어 있기 때문이다.

만약 유량이 1.7 L/min를 초과하면 큰 입경의 입자들은 사이클론에 의해서 채취와 분리가 이루어지지 않을 수 있다. 이와는 달리 만약 유량이 1.7 L/min 이하면 사이클론에 의해 일부 호흡성 입자상물질이 채취되지 않아 실제 존재하는 것보다 호흡성 입자상물질의 농도가 낮게 나타나는 결과가 발생한다.

시료채취의 간략한 개요는 다음과 같다.

5.3.1 보정

- 37 mm, 5.0 μm 공경의 PVC 여지가 내재된 2단 카세트를 조립하여 부착한 공기 시료채취 펌프는 수동식 또는 전자식 보정기(manual or electronic calibrator)를 이용하여 보정하고 지지대는 나일론 Dorr-Oliver cyclone에 나란히 연결하여 2 L 보정병에 넣고 밀봉한다(그림 5.4).
- 채취 전(Q_{pre})·채취 후(Q_{post})의 유량은 거품관의 비누방울이 관의 정해진 부피(V, cm^3)의 눈금을 통과하는 시간을 3번 측정하고 평균(T_{ave}, 초)하여 정한다.

$$Q(L/min) = \frac{V(cm^3)}{T_{avg}(s)} \times \frac{60\ s}{1\ min} \times \frac{1\ L}{10^3\ cm^3} \tag{5.1}$$

- 평균유량(Q_{avg})은 채취 전(Q_{pre})·채취 후(Q_{post}) 유량의 평균이다.

$$Q_{avg} = \frac{Q_{pre} + Q_{post}}{2} \tag{5.2}$$

- 호흡성 입자상물질의 채취유량은 1.7 L/min이다.

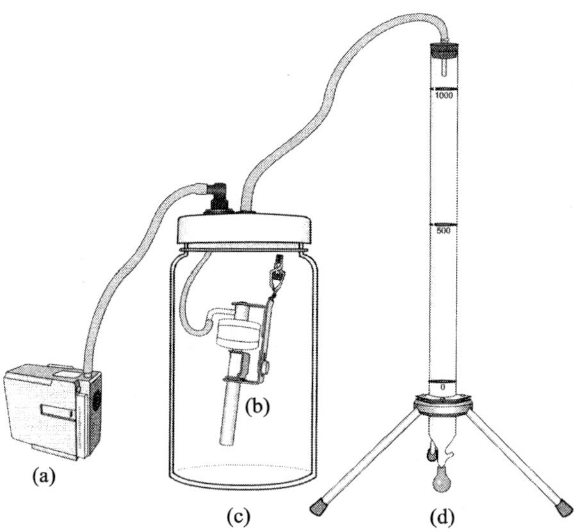

그림 5.4 호흡성 입자상물질의 보정용 장치 (a) 고용량 펌프, (b) Dorr-Oliver Cyclone 측정기, (c) 보정병, (d) 무마찰 거품관

5.3.2 시료채취의 준비

- 스테인리스스틸 홀더에서 Dorr-Oliver Cyclone을 분리하고 분리된 구성품을 놓는다. 사용전후 사이클론은 따뜻한 비눗물로 세척하거나 초음파 욕조에서 세척한다. 작은 세척붓을 사용하여 세척을 하면 사이클론의 내부가 긁히거나 손상을 입게 되므로 피하여야 한다. 세척 후에는 증류수로 헹궈내고 공기로 말린 다음 조심스럽게 조립한다.
- 질량을 재지 않은 지지대 위에 질량을 잰 PVC 여지를 올려놓고 플라스틱 카세트 안에 넣어 조립한 후 라벨을 붙이고 Dorr-Oliver cyclone에 연결한다.
- 채취기구는 다용량 또는 고용량 펌프, 클립이 있는 내경 6.35 mm, 유연호스, 그리고 질량을 재지 않는 셀룰로오스 지지대 위에 질량을 잰 37 mm, 5.0 μm 여지를 올려 37 mm 2단 플라스틱 카세트 안에 넣고 이것을 나일론 Dorr-Oliver Cyclone에 연결하여 조립한다.

5.3.3 시료채취의 수행

- 사이클론 조립품에서 라벨을 붙인 플라스틱 카세트를 근로자 호흡영역 내에 부착시켜 입구를 아래쪽으로 향하게 하고, 공기시료채취 펌프는 개인시료채취인 경우 근로자의 혁대에 고정시킨다. 지역시료 채취인 경우 채취기구는 특정위치에 고정한다.
- 펌프를 켜고 시작시간을 적는다.
- 일정시간 경과 후 펌프를 끄고 종료시간을 적는다.
- 사이클론 조립품에서 플라스틱을 카세트를 분리시키고, 카세트 내의 입구와 출구에 마개를 끼우고 분석실로 보낸다.

5.4 분석

호흡성 입자상물질에 대한 분석방법은 총 입자상물질에 대한 분석법과 동일하다. 시료의 분석은 제4장에서 총 입자상물질에 대한 설명처럼 기계 또는 전자저울을 사용한 중량측정법을 이용한다. 중량측정법은 여지의 채취 전 질량과 채취 후 질량의 비교하는 방법이다. 채취 전 질량은 이론적인 여지만의 순수질량이며, 채취 후 질량은 입경 10 μm 미만의 채취된 입자상물질의 질량이 가중된 여지의 질량이다. 그 질량의 차이(채취 후 질량-채취 전 질량)가 채취된 호흡성 입자상물질의 질량이다. 중량분석법은 주요한 분석적인 방법 중 가장 간단한 방법이다. 호흡성 입자상물질의 시료 분석원리는 다음과 같다.

5.4.1 분석원리

- 시료를 채취한 다음 분석하기에 앞서 측정하는 동안 입자상물질과 여지에 흡수되었던 수분을 탈수시키기 위해 카세트의 입구와 출구에서 마개를 빼내어 건조용기(desiccator)에 넣어둔다.
- 건조 후 카세트를 분리하고 여지를 꺼내어 채취 후 질량을 0.001 mg까지 잰다.
- 채취 전·채취 후 질량 측정 시 여지와 시료의 흡착과 오염을 최소화하기 위해 정전기를 제거하는 이온화장치에 통과시킨다.

5.4.2 농도계산

$$\text{호흡성 분진(mg)} = \text{채취 후 여과지 질량(mg)} - \text{채취 전 여과지 질량(mg)} \quad (5.3)$$

- 채취시간(T, min)과 평균채취유량(Q, L/min)을 곱하여 채취체적을 구하고 L를 m^3으로 바꾼다.

$$\text{공기의 체적}(m^3) = T(\text{min}) \times Q_{avg}(\text{L/min}) \times \frac{1\ m^3}{10^3\ L} \quad (5.4)$$

- 질량(mg)을 공기의 부피(m^3)로 나누어 호흡성 입자상물질의 농도를 구한다. 단위는 mg/m^3으로 나타낸다.

$$\text{호흡성 입자물질의 농도}(mg/m^3) = \frac{\text{호흡성 입자상물질의 무게(mg)}}{\text{공기의 체적}(m^3)} \quad (5.5)$$

- 시료 PVC 여지(S)의 무게에서 공시료 PVC 여지(B)무게를 빼고 채취공기의 체적(V)으로 나누고, 1보다 적거나 같은 채취계수(E)를 보정해 준 것이 보정농도(C)이다.

$$C = \frac{S - B}{EV} \quad (5.6)$$

5.5 실습

5.5.1 개요

이 실습은 여지와 호흡성 입자상물질 사이클론을 사용하여 호흡성 입자상물질의 누적 시료채취를 실행하는데 필요한 기초적 개념을 이해하기 위한 것이다. 또한 전자저울을 사용한 일반적인 분석 방법을 소개한다. 그러므로 이 실습은 호흡성 입자상물질의 시료채취와 분석에 초점을 맞추었다. 기구 및 방법은 NIOSH Method 0600의 수정안 및 KOSHA CODE A-1-2004 분석방법 A-1085, A-1-113에 기초를 둔다. 그 방법은 Dorr-Oliver, Higgins-Dewell(H-D) 또는 알루미늄 사이클론을 사용하는 방법이다. 적당한 기구가 준비되었거나 시료채취 및 분석방법의 단계가 완료되었을 때 □에 √ 표시를 한다.

5.5.2 기구

(1) 공기 시료채취펌프의 보정

- □ 다용량 또는 고용량 공기시료채취 펌프
- □ 나일론 사이클론 조립품 안에 놓은 셀룰로오스 지지대 위의 37 mm, 5.0 μm PVC 여지를 내재한 2단 플라스틱 카세트
- □ 내경 6.35 mm, 길이 약 60 cm의 유연호스 2개
- □ 2 L 보정병
- □ 수동 또는 전자식 무마찰 거품관 보정기
- □ 비누액
- □ 초시계
- □ 보정자료 결과보고서(그림 5.5)

(2) 호흡성 입자상물질의 채취

- □ 정전기 방지장치와 채취 여지의 채취 전 질량을 재기 위한 전자저울
- □ 나일론 Dorr-Oliver Cyclone 조립품 안에 위치한 셀룰로오스 지지대 위의 채취 전 질량을 잰 7 mm, 5.0 μm PVC 여지를 내재한 2단 플라스틱 카세트
- □ 오리피스 마개
- □ 카세트 단을 고정시키기 위한 셀룰로오스 카세트테이프

- ☐ 다용량 또는 고용량 공기시료채취 펌프
- ☐ 내경 6.35 mm, 길이 약 60 cm의 유연호스 1개
- ☐ 현장 시료채취자료 결과보고서(그림 5.6)

보정자료 결과보고서
(저용량, 고용량, 다용량 공기시료채취 펌프)

보정장소 : ____________________

보정수행자 : ____________________ 보정날짜 : ____________________

보정기기 : ____________________
(모델명 및 제조회사)

공기시료채취 펌프 : ____________________
(모델명 및 제조회사)

채취매체 : ____________________ 보정부피 : ____________________cc

기온 : ____________________℃ 기압 : __________mmHg 상대습도 : __________%

펌프 번호	시료채취 전 보정유량(Q_{pre})					시료채취 후 보정유량(Q_{post})					평균 유량
	시간(초)				Q_{pre}/min	시간(초)				Q_{post}/min	Q_{avg}/min
	T_1	T_2	T_3	T_{avg}		T_1	T_2	T_3	T_{avg}		

보정 시 주의사항 :

그림 5.5 고용량 공기 시료채취펌프용 보정자료 결과보고서

현장시료 채취자료 결과보고서
(총 입자상물질 및 호흡성 입자상물질용 누적 측정)

설비명 및 설치장소 : ______________ 채취오염물질 : □ 총 입자상물질
□ 호흡성 입자상물질
□ 결정실리카
______

측정수행자 : ______________

채취매체 : ______________

채취날짜 : ______________

방법(발생원/번호/명칭): ______________

측정기기(모델명 및 제조회사) : ______________

기온 : ______℃ 기압 : ______mm Hg 상대습도 : ______%

개인 또는 지역명칭	현장 시료	펌프 번호	시료채취 전 보정유량	시료채취 후 보정유량	평균 유량 (Q)	시료채취 시작시간	시료채취 마감시간	총 시료채취 시간(T)	시료채취시 공기체적 (Vol)

현장노트(비고):

그림 5.6 호흡성 입자상물질용 현장 측정자료 결과보고서

실험실 분석자료 결과보고서
(총 입자상 물질의 전자저울을 이용한 중량분석)

설비명 및 설치장소 : ______________________ 채취오염물질 : ____________

측정수행자 : ______________________ 측정수행날짜 : ____________

실험실 및 장소명칭 : ______________________ 분석오염물질 :

방법(발생원/번호/명칭) : ______________________ □ 총 입자상물질

□ 결정형 실리카 ____________

분석수행자 : ______________________ 분석날짜 : ____________

여지매체(여지명, 제조회사, Lot번호) : ______________________

전자식저울(모델명 및 제조회사) : ______________________

X선 회절장치(모델명 및 제조회사) : ______________________

기온 : ____℃ 기압 : _____mm Hg 상대습도 : _______%

실험실내 시료번호	현장 시료 번호	시료채취 전 여지무게 (mg)	시료채취 후 여지무게 (mg)	시료채취 후 여지무게 −시료채취 전 여지무게 (mg)	평균유량 (Q) (L/min)	총 시료채취 시간(T) (min)	시료채취 시 공기체적 (Vol) (m^3)	% 실리카	입자상 물질농도 (mg/m^3)	
									총 입자상 물질	실리카

실험실노트(비고):

그림 5.7 호흡성 입자상물질의 중량분석용 실험실분석자료 결과보고서

(3) 호흡성 입자상물질 시료의 분석

□ 0.001 mg 이하까지 정량 가능한 전자저울
□ 실험실 분석자료 결과보고서(그림 5.7)

5.5.3 방법

(1) 공기 시료채취펌프의 채취 전 보정

□ 충전기에서 펌프를 떼어 스위치를 켜고 보정에 앞서 5분간 작동시킨다.
□ 보정 결과보고서를 만들어 이름, 위치, 날짜, 기온, 기압, 펌프 제조사와 모델명, 보정 기구, 세 번 보정할 때마다의 시간, 시료채취 전·후 보정의 평균유량을 기록한다.
□ 공기 시료채취펌프의 보정에 사용하기 위한 Dorr-Oliver Cyclone 조립품에 놓인 셀룰로오스 지지대 위의 질량을 측정하거나 측정한 37 mm, 0.5 μm PVC 여지를 내재한 2단 플라스틱 카세트로 구성된 시료채취 매체를 구한다.
□ 유연호스를 보정병 내에서 사이클론의 가지에 연결한다.
□ 보정병 안에 사이클론을 넣고 뚜껑을 팽팽하게 조인다. 외부공기의 유입을 줄이기 위해 밀폐된 뚜껑의 주변을 테이프로 감는다.
□ 유연호스의 끝을 공기 시료채취펌프에 연결한다.
□ 유연호스의 다른 끝을 사이클론 기구와 펌프를 연결하기 위하여 보정병 뚜껑의 관 구멍에 연결한다.
□ 두 번째 유연호스의 끝을 보정병 뚜껑의 두 번째 관 구멍에 연결한다.
□ 수동식 또는 전자식 무마찰 거품관 보정장치에 남은 유연호스의 끝을 연결한다. 이것으로 보정기구를 구성한다.
□ 보정장치 내부로 비누 용액을 방울형태로 끌어 올린다.
□ 비누막(거품)이 500 mL에서 1000 mL까지 통과하는데 걸리는 시간(T, sec)을 기록한다.
□ 수동식 거품관을 사용한다면 유량을 계산하고 그렇지 않으면 전자식 거품관 보정기에서 유량을 직접 읽는다.
□ 유량이 1.7 L/mim ±5%로 유지되지 않으면 펌프의 유량을 조절하고 원하는 유량을 얻을 때까지 반복해서 보정과정을 거친다.
□ 1.7 L/mim ±5%로 원하는 유량을 얻었다면 2~3번 보정검사를 반복하고 평균적인 채취 전 유량을 계산한다.
□ 보정기구로부터 펌프를 떼어내고 스위치를 끈다. 보정한 공기시료채취 펌프는 이제 사

용할 준비가 된 것이다.

(2) 시료채취 매체의 준비

☐ 실험실 분석 결과보고서를 만들고 측정자 이름, 측정한 위치, 날짜, 기온, 기압, 분석물질(호흡성 입자상물질), 전자저울 제조회사, 모델명, 여지의 종류, 여지 고유번호, 여지의 채취 전 질량을 기록한다.

☐ 전자저울의 영점을 조정한다.

☐ 표준질량을 사용하여 전자저울의 보정을 검사하고 잘 되었으면 시작한다.

☐ 건조용기에서 여지 봉투를 꺼낸다.

☐ 핀셋을 사용하여 봉투에서 PVC 여지를 꺼낸 후 저울에 올려놓기 전에 이온화 장치에 통과시킨다.

☐ 전자저울로 질량을 0.001 mg까지 측정한다.

☐ 여지의 질량을 2번 측정하여 두 질량의 차가 0.005 mg까지 이상 차이가 나면 전자저울을 다시 영점 조정하고 다시 측정한다.

☐ 두 질량의 차가 0.005 mg 미만이면 여지의 질량을 0.001 mg까지 측정하고 평균을 낸다.

☐ 핀셋을 사용하여 2단 카세트의 출구단(first stage) 속에 질량을 측정하지 않은 셀룰로오스 지지대를 넣는다.

☐ 핀셋을 사용하여 전자저울의 무게팬으로부터 여지를 조심스럽게 제거하여 지지 패드위에 놓는다.

☐ 여지 위에 2단 카세트의 입구단(second stage)을 놓는다.

☐ 손바닥과 평평하고 딱딱한 플라스틱 또는 금속판을 사용하여 2단 카세트를 고르게 누른다.

☐ 카세트의 흡입구와 배출구 구멍에 오리피스 마개를 끼운다.

☐ 카세트의 주변 둘레에 젖은 셀룰로오스 밴드 또는 테이프로 감는다.

☐ 카세트의 시료의 고유번호를 붙인다.

(3) 호흡성 입자상물질의 공기 중 채취

☐ 공기 중 호흡성 입자상물질의 농도를 검출할 수 있는 측정 가능한 지역을 선택한다.

☐ 현장 시료채취자료 결과보고서를 만들어 이름, 채취위치, 개인 또는 지역을 채취대상으로 하였는지, 날짜, 기온, 기압, 상대습도, 분석물질(호흡성 입자상물질), 공기채취 펌프 제조사와 모델명, 펌프 고유번호, 채취매체, 시료번호, 유량, 채취의 시작 및 종

료시간, 채취유량을 기록한다.

☐ 펌프를 켜고 유연호스와 시료채취 매체에 연결하기 전에 5분간 시운전한다.

☐ Dorr-Oliver cyclone 조립품 가지에 유연호스를 연결하고 펌프에 연결한다.

☐ 카세트에서 마개를 빼고 Vortex에 부착된 사이클론 연결기에 카세트의 입구를 부착한다. 사이클론에 카세트를 단단하게 고정시킨다.

☐ 시료를 채취할 지역에 펌프를 놓고 고정시킨다.

☐ 유연호스를 펌프에 연결하고 채취매체를 고정시킨다.

☐ 시료번호와 시작시간을 적고 시료가 카세트 안으로 통과되도록 적어도 2시간 이상 둔다.

☐ 적당한 시료채취시간에 펌프를 끄고 종료시간을 기록, 채취시간(T, min)을 계산한다.

☐ 시료채취기구로부터 카세트를 떼고 입구와 배출구멍에 오리피스 마개를 꽂아서 시료를 실험실로 옮긴다.

☐ 카세트 표면에 다른 이물질이 묻을 가능성이 있으므로 조심스럽게 닦아 제거한다.

☐ 마개를 빼고 분석하기 전에 대략 24시간 정도 건조용기(desiccator)에 시료를 넣어 둔다.

(4) 시료채취 후 보정(post-sampling calibration)

☐ 방법 (1)에서 요약된 단계를 반복하고 펌프의 유량조정은 하지 않는다.

☐ 시료채취 후 유량(Q_{post})은 시료채취전 유량(Q_{pre})의 ±5% 이내이어야 한다.

☐ 시료채취의 평균유량(Q_{avg})을 채취 전·후 유량의 평균에 의해 구하고 L/min으로 나타낸다.

(5) 시료의 분석

☐ 전자저울의 영점을 조정하고 표준질량을 이용해 보정 검사한다.

☐ 건조기구에서 시료를 빼어 카세트 둘레의 셀룰로오스 밴드나 테이프를 떼어낸다.

☐ 카세트를 떼어내어 입구단을 조심스럽게 분리해 여지를 꺼낸다.

☐ 조심스럽게 1단 오리피스에 봉을 밀어 넣어 백업패드와 여지를 끌어 올리고 핀셋으로 잡는다.

☐ 핀셋을 사용해 조심스럽게 여지를 꺼내어 전자저울에 올려놓는다.

☐ 여지의 무게를 0.001 mg까지 잰다.

☐ 호흡성 입자상물질의 농도를 mg/m³ 단위로 계산한다.

□ 실험실 분석 결과보고서를 만들어 이름, 위치, 날짜, 기온, 기압, 분석물질(호흡성 입자상물질), 전자저울 제조사와 모델명, 시료번호, 여지의 채취 전·후 질량, 호흡성 입자상물질의 질량, 채취유량, 농도를 기록한다.

5.6 예제

예제 5.1 고용량 공기 채취펌프를 수동 무마찰 거품관으로 보정하였다. 비누방울이 500 cm^3의 부피(V)까지 통과하는데 17.5초(T) 걸렸다면 유량(Q)은 몇 L/mim인가?

풀이_

$$Q(\mathrm{L/min}) = \frac{V(\mathrm{cm^3})}{T_{\mathrm{avg}}(\mathrm{sec})} \times \frac{60\ \mathrm{sec}}{1\ \mathrm{min}} \times \frac{1\ \mathrm{L}}{10^3\ \mathrm{cm^3}}$$

$$= \frac{500\ \mathrm{m^3}}{17.5\ \mathrm{sec}} \times \frac{60\ \mathrm{sec}}{1\ \mathrm{min}} \times \frac{1\ \mathrm{L}}{10^3\ \mathrm{cm^3}}$$

$$= 1.7\mathrm{L/min}$$

예제 5.2 고용량 펌프를 사용하여 유량(Q)이 1.7 L/mim 으로 8시간(T, min) 시료를 채취하였다. 펌프로 채취한 공기의 체적(V)은 몇 m^3인가?

풀이_

$$V(\mathrm{m^3}) = T(\mathrm{min}) \times Q_{avg}(\mathrm{L/min}) \times \frac{1\ \mathrm{m^3}}{10^3(\mathrm{L})}$$

$$= 480(\mathrm{min}) \times 1.7(\mathrm{L/min}) \times \frac{1\ \mathrm{m^3}}{10^3\ \mathrm{L}}$$

$$= 0.816\ \mathrm{m^3}$$

예제 5.3 Dorr -Oliver cyclone 내 질량을 잰 37 mm, 0.5 μm 여지의 지지대로 조립한 2단 플라스틱 카세트를 공기시료채취 펌프에 연결하여 체적 0.816 m^3으로 호흡성 입자상물질을 채취하였다. 중량분석법을 사용한 여지의 실험실 분석 결과, 여지의 채취 전 질량은 13.494 mg, 채취 후 질량은 16.524 mg이었다. 시료채취 기간 중의 호흡성 입자상물질의 농도는 몇 mg/m^3인가?

풀이_

$$\text{호흡성 입자상물질}(\mathrm{mg/m^3}) = \frac{\text{채취 후 무게}(\mathrm{mg}) - \text{채취 전 무게}(\mathrm{mg})}{\text{공기체적}(\mathrm{m^3})}$$

$$= \frac{16.524\ \mathrm{mg} - 13.394\ \mathrm{mg}}{0.816\ \mathrm{m^3}} = \frac{3.03\ \mathrm{mg}}{0.816\ \mathrm{m^3}}$$

$$= 3.71\ \mathrm{mg/m^3}$$

5.7 실습과제

5.7.1 공기 중 호흡성 입자상물질의 시료채취와 분석

(1) 목적

학습자가 제5장에서 배운 것을 완성하기 위하여 가정된 산업위생 시료채취와 다음에 제시된 분석자료를 통하여 해결할 수 있도록 하기 위함이다.

- 측정농도와 시간가중평균농도(TWAs)의 계산
- 분석자료와 결과의 해석
- 간결한 보고서 안에 정보를 요약
- 일반적인 과학과 기술원리 및 주제와 관련된 개념을 보유

(2) 개요

간단한 적용연구를 읽은 후에 NIOSH에서 제시한 시료채취와 분석방법을 적용시킨다(출처 : http://www.cdc.gov/niosh/nmam/nmammenu.html). 또한 농도의 계산을 포함하여 더 많은 결정 실리카(SiO_2)에 대한 정보를 OSHA site "Silica Advisor"(http://www.osha.gov/SLTC/silica_advisor/mainpage.html)에서 참조한다. 그 다음 표(ntp라고 가정)에 제시된 자료를 보고 표의 빈 칸을 채우기 위하여 필요한 계산을 행한다. OSHA-PEL, ACGIH-TLV 및 MSHA-TLVs와 같은 작업장 노출기준과 계산된 TWAs와 비교하여 본다. 또한 질문사항에 대한 응답을 준비하고, 마지막으로 부록 B에 나타낸 간단한 구성에 따라 보고서를 준비한다.

(3) 실습과제

벽돌로 벽을 쌓기 위하여 두 명의 벽돌공이 작은 혼합기 안에 23 kg용 자루에 들어 있는 건조한 모래와 모르타르를 수동으로 쏟고 있다. 원료는 매우 고운 분말형태로 쏟거나 혼합할 때 공기 중의 먼지가 보일 정도로 발생한다. 비록 바람의 속도가 적다고 해도 먼지의 일시적인 발생량이 작업자에게 흡입되는 것으로 생각된다. 따라서 산업위생관리기사(산업기사)가 호흡성 먼지의 누적 개인 공기 시료채취를 행하였다. 시료채취를 행하여 채취된 시료와 현장 바탕시료를 AIHA가 인정한 실험실로 분석의뢰를 하였다. 호흡성 먼지와 호흡성 석영의 시료채취와 분석은 NIOSH Method 0600 및 7500에 의거하였다. 호흡성 먼지시료의 8%가 석영으로 구성되어 있는 것으로 나타났다. 보정자료, 현장자료 및 실험실자료는 다음 표로 요약되어졌다. 이 표의 빈 칸을 채우시오.

(4) 자료와 농도계산

표 5.2 보정자료와 현장자료

개인 또는 지역시료 명칭	시료 번호	분석 물질명	시료채취 전 평균유량 (L/min)	시료채취 후 평균유량 (L/min)	평균 유량 (L/min)	시료채취 시작시간	시료채취 종료시간	시료채취시간 (min)	시료채취 공기체적 (L)
Tim D.	0321	호흡성 입자상물질과 석영	펌프 No. 221: 1.70	펌프 No. 221: 1.72		07:00	11:00		
	0323					11:01	15:00		
Mike K.	0329	호흡성 입자상물질과 석영	펌프 No. 225: 1.69	펌프 No. 225: 1.72		07:01	11:02		
	0333					11:03	15:01		
Blank	0300	호흡성 입자상물질과 석영	N/A	N/A					

N/A=Not applicable(해당없음)

표 5.3 실험실 자료

개인 또는 지역시료 명칭	시료 번호	분석 물질명	시료채취 전 평균유량 (mg)	시료채취 후 여지무게 (mg)	채취 전 호흡성 입자상물질의 무게(mg)	%결정 실리카 (%)	시료 공기 체적 (m^3)	호흡성 입자상물질 농도 (mg/m^3)	호흡성 석영 먼지농도 (mg/m^3)
Tim D.	0321	호흡성 입자상물질과 석영	12.056	13.694					
	0323		11.999	14.004					
Mike K.	0329	호흡성 입자상물질과 석영	12.115	13.075					
	0333		12.104	13.604					
Blank	0300	호흡성 입자상물질과 석영	12.223	12.223	<LOD	N/A			

LOD=Limit of detection(검출한계)

N/A=Not applicable(해당없음)

표 5.4 계산된 시간가중평균농도(TWA, time-weighted average)

개인 및 지역시료 명칭	시료번호	분석물질명	8h TWA 호흡성 입자상물질 (mg/m^3)	8h TWA 호흡성 석영먼지 (mg/m^3)
Tim D.	0321	호흡성 입자상물질과 석영		
	0323			
Mike K.	0329	호흡성 입자상물질과 석영		
	0333			
Blank	0300	호흡성 입자상물질과 석영		

(5) 질의사항

- 시료채취 전, 후 평균유량은 ±5% 이내에 있었는가?
- 적용된 NIOSH 분석방법에서 제시한 최소 및 최대범위 내에 채취된 총 시료체적이 있었는가?
- NIOSH 분석방법에서 제시한 채취시료의 수에 대한 현장 바탕시료의 최소수는 얼마인가?
- TWAs를 계산할 경우 고려 및 가정하여야 할 것은 무엇인가?(예를 들어 노출시간, 노출장소, 쉬는 시간(점심시간) 등)
- NIOSH 분석방법당 분석물질의 검출한계(LOD, limit of detection)는 얼마인가?
- OSHA-PEL, ACGIH-TLV 또는 MSHA-TLV와 같이 계산된 TWAs와 노출기준의 비교는 어떠한가?
- 제안된 노출기준의 근거는 무엇인가?(NIOSH Criteria 및 ACGIH Documentation of the TLVs, BELs에서 정보를 찾을 것)
- NIOSH 또는 OSHA에 있는 공기 시료채취 및 분석방법은 서로 다른 점이 있는가?(예를 들어 매체사용, 분석기기 사용 등)

(6) 보고서 작성요령

부록 B를 참조하여 보고서를 준비하시오. 보고서에는 보정방법, 시료채취방법, 분석방법 등을 기록하고, 호흡성 입자상물질의 시료채취와 분석을 위하여 준비해야 할 것은 무엇인가를 작성하고, 각 표의 빈 칸을 채우고, 결과를 논의하고, 보고서와 관련된 각종 서적과 저널 등을 참조한다. 끝으로 적용된 NIOSH 분석방법 및 KOSHA CODE A-1-2004의 분석방법 A-1-085, A-1-113을 복사하여 첨부한다.

CHAPTER

06

공기 중 석면섬유의 평가

혼합 셀룰로오스 에스테르섬유 여지로 공기시료채취 펌프를 이용한 개인과 지역시료채취

CHAPTER

06 공기 중 석면섬유의 평가

학습목표 제6장의 학습목표를 달성하기 위해서는 학습자가 내용을 충분히 읽고 이 장과 관련된 자료를 연구하는 자세가 필요하다.

- 특정 시료채취 매체를 포함한 공기 중 석면섬유의 누적시료채취를 위한 시료채취장치의 명칭, 확인, 조립 등
- 다용량 또는 고용량 공기시료채취 펌프의 유량측정용 1차 기준장치를 사용한 적용 보정 절차의 명칭, 확인, 조립 등
- 수동식 또는 전자식 무마찰 거품관 유량측정기 사용 시 대표적인 시료채취 매체를 지닌 다용량 또는 고용량 공기 시료채취펌프의 보정
- 공기 중 석면 섬유의 시료채취 원리 요약
- 공기 중 석면 섬유의 누적 시료채취의 수행
- 위상차현미경을 사용한 채취된 섬유의 분석을 위한 시료의 준비
- 위상차현미경을 각 부분의 명칭 및 확인
- 위상차현미경을 사용한 석면섬유 시료의 분석에 필요한 구성성분의 명칭 및 확인
- 단계 측미계(stage micrometer)를 사용한 위상차현미경의 접안렌즈에 놓인 Walton-Beckett 계수선의 보정
- 공기 중 석면섬유의 채취에 사용된 필터의 시료분석에 대한 원리 요약
- 위상차현미경을 사용한 섬유 시료의 분석 수행
- 사용한 공기 시료채취펌프의 채취 전·후 시료채취 유량, 평균 유량, 필터의 채취 전·후 무게, 시료 채취 시간, 채취된 공기체적, 채취된 석면섬유의 개수, 석면섬유의 농도(개/cm^3)의 계산 및 단위환산의 수행
- 적용한 보정, 시료채취, 보정된 분석자료, 현장 시료채취 및 실험실분석자료 결과보고서의 기록

6.1 개요

단지 공기 중의 비호흡성 입자상물질, 총 입자상물질 또는 호흡성 입자상물질의 분포량만을 아는 분석방법은 다른 요인을 파악하기에는 불충분하다. 만약 석면과 같이 독성이 있는 섬유성 먼지의 노출가능성이 있다면 이러한 먼지의 농도를 아는 것이 중요하다.

섬유의 형태는 일반적인 먼지와 달리 구형보다는 원주형태에 가깝다. 그렇기 때문에 석면과 같은 섬유상물질들의 채취이나 분석은 정확성을 필요로 한다. 섬유상물질도 입자상물질과 같이 여지를 매체로 사용하나 일반 입자상물질에 사용되는 것과는 다른 재질의 여지와 카세트가 이용되며, 분석 시 중량분석 대신에 현미경을 사용하는 점이 다르다.

석면섬유는 일반 입자상물질과는 달리 섬유상물질과 비섬유상물질의 조성과 채취된 섬유의 수량을 모두 확인할 수 있는 특별한 분석방법이 필요하다.

6.2 주의사항

여지에 너무 많은 양의 입자들이 채취되지 않도록 주의하여야 한다. 섬유상물질의 분석방법은 현미경을 통해 여지 내에 채취된 섬유를 계수하는 것이므로 다른 입자들과의 혼동을 최소화해야 한다. 과채취된 여지에는 섬유상물질이 층층이 쌓여 있어 현미경으로 섬유개수를 세는 것이 불가능하다. 따라서 공기 중 섬유상물질의 농도를 고려하여 적합한 측정유량과 측정시간을 결정해야 한다.

6.3 시료채취

석면섬유를 채취하기 위해서는 직경 25 mm, 공경 0.8 μm인 셀룰로오스 에스테르(MCE, mixed cellulose ester) 여지를 사용한다. MCE는 쉽게 용해되어 투명해지기 때문에 현미경을 통해 섬유의 개수를 셀 수 있다. 이 여지를 3단 카세트 내 지지대 위에 넣는다. 그러나 카세트는 일반 카세트와는 중간단계가 50 mm 긴 원통형태인데 측정시 2단 카세트(출구와 중간부분)만을 사용한다(그림 6.1). 원통형 부분은 여지에 섬유들을 일정하고 균일하게 분포하도

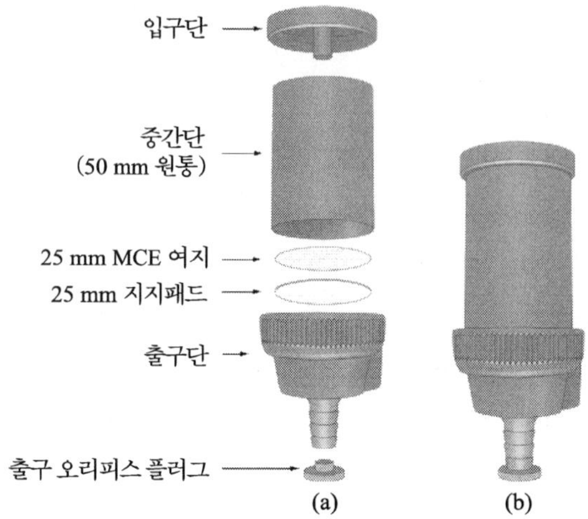

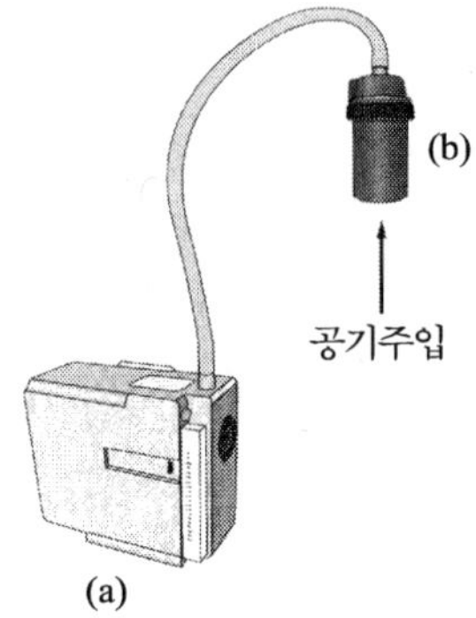

그림 6.1(좌) 25 mm MCE 여지와 지지패드가 있는 25 mm 3단 카세트 (a) 전개도, (b) 조립도
그림 6.2(우) 석면섬유 측정용 시료채취장치 (a) 고용량 펌프, (b) 25 mm MCE 여지가 들어 있는 2단 카세트

록 한다. 카세트의 입구부분(3단)은 여지 중심 부분으로 섬유들을 쌓이게 하여 각각의 섬유를 셀 수 없으므로 측정시에는 사용하지 않는다. 원통형 부분은 정전기 발생에 의한 영향을 억제하기 위해 사용된다. 즉, 여지 표면까지 기류를 유선형으로 가속하여 운반하므로 섬유가 정전기에 의하여 카세트 측면에 붙는 것을 감소시킨다. 카세트는 조립 후 입구와 출구를 마개로 잘 막아두었다가 시료를 채취하고자 할 때에는 카세트 입구부분을 제거하여 여지 표면이 열려진 상태에서 공기채취 펌프에 유연호스로 연결하여 시료채취를 실시한다(그림 6.2).

일반적인 채취유량은 2.0 L/min이지만 0.5~16 L/min 범위 내에서 실시할 수 있다. 개인 공기 시료채취 시에는 1.5~2.5 L/min의 유량으로 채취하고 지역공기 시료채취 시에는 석면이 함유된 물질의 감소로 인하여 좀 더 높은 유량으로 채취한다. 채취가 끝난 후에는 카세트를 분리하고 3단 캡을 바꾼 후 현장에서 열려진 부분을 마개로 잘 막은 후 분석실로 가져와 분석한다. 시료채취의 개요는 다음과 같다.

6.3.1 보정(Calibration)

- 25 mm, 0.8 μm 공경의 MCE 여지와 지지대가 포함된 50 mm 길이의 원통형 부분이 내재된 2단 카세트를 조립하여 부착한 공기채취펌프는 수동식 또는 전자식 보정기로 보정하고 지지대는 직렬로 연결하여 밀봉된 2 L 보정병에 넣는다(그림 6.3).
- 채취 전(Q_{pre})과 채취 후 유량(Q_{post})은 거품관의 거품이 관의 정해진 부피(V, cm^3)의 눈금을 통과하는 시간을 3번 측정($\Sigma T_{1,\ 2,\ 3}/3$)하고 평균(T_{avg}, 초)하여 정한다.

$$Q(L/min) = \frac{V(cm^3)}{T_{avg}(s)} \times \frac{60\ s}{1\ min} \times \frac{1\ L}{10^3\ cm^3} \quad (6.1)$$

- 평균유량은 채취 전(Q_{pre}) · 채취 후(Q_{post}) 유량의 평균(Q_{avg})이다.

$$Q_{avg} = \frac{Q_{pre} + Q_{post}}{2} \quad (6.2)$$

- 일반적으로 유량은 2.0 L/min이지만 0.5~16 L/min 범위 내에서 실시할 수 있다.

6.3.2 시료채취 준비

- 질량을 재지 않은 지지대와 MCE 여지를 플라스틱 카세트 안에 넣어 조립한 후 번호를 붙인다.

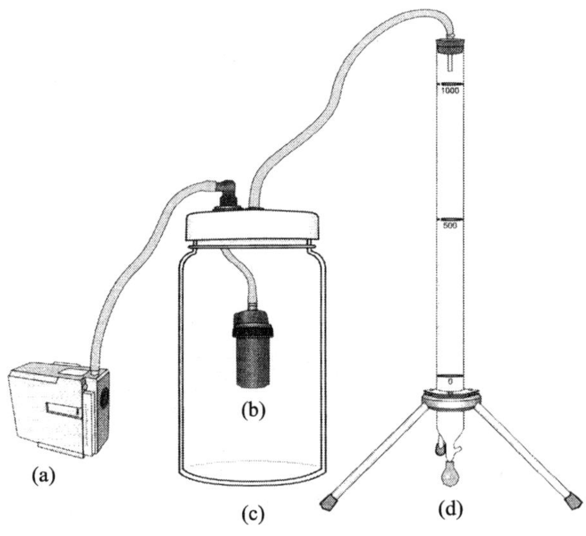

그림 6.3 석면섬유 보정용 장치 (a) 고용량 펌프, (b) 2단 카세트, (c) 보정병, (d) 무마찰 거품관

- 채취기구는 다용량 또는 고용량 펌프, 클립이 있는 내경 6.35 mm 유연호스와 25 mm, 0.8 μm 공경의 MCE 여지와 셀룰로오스 지지대가 포함된 50 mm 길이의 원통형 부분이 내재된 2단 카세트를 연결하여 조립한다.

6.3.3 시료채취 수행

- 번호를 붙인 플라스틱 카세트를 근로자 호흡영역 내에 부착시켜 입구를 아래쪽으로 향하게 하고 공기시료채취 펌프는 개인시료채취인 경우 근로자의 벨트에 고정시키고 지역시료채취인 경우 시료채취기구는 측정위치에 고정한다.
- 펌프를 켜고 시작시간을 적는다.
- 정해진 시간 경과 후 펌프를 끄고 종료시간을 적는다.
- 3단을 플라스틱 카세트 위에 고정시킨 후 카세트 내의 입구와 출구에 마개를 끼우고 분석실로 보낸다.

6.4 분석

공기 중에서 채취한 시료의 분석은 특징적으로 위상차현미경(PCM, phase contrast microscope)이나 투과형전자현미경(TEM, transmission electron micro scope)을 이용한다. 투과형전자현미경은 석면섬유의 상세한 검사와 정량화가 가능하다. 이 방법은 작거나 큰 섬유물질을 측정할 수 있으며, 석면과 비석면섬유물질을 구별하거나 석면의 종류(청석면, 온석면 등)들을 감별할 수 있다. 석면섬유를 분석하는데 있어 투과형전자현미경은 감도와 정확성면에서 가장 우수한 기기이다.

위상차현미경은 현재 섬유의 개수를 세는데 있어서 가장 널리 사용되고 있다(그림 6.4 및

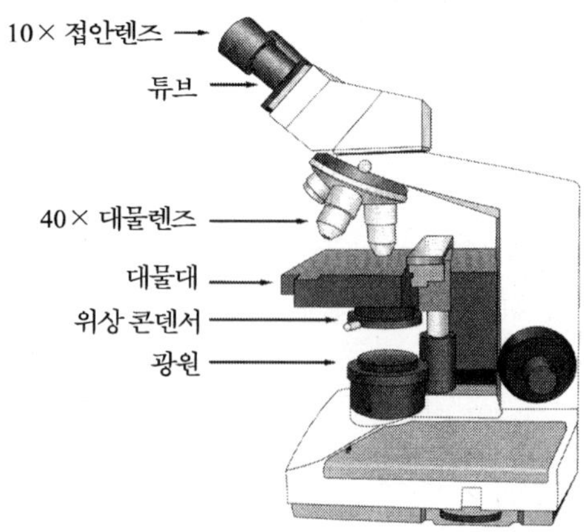

그림 6.4 위상차현미경

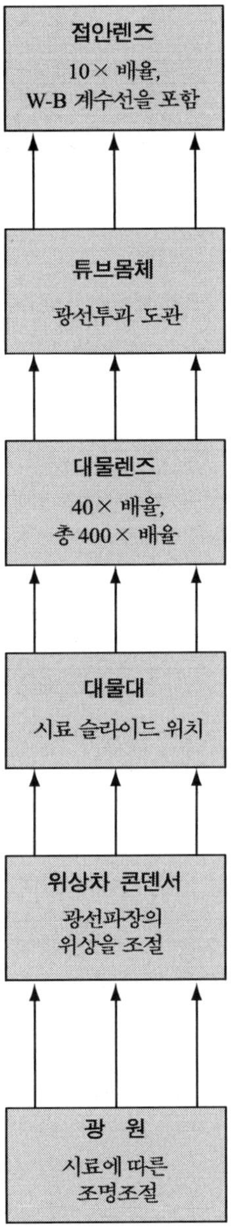

그림 6.5
위상차현미경의 개략도

그림 6.5). 위상차현미경은 석면이나 석면 함유물질의 발생원을 알고 있는 지역에서 채취한 시료에 사용된다. 특정 계수기준을 바탕으로 발생원에서 채취된 시료 중 계수된 섬유개수가 석면으로 보고된다. 확실한 석면의 확인은 TEM 또는 주사전자현미경(SEM, scanning electron microscopy)이 요구된다.

현미경과는 달리 위상차현미경은 일반적으로 섬유형태를 확인할 때는 사용할 수 없다. PCM 분석을 하기 위해 채취된 시료는 MCE 여지를 위상차현미경을 이용하여 관찰하기에 적합한 크기의 조각으로 잘라 이것을 유리로 된 현미경 슬라이드 위에 올려놓는다(그림 6.6).

백색의 여지를 용해시켜 투명하게 될 때까지 현미경 슬라이드에 아세톤 증기를 통과시킨다. 그런 다음 투명하게 된 부분을 위상차현미경을 이용하여 검사하며 Walton-Beckett 계수선(graticule)은 현미경 접안렌즈에 고정시킨다(그림 6.7). 접안렌즈를 통해 보면 계수선은 시야 위에 포개져 눈금으로 나타난다. 단계 측미계(stage micrometer)를 이용하여 보정된 계수선 눈금은 섬유물질의 개수, 폭, 길이를 측정하는데 사용된다. 표준직경은 100 μm이고, 단면적(πr^2)은 대략적으로 0.00785 mm^2이다. 원의 내부가Walton-Beckett 계수선으로 셀 수 있는 영역이다. 시야주변의 십자선과 직사각형은 섬유상물질을 확인하는데 기준이 되며 대략 길이와 폭의 비율이 3 : 1보다 크고, 길이가 5 μm 이상인 입자들을 섬유상물질로 간주한다. 시료는 400×(10×접안렌즈×40×대물렌즈) 배율에서 관찰하고 검사결과는 세제곱 센티미터당 섬유의 개수(개/cm^3)로 나타낸다.

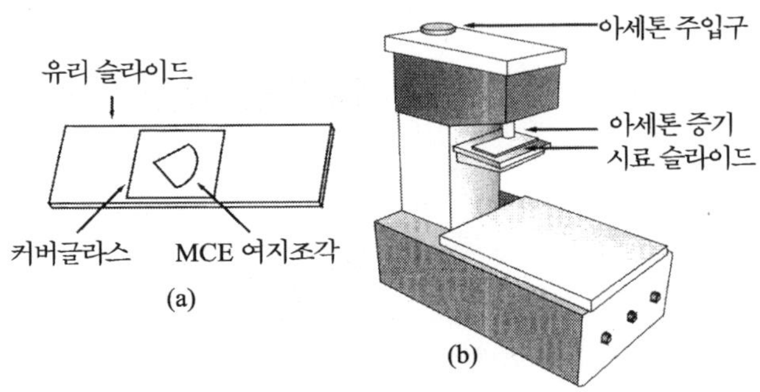

그림 6.6 (a) 표준현미경 슬라이드 위에 얹혀진 MCE 시료여지의 한 부분
(b) 아세톤 열판 위에 위치한 시료 슬라이드

PCM은 섬유의 개수를 세는 방법일 뿐 물질의 특성을 알 수는 없다는 것에 주의해야 한다. 때문에 위에서 제시한 기준(길이 대 폭의 비 및 길이)과 일치하는 모든 입자들을 석면섬유로 간주하는데 이러한 기준은 석면에 있어 특이적인 것은 아니다. 더욱이 작은 섬유들은 측정되지 않을 수도 있다. 위상차현미경의 구성요소의 대략적인 설명과 사용원리는 다음과 같다.

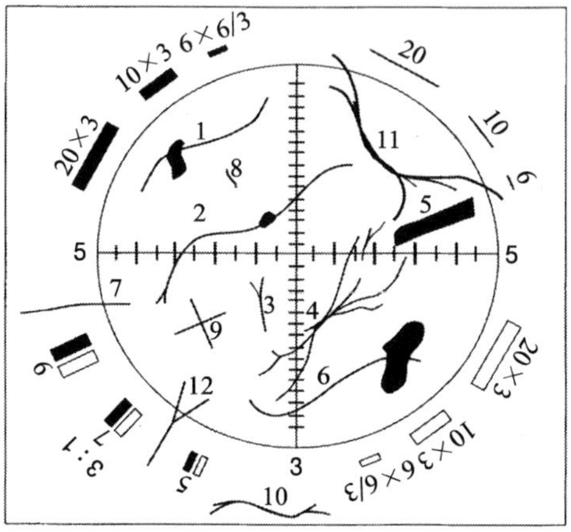

그림 6.7 Walton-Beckett 계수선(graticule)의 시야면적

6.4.1 구성

- 접안렌즈(Ocular) : 배율은 10배이며 Walton-Beckett 계수선은 눈과 렌즈 사이에 위치한다.
- 몸통(Body tube) : 접안렌즈와 대물렌즈 사이를 연결하고 있고, 빛을 전도시키는 작용을 한다.
- 대물렌즈(Objective) : 40×배율을 가지며, 시료 바로 위에 있는 렌즈이다. 접안렌즈와 대물렌즈의 배율의 곱은 전체 배율과 같다(10×접안렌즈와 40×대물렌즈인 경우 전체배율은 400×배율로 산출된다).
- 대물대(Stage) : 시료가 올려진 현미경 슬라이드를 대물렌즈 아래에 올려놓을 수 있도록 하는 대
- 위상차 콘덴서(Phase condenser) : 대물대와 광원 사이에 위치한다. 시료로 투과하는 빛의 파장과 초점을 조절하는 곳
- 광원(Light) : 콘덴서 아래에 위치하고 현미경 바닥 부분에 있다. 시료에 필요한 조명을 제공한다.

6.4.2 작동원리

- 가시광선 파장은 광원으로부터 시료를 투과하여 대물렌즈와 접안렌즈를 통과한다. 위상차는 공기를 통과하는 빛과 시료 내의 섬유들에 의하여 회절되는 빛의 강도 차이에 따라 발생한다.
- 시료주변에서 산란되지 않고 통과하는 빛은 회절되지 않는다. 반면에 시료를 통과할 때 시료에 의하여 산란된 빛은 회절되므로 산란되지 않은 빛과 위상차가 발생한다. 회절은 시료의 두께와 굴절류에 의하여 생긴다.
- 회절된 것과 회절되지 않은 빛의 상호작용은 빛의 상쇄를 유발하고 결국 상대적인 빛의 강도 차이를 나타내며, 이러한 강도의 차이로 인하여 빛의 명암대비를 형성한다.
- 대비 또는 확대된 상은 석면과 같은 광물성 섬유를 시료에서 분석하고자 할 때 부족하다. 그러나 위상차 콘덴서로 상의 초점을 변경하거나 조절하면 관찰하고자 하는 섬유에 대한 선명한 상을 볼 수 있게 된다.

6.4.3 섬유 농도의 결정

- Walton-Beckett 계수선을 보정하여 시야의 면적(A)을 결정한다. 단면적이나 시야의 면적은 대략 0.00785 mm^{2}이다.
- 전체시야수(n_f)당 시료 여지의 섬유개수(F)에서 공시료의 시야수(n_b)당 섬유개수(B)를 빼서 Walton-Beckett 계수선의 계수면적(A_f : 0.00785 mm^2)으로 나누어 mm^{2}당 섬유개수(섬유밀도, E)를 계산한다.

$$\mathrm{E}(\text{개}/\mathrm{mm}^2) = \frac{\left(\dfrac{F}{n_f} - \dfrac{B}{n_f}\right)}{A_f} \tag{6.3}$$

- 시료 채취시간(T, min)과 평균 시료채취유량(Q, L/min)을 곱하여 공기의 부피를 구한다.

$$\text{공기의 부피}(\mathrm{L}) = \mathrm{T}(\mathrm{min}) \times \mathrm{Q}_{\mathrm{avg}}(\mathrm{L/min}) \tag{6.4}$$

- 25 mm 여지의 유효채취면적(A_c : 385 mm^2)과 섬유밀도(E, 개/mm^2)를 곱한 후 채취부피(V, L)로 나누어 섬유의 개수농도를 결정한다.

$$\text{섬유의 개수농도}(\text{개}/\mathrm{cm}^3) = \frac{E(\text{개}/\mathrm{mm}^2) \times A_c(\mathrm{mm}^2)}{V(\mathrm{L}) \times \dfrac{10^3\ \mathrm{cm}^3}{\mathrm{L}}} \tag{6.5}$$

6.5 실습

6.5.1 개요

이 실습은 여지를 이용한 섬유상물질의 누적시료채취를 시행하는데 필요한 기초적 개념을 이해하기 위한 것이다. 또한 위상차현미경을 사용한 일반적인 분석방법을 소개한다. 이 실습은 석면섬유 시료채취와 분석에 초점을 맞추었다. 기구 및 방법은 NIOSH 분석방법 7400의 수정안 및 KOSHA CODE A-1-2004 분석방법 A-1-022에 기초를 둔다. 적절한 기구를 가지고 있거나 채취 및 분석방법의 단계가 완비됐을 때 □에 √ 표시를 한다.

6.5.2 기구

(1) 공기 시료채취펌프의 보정

- □ 다용량 또는 고용량 공기채취 펌프
- □ 25 mm의 2단 플라스틱 카세트와 50 mm 길이의 원통형 부분의 조립품 안에 놓인 지지대 위의 25 mm, 0.8 μm 공경의 MCE 여지
- □ 내경 6.35 mm, 길이 약 60 cm인 유연호스 2개
- □ 2 L 보정병
- □ 수동 또는 전자식 무마찰 거품관 보정기
- □ 비누액
- □ 초시계
- □ 보정자료 결과보고서(그림 6.8)

(2) 석면섬유의 시료채취

- □ 3단 플라스틱 카세트 조립품과 그 안에 있는 지지대 위의 25 mm, 0.8 μm 공경 MCE 여지
- □ 오리피스 마개
- □ 다용량 또는 고용량 공기시료채취 펌프
- □ 내경 6.35 mm, 길이 약 60 cm의 유연호스 1개
- □ 카세트 단을 고정시키기 위한 셀룰로오스 카세트 밴드 또는 테이프
- □ 현장 시료채취자료 결과보고서(그림 6.9)

보정자료 결과보고서
(저용량, 고용량, 다용량 공기시료채취 펌프)

보정장소 : ____________________

보정수행자 : ____________________ 보정날짜 : ____________________

보정기기 : ____________________
(모델명 및 제조회사)

공기시료채취펌프 : ____________________
(모델명 및 제조회사)

채취매체 :____________________ 보정부피 : ____________________cc

기온 :______________℃ 기압 : ______mm Hg 상대습도 : ________%

펌프번호	시료채취 전 보정유량(Q_{pre})					시료채취 후 보정유량(Q_{post})					평균 유량
	시간(초)				Q_{pre}/min	시간(초)				Q_{post}/min	Q_{avg}/min
	T_1	T_2	T_3	T_{avg}		T_1	T_2	T_3	T_{avg}		

보정 시 주의사항 :

그림 6.8 고용량 공기시료채취 펌프용 보정자료 결과보고서

현장시료 채취자료 결과보고서
(총 석면용 누적 측정)

설비명 및 설치장소 : ______________________ 채취오염물질 : □ 총 섬유
□ 석면(형태)
____

측정수행자 : ______________________

채취매체 : ______________

채취날짜 : ______________

방법(발생원/번호/명칭) : ______________________

측정기기(모델명 및 제조회사) : ______________________

기온 : ________℃ 기압 : ________mm Hg 상대습도 : ______%

개인 또는 지역명칭	현장 시료	펌프 번호	시료채취 전 보정유량	시료채취 후 보정유량	평균 유량 (Q)	시료채취 시작시간	시료채취 마감시간	총 시료채취 시간(T)	시료채취 시 공기체적 (Vol)

현장노트(비고):

그림 6.9 석면섬유용 현장 시료채취자료 결과보고서

실험실 분석자료 결과보고서
(섬유에 대한 위상차현미경(PCM) 분석)

모니터한 설비 및 장소명칭 : ____________________ 채취 오염물질 : ______________

측정수행자 : ____________________________ 측정날짜 : ______________

방법(발생원/수/명칭) : _________________________

실험실 명칭 및 위치_________________________ 분석 오염물질 : ______________

분석자 : ___________________________________ 분석날짜 : ________________

여지(형태 및 제조회사)_____________________ W–B 계수선 보정 : ___mm ___mm^2

위상차 현미경(모델명 및 제조회사) : ______________________________________

PCM 보정 : ______________________

기온 : ________℃ 기압 : _____mm Hg 상대습도 : _____%

실험실 시료 번호	현장 시료 번호	시료 : 현장당(n_t) 섬유개수 (개)	공시료 : 현장당(n_b) 섬유개수 (B)	계수선 (A_t) 계수면적 (mm^2)	섬유 밀도(E) (개/mm^2)	유효채취 면적(A_c) (mm^2)	평균 유량 (Q) (L/min)	총 시료채취 시간(T) (min)	채취공기 체적(Vol) (L)	섬유 농도 (개/cc)
		개=	B=							
		n_t =	n_b=							

섬유수(100개 시야당)

실험실 노트(비고):

그림 6.10 석면섬유의 위상차 현미경분석용 실험실 분석자료 결과보고서

(3) 석면섬유 시료의 분석

- □ 위상차현미경(PCM)
- □ Walton-Beckett 계수선
- □ 단계측미계(Stage micrometer)
- □ 현미경용 슬라이드
- □ 외과용 메스(scalpel), 탐침(probe), 핀셋(forceps)
- □ 유성펜
- □ 유리판
- □ 아세톤
- □ 아세톤 열판
- □ 트리아세틴(Triacetin)
- □ 1 cm^3 주사기
- □ 실험실 분석자료 결과보고서(그림 6.10)

6.5.3 방법

(1) 공기 시료채취펌프의 채취 전 보정

- □ 충전기에서 펌프를 떼 내어 스위치를 켜고 보정에 앞서 5분간 작동시킨다.
- □ 보정표를 만들어 이름, 위치, 날짜, 기온, 기압, 펌프 제조사와 모델명, 보정기구, 세 번 보정할 때마다의 시간, 시료채취 전·후 보정의 평균유량을 기록한다.
- □ 셀룰로오스 지지대 위에 놓인 25 mm, 0.8 μm 공경의 MCE 여지가 내재된 50 mm 길이의 원통형 부분이 있는 25 mm의 3단 플라스틱 카세트를 공기 채취펌프 보정 시 사용하기 위하여 조립한다.
- □ 유연호스를 보정병 내에서 카세트의 출구에 연결한다.
- □ 카세트의 출구단을 제거한다.
- □ 보정병 안에 열려진 2단 카세트를 넣고 뚜껑을 팽팽하게 잠근다. 외부공기의 누입을 줄이기 위해 밀폐된 뚜껑의 주변을 테이프로 감는다.
- □ 길이 약 60 cm의 유연호스를 공기채취 펌프에 연결한다.
- □ 유연호스의 한쪽 끝을 보정병 뚜껑의 관 구멍에 연결시켜 2단 카세트와 관 구멍, 관 구멍과 펌프가 유연호스를 통하여 연결되도록 한다.
- □ 또 다른 약 60 cm 유연호스 끝에 보정병에서 나온 다른 호스의 끝을 연결한다.

☐ 수동 또는 전자식 무마찰 거품관에 남은 유연호스의 끝을 연결한다. 이것으로 보정장치를 구성한다.

☐ 보정장치 내부로 비누용액을 방울형태로 끌어올린다.

☐ 비누방울이 500 mL에서 1000 mL까지 통과하는데 걸리는 시간을 기록한다.

☐ 수동식 거품관을 사용한다면 유량을 계산하고, 그렇지 않다면 전자식 거품관 보정기에서 유량을 직접 읽는다.

☐ 유량이 2.0 L/min ±5%로 유지되지 않으면 펌프의 유량을 조절하여 원하는 유량을 얻을 때까지 반복해서 보정과정을 거친다.

☐ 2.0 L/min ±5%로 원하는 유량을 얻었다면 2~3번 보정검사를 반복하고 평균적인 채취 전 유량을 계산한다.

☐ 보정기구로부터 펌프를 떼어내고 스위치를 끈다. 보정한 공기시료채취 펌프는 이제 사용할 준비가 된 것이다.

(2) 시료채취 매체의 준비

☐ 핀셋을 사용하여 3단 카세트의 출구(first stage)속에 질량을 측정하지 않은 셀룰로오스 지지대를 넣는다.

☐ 핀셋을 사용하여 MCE 여지를 봉투에서 꺼낸다.

☐ MCE 여지를 지지대 위에 놓는다.

☐ 50 mm 길이의 원통형 부분을 1단에 장치시켜 여지와 지지대를 밀착시킨다.

☐ 원통 위에 입구단(third stage)을 놓는다.

☐ 손바닥과 편평하고 딱딱한 플라스틱 또는 금속판을 사용하여 3단 카세트를 고르게 누른다.

☐ 카세트의 흡인구와 배출구 구멍에 마개를 끼운다.

☐ 카세트의 주변 둘레를 젖은 셀룰로오스 밴드 또는 테이프로 감는다.

☐ 카세트에 시료의 고유번호를 붙인다.

(3) 석면섬유의 공기 시료채취

☐ 공기 중 석면먼지의 농도를 검출할 수 있고 측정 가능한 지역에서의 시료채취 실행을 승인받아 그에 알맞게 실행한다. 아니면 모의 시료채취 실습을 하여 다음 분석을 위해 훈련의 기초가 될 수 있는 석면섬유 시료를 얻는다.

☐ 현장시료채취 결과보고서를 만들어 이름, 채취위치, 개인 또는 지역을 채취대상으로

하였는지, 날짜, 기온, 기압, 상대습도, 분석물질(석면섬유), 공기채취 펌프 제조사와 모델명, 펌프고유번호, 채취매체, 시료번호, 유량, 채취의 시작 및 종료시간, 채취 유량을 기록한다.

☐ 펌프를 켜고 유연호스와 채취매체에 연결하기 전에 5분간 시운전한다.

☐ 시료를 채취할 지역에 펌프를 놓고 고정시킨다.

☐ 펌프에 유연호스를 연결한다.

☐ 카세트의 입구단과 배출단에서 오리피스 마개를 제거한다.

☐ 2단 카세트를 펌프와 연결된 유연호스에 연결시킨다.

☐ 시료번호와 시작시간을 적고 시료가 카세트 안으로 통과되도록 조건에 따라 적어도 2시간 이상 둔다.

☐ 적당한 채취시간에 펌프를 끄고 종료시간을 기록, 채취 시간을 계산한다.

☐ 시료채취기구로부터 카세트를 떼고 입구와 배출구멍에 마개를 꽂아서 시료를 실험실로 옮긴다.

(4) 공기채취 펌프의 채취 후 보정

☐ 방법 (1)에서 요약된 단계를 반복한다.

☐ 채취 전·후 평균유량으로 평균 시료채취유량을 계산한다. 그리고 평균유량을 L/min으로 표현한다.

(5) 석면섬유를 채취한 시료 분석

☐ 카세트 둘레의 셀룰로오스 밴드를 떼어낸다.

☐ 카세트를 떼어내어 2단과 3단을 조심스럽게 분리해 여지를 꺼낸다.

☐ 메스와 탐침을 사용하여 여지의 20~25% 정도에 해당하는 부분을 파이모양으로 자른다.

☐ 탐침을 사용하여 여지와 지지패드가 올라오게 출구부분의 구멍에 부드럽게 밀어 넣고 핀셋으로 잡을 수 있게 한다.

☐ 핀셋을 사용하여 여지조각을 꺼내어 라벨이 붙은 깨끗한 현미경 슬라이드 위에 놓는다.

☐ 유성펜을 사용하여 슬라이드 밑에 여지의 주변에 표시한다.

☐ 열판 위에 여지를 얹은 슬라이드를 놓는다.

☐ 여지조각이 용해되어 무색이나 투명하게 변화될 때까지 열판에 아세톤 0.2 mL를 조심스럽게 주입한다. V자형의 여지가 깨끗하게 준비되었다.

☐ 처음 표시한 대로 투명하게 된 여지 위에 트리아세틴 1방울(3~3.5 mL)을 첨가한 후

커버글라스(cover slip)로 덮는다.

☐ 분석하기 전에 최소한 15분간 방치하여 둔다.

☐ 현미경의 전원을 켠 후 Walton-Beckett 계수선이 접안렌즈에 있는 것을 확인한다.

☐ 현미경을 400×배율로 조정하고 대물렌즈를 제조업체의 설명서대로 조정한다.

☐ 단계 측미계를 초점에 맞도록 하여 대물대 위에 놓는다.

☐ 접안렌즈를 보면서 계수선의 원 가장자리가 측미계의 표시에 놓이도록 한다(각 단계의 표시는 10 mm이다).

☐ 단계측미계를 이용하여 Walton – Beckett 계수선의 계수면적의 지름(D)을 측정한다. 이때 지름은 100±2 μm와 같아야 하고, 10^3을 곱하여 측정단위를 mm로 변환하여 준다(100 μm =0.1 mm).

☐ 계수면적(A)을 계산한다. 계수면적은 대략으로 0.00785 mm^2 정도이다.

$$A = \pi\left[\frac{D}{2}\right]^2 = \pi\left[\frac{0.1\ \text{mm}}{2}\right]^2 = 0.00785\ \text{mm}^2 \tag{6.6}$$

☐ 실험실 분석자료지에 계수선 보정 자료를 기록한다.

☐ 단계 측미계를 제거한 후 대물렌즈 아래 있는 대물대에서 보정된 영역의 중간쯤에 현미경 슬라이드 시료를 놓는다. 여지의 면이 보이게 초점을 맞춘다.

☐ 여지의 한쪽 끝에서 시작하여 지름과 같은 방향으로 위, 아래로 시야를 옮겨가면서 개수를 확인한다. 계수시야를 무작위로 선택한다. 최소한 각각의 분석이 중심에서 바깥까지 최소한 하나 이상의 지름선을 포함하도록 하여야 한다.

☐ 길이와 폭의 비율이 3 : 1보다 크거나 같고, 5 μm보다 큰 길이를 가진 섬유들만 계수한다.

☐ 계수영역 내에서 설정한 기준과 일치하면서 시야 내에 전 섬유가 포함된 경우는 하나의 섬유로 계산하고, 기준에 적합하지만 양 끝 중 하나만 시야계 내에 있는 섬유는 0.5개로 읽는다. 섬유들이 다발로 뭉쳐져 있는 경우도 하나로 읽고, 그 외 계수시야를 통과하는 섬유는 읽지 않는다.

☐ 다발로 존재하는 섬유들이 1/6 또는 더 많은 시야계를 덮고 있을 경우에는 다른 시야를 선택한다. 이렇게 기각된 시야는 총 시야의 개수에서 제외한다.

☐ 100개 정도의 섬유가 산출되어질 수 있게 충분한 시야계를 읽어야 한다. 섬유의 개수와 상관없이 최소한 20개의 시야에서 100개의 시야를 읽어야 한다.

☐ 1 cm^3당 섬유의 개수(개/cm^3)를 단위로 하여 석면섬유의 농도를 계산한다.

☐ 실험실 분석 결과보고서를 만들어 이름, 위치, 날짜, 기온, 기압, 분석물질(석면), 위상

차현미경 제조사와 모델명, 시료번호, 필터의 채취 전·후 질량, 채취유량, 농도를 기록한다.

6.6 예제

예제 6.1 고용량 공기시료채취 펌프를 수동식 무마찰 거품관을 사용해 보정하였다. 비누방울이 부피(V) 500 cm^3를 이동하는데 12초(T) 걸렸다면 유량(Q)은 몇 L/min인가?

풀이_ $$\mathrm{Q(L/min)} = \frac{V(\mathrm{cm^3})}{T_{avg}(\mathrm{s})} \times \frac{60\ \mathrm{s}}{1\ \mathrm{min}} \times \frac{1\ \mathrm{L}}{10^3\ \mathrm{cm^3}}$$
$$= \frac{500\ \mathrm{cm^3}}{12\ \mathrm{s}} \times \frac{60\ \mathrm{s}}{1\ \mathrm{min}} \times \frac{1\ \mathrm{L}}{10^3\ \mathrm{cm^3}} = 2.5\ \mathrm{L/min}$$

예제 6.2 고용량 펌프를 사용하여 3시간(T, min) 동안 유량(Q) 2.5 L/min으로 시료를 채취한다. 그러면 펌프로 채취된 공기의 부피(V, m^3)는 얼마인가?

풀이_ $$\mathrm{V(cm^3)} = \mathrm{T(min)} \times Q_{avg}\mathrm{(L/min)} \times \frac{1\ \mathrm{m^3}}{10^3\ \mathrm{L}}$$
$$= 180\ \mathrm{min} \times 2.5\ \mathrm{L/min} \times \frac{1\ \mathrm{m^3}}{10^3\ \mathrm{L}}$$
$$= 0.450\ \mathrm{m^3}\ \text{or}\ 450\ \mathrm{L}$$

예제 6.3 석면섬유를 채취하기 위해 고용량 공기 시료채취 펌프와 셀룰로오스 지지패드 위에 25 mm, 0.8 μm 공경의 MCE 필터가 내재된 2단 카세트를 이용하였다. 위상차현미경을 이용하여 분석한 결과 42개의 시야에서 100개의 섬유가 검출되었다. 시료채취 기간 중 석면섬유의 농도는 몇 개/cm^3인가?(단, 계수면적은 0.00785 mm^2, 필터면적은 385 mm^2, 공시료는 100개 시야 중 0개의 섬유를 가지고 있음)

풀이_ $$E(\text{개}/\mathrm{mm^2}) = \frac{\frac{100\ \mathrm{fiber}}{42\ \mathrm{field}} - \frac{0\ \mathrm{fiber}}{100\ \mathrm{field}}}{0.00753\ \mathrm{mm^2}} = 316.2\text{개}/\mathrm{mm^2}$$
$$\text{석면섬유의 농도}(\text{개}/\mathrm{cm^3}) = \frac{316.2\text{개}/\mathrm{mm^2} \times 385\ \mathrm{mm^2}}{450\ \mathrm{L} \times \frac{10^3\ \mathrm{cm^3}}{1\ \mathrm{L}}}$$
$$= 0.27\text{개}/\mathrm{cm^3}$$

6.7 실습과제

6.7.1 공기 중 석면 섬유의 시료채취와 분석

(1) 목적

학습자가 제6장에서 배운 것을 완성하기 위하여 가정된 산업위생 시료채취와 다음에 제시된 분석자료를 통하여 해결할 수 있도록 하기 위함이다.

- 측정농도와 시간가중평균농도(TWAs)의 계산
- 분석자료와 결과의 해석
- 간결한 보고서 안에 정보를 요약
- 일반적인 과학과 기술원리 및 주제와 관련된 개념을 보유

(2) 소개

간단한 적용연구를 읽은 후에 NIOSH에서 제시한 시료채취와 분석방법을 적용시킨다(출처 : http://www.cdc.gov/niosh/nmam/nmammenu.html).

그 다음 표(ntp라고 가정)에 제시된 자료를 보고 표의 빈 칸을 채우기 위하여 필요한 계산을 행한다. OSHA-PEL, ACGIH-TLVs 및 NIOSH-RELs와 같은 작업장 노출기준과 계산된 TWAs와 비교하여 본다. 또한 질문사항에 대한 응답을 준비하고 마지막으로 부록 B에 나타낸 간단한 구성에 따라 보고서를 준비한다.

(3) 실습과제

석면섬유의 누적 개인 공기측정하기 위하여 산업위생관리기사(산업기사)가 트럭정비소에서 시료를 채취하였다. 관심이 된 노출그룹은 여러 가지 덤프트럭의 브레이크 패드를 장탈착하는 자동차 정비공 그룹이었다. 브레이크 패드는 많은 양의 석면이 들어있다고 알려져 있다. 국소배기장치가 가동되고 있었다. 석면의 공기 시료채취 및 분석은 NIOSH Method 7400 및 KOSHA CODE A-1-2004 분석방법 A-1-022를 따랐다.

다음 표에 보정자료, 현장자료 및 실험실자료는 다음 표로 요약되어졌다. 이 표의 빈칸을 채우시오.

(4) 자료와 농도계산

표 6.1 석면섬유의 보정자료와 현장자료

개인 및 지역시료 명칭	시료 번호	분석 물질	시료채취 전 평균유량 (L/min)	시료채취 후 평균유량 (L/min)	평균 유량 (L/min)	시료채취 시작시간	시료채취 종료시간	시료채취 시간 (min)	채취된 공기의 체적 (L)
Gray M.	0052	Fibers	펌프 No.133: 2.25	펌프 No.133: 2.25		15:03	19:30		
	0055					19:31	23:00		

표 6.2 석면섬유의 실험실 자료

개인 및 지역시료 명칭	시료번호	분석물질	전체 현장당 섬유개수 (개/field)	섬유밀도 (개/mm²)	채취된 공기의 체적 (cm³)	섬유농도 (개/cm³)
Gray M.	0052	Fibers	100/67			
	0055		82/100			

Lab Notes : (1) 층 직경 99.0 μm로 측정된 단계측기를 사용한 W-B계수선의 보정
(2) 시료채취시 직경 25 mm MCE여지의 표면적은 385 mm^2로 가정
(3) 현장의 바탕치는 LOD 이하로 가정

표 6.3 계산된 시간가중평균농도(TWA, time-weighted averages)

개인 및 지역시료 명칭	시료번호	분석물질	8-h TWA 석면섬유(f/cm³)
Gray M.	0052	Fibers	
	0055		
Blank	0500	Fibers	

(5) 질문사항

- 시료채취 전·후 평균유량은 ±5% 이내에 있었는가?
- 적용된 NIOSH 분석방법에서 제시한 최소 및 최대범위 내에 채취된 총 시료부피가 있었는가?
- NIOSH 분석방법에서 제시한 채취 시료의 수에 대한 현장 바탕시료의 최소수는 얼마인가?
- TWAs를 계산할 경우 고려 및 가정하여야 할 것은 무엇인가?(예를 들어 노출시간, 노출장소, 쉬는 시간(점심시간) 등)
- NIOSH 분석방법당 분석물질의 검출한계(LOD, limit of detection)는 얼마인가?

- OSHA-PEL, ACGIH-TLV 또는 NIOSH-REL와 같이 계산된 TWAs와 노출기준의 비교는 어떠한가?
- 제안된 노출기준의 근거는 무엇인가?(NIOSH Criteria Documentation 및 ACGIH Documentation of the TLVs, BELs에서 정보를 찾을 것)
- NIOSH 또는 OSHA에 있는 공기 시료채취 및 분석방법은 서로 다른 점이 있는가?(예를 들어 매체사용, 분석기기 사용 등)

(6) 보고서 작성요령

부록 B를 참조하여 보고서를 준비하시오. 보고서에는 보정방법, 시료채취방법, 분석방법 등을 기록하고, 석면섬유의 시료채취와 분석을 위하여 준비해야할 것은 무엇인가를 작성하고, 각 표의 빈 칸을 채우고, 결과를 논의하고, 보고서와 관련된 각종 서적과 저널 등을 참조한다. 끝으로 적용된 NIOSH 분석방법 및 KOSHA CODE A-1-2004 분석방법 A-1-022를 복사하여 첨부한다.

CHAPTER

07

공기 중 금속분진 및 흄의 평가

셀룰로오스 에스테르 섬유여지로 공기 채취 펌프를 이용한 누적 개인 및 지역 시료채취

CHAPTER

07 공기 중 금속분진 및 흄의 평가

학습목표 제7장의 학습목표를 달성하기 위해서는 학습자가 내용을 충분히 읽고 이 장과 관련된 자료를 연구하는 자세가 필요하다.

- 특정 시료채취 매체를 포함한 공기 중 금속분진 및 흄의 누적 시료채취를 위한 시료채취 장치의 명칭, 확인, 조립 등
- 다용량 또는 고용량 공기시료채취 펌프의 유량측정용 1차 기준 장치를 사용한 적용 보정 장치의 명칭, 확인, 조립 등
- 수동식 또는 전자식 무마찰 거품관 유량측정기 사용시 대표적인 시료채취 매체를 지닌 다용량 또는 고용량 공기시료채취 펌프의 보정
- 공기 중 금속분진 및 흄의 시료채취 원리 요약
- 공기 중 금속분진 및 흄의 누적 시료채취의 수행
- 원자흡수분광광도계(AAS) 및 유도결합플라즈마(ICP) 분광광도계를 사용한 채취 입자상 물질의 분석용 시료의 준비
- 원자흡수분광광도계의 구성의 명칭 및 확인
- 원자흡수분광광도계를 사용한 금속분진 및 흄 시료분석에 필요한 구성품의 명칭, 확인, 조립
- 알고 있는 금속분석물질의 농도를 이용한 원자흡수분광광도계의 보정 및 검량선의 표시
- 공기 중 금속분진 및 흄의 채취에 사용된 여지의 시료분석의 원리 요약
- 원자흡수분광광도계를 사용한 금속분진 및 흄의 시료분석 수행
- 적용한 공기시료채취 펌프의 채취 전·후 시료채취 유량, 평균 유량, 필터의 채취 전·후의 무게, 시료채취시간, 채취된 공기체적, 채취된 금속분진 및 흄의 무게, 금속분진 및 흄의 농도(mg/m^3)의 계산 및 단위환산의 수행
- 적용한 보정, 시료채취, 보정된 분석자료, 현장 시료채취 및 실험실분석자료 결과보고서의 기록

7.1 개요

금속분진 및 흄은 작업환경에서 보통 존재하는 입자상물질이다. 금속들은 작업환경에서 허용농도가 정해져 있는 독성원소나 화합물 중의 하나이다. 만약 사업장 내에 금속분진 및 흄의 오염원이 있다면 이러한 물질들은 독성을 가지고 있기 때문에 특정 금속분진의 기중 농도를 아는 것이 더욱 중요하다. 예를 들어, 납분진은 단순히 불쾌감을 주는 분진이나 기타 분진에 비하여 더 독성이 강하고, 또 노출기준도 200~300배가량 낮다.

비록 측정방법은 비슷하지만 공기 중 금속분진의 전체적인 시료채취이나 분석방법은 일반 총 입자상물질이나 호흡성 입자상물질에 비하여 훨씬 복잡하다. 그럼에도 불구하고 금속분진은 정전기나 간섭, 여지에의 충돌 등을 이용하여 공기흐름에서부터 채취된다.

7.2 금속분진 및 흄의 채취용 여과지

금속분진 및 흄의 채취를 위해서는 공경 0.8 μm, 직경 37 mm 셀룰로오스 에스테르 섬유여지(MCE, mixed cellulose ester fiber)를 사용한다. MCE 여지는 PVC 여지에 비하여 쉽게 분해되거나 연소되기 때문에 사용하는데, 이러한 특성은 채취 후 금속분진 및 흄의 분석과정에서 중요하다. MCE 여지의 직경은 입자상물질의 침강과 채취에 사용되는 단면을 의미한다. 그러나 금속분진 및 흄의 시료채취용 MCE 여지의 공경(0.8 μm)은 총 입자상물질 및 호흡성 입자상물질의 채취에 사용되는 PVC 여지의 공경(5 μm)에 비하여 매우 작다. 분진, 특히 흄의 경우 총 입자상물질에 비해서 크기가 작고 입경의 크기가 덜 다양하기 때문에 이러한 작은 공경의 여지가 사용된다. 그러나 PVC 및 MCE 여지의 채취 기전은 기본적으로 같다. 여지의 공경은 그것보다 더 큰 크기의 입자상물질을 여지의 표면에 채취하는 작용을 한다. 그러나 공경보다 작은 크기의 먼지도 채취되는데, 이러한 채취는 여지와 입자상물질 사이에 작용하는 정전기에 의하여 여지의 공극 내에서 채취된다. 더욱이 여지의 구멍은 기울어져 있어 매체 내에서 입자상물질은 차단과 충돌을 통하여 채취되기도 한다. 또한 채취효율은 MCE 여지 위에 입자상물질이 쌓이면서 증가한다.

금속분진 및 흄의 채취를 위한 MCE 여지와 카세트와의 조립과정은 여지가 다르다는 점을 제외하고는 총 입자상물질의 채취과정과 동일하다. MCE 여지는 셀룰로오스 지지대 위에 놓여져서 37 mm 플라스틱 3단 카세트에 고정된다(그림 7.1). 출구단은 지지대와 여지를

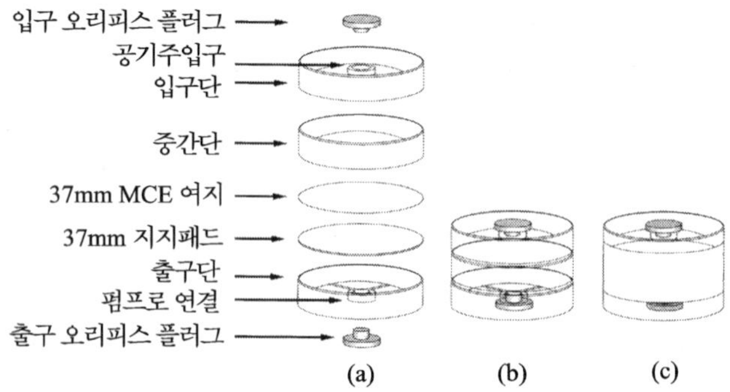

그림 7.1 37 mm MCE 여지와 지지패드가 있는 37 mm 3단 카세트 (a) 전개도, (b) 조립도, (c) 완성도

포함하며 그 가운데에는 오리피스(구멍)가 있는데 이 오리피스는 채취된 공기의 출구로 사용된나. 중산단은 고리 또는 원통형으로 생긴 것으로 이것은 카세트의 높이를 증가시킴으로써 먼지가 여지에 고르게 침착되도록 한다. 입구단은 카세트로 들어오는 시료 공기의 입구로 사용되는 구멍이 있다.

7.3 시료채취

금속분진의 시료채취방법은 총 입자상물질의 채취방법과 유사하다. 가장 중요한 차이점은 사용하는 여지가 다르다는 것과 분석방법의 차이 때문에 채취 전 여지의 중량을 재지 않는다는 것이다. 시료의 준비는 단순히 MCE 여지를 카세트 안에 조립하기만 하면 된다. 조립이 끝나면 플라스틱 마개로 카세트의 입구와 출구를 막는다.

시료채취 시에는 이 마개를 제거한 후 카세트를 내경 6.35 mm 유연호스를 이용하여 공기 시료채취펌프에 연결한다(그림 7.2). 일반적인 시료채취유량 범위는 1~3 L/min이다. 시료채취가 끝난 후에는 카세트를 공기 시료채취펌프에서 제거한 후 현장에서 다시 마개로 입구와 출구를 막고, 분석을 위하여 실험실로 운반한다. 간단한 채취방법은 다음과 같다.

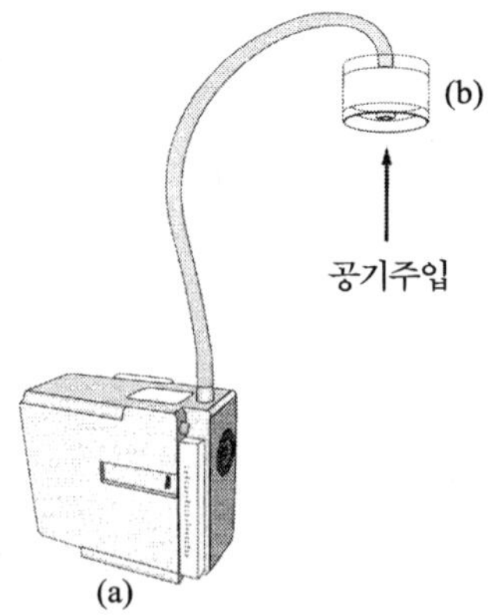

그림 7.2 금속분진 및 흄용 시료채취장치 (a) 고용량 펌프, (b) 3단 카세트

7.3.1 보정

- 공기 시료채취펌프는 채취 전과 채취 후에 대표적인 매체(직경 37 mm, 0.8 μm 공경의 MCE 여지와 지지대가 내재된 3단 카세트를 조립)를 직렬로 연결한 수동식 또는 전자식 보정기를 사용하여 보정한다(그림 7.3).
- 채취 전(Q_{pre}) · 채취 후(Q_{post}) 유량은 거품관의 비누방울이 관의 정해진 부피(V, cm^3)의 눈금을 통과하는 시간을 3번 측정($\Sigma T_{1,\ 2,\ 3}/3$)하고 평균(T_{ave}, 초)하여 정한다.

$$Q(L/min) = \frac{V(cm^3)}{T_{avg}(s)} \times \frac{60\ s}{1\ min} \times \frac{1\ L}{10^3\ cm^3} \tag{7.1}$$

- 평균유량(Q_{ave})은 채취 전(Q_{pre})과 채취 후(Q_{post}) 유량의 평균이다.

$$Q_{avg} = \frac{Q_{pre} + Q_{post}}{2} \tag{7.2}$$

- 시료채취를 위한 일반적인 유량은 1~3 L/min이다.

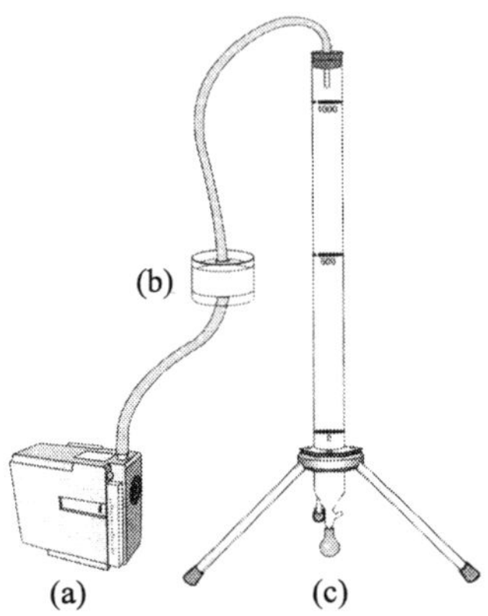

그림 7.3 금속분진과 흄용 시료채취의 보정장치 (a) 고용량 펌프 무마찰 거품관, (b) 3단 카세트, (c) 무마찰 거품관

7.3.2 시료채취의 준비

- 중량을 재지 않은 MCE 여지와 지지대를 플라스틱 카세트에 넣어 조립한 후 번호를 붙인다.
- 시료채취기구는 다용량 또는 고용량 펌프, 클립이 있는 내경 6.35 mm 유연호스와 37 mm, 0.8 μm 공경의 MCE 여지와 셀룰로오스 지지대가 포함된 37 mm 직경의 3단 카세트를 연결하여 조립한다.

7.3.3 시료채취 수행

- 번호를 붙인 플라스틱 카세트를 근로자 호흡영역 내에 부착시켜 입구를 아래쪽으로 향하게 하고 공기시료채취 펌프는 개인시료채취인 경우 근로자의 혁대에 고정시키고 지역시료 채취인 경우 채취기구는 특정위치에 고정시킨다.
- 펌프를 켜고 시작시간을 적는다.
- 특정시간 경과 후 펌프를 끄고 종료시간을 적는다.
- 카세트의 입구와 출구에 오리피스 마개를 끼우고 분석실로 보낸다.

7.4 분석

금속분진 및 흄은 채취된 입자상물질의 양만을 측정하는 것이 아니라 특정 금속물질(예 : 납, 카드뮴, 비소)의 성분까지 파악해야 된다. 시료의 분석은 일반적으로 원자흡수 분광광도계(AAS, atomic absorptions spectroscopy)나 유도결합프라즈마 분광광도계(ICP, inductively coupled plasma emission spectroscopy)를 이용한다. 금속분진 및 흄의 분석은 특정금속의 검출과 동시에 채취된 양까지 측정하여야 한다. 시료를 분석하기 위해서는 MCE 여지를 분해시키거나 연소시킴으로써 분석을 준비한다. 용해된 분석물질은 분석기에 정량 및 정성분석을 위하여 분석기기로 주입된다. 이러한 분석기기에 대한 자세한 설명은 이 책의 범위를 넘지만 간략한 개요 및 작동원칙은 다음과 같다(그림 7.4).

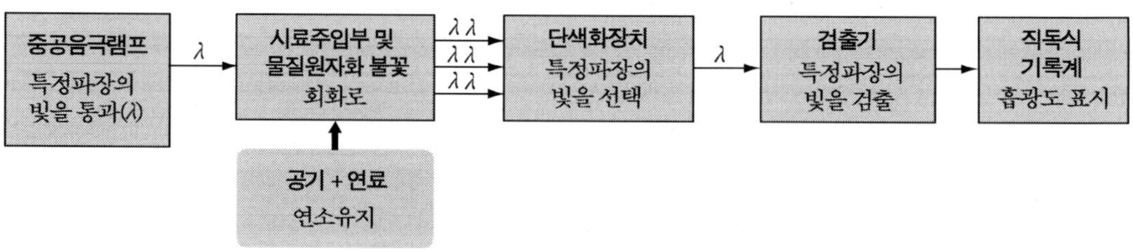

그림 7.4 원자흡수분광광도계의 구성도

7.4.1 구성

- 중공음극램프(Hollow cathode ray tube/lamp) : 기저상태에서 들뜬상태로의 전환에 의하여 특정 금속 분석물질의 검출에서 요구되는 특정파장의 빛을 생성한다.

- 시료주입부(Sample aspirator port) : 시료용액을 원자흡광광도계로 자동 유입하여 분무시킨다.
- 불꽃버너(Burner/flame) : 2,300~3,100K의 온도로 원자화 과정을 거쳐 시료용액의 금속이온을 기저상태의 원자로 전환시키는 장치
- 연료(C_2H_2, 아세틸렌)+산화제(공기) : 버너의 불꽃을 유지시킨다.
- 단색화렌즈(Monochromator lens) : 분석대상물질에 흡수되는 파장의 빛을 조절한다.
- 검출기(Detector) : 시료에 흡수되지 않고 통과하는 빛의 세기를 측정하는 광증배관이다.
- 기록계(Readout) : 검출기로부터 전기신호를 받아 흡광도로 표현하는 장치이며 일반적으로 컴퓨터와 함께 활용된다.

7.4.2 작동원리

- 분석할 금속원자에 의해 흡수되는 특정파장을 생성하는 중공음극램프를 선택한다.
- 시료용액을 불꽃에 주입하여 광원에서 나온 특정파장이 조사(照査)되도록 한다.
- 고온 불꽃은 금속이온(분석물질)을 기저상태 원자로 변환시킨다.
- 음극선관에서 나온 빛의 특정파장을 흡수하면 금속원자는 들뜬상태로 된 후 기저상태로 돌아가게 된다. 바탕시료는 음극선관에서 나온 빛을 흡수하지 않고 100% 투과한다. 금속원자가 빛을 흡수하는 경우에 흡수되는 빛의 양은 농도에 비례한다(Beer's law).
- 원자로 흡수되지 않은 빛은 분석물질에 흡수되는 빛의 파장으로 조절된 단색화장치를 거쳐 검출기로 들어간다.
- 검출기는 투과된 빛의 강도를 측정하여 전기신호를 발생한다.
- 검출되어 측정된 빛은 흡광도로 전환되어 직접 읽을 수 있도록 표시된다.

7.4.3 금속분진 및 흄의 농도 결정

- 알고자 하는 금속을 함유한 표준용액($Metal_{std}$)의 다양한 농도(0~1000 $\mu g/mL$)를 준비한다.
- 표준액을 원자흡광광도계에 주입하고 각각 알고 있는 농도에 대한 흡광도를 기록한다.
- $\mu g/mL$ 단위로 표시된 금속농도($Metal_{std}$)와 흡광도를 점으로 찍어 검량선을 그린다(그림 7.5).
- 원자흡수분광광도계에 의해 검출된 흡광도를 측정하고 이 양을 표준검량선으로부터 외삽하여 농도를 구하거나 또는 표준농도와 흡광도를 이용하여 직선 회귀식 $y=mx+b$를 구

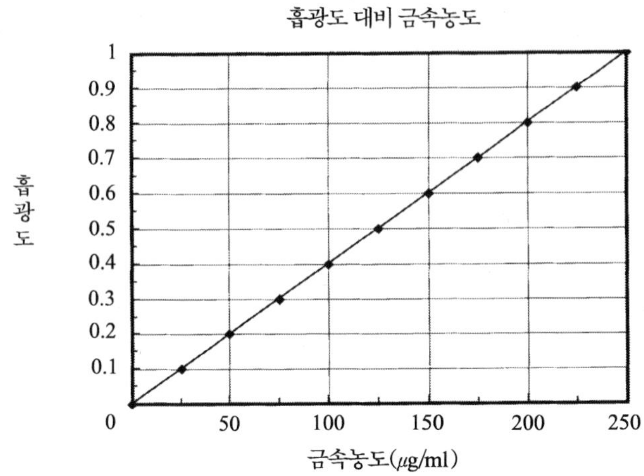

그림 7.5 용액 중 기지농도의 원자흡수분광 광도분석 검량선

한 후 농도를 계산한다.

- 검량선에서 외삽법으로 시료용액 내의 금속농도(C_{samp}, μg/mL)와 MCE 여지를 녹일 때 사용한 시료의 최종부피(V_{samp}, mL)를 곱하여 분석물질 시료로부터 금속량을 계산한다.

$$\text{금속량(mg)} = V_{samp}(\text{mL}) \times C_{samp}(\text{금속}\mu\text{g}/\text{용액mL}) \times \frac{1\ \text{mg}}{10^3\ \mu\text{g}} \tag{7.3}$$

- 시료채취시간(T, min)과 평균채취유량(Q, L/min)을 곱해 채취부피(m^3)를 구한다.

$$\text{공기의 부피}(\text{m}^3) = \text{T(min)} \times Q_{avg}(\text{L/min}) \times \frac{1\ \text{m}^3}{10^3\ \text{L}} \tag{7.4}$$

- 금속의 중량(mg)을 채취된 공기의 부피(m^3)로 나누어 금속분진 및 흄의 농도를 구한 후 mg/m^3의 단위로 환산한다.

$$\text{금속의 농도}(\text{mg/m}^3) = \frac{\text{금속의 양(mg)}}{\text{공기의 부피}(\text{m}^3)} \tag{7.5}$$

- 보정농도(C)는 MCE 여지로 측정된 농도(S)에서 바탕시료에서 측정된 농도(B)를 뺀 후 채취효율(E)을 고려한 공기의 부피(V)로 나누어 계산한다.

$$C = \frac{S-B}{EV} \tag{7.6}$$

7.5 실습

7.5.1 개요

이 실습은 여지를 이용한 금속분진 및 흄의 시료채취를 실행하는데 필요한 기초적 개념을 이해하기 위한 것이다. 또한 원자흡광광도계를 사용한 일반적인 분석방법을 소개한다. 이 실습은 납먼지 또는 납흄의 시료채취와 분석에 초점을 맞추었다. 기구 및 방법은 NIOSH 분석방법 7082의 수정안 및 KOSHA CODE A-1-2004 분석방법 A-1-001에 기초를 둔다. 적절한 기구를 가지고 있거나 채취 및 분석방법의 단계가 완비됐을 때 □에 √ 표시를 한다.

7.5.2 기구

(1) 공기채취 펌프의 보정

- □ 다용량 또는 고용량 공기 시료채취펌프
- □ 3단 플라스틱 카세트의 조립품 안에 놓인 지지대 위의 37 mm, 0.8 μm 공경의 MCE 여지
- □ 내경 6.35 mm, 길이 약 60 cm의 유연호스 2개
- □ 수동 또는 전자식 무마찰 거품관 보정기
- □ 비누액
- □ 초시계
- □ 보정자료 결과보고서(그림 7.6)

(2) 금속분진 및 흄의 시료채취

- □ 3단 플라스틱 카세트의 조립품 안에 놓인 지지대 위의 37 mm, 0.8 μm 공경의 MCE 여지
- □ 오리피스 마개
- □ 카세트 단을 고정시키기 위한 셀룰로오스 카세트테이프
- □ 다용량 또는 고용량 공기 시료채취펌프
- □ 내경 6.35 mm, 길이 약 60 cm의 유연호스 1개
- □ 현장 시료채취자료 결과보고서(그림 7.7)

보정자료 결과보고서
(저용량, 고용량, 다용량 공기시료채취 펌프)

보정장소 : ______________________

보정수행자 : ______________________ 보정날짜 : ______________

보정기기 : ______________________________________
(모델명 및 제조회사)

공기시료채취 펌프 : __________________________________
(모델명 및 제조회사)

채취매체 : ________________ 보정부피 : ________________cc

기온 :__________℃ 기압 : _____mmHg 상대습도 : _______%

펌프 번호	시료채취 전 보정유량(Q_{pre})					시료채취 후 보정유량(Q_{post})					평균 유량
	시간(초)				Q_{pre}/min	시간(초)				Q_{post}/min	Q_{avg}/min
	T_1	T_2	T_3	T_{avg}		T_1	T_2	T_3	T_{avg}		

보정 시 주의사항 :

그림 7.6 고용량 공기시료채취 펌프용 보정자료 결과보고서

현장 측정 결과보고서
(금속분진 및 금속흄의 누적 측정)

설비명 및 설치장소 : ______________________ 채취오염물질 : □ 금속분진
□ 금속흄
____

측정수행자 : ________________________________

채취매체 : _______________

채취날짜 : _______________

방법(발생원/번호/명칭) : ______________________

측정기기(모델명 및 제조회사) : ____________________________________

기온 : _________℃ 기압 : __________mmHg 상대습도 : _______%

개인 또는 지역명칭	현장 시료	펌프 번호	시료채취 전 보정유량	시료채취 후 보정유량	평균유량 (Q)	시료채취 시작시간	시료채취 마감시간	총 시료채취 시간(T)	시료채취 시 공기체적 (Vol)

현장노트(비고):

그림 7.7 금속분진과 흄용 현장 측정자료 결과보고서

실험실 분석자료 결과보고서
(금속 분석물질의 원자흡광광도법)

측정한 설비 및 장소명칭 : ______________ 채취오염물질 : __________

측정수행자 : ______________ 측정날짜 : __________

방법(발생률/수/명칭) : ______________

실험실 명칭 및 위치 : ______________ 분석오염물질 : __________

분석자 : ______________ 분석날짜 : __________

원자흡광광도계(모델명 및 제조회사):______________

중공음극램프 : ________ 파장 : ________ 연료가스 : ______ 산화가스 : ______

분석방법 : ______________

기온 : ________℃ 기압 : ______mmHg 상대습도 : ______%

실험시료 번호	현장시료 번호	준비된 시료부피 (mL)	나눌 수 있는 시료부피 (mL)	희석 배율	흡광도	분석물질 측정량 (mg)	채취공기 체적 (m^3)	오염물질의 기중농도 (mg/m^3)

실험실노트(비고):

그림 7.8 금속분진과 흄의 원자흡수 분광광도계 분석용 실험실 분석자료 결과보고서

(3) 금속시료의 분석

- □ 공기-아세틸렌 버너와 납용 중공음극램프가 있는 원자흡수분광광도계
- □ 유량조절기와 순수 압축 아세틸렌과 공기의 분리된 실린더
- □ 시계접시 뚜껑이 있는 50 mL 또는 125 mL 비커
- □ 25 mL와 100 mL의 용량플라스크
- □ 50～500 μL 피펫
- □ 표면온도가 140℃인 열판
- □ 증류수 또는 탈이온수
- □ 농축질산
- □ 질산 10% : 500 mL의 증류수에 농축질산 100 mL를 가하여 1 L로 희석시킨다.
- □ 과산화수소 30%(W/W)
- □ 시판되는 납 또는 염산과 납의 표준용액(0～500 μg/mL)
- □ 실험실 분석자료 결과보고서(그림 7.8)

7.5.3 방법

(1) 채취 전 공기 시료채취펌프의 보정

- □ 충전기에서 펌프를 떼어 스위치를 켜고 보정에 앞서 5분간 작동시킨다.
- □ 보정표를 만들어 이름, 위치, 날짜, 기온, 기압, 펌프 제조사와 모델명, 보정기구, 세 번 보정할 때마다의 시간, 시료채취 전・후 보정의 평균유량을 기록한다.
- □ 공기 시료채취펌프를 보정하는 동안 사용할 대표적인 시료채취 매체를 얻는다. 이것은 3단 플라스틱 카세트에 놓인 지지대 위의 37 mm, 0.8 μm 공경의 MCE 여지로 구성된다.
- □ 길이 약 60 cm인 유연호스의 한쪽 끝에 카세트 어댑터를 끼운다.
- □ 유연호스의 다른 쪽 끝을 공기 채취펌프에 연결한다.
- □ 출구단에 있는 출구 오리피스나 대표적인 시료채취 매체로 사용되는 카세트의 지지대 쪽에 유연호스의 어댑터 끝을 연결시킨다.
- □ 길이 약 60 cm인 유연호스의 또 다른 한 쪽 끝에 다른 카세트 어댑터를 끼운다.
- □ 입구단에 있는 입구 오리피스나 대표적인 시료채취 매체로 사용되는 카세트의 여지쪽에 두 번째 유연호스의 어댑터 끝을 연결시킨다.
- □ 수동식 또는 전자식 무마찰 거품관 보정장치에 남은 유연호스의 끝을 연결시킨다. 이

것이 보정장치를 구성한다.

□ 보정장치 내부로 비누용액을 방울형태로 끌어올린다.

□ 500~1000 mL의 부피에 비누방울을 이동시키는데 걸린 시간(T, 초)을 적는다.

□ 수동식 거품관이면 유량(Q, L/min)을 계산한다. 전자식 거품관인 경우 거품관 보정기로부터 유량을 직접 읽는다.

□ 유량이 2 L/min ±5%가 아니면 펌프로 유량을 조절을 하고 적절한 유량이 될 때까지 보정절차를 반복한다.

□ 적절한 유량(2 L/min ±5%)이 됐다면 2~3번 보정을 반복해서 채취전의 평균유량을 계산한다.

□ 보정기구에서 펌프를 떼고 'OFF'시킨다. 이제 공기 시료채취펌프는 사용할 준비가 된 것이다.

(2) 채취매체의 준비

□ 핀셋을 사용하여 출구단 카세트의 출구단에 셀룰로오스 지지대를 놓는다.

□ 핀셋을 사용하여 패키지로부터 무게를 재지 않은 MCE 여지를 부드럽게 꺼낸 후 지지대 위에 올려놓는다.

□ 여지 위에 3단 카세트의 중심링을 놓는다.

□ 입구단을 2단 위에 놓는다.

□ 손바닥과 편평하고 딱딱한 플라스틱이나 금속을 사용하여 3단 카세트를 누른다.

□ 카세트의 입구단과 출구단 구멍에 마개를 끼운다.

□ 카세트 주위에 젖은 셀룰로오스 밴드를 감고 말려 쪼그라들게 한다.

□ 시료 고유번호를 카세트에 붙인다.

(3) 금속분진의 공기 시료채취

□ 공기 중 납 분진이나 흄이 검출가능하고 측정 가능한 장소에서 시료채취에 대한 수행승인을 받고 시료채취를 하거나, 모의 시료채취 실습을 행한 후 분석을 하기 위해 납이 채취된 시료를 구한다.

□ 현장 시료채취 결과보고서를 만들어 이름, 위치, 채취된 장소나 사람, 날짜, 기온, 기압, 상대습도, 분석물질(예 : 납 먼지), 공기 채취펌프 제조사 및 모델명, 펌프 번호, 채취매체, 시료번호, 유량, 채취시작 및 종료시간, 채취기간, 채취된 공기의 부피를 적는다.

- □ 펌프를 켜고 유연호스와 시료채취 매체에 연결하기 전 5분 동안 작동시킨다.
- □ 유연호스를 펌프에 연결한다.
- □ 시료를 채취할 장소에 펌프를 놓고 고정시킨다.
- □ 카세트 어댑터를 유연호스의 다른 끝에 연결시킨다.
- □ 카세트의 오리피스 마개를 빼고 펌프에 연결된 유연호스의 어댑터에 카세트의 출구를 끼운다.
- □ 시료번호와 시작시간을 적고 최소한 2시간 정도 작동시킨다.
- □ 적당한 시료채취 시간 후 펌프를 끄고, 종료시간을 적은 후 채취시간(T, min)을 계산한다.
- □ 시료채취기구에서 카세트를 떼고 입구단과 출구단에 마개를 끼운다. 시료를 실험실로 가지고 간다.
- □ 표면에 붙어있는 입자상물질을 제거하기 위하여 카세트의 표면을 조심스럽게 닦는다.

(4) 공기 채취펌프의 채취 후 보정

- □ 방법 (1)에 요약된 단계를 반복한다. 단, 펌프의 유량을 맞추지는 않는다.
- □ 채취 후 유량(Q_{post})은 채취 전 유량(Q_{pre})의 ±5% 내에 들어가야 한다.
- □ 채취 전·후 유량의 평균으로 평균 유량(Q_{avg})을 계산하여 L/min으로 표현한다.

(5) 금속분진 및 흄의 분석

- □ 알고 있는 납 표준액을 준비한다. 표준액을 원자흡수분광광도계로 흡광도를 측정하여 검량선을 그린다.
- □ 카세트의 셀룰로오스 테이프 또는 밴드를 제거한다.
- □ 여지를 노출시키기 위하여 중간단과 입구단을 조심스럽게 분해함으로써 카세트를 분해한다.
- □ 탐침을 출구단 오리피스로 조심스럽게 밀어 넣어 지지대와 여지가 핀셋으로 잡아 올릴 수 있도록 한다.
- □ 핀셋을 이용하여 부드럽게 여지를 분리한 후 깨끗한 비커에 넣는다.
- □ 진한 HNO_3 3 mL와 1 mL 30% H_2O_2를 첨가한 후, 시계접시로 뚜껑을 덮고 열판에서 140℃로 가열하여 0.5 mL가 남을 때까지 가열한다. 이 과정을 2회 반복한다.
- □ 연소한 재가 하얗게 될 때까지 140℃에서 가열한다.
- □ 시료가 건조되면 시계접시과 비커의 내벽을 3~5 mL 10% HNO_3를 이용하여 닦는다.

☐ 비커를 식힌 후 1 mL의 진한 HNO_3을 가하여 남아있는 것을 분해한다.

☐ 용액을 10 mL 용량플라스크에 옮기고 증류수로 희석하여 10 mL로 만든다.

☐ 원자흡수분광광도계를 사용설명서대로 조절하여 공기-아세틸렌 불꽃과 파장 283.3 nm에서 분석을 행한다.

☐ 시료와 바탕시료를 측정 흡광도로 분석하여 흡광도를 측정한 후 검량선을 이용하여 농도를 계산한다.

☐ 실험실 분석자료 결과보고서에 이름, 위치, 날짜, 대기온도와 압력, 분석대상 금속, 원자흡광광도계 제조회사와 모델명, 시료번호, 채기된 공기부피, 농도를 기록한다.

7.6 연습문제

예제 7.1 고용량 공기시료채취 펌프를 수동식 무마찰 거품관을 사용해 보정하였다. 비누방울이 부피(V) 500 cm³를 이동하는데 13.5초(T)걸렸다면 유량(Q)은 몇 L/min인가?

풀이_

$$Q(\mathrm{L/min}) = \frac{V(\mathrm{cm^3})}{T_{\mathrm{avg}}(\mathrm{s})} \times \frac{60\ \mathrm{s}}{1\ \mathrm{min}} \times \frac{1\ \mathrm{L}}{10^3\ \mathrm{cm^3}}$$

$$= \frac{500\ \mathrm{cm^3}}{13.5\ \mathrm{s}} \times \frac{60\ \mathrm{s}}{1\ \mathrm{min}} \times \frac{1\ \mathrm{L}}{10^3\ \mathrm{cm^3}} = 2.2\ \mathrm{L/min}$$

예제 7.2 고용량 시료채취 펌프를 사용하여 2시간(T, min) 동안 유량(Q) 2.2 L/min으로 시료를 채취한다. 펌프로 채취된 공기의 부피(V, m³)는 얼마인가?

풀이_

$$V(\mathrm{m^3}) = T(\mathrm{min}) \times Q_{\mathrm{avg}}\ \mathrm{L/min} \times \frac{1\ \mathrm{m^3}}{10^3\ \mathrm{L}}$$

$$= 120\ \mathrm{min} \times 2.2\ \mathrm{L/min} \times \frac{1\ \mathrm{m^3}}{10^3\ \mathrm{L}} = 0.264\ \mathrm{m^3}$$

예제 7.3 고용량 펌프를 이용하여 0.264 m^3의 공기가 채취되었다. 시료는 10 mL의 10% 질산으로 용해되었다. 실험실에서 원자흡광광도계를 이용하여 농도를 37 mm, 공경 0.8 μm MCE 여지와 지지대 매체를 지닌 3단 플라스틱 카세트에 연결된 고용량 공기시료채취 펌프를 이용하여 0.264 m^3 부피의 공기가 채취되었다. 여지는 10 mL의 10% 질산으로 용해되었다. 실험실에서 원자흡수분광광도계를 이용하여 농도를 분석하고 검량선으로 비교 분석한 결과 농도는 23 mg Pb/mL이었다. 채취기간 중 납분진의 농도(mg/m^3)는 얼마인가?

풀이_ $$\text{Pb}(\text{mg/m}^3) = v(\text{mL}) \times \frac{\text{Pb(mg)/mL}}{\text{공기의 부피}(\text{m}^3)} = 10\ \text{mL} \times \frac{0.023\ \text{mg Pb/mL}}{0.264\ \text{m}^3}$$

7.7 실습과제

7.7.1 공기 중 금속분진의 시료채취와 분석

(1) 목적

학습자가 제7장에서 배운 것을 완성하기 위하여 가정된 산업위생 시료채취와 다음에 제시된 분석자료를 통하여 해결할 수 있도록 하기 위함이다.

- 측정농도와 시간가중평균농도(TWAs)의 계산
- 분석자료와 결과의 해석
- 간결한 보고서 안에 정보를 요약
- 일반적인 과학과 기술원리 및 주제와 관련된 개념을 보유

(2) 개요

간단한 적용연구를 읽은 후에 NIOSH 및 KOSHA CODE 시료채취 및 분석지침(A)에서 제시한 시료채취와 분석방법을 적용시킨다(출처 : http://www.cdc.gov/niosh/nmam/nmammenu.html, http://www.kosha.net/koshal/info/industry/health). 그 다음 표(ntp라고 가정)에 제시된 자료를 보고 표의 빈 칸을 채우기 위하여 필요한 계산을 행한다. OSHA-PEL, ACGIH-TLVs 및 NIOSH-RELs와 같은 작업장 노출기준과 계산된 TWAs와 비교하여 본다. 또한 질문사항에 대한 응답을 준비하고 마지막으로 부록 B에 나타낸 간단한 구성에 따라 보고서를 준비한다.

(3) 실습과제

석유정제소에 연료가 지상 저장탱크에 저장되어 있다. 이러한 저장탱크는 유연납 페인트로 칠해져 있다. 시간이 지나면서 페인트가 벗겨졌다. 결국 칠해진 페인트를 벗겨내고 새로운 페인트를 칠하는 계획이 세워졌다. 산업위생관리기사(산업기사)가 공기 중 페인트 분진 속에 함유된 납의 발생원에 대하여 관심을 갖게 되었다. 따라서 페인트를 벗기고 샌드페이퍼로 작업하는 동안 작업자에게 누적 개인시료채취를 실시하게 되었다. 금속(납) 먼지의 공기 시료채취 및 분석은 NIOSH 분석방법 7105 및 KOSHA CODE A-1-2004 분석방법 A-1-001을 따랐다. 다음 표에 보정자료, 현장자료 및 실험실자료는 다음 표로 요약되어졌다. 이 표의 빈 칸을 채우시오.

(4) 자료 및 결과

표 7.1 보정과 현장자료

개인 및 지역시료 명칭	시료 번호	분석 물질	시료채취 전 평균유량 (L/min)	시료채취 후 평균유량 (L/min)	평균 유량 (L/min)	시료채취 시작시간	시료채취 종료기간	시료채취 시간 (min)	채취된 공기의 체적 (L)
Joe M.	1136	납	Pump No.001: 2.16	Pump No.001: 2.20		15:00	17:30		
	1140					17:30	20:00		
	1128					20:00	23:00		
Tank 1 Railing	1138	납	Pump No.005: 2.08	Pump No.005: 2.20		15:00	19:00		
	1125					19:00	23:00		
Blank	1131	납	N/A	N/A	N/A	N/A	N/A	N/A	–

N/A=Not applicable.

표 7.2 원자흡수분광광도계를 이용한 표준 검량선 자료

흡광도	0	0.1	0.2	0.3	0.4	0.5	0.6	0.7	0.8	0.9	1.0
납 표준용액 (μg/mL)	0	0.25	0.50	0.75	1.00	1.25	1.50	1.75	2.00	2.25	2.50

표 7.3 실험실 자료

개인 또는 지역시료명칭	시료 번호	분석 물질	흡광도	분석물질 농도 (μg/mL)	여지용해용 산부피 Filter(mL)	분석물질량 (mg)	공기시료 체적 (m^3)	납먼지 농도 (mg/m^3)
Joe M.	1136	납	0.70		10			
	1140		0.50					
	1128		0.80					
Tank 1 Railing	1138	납	0.40		10			
	1125		0.30					
Blank	1131	납	<LOD	N/A	10	<LOD	0	

LOD=Limit of detecton(검출한계).
N/A=Not applicable(해당없음).

표 7.4 TWA의 계산

개인 또는 지역시료명칭	시료번호	분석물질	납먼지(mg/m^3)
Joe M.	1136	납 먼지	
	1140		
	1128		
Tank 1 Railing	1138	납 먼지	
	1125		
Blank	1131	납 먼지	

(5) 질문사항

- 시료채취 전, 후 평균유량은 ±5% 이내에 있었는가?
- 적용된 NIOSH 분석방법에서 제시한 최소 및 최대범위 내에 채취된 총 시료부피가 있었는가?
- NIOSH 분석방법에서 제시한 채취시료의 수에 대한 현장 바탕시료의 최소수는 얼마인가?
- TWAs를 계산할 경우 고려 및 가정하여야 할 것은 무엇인가?(예를 들어 노출시간, 노출장소, 쉬는 시간(점심시간) 등)
- NIOSH 분석방법당 분석물질의 검출한계(LOD, limit of detection)는 얼마인가?
- OSHA-PEL, ACGIH-TLV 또는 NIOSH-REL와 같이 계산된 TWAs와 노출기준의 비교는 어떠한가?
- 제안된 노출기준의 근거는 무엇인가?(NIOSH Criteria Documentation 및 ACGIH Documentation of the TLVs, BELs에서 정보를 찾을 것)

- NIOSH 또는 OSHA에 있는 공기 시료채취 및 분석방법은 서로 다른 점이 있는가?(예를 들어 매체사용, 분석기기 사용 등)

(6) 보고서 작성요령

부록 B를 참조하여 보고서를 준비하시오. 보고서에는 보정방법, 시료채취방법, 분석방법 등을 기록하고, 공기 중 금속분진의 시료채취와 분석을 위하여 준비해야할 것은 무엇인가를 작성하고, 각 표의 빈 칸을 채우고, 결과를 논의하고, 보고서와 관련된 각종 서적과 저널 등을 참조한다. 끝으로 적용된 NIOSH 분석방법 및 KOSHA CODE A-1-2004 분석방법 A-1-001을 복사하여 첨부한다.

CHAPTER

08

공기 중 입자상물질(분진)의 평가

직독식 에어로졸미터를 이용한 순간 지역시료채취

CHAPTER

08 공기 중 입자상물질(분진)의 평가

학습목표 제8장의 학습목표를 달성하기 위해서는 학습자가 내용을 충분히 읽고 이 장과 관련된 자료를 연구하는 자세가 필요하다.

- 공기 중 입자상물질의 순간 또는 실시간 지역시료채취에 사용된 일반적인 기기의 명칭과 확인
- 공기 중 입자상물질의 직독식 기기를 사용한 시료채취의 원리를 요약
- 직독식 에어로졸미터를 사용한 공기 중 입자상물질의 순간 측정의 실행
- 현장 시료채취자료 결과보고서를 사용한 모든 적용가능한 시료채취의 기록

8.1 개요

제4~7장에는 누적 또는 연속적인 개인과 지역시료채취를 실행하는데 있어 적절한 기기이용 및 사용법, 공기 중 입자상물질의 분석이 요약되어 있다. 그리고 섬유와 같은 좀 더 특징적인 입자상물질뿐만 아니라 일반적인 총 입자상물질과 호흡성 입자상물질의 순간 또는 실시간 지역시료채취에도 위와 같은 기기사용 및 그 사용법의 적용이 가능하다. 이러한 기기들에는 일반적으로 공기 중 입자상물질의 검출기 또는 측정장치에 공기를 불어 넣는 전지식 작동의 전자기기들이 이에 속한다. 공기의 능동적인 흐름이 아닌 수동적인 흐름을 이용하는 기기도 이용이 가능하다. 공기 중 입자상물질의 농도는 직독식 표시창에 나타나게 된다(그림 8.1).

호흡성 입자상물질 시료채취에 있어 직독식 기기는 일반적으로 정확하지는 않지만 실험실 분석하는데 시간이 필요한 누적 시료채취 방법보다는 쉽다. 이러한 짧은 작동속도는 시료채취 시간 동안 빠르게 변하는 상태를 파악할 수 있도록 한다.

공기 중 입자상물질을 측정하기 위한 직독식 기기는 실험실 분석에 요구되는 누적 공기측정기술보다 더욱 편리한 장점이 있지만 정확도는 떨어진다. 이 기기들의 가동속도는 특정

시간의 시료채취를 평가하는데 있어 빠르게 변화되는 조건에 잘 적응한다.

시료를 얻는 방법은 시료채취의 목적에 따른다. 만약 개인폭로가 한계치를 초과하는지의 여부를 측정하는 것이 목적이라면 모니터의 흡입구는 적절한 시료가 채취될 때까지 필요한 시간 동안에 근로자의 호흡영역에 부착되어야 한다. 그러나 지역시료를 채취하기 위한 목적으로 모니터의 흡입구를 작업면 위 1.2~1.8 m 높이에 고정시켜 설치하는 경우가 더 흔하다. 또한 지역시료들은 위치를 이동시키면서 공기 중 에어로졸 농도를 측정하기 위하여 손으로 들고 다니면서 측정할 수 있는 크기의 기기를 사용해서 채취할 수 있다. 순간 지역 측정은 주어진 노출지역, 발생원, 환기시설의 유효성, 공정 중 입자상물질의 농도를 정하는데 유용하다.

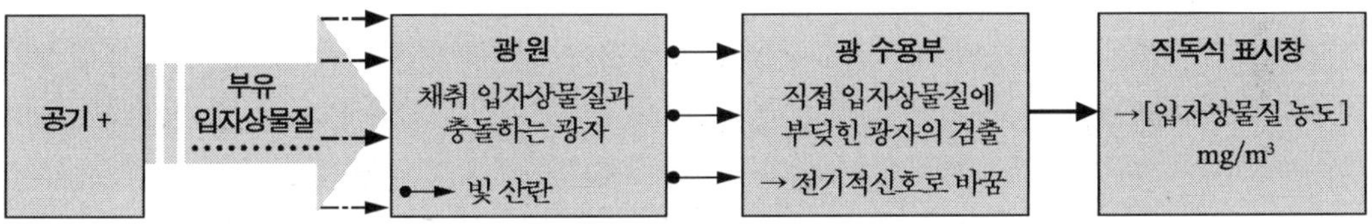

그림 8.1 광산란 에어로졸 미터의 개략도

8.2 시료채취

직독식 에어로졸미터는 몇 가지 종류가 있으며, 이 기기는 검출과 측정의 방법 적용에 있어 얼마간의 차이가 있다. 입자상물질의 검출과 측정에 있어 중요한 두 가지 원리는 빛의 산란과 전기적 침강, 그리고 진동이다. 더욱이 사용하는 방법에 따라 어떤 기기는 구형 및 섬유상 입자상물질, 호흡성 및 총 입자상물질을 구별할 수 있다. 기기 안으로 공기 중 입자상물질을 운반하는 기전도 흡인방식 또는 토출방식으로 나눈다.

대부분의 기기는 고정방식 또는 이동방식 지역시료채취가 적용된다. 고정방식의 시료채취가 이루어지는 동안 노트북 컴퓨터를 이용한 누적 자료기록이 이루어지고 특정기간에 걸친 실시간 결과치도 기록할 수 있다. 이동방식을 사용한 기기는 공기 중 입자상물질의 농도를 여러 지역에서 검출하고 측정하기 위하여 작동하면서 휴대할 수 있다(그림 8.2). 아주 작은 순간 에어로졸 모니터는 개별적으로 실시간 개인시료채취를 행할 수 있다.

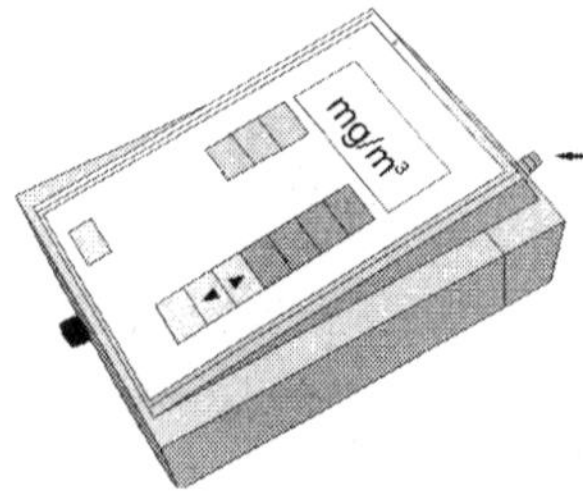

그림 8.2 총 입자상물질 및 호흡성 입자상물질 에어로졸미터

8.2.1 빛의 산란(light scattering)

공기 중에 부유하는 입자상물질의 산란 특성을 이용하여 에어로졸의 크기와 농도를 알 수 있다. 광검출기(photodetectors) 또는 광도계(photometers)라 불리 우는 빛의 산란을 이용하는 기기는 다양한 종류가 있으며, 총 입자상물질과 호흡성 입자상물질의 측정에 이용할 수 있다. 이런 종류의 모든 기기는 광원과 시료가 들어 있는 감응부와 광전자 수용부로 구성되어 있다. 이런 요소들은 입사광의 입사각에서 먼지의 의해 산란된 빛을 수용부(detector)에서 채취하게끔 배열되어 있다. 빛 산란기기는 일반적으로 전방산란 광도계와 각분산 광도계로 나누어진다. 전방산란 광도계는 입자상물질로부터 가까운 전방 방향에서 산란된 빛에 감응한다. 반면에 각분산 광도계는 각도 감응부의 모든 각도를 통해 입자상물질에 의해 산란된 빛을 검출한다. 구형 입자상물질의 측정치는 mg/m³ 단위로 읽는다.

응축핵 계수기(condensation nuclei counters)로 알려진 또 다른 기술도 빛 산란과 검출에 속한다. 먼저 채취된 입자상물질의 크기를 검출할 수 있게 된다. 이 기술은 다른 방법으로는 검출이 불가능한 극미세 먼지(0.02∼1 μm)를 채취, 검출, 계수한다. 부유 입자가 함유된 공기시료를 이소프로필알콜 증기가 섞인 입자가 있는 가열실로 흐르게 한다. 입자와 증기가 찬 응축기를 지나가면서 알콜 증기가 검출할 수 있고, 측정 가능한 큰 형태(>1 μm)로 변한 입자를 응축한다. 레이저 광학기가 빛 산란을 일으킨 입자에 빛을 집중시킨다. 산란된 빛은 감광성 반도체소자(photodiode)에 의하여 검출되고 입자의 농도에 직접 관련되어 계수되는 전기적 신호로 변환된다.

또한 석면섬유와 같은 섬유상 입자상물질의 농도는 빛 산란기술을 사용한 순간 측정기기를 이용하여 평가할 수 있다. 시료채취는 길이와 직경의 비가 3 : 1인 섬유상물질의 농도를 측정하는 기기를 사용하여야 한다. 어떤 측정장치는 헬륨-네온 레이저와 에어로졸이 높은 주파수의 진동장을 통과할 때 발생하는 섬유의 진동을 검출하는 전기 광학적 센서를 갖고 있다. 섬유농도는 광수용기(photoreceptor)에 의해 검출되는 산란 빛 세기의 다양성에 기초를 둔다. 섬유개수는 표시창에 개/cm^3의 단위로 디지털로 계수된다.

8.2.2 압전천칭식 공진(Piezoelectric Resonant Oscillation)

공기 중 입자상물질의 측정과 검출에 대한 다른 기전은 공진(공명)에 기초하여 검출, 측정하는 것으로써, 정전기적 인력을 통한 채취가 가능하다. 압전천칭식 측정기기는 정전기적 침강이나 기계적 충돌에 의하여 압전 수정결정판 표면에 있는 구형 에어로졸 입자들을 채취한다. 압전 수정결정판이 진동하는 동안 입자가 수정결정판 위로 침강되면서 수정결정판의 공진주파수가 변하게 되는데, 수정결정판의 공진주파수는 결정판 표면에 쌓인 질량이 증가할 때 같이 증가한다. 시료채취기간 동안 압전 수정결정판의 공진주파수 변화를 측정하면 이 수치는 질량농도로 변환 될 수 있다. 입자상물질의 농도는 mg/m^3 단위로 표시한다.

8.3 실습

8.3.1 개요

이 실습은 에어로졸 측정기기를 이용한 공기 중 입자상물질의 순간 측정을 수행하는데 기초적 개념을 이해하기위한 것이다. 적용 기기와 채취방법 단계가 완료 되었을 때 □에 √ 표시를 한다.

8.3.2 기구

(1) 에어로졸 측정기기의 보정

- □ 공장 또는 제조사의 제조 시 보정은 일반적으로 적당하다. 기기는 매번 사용하기 전에 0점 조정을 사용하여 제로세팅을 하여 둔다.

(2) 공기 중 입자상물질의 시료채취

- □ 에어로졸 측정기기
- □ 줄자
- □ 현장 시료채취자료 결과보고서(그림 8.3)

현장 측정 시료채취자료 결과보고서
(에어로졸미터를 이용한 에어로졸의 실시간 측정)

설비 및 장소명칭 : ______________________________

측정수행자 : ______________________________

측정수행날짜 : ______________________________

측정기기
(모델명 및 제조회사) : ______________________________

시료채취 전 비교점검 또는 영점조정 : __________

시료채취 후 비교점검 또는 영점 조정 : __________

예상오염물질 : ______________________________

기온 : ________℃ 기압 : ________mmHg 상대습도 : ______%

측정지역명	농도(mg/m^3)	
	총	호흡성

현장노트(비고) :

그림 8.3 총 입자상물질 또는 호흡성 입자상물질의 직독식 측정용 현장 시료채취자료 결과보고서

8.3.3 방법

(1) 에어로졸 측정기기의 채취 전, 채취 후 보정

- □ 기기는 일반적으로 제조사의 의해 보정되어 있다. 기기는 주기적으로 제조사에 돌려보내어 재보정한다. 기기작동은 제조사의 설명서를 따른다.

(2) 공기 중 입자상물질의 시료채취

- □ 공기 중 입자상물질의 농도의 검출 및 측정이 가능한 장소에서 측정수행 승인을 받고 측정을 수행하거나 그렇지 못할 경우에는 모의 측정연습을 행한다.
- □ 에어로졸 측정기기를 켜고 영점조정 한다.
- □ 직독기에 나타난 입자상물질의 농도를 읽고 기록한다.
- □ 장소를 구분하여 측정하고 다양한 위치에서의 측정치를 읽고 기록한다.
- □ 현장 시료채취자료 결과보고서를 만들어 측정자 이름, 기기명, 채취위치, 날짜, 기온, 기압, 상대습도, 에어로졸 측정기기의 제조사와 모델명을 기록한다.

CHAPTER

09

공기 중 유기성 가스와 증기의 평가

고체 흡착제가 부착된 공기 시료채취 펌프를 이용한 누적 개인 · 지역시료채취

CHAPTER 09

공기 중 유기성 가스와 증기의 평가

학습목표 제9장의 학습목표를 달성하기 위해서는 학습자가 내용을 충분히 읽고 이 장과 관련된 자료를 연구하는 자세가 필요하다.

- 고체 흡착제를 이용한 공기 중 유기성 증기의 누적 시료채취를 행하는데 사용되는 특정 시료채취 매체를 포함한 시료채취장치의 구성의 명칭, 확인, 조립 등
- 다용량 또는 저용량 공기시료채취 펌프의 유량측정용 1차 기준장치를 사용한 적용 보정 장치의 명칭, 확인, 조립 등
- 수동식 또는 전자식 무마찰 거품관 유량측정기 사용시 대표적인 시료채취 매체를 지닌 다용량 또는 저용량 공기 시료채취펌프의 보정
- 고체 흡착제를 이용한 공기 중 유기성 증기의 시료채취 원리 요약
- 고체 흡착제를 이용한 공기 중 유기성 증기의 누적 시료채취의 수행
- 가스크로마토그래피를 사용한 채취된 증기의 분석용 시료의 준비
- 가스크로마토그래프의 구성의 명칭 및 확인
- 가스크로마토그래프를 사용한 유기성 증기의 시료분석에 필요한 구성품의 명칭, 확인, 조립
- 알고 있는 유기성 분석물질의 농도를 이용한 가스크로마토그래프의 보정 및 검량선의 표시
- 공기 중 유기성 증기의 채취에 사용된 고체흡착제의 시료분석의 원리 요약
- 가스크로마토그래피를 사용한 증기의 시료분석 수행
- 시료채취 펌프의 채취 전·후 시료채취 유량, 공기 시료채취펌프의 평균 유량, 시료채취 시간, 채취된 공기체적, 채취된 유기성 분석물질의 양, 유기성 증기의 농도(ppm)의 계산 및 단위환산의 수행
- 적용한 보정, 시료채취, 보정된 분석자료, 현장 시료채취 및 실험실분석자료 결과보고서의 기록

9.1 개요

가스와 증기가 함유된 비입자상 공기오염물질을 대상으로 직업성 폭로한계와 시료채취·분석 방법이 평가되었다. 공기 중 가스와 증기는 고체 흡착제에 흡착됨으로써 오염된 공기흐름으로부터 분리된다. 가스와 증기 채취방법은 활성탄이나 실리카겔 같은 고체흡착제를 이용한다. 표준온도와 표준압력 하에서 고체표면에 가스와 증기가 흡착된다. 즉, 고체 흡착제의 표면과 유기성 가스 또는 증기분자 사이의 접촉에 의한 결합이다(그림 9.1).

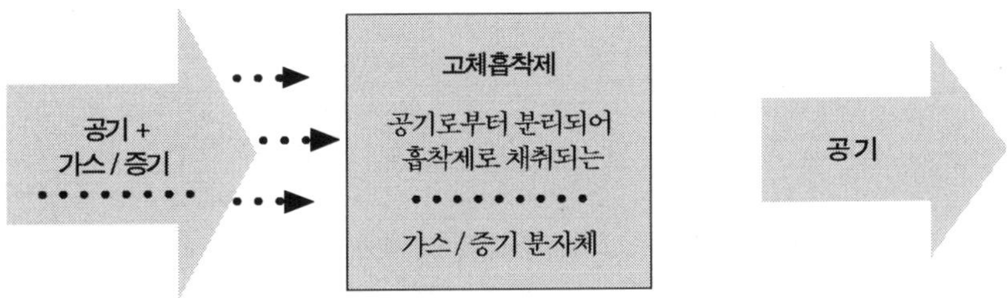

그림 9.1 고체흡착제를 이용한 유기증기 흡착

고체 흡착제는 작고 다공성의 타원형입자이다. 이 입자는 흡착체 표면과 공기 중 가스와 증기 사이의 접촉을 위한 표면적이 있고, 흡착효율은 이 표면적의 노출량과 관련이 있다. 채취효율에 영향을 미치는 다른 인자는 채취유속, 가스 또는 증기의 농도, 온도, 그리고 습도이다. 유속이 너무 빠르면 오염물이 고체 흡착제와 상호반응하거나 결합할 시간적 여유를 주지 않는다. 분석하기에 충분한 양의 시료를 채취하는 유속은 일반적으로 저유속이다. 하지만 10 cm^3/min 이하는 보통 사용하지 않는다. 고농도의 가스나 증기를 보정하기 위해서 채취시간 또는 유속을 감소시키거나 보다 큰 고체흡착제를 사용할 수 있다. 온도나 습도는 고체표면이 포화되는 속도를 증가시킨다.

9.2 유기성 가스와 증기 채취용 고체 흡착제

고체 흡착제로 주로 사용되는 것은 활성탄과 실리카겔이다. 활성탄은 탄소질의 매질을 가열하여 섭씨 수백 도까지 가열하여 활성화시킨 것이다. 활성탄은 끓는점 100℃ 이상의 비극성 유기성 증기 채취용으로 사용된다. 탄소매질은 흡수성이 높지만, 공기 중 습도가 높으면 채취효율을 감소시킬 수 있다. 따라서 상대습도가 80% 이상이면 활성탄을 사용하는 것을 고려해 보아야 한다. 일반적으로 실리카겔은 활성탄에 흡착되지 않는 극성물질을 채취한다. 실리카겔은 실리케이트 염과 황산으로 합성하고 극성 유기물질을 채취하는 데 이용된다. 극성 유기물질은 수산화이온, 할로겐화탄화수소, 그리고 무기화합물을 함유하고 있다. 실리카겔에 흡수되는 효율이 큰 순으로 나열하면 물, 알코올, 알데하이드, 케톤, 에스테르, 방향족, 불포화 지방족, 포화 지방족 화합물 순이다. 실리카겔은 흡습성이 매우 높지만 상대습도가 높거나 80%를 초과하면 채취효율은 감소한다.

고체 흡착제는 유리관 안에 위치한다(그림 9.2). 유리섬유 플러그는 관의 입구부분에 위치하고, 우레탄폼 플러그는 출구부분에 위치한다. 유리관 안의 고체 흡착제는 두 부분으로 구성되어 있다. 두 부분은 주로 2 mm 우레탄폼 플러그로 분리되어있다. 표준적인 활성탄관은 4 mm의 내경을 가지고, 길이는 70 mm로 되어 있다. 유리관 안에는 20/40 mesh의 탄소를 함유하고 있다. 앞 층은 130 mg이고 뒤 층은 65 mg이다.

그림 9.2 고체 흡착제를 채운 일반적 표준유리관

9.3 주의사항

이론적으로 가스나 증기가 흡착관으로 들어오면 앞부분에 흡착된다. 하지만 공기가 관을 흐르면서 가스나 증기를 뒤 층으로 이동시킨다. 이것을 파과현상이라고 한다. 채취관에 뒷부분은 파과현상을 알아보기 위해서 존재한다. 채취관에서 파과현상이 일어나는 원인은 첫째, 앞층에서 포화현상이 일어나기 때문이다. 이것은 공기 중 가스나 증기의 농도가 매우 높기 때문이며, 채취유량과 시간으로 이 문제를 해결하기 어려울 때 발생한다. 둘째, 가스나 증기가 탈착되어 뒤 층으로 확산되는 현상이다. 이것은 분석 시까지 4℃ 이하로 저장하면서 채취관이 밀봉되어 있지 않으면 발생한다. 그리고 골이 파이는 채널링 현상(channelling)은 채취관이 수직으로 되어 있으면 발생할 수 있다. 채취관의 뒤층을 이용하여 파과현상을 검사할 수 있는데, 시료채취를 끝낸 후 앞·뒤 층을 분리하여 분석한다. 만일 뒤 층에서 앞 층의 10% 이상이 검출되었다면 파과현상이 발생한 것이며, 이때 시료의 타당성은 문제가 된다.

9.4 시료채취

시료채취 전에 채취관의 양쪽 끝을 잘라낸다. 공기 중 가스나 증기의 누적 시료채취는 저용량, 다용량 펌프로 1000 cm^3/min 이하의 유량으로 맞추며, 일반적으로 100 cm^3/min 이하로 유량을 조절한다. 펌프는 호스와 채취관 홀더를 연결하고 고체흡착제를 함유한 채취관을 연결한다(그림 9.3). 채취펌프는 진공상태가 되며, 공기를 관으로 빨아들이고, 관 앞 층을 거쳐 뒤층으로 흐르고 펌프 밖으로 배출된다. 이론적으로 공기 중 가스나 증기가 고체 흡착제를 지나면 즉시 흡착된다. 시료채취가 끝난 후 채취관 양 끝에 플라스틱 덮개를 씌운다. 휘발성 분석물질의 손실을 막기 위해서 시료채취 후 실험실까지 −4℃로 온도를 일정하게 하면서 운반한다. 대부분의 분석은 가스크로마토그래피(GC)를 이용한다.

9.4.1 보정

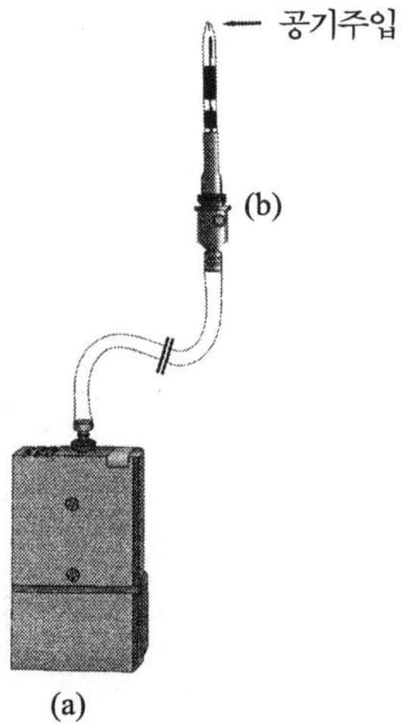

그림 9.3 유기성 공기채취장치
(a) 저용량 펌프, (b) 채취관

- 고체 흡착제를 함유한 채취관에 연결된 수동식 또는 전자식 보정기를 이용해서 채취 전·후의 유량을 보정한다(그림 9.4).
- 채취 전(Q_{pre})·후(Q_{post}) 유량은 거품이 거품관을 이동한 용량(V, cm^3)을 평균시간(T_{avg}, 초)으로 나누어서 결정한다(3회).

$$Q\,(cm^3/min) = \frac{V(cm^3)}{T_{avg}(s)} \times \frac{60\ s}{1\ min} \tag{9.1}$$

- 평균유량(Q_{avg})은 채취 전(Q_{pre})·후(Q_{post}) 유량의 평균이다.

$$Q_{avg} = \frac{Q_{pre} + Q_{post}}{2} \tag{9.2}$$

- 고체흡착제를 사용하여 유기성 가스와 증기를 채취하는 일반적인 유량은 10~200 cm^3/min이다.

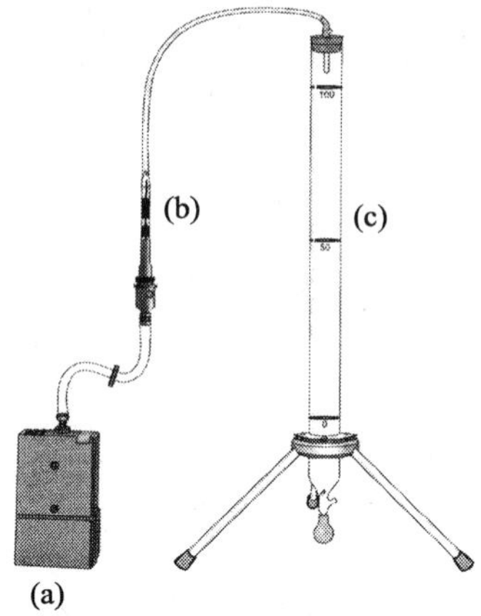

그림 9.4 유기성증기 검정장치 (a) 저용량 펌프, (b) 채취관, (c) 무마찰 거품관

9.4.2 준비사항

- 유리 채취관의 양쪽을 개봉한다.
- 시료 채취장치는 다용량 또는 고용량 펌프와 내경 3.2 mm의 유연호스를 흡착관이 있는 관 홀더에 연결한다.

9.4.3 시료채취

- 채취관은 수평으로 놓고 호흡지역 안에 위치시키며, 공기 시료채취펌프는 작업자의 혁대에 고정시킨다. 지역시료채취시 안전한 장소에 시료 채취장치를 고정시킨다.
- 펌프를 "ON"시키고, 시작시간을 기록한다.
- 펌프를 "OFF"시키고, 끝나는 시간을 기록한다.
- 시료 흡착관은 마개를 하고 실험실로 운반한다.

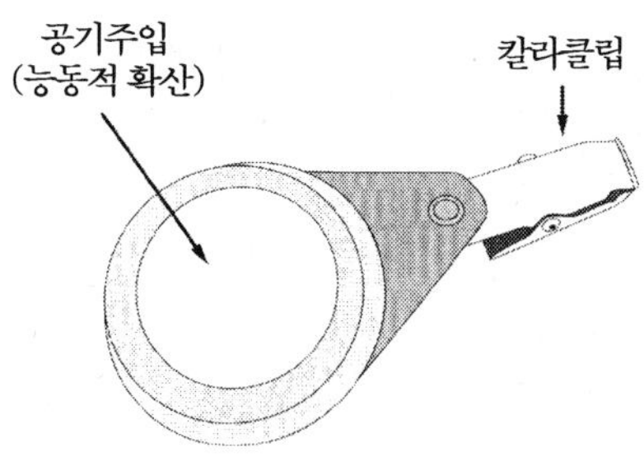

그림 9.5 고체흡착제로 채워진 능동적 도시미터 배지(dosimeter badge)

9.5 분석

가스크로마토그래피(GC)는 고체 흡착제에 채취된 오염물을 분석하는 일반적인 방법이다. 흡착제의 두 부분은 각각 분리하여 분석한다. 활성탄에 대해서는 탈착 용매로 주로 이황화탄소가 사용되고 실리카겔은 메탄올이 사용된다. 탈착을 위해서 짧은 시간 동안 방치하여야 하고, 그 다음에 가스크로마토그래피로 오염물의 농도를 결정한다(그림 9.6).

채취된 오염물의 총량은 흡착제 두 부분의 양을 합하여 결정한다.

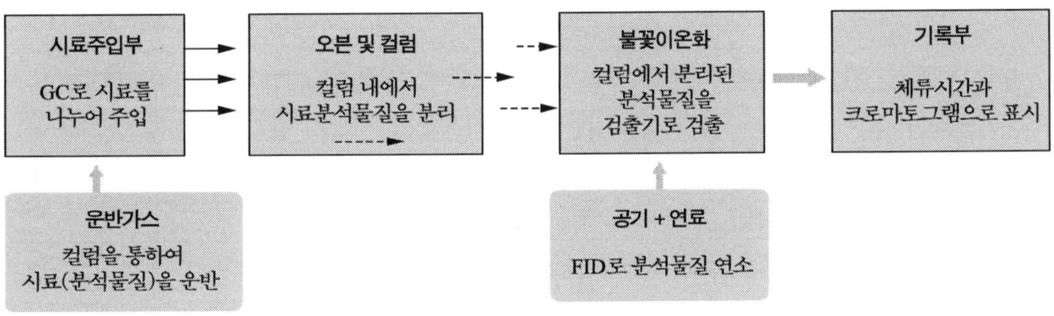

그림 9.6 가스크로마토그래피 장치

9.5.1 기기구성

- 운반가스(carrier gas) : GC를 통해서 시료를 운반하기 위한 운반가스(carrier gas), 주로 N_2 또는 He가스
- 시료주입구 : 시료는 수동 또는 자동으로 주입한다. 운반가스와 결합하여 이동상으로 된다. 액체시료를 기체상태로 유지하기 위해서 200~250℃의 높은 온도를 유지
- 컬럼(column) : 코일형 유리 또는 금속 튜브로 고정상으로 작용하는 지지매질이 있고, 이 곳을 이동상이 흘러서 시료가 분리된다.
- 오븐(oven) : 칼럼을 일정하게 높은 온도로 유지시키는 곳(100~250℃)
- 검출기(detector) : 칼럼으로부터 용출된 시료를 검출한다. 가장 흔히 사용되는 것은 불꽃 이온화검출기(FID)로 분석물질을 연소하여 이온화의 변화를 측정한다.
- 연료(H_2)+산화제(공기) : FID에서 보조연소제
- 기록기 : 검출기로부터 전기적 신호를 받아서 컴퓨터로 크로마토그램 자료를 그려 분석 결과를 나타낸다.

9.5.2 작동원리

- 탈착용매에 용해된 분석대상 물질을 수동 또는 자동으로 주입한다.
- 주입 즉시 기화된다.
- 기화된 탈착용매와 분석물질은 칼럼을 이동한다.
- 탈착용매와 분석물질은 칼럼과 상호반응을 한다.
- 탈착용매와 분석물질은 칼럼에서 분리되고 체류시간(RT, retention time)이 다르다.
- 체류시간에 따라 크로마토그램이 출력된다.

9.5.3 유기성 가스 또는 증기농도 결정

- 이미 알고 있는 농도의 표준물질의 체류시간(RT)과 미지시료의 체류시간을 비교한다. 분석은 곡선 하부의 면적 또는 피크면적(peak area)을 기초로 정량화 한다.
- 알고 있는 농도(즉, 0.01~10 mg/ml)의 표준물질의 농도에 대하여 피크면적을 도시하여 검량선을 작성한다. 주입된 양에 따라 피크면적은 차이가 날 수 있다. 따라서 면적비는 내부기준의 분석에 따라 나타난 피크면적에 비교한 실제로 계산되어야 한다.
- 미지시료의 피크면적을 검량선에 대입하여 농도를 결정한다.
- 결정된 농도에 미지시료의 최종용량(final volume)을 곱하여 주어 미지시료의 양을 결정한다.

$$\text{유기물질의 양(mg)} = V_{\text{samp}}(\text{mL}) \times C_{\text{samp}}(\text{유기물질량[mg]/용액[mL]}) \quad (9.3)$$

- 평균유량과 채취시간을 곱하여 채취된 공기의 부피를 계산하고, 이를 cm^3나 m^3로 환산한다.

$$\text{공기의 부피}(\text{m}^3) = \text{T(min)} \times Q_{\text{avg}}(\text{cm}^3/\text{min}) \times \frac{1\ \text{m}^3}{10^6\ \text{cm}^3} \quad (9.4)$$

- 유기물질의 양(mg)을 채취된 공기부피(m^3)로 나누어 그 농도를 mg/m^3로 나타낸다.

$$\text{유기물질의 농도}(\text{mg/m}^3) = \frac{V_{\text{samp}}(\text{mL}) \times C_{\text{samp}}(\text{mg/mL})}{\text{공기의 부피}(\text{m}^3)} \quad (9.5)$$

- mg/m^3을 ppm으로 전환한다.

$$\text{유기물질 농도(ppm)}$$
$$= \frac{\text{유기물질의 양(mg)}}{\text{공기의 부피}(\text{m}^3)} \times \frac{24.45\ \text{L/g-mol}}{\text{MW(g/g-mol)}} \times \frac{1\ \text{m}^3}{10^3\ \text{L}} \times \frac{1\ \text{g}}{10^3\ \text{mg}} \times 10^6 \quad (9.6)$$

- 보정농도(C)는 채취총량(S)에서 공시료의 무게(B)를 빼고, 공기부피(V)와 채취효율(E)로 나누어서 계산할 수 있다.

$$C = \frac{S - B}{EV} \tag{9.7}$$

9.6 실습

9.6.1 개요

이 실습과정은 고체흡착제를 이용해서 유기성 증기를 채취하는 기본적인 개념을 제공할 것이다. 그리고 관련된 분석방법을 소개한다. 이 실습과정은 비극성 방향족 탄화수소 증기의 채취와 분석을 논의대상으로 한다. 사용물질과 방법은 NIOSH 분석방법 #1501 및 KOSHA CODE A-1-2004 분석방법 A-1-016을 변경하여 사용하였다. 사용물질을 습득하거나 채취·분석방법에서 각 단계를 마친 후 □에 √ 표시를 한다.

9.6.2 물질

(1) 공기시료채취 펌프의 보정

- □ 다용량 또는 저용량 공기시료채취 펌프
- □ 고체흡착관(150 mg(100/50) 활성탄)
- □ 시료관 양끝 개봉기
- □ 용매 시료채취관 홀더
- □ 내경 3.2 mm, 길이 약 60 cm의 유연호스 2개
- □ 수동식 또는 전자식 무마찰 거품관 보정기
- □ 비누용액
- □ 시계
- □ 보정 자료 결과보고서(그림 9.7)

보정자료 결과보고서
(저용량, 고용량, 다용량 공기시료채취 펌프)

보정장소 : ________________________

보정수행자 : ________________________ 보정날짜 : ________________

보정기기 : ________________________
(모델명 및 제조회사)

공기시료채취 펌프 : ________________________
(모델명 및 제조회사)

채취매체 :__________________ 보정부피 : __________________cc

기온 :____________℃ 기압 : ______mm Hg 상대습도 : ________%

펌프 번호	시료채취 전 보정유량(Q_{pre})					시료채취 후 보정유량(Q_{post})					평균 유량
	시간(초)				Q_{pre}/min	시간(초)				Q_{post}/min	Q_{avg}/min
	T_1	T_2	T_3	T_{avg}		T_1	T_2	T_3	T_{avg}		

보정 시 주의사항 :

그림 9.7 저용량 공기 채취펌프용 보정결과 보고서

(2) 비극성 유기성 증기 채취

□ 고체 흡착관(150 mg(100/50) 활성탄)

□ 고체 흡착관의 양끝 개봉기

□ 플라스틱 마개

☐ 다용량 또는 저용량 공기 시료채취펌프
☐ 용매관 홀더
☐ 내경 3.2 mm, 길이 약 60 cm의 유연호스 1개
☐ 현장 시료채취자료 결과보고서(그림 9.8)

현장측정자료 결과보고서
(유기성 가스 및 증기율 누적 측정)

설비명 및 설치장소 : ____________ 채취오염물질 : ________

측정수행자 : ________

채취매체 : ________ 측정수행날짜 : ______

방법(발생원/번호/명칭) : ____________

측정기기(모델명 및 제조회사) : ________

기온 : ______℃ 기압 : ______mmHg 상대습도 : ______%

개인 또는 지역명칭	현장 시료	펌프 번호	시료채취 전 보정유량	시료채취 후 보정유량	평균 유량 (Q)	시료채취 시작시간	시료채취 마감시간	총 시료채취 시간(T)	시료채취 시 공기체적 (Vol)

현장 노트 :

그림 9.8 유기성 증기용 시료채취 결과 보고서

(3) 비극성 유기증기 분석

- □ 서류철, 프로브, 집게
- □ 이황화탄소(CS_2)
- □ 이황화탄소에 용해시킨 톨루엔과 자일렌의 표준물질
- □ 불꽃이온화검출기(FID)가 부착된 가스크로마토그래피(연소용가스 : H_2-공기, 운반가스 : 순도 99.8% 이상의 N_2 또는 헬륨, 흡착형 충전물 : 100/120 mech Chromosob W-AW를 채운 3 m×2 mm 유리 모세관컬럼 사용)
- □ 뚜껑과 GC 셉타(septa)(Teflon™/poly tetrafluoroethylene[PTFE]가 도포되어 있음)가 있는 2 mL GC 바이알(vial)
- □ 1 mL 피펫
- □ GC 주입용 마이크로 시린지(syringe) 또는 자동샘플러
- □ 실험분석 자료 결과보고서(그림 9.9)

실험실 분석자료 결과보고서
(유기성 오염물질의 가스크로마토그래피법)

모니터 설비명 및 설치장소 : ______________ 채취오염물질 : __________
측정수행자 : ______________ 측정수행날짜 : ________
실험실명칭 및 장소 : ______________ 분석오염물질 : ________
방법(발생원/개수/명칭) : ____________
가스크로마토그래프(모델명 및 제조회사) : ____________
운반가스 : ______ 컬럼 : ________ 검출기 : ______
연료가스 : ______ | 검출기가스 : ____ | 주입온도 : ____℃ | 컬럼/오븐온도 : ____℃
기온 : ____℃ | 기압 : ______mmHg | 상대습도 : ____%

실험실 시료 번호	현장 시료 번호	탈착용매 부피 (mL)	시료분배 부피 (mL)	체류 시간 (min)	피이크 면적	분석물질의 측정량 (mg)	채취공기의 체적 (m^3)	오염물질의 기중농도 (mg/m^3)	오염물질의 기중농도 (ppm)

실험실 노트(비고) :

그림 9.9 유기성 오염물질에 대한 GC분석용 실험실 분석 자료 결과보고서

9.7 방법

9.7.1 공기시료채취 펌프의 채취 전 보정

□ 펌프에서 충전기를 제거한 후 "ON"시키고, 보정하기 전에 5분 동안 시운전한다.

□ 성명, 장소, 날짜, 온도, 공기압, 펌프제조사와 모델명, 보정장치, 채취 전・후의 평균유량과 시간을 보정자료 결과보고서에 기록한다.

□ 고체 흡착제(150 mg(100/50) 활성탄)가 들어있는 채취관을 준비한다.

□ 채취관의 출구부분을 유연호스의 한 끝에 연결한다.

□ 유연호스의 다른 끝을 펌프에 연결한다.

□ 다른 유연호스의 한 끝을 수동식 또는 전자식 거품관 보정기에 연결하고 유연호스의 다른 끝을 펌프에 연결한다. 이로써 보정장치가 완성된다.

□ 보정장치 안으로 비누액을 넣는다.

□ 거품이 이동한 용량을 기록한다(예 : 50～100 mL).

□ 만약 수동식 거품관을 사용한다면 유량을 계산하여야 하고, 전자식에서는 직접 유량을 읽으면 된다.

□ 유량이 150 cm^3/min ±5%가 아니라면, 유량을 조정한다.

□ 반복해서 유량을 체크하고 평균유량을 구한다.

□ 보정이 끝난 후, "OFF"시킨다.

9.7.2 채취매질의 준비

□ 확인번호를 붙인 고체 흡착관(150 mg(100/50) 활성탄)을 준비한다.

9.7.3 비극성 유기성 증기(예 : 자일렌, 톨루엔)의 채취

□ 성명, 장소, 채취하는 사람이나 지역명, 온도, 공기압, 상대 습도, 분석물질(예 : 톨루엔, 자일렌), 펌프제조사와 모델명, 채취매질, 시료명, 유량, 채취시간, 채취유량을 결과보고서에 기록한다.

□ 펌프를 "ON"시키고, 유연호스를 채취관과 연결하기 전에 5분 정도 시운전한다.

□ 시료가 채취될 장소에 안전하게 고정시킨다.

□ 유연호스를 펌프에 연결한다.

☐ 유연호스를 채취관에 연결한다.
☐ 흡착관의 양 끝을 절단한다.
☐ 흡착관을 채취관에 넣고, 채취관의 한 쪽을 개봉한다.
☐ 시작시간을 기록한다. 상황에 따라 2시간 정도 채취한다.
☐ 채취가 끝난 후 펌프를 "OFF"시키고, 끝나는 시간을 기록한다.
☐ 채취관을 채취장치에서 제거한 후 흡착관에 마개를 하고 실험실로 옮긴다.

9.7.4 채취 후 보정

☐ 방법 (1)의 과정을 반복한다.
☐ 채취 후 유량(Q_{post})이 채취전 유량(Q_{pre})의 ±5 %범위에 있어야 한다.
☐ 채취 전·후의 유량을 평균하여 평균 유량(Q_{avg})을 결정하여 cm^3/min으로 나타낸다.

9.7.5 시료의 분석

☐ 앞 층 위쪽 흡착관에 번호를 매기고, 고체 흡착관을 개봉한다.
☐ 집게를 이용하여 관에서 앞 플러그를 제거한다.
☐ 탐침을 이용하여 플러그를 밀어서 매체를 제거한 후 앞 층을 A라고 표시된 바이알(vial)에 넣고 계속 중앙 플러그를 제거하고, 매체를 비운 후 뒤 층을 B라고 표시된 바이알(vial)에 넣는다.
☐ 이황화탄소 1 mL를 가하고 30분 정도 방치한다.
☐ 시료주입구 온도 225℃, 검출기 온도 225℃, 칼럼오븐 온도 100℃로 맞춘다.
☐ 알고 있는 농도의 표준용액 5 μL를 주입하여 농도별로 검량선을 작성한다.
☐ 수동 또는 자동으로 실제시료를 주입한다.
☐ 검량선에 따라 분석물질의 양을 계산한다.
☐ ppm 단위로 농도 계산한다.

9.8 연습문제

예제 9.1

수동식 무마찰 거품관을 사용해서 저용량 공기시료채취 펌프를 보정하였다. 거품이 이동한 부피(V)가 50 cm³이고 시간(T)이 30 sec 소요되었다면, 유량(Q)은 몇 cm³/min인가?

풀이_ $Q(\text{cm}^3/\text{min}) = \frac{V(\text{cm}^3)}{T(\text{s})} \times \frac{60\ \text{s}}{1\ \text{min}} = \frac{50\ \text{cm}^3}{30\ \text{s}} \times \frac{60\ \text{s}}{1\ \text{min}}$

$= 100\ \text{cm}^3/\text{min}$

예제 9.2

유량 100 cm³/min으로 4시간 동안 시료를 채취하였다. 펌프로 채취된 공기의 부피(V, m³)는 얼마인가?

풀이_ $\text{공기의 부피}(\text{cm}^3) = T(\text{min}) \times Q_{avg}(\text{cm}^3/\text{min}) \times \frac{1\ \text{m}^3}{10^6\ \text{cm}^3}$

$= 240\ \text{min} \times 100\ \text{cm}^3/\text{min} \times \frac{1\ \text{m}^3}{10^6\ \text{cm}^3}$

$= 0.024\ \text{m}^3$

예제 9.3

고체 흡착관으로 활성탄을 연결한 저용량 공기 시료채취펌프를 이용하여 벤젠 증기(MW=78 g/mol)를 용량 0.024 m³으로 채취하였다. GC를 이용하여 실험실에서 앞 층과 뒤 층을 분석한 결과, 총 550μg의 C_6H_6이 검출되었다. 벤젠증기의 농도(ppm)는 얼마인가?(단, 온도 25℃, 압력 760 mmHg)

풀이_ $C_6H_6\ \text{농도}(\text{ppm}) = \frac{C_6H_6(\text{mg})}{\text{공기의 부피}(\text{m}^3)} \times \frac{24.25\ \text{L V}_{apor}/\text{mol}\ C_6H_6}{78\ \text{g/mol}\ C_6H_6} \times \frac{1\ \text{m}^3}{10^3\ \text{L}}$

$\times \frac{1\ \text{g}}{10^3\ \text{mg}} \times 10^6$

$= \frac{0.55\ \text{mg}}{0.024\ \text{m}^3} \times \frac{24.25\ \text{L/mol}}{78\ \text{g/mol}} \times \frac{1\ \text{m}^3}{10^3\ \text{L}} \times \frac{1\ \text{g}}{10^3\ \text{mg}} \times 10^6$

$= 7.2\ \text{ppm}$

9.9 실습과제

9.9.1 공기 중 유기성 증기의 시료채취와 분석

(1) 목적

학습자가 제9장에서 배운 것을 완성하기 위하여 가정된 산업위생 시료채취와 다음에 제시된 분석자료를 통하여 해결할 수 있도록 하기 위함이다.

- 측정농도와 시간가중평균농도(TWAs)의 계산
- 분석자료와 결과의 해석
- 간결한 보고서 안에 정보를 요약
- 일반적인 과학과 기술원리 및 주제와 관련된 개념을 보유

(2) 개요

간단한 적용연구를 읽은 후에 NIOSH 및 KOSHA에서 제시한 시료채취와 분석방법을 적용시킨다(출처 : http://www.cdc.gov/niosh/nmam/nmammenu.html, http://www.kosha.net/kosha/info/omdistru/health). 그 다음 표(ntp라고 가정)에 제시된 자료를 보고 표의 빈 칸을 채우기 위하여 필요한 계산을 행한다. OSHA-PEL, ACGIH-TLVs 및 NIOSH-RELs와 같은 작업장 노출기준과 계산된 TWAs와 비교하여 본다. 또한 질문사항에 대한 응답을 준비하고 마지막으로 부록 B에 나타낸 간단한 구성에 따라 보고서를 준비한다.

(3) 실습과제

규모가 작은 공장에서 페인트 용매를 생산하고 있다. 한 명의 작업자 톨루엔과 같은 휘발성 유기용매의 빈 통들을 수동으로 움직여 큰 혼합기 안에 색 그림물감이 들어있는 여러 가지 분말 첨가물 봉투를 쏟고 있다. 유기성 용매의 높은 증기압과 휘발성으로 인하여 공기 중 증기의 잠재적인 개인노출이 심하였다. 혼합기에는 적합한 국소배기장치도 없고 개인보호구도 착용하지 않았다. 따라서 산업위생관리기사(산업기사)가 개인 누적 공기시료채취를 시행하였다. 시료채취 후에 시료와 현장 바탕시료에 번호를 붙이고 뚜껑을 씌워 분석을 행하기 위하여 AIHA에서 인가한 실험실로 그 시료를 보냈다. 공기 중 톨루엔 증기의 시료채취와 분석은 NIOSH 분석방법 1500 및 KOSHA CDOE A-1-2004 분석방법 A-1-016을 따랐다. 다음 표에 보정자료, 현장자료 및 실험실자료는 다음 표로 요약되어 졌다. 이 표의 빈 칸을 채우시오.

(4) 자료 및 계산

표 9.1 보정과 현장자료

개인 및 지역시료 명칭	시료 번호	분석 물질	시료채취 전 평균유량 (cm^3/min)	시료채취 후 평균유량 (cm^3/min)	평균 유량 (cm^3/min)	시료채취 시작시간	시료채취 종료시간	시료채취 시간 (min)	채취된 공기의 체적 (L)
Tim P.	132	톨루엔	Pump No. 342	Pump No. 342		1500	1700		
	126					1700	1900		
	136					1900	2100		
	128		50	52		2100	2300		
Blank	105	톨루엔	N/A	N/A	N/A	N/A	N/A	N/A	N/A

N/A=Not applicable(해당없음).

표 9.2 실험실 자료

개인 및 지역시료 명칭	시료 번호	분석 물질	앞층에서 검출된 분석물질량 (mg)	뒤층에서 검출된 분석물질량 (mg)	검출된 분석물질 총량(mg)	채취된 공기체적 (m^3)	분석물질 농도 (mg/m^3)	분석물질 농도 (ppm)
Tim P.	132	톨루엔	1.9	0.1				
	126		2.5	<LOD				
	136		2.9	<LOD				
	128		3.3	<LOD				
Blank	105	톨루엔	<LOD	<LOD	<LOD	N/A		

LOD=Limit of detection(검출한계).
N/A=Not applicable(해당없음).

표 9.3 TWA의 계산

개인 및 지역 시료명칭	시료번호	분석물질	8-h TWA(ppm)
T. Pender	132	톨루엔	
	126		
	136		
	128		
Blank	105	톨루엔	

(5) 질의사항

- 시료채취 전, 후 평균유량은 ±5% 이내에 있었는가?
- 적용된 NIOSH 분석방법에서 제시한 최소 및 최대범위 내에 채취된 총 시료부피가 있었는가?
- NIOSH 분석방법에서 제시한 채취 시료의 수에 대한 현장 바탕시료의 최소수는 얼마인가?
- TWAs를 계산할 경우 고려 및 가정하여야 할 것은 무엇인가?(예를 들어 노출시간, 노출장소, 쉬는 시간(점심시간) 등)
- NIOSH 분석방법당 분석물질의 검출한계(LOD, limit of detection)는 얼마인가?
- OSHA-PEL, ACGIH-TLV 또는 NIOSH-REL와 같이 계산된 TWAs와 노출기준의 비교는 어떠한가?
- 제안된 노출기준의 근거는 무엇인가?(NIOSH Criteria Documentation 및 ACGIH Documentation of the TLVs, BELs에서 정보를 찾을 것)
- NIOSH 또는 OSHA에 있는 공기 시료채취 및 분석방법은 서로 다른 점이 있는가?(예를 들어 매체사용, 분석기기 사용 등)

(6) 보고서 작성요령

부록 B를 참조하여 보고서를 준비하시오. 보고서에는 보정방법, 시료채취방법, 분석방법 등을 기록하고, 공기 중 유기성 증기의 시료채취와 분석을 위하여 준비해야 할 것은 무엇인가를 작성하고, 각 표의 빈 칸을 채우고, 결과를 논의하고, 보고서와 관련된 각종 서적과 저널 등을 참조한다. 끝으로 적용된 NIOSH 분석방법 및 KOSHA CODE를 복사하여 첨부한다.

CHAPTER

10

공기 중 무기·유기성 가스, 증기 및 미스트의 평가

액체 흡수제와 공기 채취펌프를 이용한 누적개인시료채취와 지역시료채취

CHAPTER 10

공기 중 무기·유기성 가스, 증기 및 미스트의 평가

학습목표 제10장의 학습목표를 달성하기 위해서는 학습자가 내용을 충분히 읽고 이 장과 관련된 자료를 연구하는 자세가 필요하다.

- 액체 흡수매체(흡수액)를 이용한 공기 중 무기성 및 유기성 가스와 증기의 누적 시료채취를 행하는데 사용되는 특정 시료채취 매체를 포함한 시료채취 장치의 구성의 명칭, 확인, 조립 등
- 다용량 또는 고용량 공기 시료채취펌프의 유량측정용 1차 기준장치를 사용한 적용 보정 장치의 명칭, 확인, 조립 등
- 수동식 또는 전자식 무마찰 거품관 유량측정기 사용시 대표적인 시료채취매체를 지닌 다용량 또는 고용량 공기 시료채취펌프의 보정
- 액체 흡수매체를 이용한 공기 중 무기성 및 유기성 가스와 증기의 시료채취원리 요약
- 액체 흡수매체를 이용한 공기 중 무기성 및 유기성 가스와 증기의 누적 시료채취의 수행
- UV/Vis(자외가시광선) 흡광광도계를 사용한 채취된 가스와 증기의 분석용 시료의 준비
- UV/Vis(자외가시광선) 흡광광도계의 구성의 명칭 및 확인
- UV/Vis(자외가시광선) 흡광광도계를 사용한 무기성 및 유기성 가스와 증기의 시료분석에 필요한 구성의 명칭, 확인, 조립
- 알고 있는 유기성 분석물질의 농도를 이용한 UV/Vis(자외가시광선) 흡광광도계의 보정 및 검량선의 표시
- 공기 중 무기성 및 유기성 가스와 증기의 채취에 사용된 액체 흡수매체의 시료분석의 원리 요약
- UV/Vis(자외가시광선) 흡광광도계를 사용한 가스와 증기의 시료분석 수행
- 시료채취 펌프의 채취 전·후 시료채취 유량, 공기 시료채취펌프의 평균유량, 시료채취시간, 채취된 공기체적, 채취된 무기성 및 유기성 분석물질의 양, 무기성 및 유기성 가스와 증기의 농도(ppm)의 계산 및 단위환산의 수행
- 적용한 보정, 시료채취, 보정된 분석자료, 현장 시료채취 및 실험실분석자료 결과보고서의 기록

10.1 개요

고체 흡착제는 가스나 증기의 누적 시료채취 실시에 적합하지만, 몇 가지 물질들은 이러한 고체 흡착제에 효과적으로 채취되지 않는다. 활성탄이나 실리카겔 같은 고체 흡착제는 비교적 반응성이 적은 가스나 증기채취에 가장 많이 사용된다. 그러나 액체 흡수제(흡수액)는 상대적으로 용해성과 반응성이 더 높은 가스나 증기 그리고 액체 흡수제에 용해되는 화합물에 사용된다. 결과적으로 액체 흡수제는 무기성 가스 및 무기성 증기시료의 대체 채취 매체로 사용되고 또한 일부의 무기성 가스 및 미스트 채취에 사용된다. 고체 흡착제는 가스나 증기분자가 채취 매체의 표면에 결합되지만 액체 흡수제로의 흡수는 액체매체에 가스나 증기분자가 용해된다(그림 10.1). 액체 흡수제는 특수한 용기에 담겨지게 되는데, 이 특수한 용기는 액체 흡수제에 채취된 공기를 이용한 폭기를 증가시켜서 접촉하는 표면적을 증가시키는 역할을 한다.

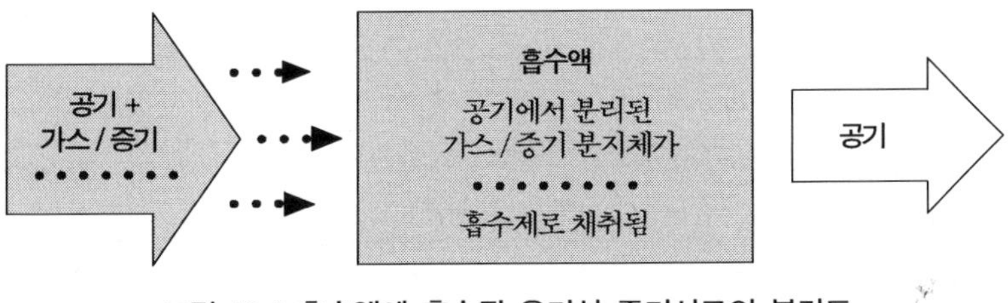

그림 10.1 흡수액에 흡수된 유기성 증기시료의 분리도

10.2 일반적인 액체흡수장치

미드젯임핀저(midget impinger)와 버블러(fritted bubbler)는 작업환경 시료채취에 가장 일반적으로 사용하는 액체흡수장치이며(그림 10.2) 이러한 것들의 사용은 일반적으로 무기와 유기의 용해성 및 반응성이 큰 가스, 증기 그리고 미스트 채취에 제한적으로 사용하고 있다.

미드젯임핀저는 액체형태의 흡수액을 저장하는 유리관 형태의 장치이다. 여기에는 양쪽 끝이 열리고 바닥 쪽은 가늘게 된 형태의 유리관이 있으며 이 관은 임핀저의 바닥까지 닿아있다. 흡수액을 10~20 mL 유리병에 채우고 유리관의 가는 쪽 끝을 흡수액에 넣는다.

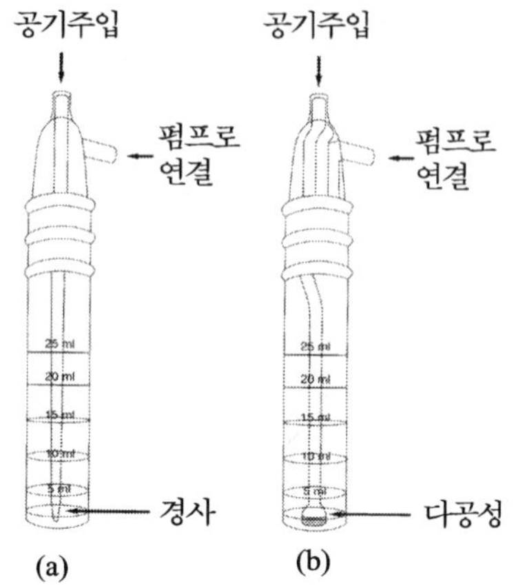

그림 10.2 유리흡수병(glass midget) (a) 임핀저(impinger), (b) 버블러(bubbler)

이 관은 가스상태의 오염물질이 임핀저의 내부로 들어가 흡수액에 혼합되어 용해될 수 있도록 한다. 버블러는 유리제품의 유입관이 가늘어지지 않는 것을 제외하고는 임핀저와 비슷하게 설계되었다. 버블러의 속이 빈 유리관의 끝부분은 스펀지와 같은 형태의 구형의 유리로 되었다. 이러한 구조는 유리여과판이라고 불리며 흡수액에 넣어서 사용한다.

관의 끝부분인 유리여과판을 통과한 공기는 미드젯임핀저 보다 적고, 많은 양의 공기방울을 형성한다. 공기방울의 실제 크기는 흡수액의 성질과 프리트 구멍크기에 의하여 결정된다. 프리트의 구멍크기는 미세한 형태에서 거친 형태까지이며 단위 면적당 구멍의 수로 나타낸다. 유리여과판의 구멍이 더 거칠수록 더 빠르게 공기가 흐른다. 유리여과판에 의하여 생성된 작은 공기방울은 흡수액과 가스 및 증기 사이의 접촉표면과 증가시킴으로써 더 잘 혼합된다. 이러한 성질들은 채취효율을 증가시킨다. 미드젯버블러는 일반적으로 미드젯임핀저로 효과적으로 채취되지 않는 반응성이 적은 가스나 증기의 채취에 사용된다.

제9장에서 설명한 것처럼 수동모니터(passive monitor)로 불리는 또 다른 장치도 지속적으로 발전되어 전통적으로 흡수액을 사용하는 임핀저와 버블러를 이용하여 가스와 증기를 채취하는데 성공적으로 사용되고 있다. 이러한 장치들은 시료를 채취하는데 있어서 펌프를 이용한 능동적인 흐름을 필요로 하지 않기 때문에 '수동적' 도시미터로 불리 운다. 반면에 공기 중 가스와 증기가 확산되는 것이 향상되도록 장치가 설계되어졌다.

10.3 주의사항

미드젯임핀저나 버블러의 사용에서의 주요 단점은 흡수액이 시료채취펌프에 넘치거나 역류될 수 있다는 것이다. 때문에 시료채취를 실시함에 있어 임핀저가 수직으로 놓여지는 것이 매우 중요하다. Holster 형태의 장치는 임핀저의 수직위치를 유지하도록 설계되어졌으며 이와 함께 "spill-proof"라고 하는 장치 또한 유용하다. 흡수액이 포함된 임핀저와 펌프 사이의 연결에 아무런 내용물이 없는 임핀저를 설치하는 것과 같은 넘침방지 트랩(spill trap) 또한 사용될 수 있다. 휘발성 흡수액을 사용하는 경우에는 발생되는 증기가 펌프로 넘어 갈 수가 있다. 이러한 휘발성의 흡수액을 사용하는 경우는 비극성이면 활성탄관 그리고 극성이면 실리카겔관과 같은 트랩장치를 펌프와 임핀저 사이에 설치하여 방지하며 상업적으로 유용한 고체, 액체트랩장치가 다양하게 있다.

공기방울과 흡수액과의 적당한 접촉시간은 채취효율을 증가시키는데 매우 중요하며 이러한 것은 1 L/min보다 적은 유량에서는 시료채취 펌프를 이용하여 조절된다. 채취효율은 또한 공기방울이 통과하는 흡수액의 부피가 증가할수록 향상되는데, 이를 위해서 개개의 임핀저의 흡수액 부피를 조절하거나 흡수액이 채워진 임핀저 2개를 직렬로 연결하여 사용하기도 한다. 마지막으로 흡수액은 채취되는 가스나 증기에 적합한 용제이어야 하며 일반적으로 흡수의 용해도는 분석에 방해되지 않는 범위에서 가스나 증기의 용해도에 적절해야 한다.

10.4 시료채취

그림 10.3과 같이 장치의 윗부분에 수평방향으로 나와 있는 공기출구관에 유연호스로 연결된 펌프에 의하여 임핀저나 버블러에 공기가 들어오게 된다. 공기는 대기로부터 임핀저의 유리제품 유입수직관을 통하여 들어오게 되고 흡수액을 통과하면서 공기방울이 된다. 이 공기방울은 흡수액에서 가스나 증기분자를 채취하도록 한다. 시료채취에 관한 간단한 요약은 다음과 같다.

10.4.1 보정

- 공기시료채취 펌프는 그림 10.4와 같이 적당한 증기, 액체트랩장치와 함께 임핀저나 버블러를 수동 또는 전자식 보정기에 연결하여 보정한다.
- 채취 전(Q_{pre})·후(Q_{post}) 유량은 거품이 거품관을 이동한 용량(V, cm³)을 평균시간(T_{avg}, 초)으로 나누어서 결정한다(3회).

$$Q(\text{L/min}) = \frac{V(\text{cm}^3)}{T_{avg}(\text{s})} \times \frac{60\ \text{s}}{1\ \text{min}} \times \frac{1\ \text{L}}{10^3\ \text{cm}^3} \tag{10.1}$$

- 평균유량(Q_{avg})은 채취 전(Q_{pre})·후(Q_{post}) 유량의 평균값으로 한다.

$$Q_{avg} = Q_{pre} + \frac{Q_{post}}{2} \tag{10.2}$$

- 시료채취를 위한 일반적인 유량은 1 L/min이다.

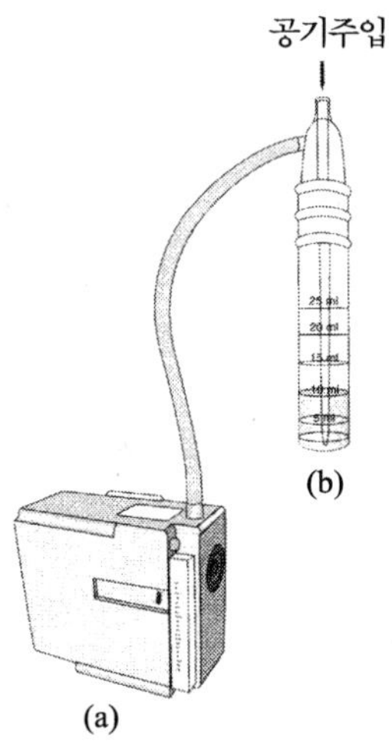

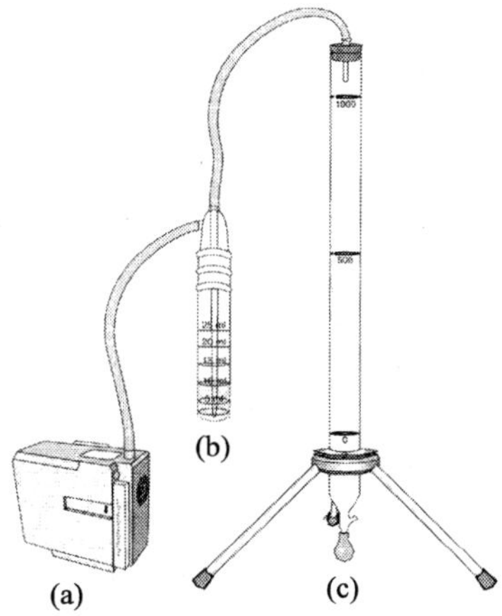

그림 10.3 유기성 증기 채취기구 (a) 고용량 펌프, (b) 임핀저
그림 10.4 유기성 증기 보정기구, (a) 고용량 펌프, (b) 임펀저, (c) 무마찰 거품관

10.4.2 시료채취 준비

- 공기 중 오염물질의 채취 및 채취에 적합한 흡수액의 일정한 양(10~20 mL)을 미드젯임핀저나 버블러에 채운다.
- 시료채취장치는 다중 또는 고속펌프, 직경 3.65 mm, 길이 약 60 cm의 유연호스, 액체 또

는 증기 채취장치, 직경 3.65 mm, 길이 약 15 cm의 유연호스, 그리고 가죽제 케이스나 다른 적당한 지지장치로 고정된 미드젯임핀저나 버블러로 구성되어 있다.

10.4.3 시료채취의 수행

- 개인시료채취를 위하여 미드젯임핀저나 버블러를 호흡지역 안에 위치시키며, 공기채취펌프는 작업자의 벨트에 고정시킨다. 지역시료채취 때는 한 장소에 채취장치를 고정시킨다.
- 펌프를 "ON"시키고, 시작시간을 기록한다.
- 펌프를 "OFF"시키고, 끝나는 시간을 기록한다.
- 미드젯임핀저나 버블러에 포함된 오염물질이 녹아있는 흡수액을 표지가 부착된 바이알에 취하고 밀봉하여 분석을 위해 실험실에 운반한다.

10.5 분석

UV/Vis(자외선 또는 가시광선) 흡광광도법은 흡수액에 채취된 오염물질을 일반적으로 사용되는 분석방법이다(그림 10.5). 임핀저나 버블러에서 나온 흡수액과 용해된 오염물질을 실험실에서 반응시약과 혼합한다. 분석시약을 오염물질과 반응시키게 되면 자외선이나 가시광선의 특정파장의 빛을 크게 흡수하는 물질 또는 분석물질이 만들어진다.

자외선이나 가시광선이 최대로 흡수되는 파장을 결정한다. 자외선 또는 가시광선 흡광광도법의 자세한 내용의 기술은 이 책의 범위에 벗어나는 것이지만 구성요소와 원리에 대한 간략한 요약은 다음과 같다.

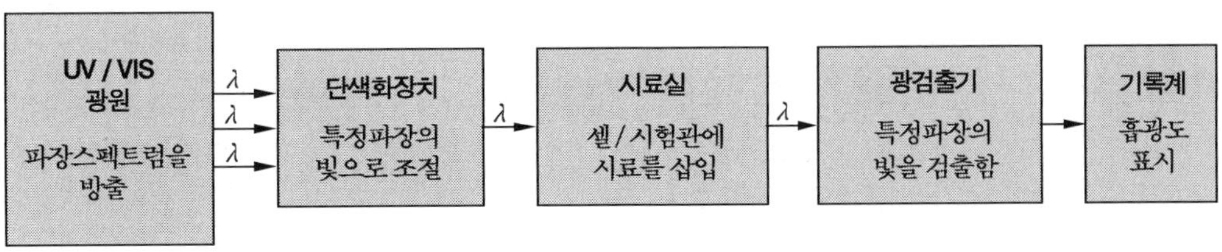

그림 10.5 자외/가시(UV/Vis) 흡광광도계의 구성도

10.5.1 구성요소

- 광원(light bulb) : 가시광선과 적외선(IR, infrared) 영역은 텅스텐 또는 텅스텐-요오드램프의 광원을 준비하고 자외선(UV, ultraviolet) 영역은 중수소램프(deuterium bulb)로 준비한다.
- 단색화장치(monochromator) : 시료의 분석물질이 흡수되는 파장을 제외한 파장을 제거하여 빛의 파장을 조절한다.
- 시료실(sample chamber) : 큐벳(cuvette)이나 시험관 같은 시료용기는 특정파장 빛의 조사를 받도록 위치시킨다.
- 검출기(detector) : 광전관은 광에너지를 받아들여 전기에너지로 전환한다. 검출된 빛의 세기는 전기에너지의 생성에 관련된다.
- 기록(readout) : 전기신호는 검출기에서 투과도(T, transmittance)와 흡광도(Abs, absorbance)를 나타내는 판독장치로 전달되는데, 일반적으로 컴퓨터가 사용된다.

10.5.2 작동원리

- 특정한 자외선이나 가시광선의 스펙트럼은 시료 내의 오염물질 또는 분석물질에 의해 선택된다.
- 시료용액은 시료실 내의 큐벳(셀)에 취한다.
- 빛의 특정파장은 시료실의 분석물질 분자에 조사되어지며 이러한 분석물질들은 빛의 특정파장을 흡수한다. 증류수나 분석오염물질이 포함되지 않은 시약, 즉 바탕시료(sample blank)를 투과도 100%로 설정하며 이는 흡광도 0이다. 그러나 분석물질은 Beer의 법칙에 의해 농도에 따라 선형관계로 빛의 파장을 흡수한다.
- 분석시료에 흡수되지 않은 빛은 시료실을 통과하여 전기신호가 판독장치에 나타나게 하는 검출기로 간다.
- 검출된 빛의 강도는 직독장치에서 흡광도로 나타난다.

10.5.3 무기 또는 유기성 분석물질의 농도결정

- Beer의 법칙은 흡광도(Abs)와 분석물질의 농도(C)와 비례관계가 있다는 것이다.
- 농도를 알고 있는 표준물질의 농도에 따른 흡광도의 변화(기울기)를 UV/Vis 흡광광도계를 이용하여 구하여 흡광도와 μm/mL의 단위인 분석물질 농도($Organic_{std}$)와의 직선으로 나

타내는 흡광도와 농도의 표준검량선을 구한다(그림 10.6).

- 분석된 시료(미지농도)의 흡광도는 분석된 표준시료(기지농도)의 흡광도를 플롯하여 구한다.
- 분석된 시료 중 분석물질(예 : HCHO)의 양은 다음 식으로 구한다.

$$\text{유기물질의 양(mg)} = V_{\text{samp}} \times C_{\text{samp}}[(\text{유기물}[\mu\text{g}]/\text{용액}[\text{mL}])] \times \frac{1\ \text{mg}}{10^3\ \mu\text{g}} \tag{10.3}$$

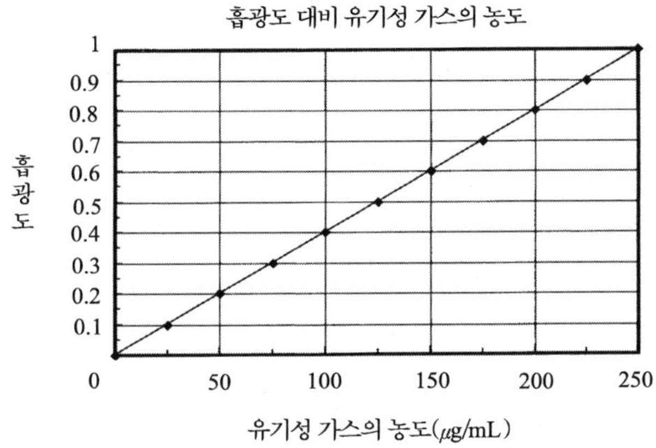

10.6 유기성 오염물질의 표준물질에 대한 자외/가시 흡광광도계용 검량선

- 채취된 공기의 부피는 평균 시료채취유량(Q, L/min)과 시료채취시간(T, min)을 곱하여 구한다. L를 m^3으로 환산한다.

$$\text{공기의 부피}(\text{m}^3) = \text{T(min)} \times \text{Q}_{\text{avg}}(\text{L/min}) \times \frac{1\ \text{m}^3}{10^3\ \text{L}} \tag{10.4}$$

- 분석물질의 농도는 분석물질의 중량(mg)을 채취된 공기의 부피(m^3)로 나누어 구한 후 mg/m^3의 단위로 나타낸다.

$$\text{유기물질 농도}(\text{mg/m}^3) = \frac{\text{유기물질의 양(mg)}}{\text{공기의 부피}(\text{m}^3)} \tag{10.5}$$

- mg/m^3를 ppm으로 환산한다.

$$\text{유기물질 농도(ppm)} = \frac{\text{유기물질의 양(mg)}}{\text{공기의 부피}(\text{m}^3)} \times \frac{24.45\ \text{L/g}-\text{mol}}{MW(\text{g/g}-\text{mol})} \times \frac{1\ \text{m}^3}{10^3\ \text{L}} \times \frac{1\ \text{g}}{10^3\ \text{mg}} \times 10^6 \tag{10.6}$$

- 주의 : 보정농도(C)는 MCE 여지로 측정된 농도(S)에서 바탕시료에서 측정된 농도(B)를 뺀 후 채취효율(E)을 고려한 공기의 부피(V)로 나누어 계산한다.

$$C = \frac{S - B}{EV} \tag{10.7}$$

10.6 실습

10.6.1 개요

이 실습과정은 흡수액을 사용한 유기성증기의 누적시료채취를 수행하는데 필요한 기초적 개념을 제공할 것이다. 또한 가시광선 흡광광도계를 사용하는 일반적인 분석방법을 소개한다. 실습은 폼알데하이드(HCHO) 증기를 채취하고 분석하는데 초점을 맞출 것이다. 기구 및 방법은 NIOSH 분석방법 #3500의 수정안 및 KOSHA CODE A-1-2004 분석방법 A-1-062에 기초를 두었다. 적절한 기구를 취하고 채취 및 분석 방법의 단계가 완비됐을 때 □에 √ 표시를 한다.

10.6.2 기구

(1) 보정

- □ 20 mL 증류수를 채운 미드젯임핀저
- □ 다중 또는 고속 공기 시료채취펌프
- □ 임핀저홀더
- □ 약 60 cm 길이, 내경 3.65 mm 유연호스 각각 2개, 1개
- □ 수동식 또는 전자식 거품관 보정기
- □ 비누용액
- □ 시계(수동식 보정기를 사용한다면)
- □ 보정자료 결과보고서(그림 10.7)

(2) 시료채취

- □ 미드젯임핀저에 1% $NaHSO_3$용액(10.0 g $NaHSO_3$을 1 L의 증류수에 녹인다) 20 mL를 채운다.

☐ 흡수액을 운반하기 위한 뚜껑이 있는 유리바이알

☐ 다용량, 고용량 공기 시료채취펌프

☐ 임핀저홀더

☐ 약 20 cm 길이의 유연한 내경 3.65 mm되는 호스 각각 2개, 1개

☐ 현장 시료채취자료 결과보고서(그림 10.8)

보정자료 결과보고서
(저용량, 고용량, 다용량 공기시료채취 펌프)

보정장소 : ____________________

보정수행자 : ____________________ 보정날짜 : ____________

보정기기 : ____________________________
(모델명 및 제조회사)

공기시료채취 펌프 : ____________________________
(모델명 및 제조회사)

채취매체 : ____________ 보정부피 : ____________cc

기온 : ________℃ 기압 : ______mmHg 상대습도 : ______%

펌프 번호	시료채취 전 보정유량(Q_{pre})					시료채취 후 보정유량(Q_{post})					평균 유량
	시간(초)				Q_{pre}/min	시간(초)				Q_{post}/min	Q_{avg}/min
	T_1	T_2	T_3	T_{avg}		T_1	T_2	T_3	T_{avg}		

보정 시 주의사항 :

그림 10.7 고용량 공기시료채취 펌프용 보정자료 결과보고서

현장 측정 결과보고서
(유기성 가스 및 증기의 누적 측정)

설비명 및 설치장소 : ______________________ 채취오염물질 : □ _________

측정수행자 : __________________________________

채취매체 : ________________ 측정수행날짜 : _______

방법(발생원/번호/명칭) : _________________________

측정기기(모델명 및 제조회사) : ____

기온 : _________℃ 기압 : __________mmHg 상대습도 : _______%

개인 또는 지역명칭	현장 시료	펌프 번호	시료채취 전 보정유량	시료채취 후 보정유량	평균 유량 (Q)	시료채취 시작시간	시료채취 마감시간	총 시료채취 시간(T)	시료채취 시 공기체적 (Vol)

현장노트(비고) :

그림 10.8 유기성 증기용 현장 시료채취자료 결과보고서

(3) 시료분석

- □ 크로모트로핀산(Chromotropic Acid) : 4,5-dihydroxy-2,7-naphthalene disulfonicacid disodium염 1 g을 증류수 100 mL에 용해한다. 갈색병에 보관하며 일주일마다 조제를 한다.
- □ 폼알데하이드(HCHO) 표준원액(1mg/mL) : ($HOCH_2SO_3Na$) 4.4703 g을 탈이온수 1 L에 용해한다. 갈색병에 냉장보관, 일주일마다 조제한다.
- □ 표준용액 : HCHO 표준원액을 0에서 20 μg/mL의 구간에 농도가 증가하도록 1% 아황산수소소듐(Sodium bisulfite)용액으로 희석시킨다. 갈색병에 냉장보관하며, 표준원액은 조제된 지 1주일 이내의 시약을 사용한다.
- □ 바탕시료(Reagent Blank) : 1% 아황산수소소듐($2NaHSO_3 \cdot H_2O$) 4 mL+크로모트로핀산 0.10 mL+Sulfuric acid 6 mL
- □ 항온수조
- □ 가시광선파장이 580 nm인 UV/Vis 흡광광도계
- □ 흡광광도계 측정용 큐벳 또는 시험관
- □ 피펫
- □ 실험실분석자료 결과보고서(그림 10.9)

10.6.3 방법

(1) 공기채취 펌프의 채취 전 보정

- □ 펌프에서 충전기를 제거한 후 "ON"시키고 보정하기 전에 5분 동안 시운전한다.
- □ 성명, 장소, 날짜, 온도, 공기압, 펌프제조사와 모델명, 보정장치, 채취 전·후의 평균유량과 시간을 보정 결과보고서에 기록한다.
- □ 공기채취 펌프 보정에 사용하기 위한 시료채취 매체를 준비하고 이는 20 mL의 증류수를 채운 임핀저로 구성한다.
- □ 유연호스의 끝을 임핀저 측면으로부터 나온 유리관에 연결한다.
- □ 유연호스의 다른 끝을 펌프에 연결한다.
- □ 다른 유연호스의 한 끝을 수동식 또는 전자식 거품관 보정기에 연결하고 유연호스의 다른 끝을 펌프에 연결한다. 이로써 보정장치가 완성된다.
- □ 보정장치 안으로 비누액을 넣는다.
- □ 거품이 이동한 용량을 기록한다(500~1000 mL).

☐ 만약 수동식 거품관을 사용한다면 유량을 계산하여야 하고, 전자식에서는 직접 유량을 읽으면 된다.

☐ 유량이 0.5 L/min ±5%가 아니라면, 유량을 조정한다.

☐ 반복해서 유량을 체크하고 평균 유량을 구한다.

☐ 보정이 끝난 후, "OFF"시킨다.

실험실분석자료 결과보고서
(무기성 및 유기성 분석물질의 UV/Vis 흡광광도분석법)

측정설비명칭 및 장소 : ____________________ 채취오염물질 : ________

측정수행자 : ____________________ 측정수행날짜 : _______

실험실 명칭 및 장소 : ____________________ 분석오염물질 : ________

분석수행자 : ________________ 분석수행날짜 : _____

방법(발생원/개수/명칭) : ______________

UV/Vis분광광도계(모델명 및 제조회사) : ______________

광원 : ________ 파장 : ____ 궤도길이 : _______ 분석물질 소멸계수 : _____

기온 : _____℃ 기압 : ______mmHg 상대온도 : ________%

실험실 시료번호	현장 시료번호	준비된 시료부피 (mL)	시료 배분부피 (mL)	흡광도	분석물질의 측정량 (mg)	채취공기 체적 (m^3)	오염물질의 기중농도 (mg/m^3)	오염물질의 기중농도 (ppm)

실험실노트(비고):

그림 10.9 유기성 분석물질의 자외/가시 흡광광도계용 실험실분석 자료 결과보고서

(2) 시료채취 매체의 준비

☐ 시료의 확인번호 라벨을 임핀저에 붙인다.

☐ 시료 흡수액인 1% 아황산수소소듐($2NaHSO_3 \cdot H_2O$) 용액 20 mL를 임핀저에 넣는다.

☐ 시료용액에서 발생된 액체를 채취하기 위하여 내용물이 없는 임핀저에 흡수액을 담은 임핀저를 연결한다.

(3) 폼알데하이드 증기채취를 위한 공기 시료채취

☐ 공기 중 폼알데하이드 증기농도가 검출가능하고 측정 가능한 장소에서 시료채취를 수행하도록 승인을 얻고 이에 따라 시료채취를 실시한다. 또는 모방된 시료채취를 실시하고 나중의 분석을 위하여 책임자로부터 폼알데하이드가 가해진 시료를 취한다.

☐ 성명, 장소, 채취된 사람이나 지역명, 온도, 공기압, 상대습도, 분석물질, 펌프제조사와 모델명, 채취매질, 시료명, 유량, 채취시간, 채취유량을 결과 보고서에 기록한다.

☐ 펌프를 "ON"시키고, 유연호스를 채취관과 연결하기 전에 5분 정도 시운전한다.

☐ 시료가 채취될 장소에 안전하게 고정시킨다.

☐ 유연호스를 펌프에 연결한다.

☐ 유연호스의 다른 끝부분을 내용물이 없는 임핀저의 측면에 있는 유리관에 연결한다.

☐ 짧은 길이의 유연호스를 내용물이 없는 임핀저의 공기유입구에 연결하고 다른 한쪽의 끝부분은 흡수제가 포함된 임핀저의 측면에 돌출한 유리관에 연결한다.

☐ 흡수액이 포함된 미드젯임핀저를 오염된 공기에 임핀저의 유입부분이 열려진 상태로 홀더에 삽입하여 임핀저를 수직으로 안정되게 한다.

☐ 시료번호와 시작시간을 기록하고 조건에 따라 약 2시간 동안 시료채취를 한다.

☐ 적당한 시료채취기간이 경과되면 펌프를 끄고 끝나는 시간을 기록한다.

☐ 시료채취장치로부터 임핀저를 제거하고 번호가 부착된 유리바이알에 흡수액을 옮긴 후 완전히 밀봉하여 시료를 실험실로 운반한다.

(4) 공기채취 펌프의 채취 후 보정

☐ 펌프의 유량을 조절하지 않은 상태에서 요약된 방법 (1)의 단계를 반복한다.

☐ 채취 후 유량(Q_{post})은 채취 전 유량(Q_{pre})의 ±5% 내에 들어가야 한다.

☐ 채취 전 · 후 유량의 평균으로 평균 채취유량(Q_{avg})을 L/min으로 계산한다.

(5) 시료의 분석

☐ 탈이온수를 이용하여 흡광광도계의 흡광도(Abs)를 0으로 조절한다.

☐ 바탕시료의 580 nm파장에 대한 흡광도(Abs_{580})를 읽는다.

☐ 표준검량선을 설정하기 위하여 준비된 농도를 알고 있는 표준용액의 증가율을 분석한다.

☐ 실험실 후드 안에서 25 mL 플라스크에 시료 4 mL와 크로코트로핀산 0.1 mL 그리고 황산 6 mL를 혼합한다(발열반응이므로 주의를 요함).

☐ 용액을 95℃로 15분간 수욕 상에서 가열하고 실온에 방치한다.

☐ 580 nm파장에 대한 흡광도를 읽는다.

☐ 시료흡광도를 측정하고 알려진 농도와 흡광도와의 관계 검량선과 비교한다.

☐ ppm의 단위로 공기 중 폼알데하이드의 농도를 계산한다.

☐ 실험실 분석결과 보고서를 완성하고 이름, 위치, 날짜, 기온, 기압, 분석물질(HCHO), UV/V 흡광광도계 제조회사 그리고 모델명, 시료확인번호, 채취공기량 그리고 농도를 기입한다.

10.7 연습문제

예제 10.1 고용량 시료채취 펌프를 수동식 거품관 보정기로 보정하였다. 거품관 용량(V)은 500 cm³이고 이 용량에 거품막이 도달한 시간(T, sec)이 30초였다면 이 펌프유량(Q, L/min)은 얼마인가?

풀이_
$$\begin{aligned}Q(\mathrm{L/min}) &= \frac{V(\mathrm{cm^3})}{T(\mathrm{s})}\times\frac{60\ \mathrm{s}}{1\ \mathrm{min}}\times\frac{1\ \mathrm{L}}{10^3\ \mathrm{cm^3}}\\ &=\frac{500\ \mathrm{cm^3}}{30\ \mathrm{s}}\times\frac{60\ \mathrm{s}}{1\ \mathrm{min}}\times\frac{1\ \mathrm{L}}{10^3\ \mathrm{cm^3}}\\ &=1\ \mathrm{L/min}\end{aligned}$$

예제 10.2 고용량 시료채취 펌프를 이용하여 유량(Q) 1 L/min로 8시간(T, min)을 채취하였다. 펌프에 의하여 채취된 시료공기의 부피(V, m³)는 얼마인가?

풀이_
$$\begin{aligned}V(\mathrm{m^3}) &= T(\mathrm{min})\times Q(\mathrm{L/min})\times\frac{1\ \mathrm{m^3}}{10^3\ \mathrm{L}}\\ &=480\ \mathrm{min}\times 1\ \mathrm{L/min}\times\frac{1\ \mathrm{m^3}}{10^3\ \mathrm{L}}\\ &=0.480\ \mathrm{m^3}\end{aligned}$$

예제 10.3 1% 아황산수소소듐의 흡수액 20 mL를 취한 유리제품의 미드젯임핀저를 고용량 시료채취 펌프에 연결하여 공기부피 0.480 m^3를 채취하였다. 가시광선 흡광광도계를 사용하여 시료를 실험실에서 분석한 값이 포준검량선의 외삽법에 의하여 50 μm/mL가 지시되었다. 시료채취기간 동안의 폼알데하이드 증기의 농도(ppm)는 얼마인가?

풀이_ HCHO(ppm)

$$= V(\text{mL}) \times \frac{\text{HCHO/mL(mg)}}{\text{공기의 부피}(\text{m}^3)} \times \frac{24.25\ \text{Vapor/mol}}{30\ \text{g/mol HCHO}} \times \frac{1\ \text{m}^3}{10^3} \times \frac{1\ g}{10^3} \times 10^6$$

$$= 20\ \text{mL} \times \frac{0.05\ \text{mg}}{0.480\ \text{m}^3} \times \frac{24.25\ \text{L/mol}}{30\ \text{g/mol}} \times \frac{1\ \text{m}^3}{10^3} \times \frac{1\ \text{g}}{10^3\ \text{mg}} \times 10^6$$

$$= 1.6\ \text{ppm}$$

CHAPTER

11

공기 중 가연성 가스 및 산소의 평가

가연성 가스 및 산소 겸용측정기를 이용한 순간 지역시료채취

CHAPTER

11 공기 중 가연성 가스 및 산소의 평가

학습목표 제11장의 학습목표를 달성하기 위해서는 학습자가 내용을 충분히 읽고 이 장과 관련된 자료를 연구하는 자세가 필요하다.

- 공기 중 가연성 가스 및 증기와 산소가스의 순간 측정수행을 위하여 사용하는 기기의 명칭과 확인
- 가연성 가스 및 산소가스 겸용측정기를 보정하기 위한 기준가스의 알고 있는 농도를 이용한 적용가능 보정장치의 명칭, 확인, 조립
- 알고 있는 기준가스의 농도를 이용한 가연성 가스 및 산소가스 겸용측정기의 보정
- 가연성 가스 및 산소가스 겸용측정기를 사용한 공기 중 가연성 가스 및 증기와 산소가스의 시료채취의 원리를 요약
- 가연성 가스 및 산소가스 겸용측정기를 사용한 가연성 가스 및 증기와 산소가스의 순간 측정의 수행
- 현장 측정 결과보고서를 이용한 모든 적용 가능한 보정자료와 시료채취 자료를 기록

11.1 개요

대기 중 가연성 가스의 존재와 산소부족 상태는 근로자들의 건강에 즉각적인 위협이 될 수 있다. 많은 수의 유기성 가스와 증기는 공기와 적당한 비율로 존재할 때 가연성인 '연료'로서 작용한다. 가연성 가스나 증기는 환원제이며 산소는 산화제이다. 점화원이 있는 상태에서는 연료와 산소를 포함한 산화–환원반응이 시작되어 결과적으로 불이 나거나 폭발이 되는 것으로 발전될 수 있다. 대부분의 유기성 가스와 증기는 폭발구간(flammability range)으로 알려진 연료대 공기비 범위 안에 있으면 연소되고 폭발할 수 있다. 발화범위의 양 극단은 낮은 쪽은 저발화성한계(LFL, lower flammability limit) 또는 저폭발한계(LEL, lower explosive limit) 그리고 높은 쪽은 고발화성한계(UFL, upper flammability limit) 또는 고폭발성한계(UEL, upper explosive limit)

라 한다.

LFL 또는 LEL은 발화의 전파를 유지하는 연료 대 공기비가 가장 낮은 값이며, LFL보다 낮은 비율인 경우에는 너무 '희박하다'라고 한다. UFL 또는 UEL은 발화의 전파를 유지하는 연료 대 공기비가 가장 높은 값이며 UFL보다 높은 비율은 너무 '농도가 짙다'라고 할 수 있다. 예를 들어, 아이소부틸아세테이트 용매의 LFL은 1.3%, UFL은 10.5%임으로 발화범위는 1.3∼10.5%가 된다. 이 범위를 벗어나면 불꽃의 전파가 일어나지 않는다.

산소는 공기 중에 약 20.8%의 농도로 존재하는 기본요소이다. 대기 중의 산소농도가 20.8% 이하로 감소하면 산소결핍(oxygen deficient, 산소 19.5% 미만, 우리나라의 경우는 18% 미만)이고, 공기 중의 산소농도가 증가할 때는 산소과잉(oxygen enriched, 산소 23% 초과)라고 한다. 산소결핍 또는 산소과잉 상태는 근로자 개인에 저산소증(hypoxia)과 과산소증(hyperoxia)에 의한 독성작용을 나타낸다. 또한 공기의 산소과잉 상태는 연소나 폭발의 가능성을 증가시킨다.

11.2 시료채취 및 분석

공기 중 가연성 가스와 증기 그리고 산소의 존재와 농도를 현장에서 검출 및 측정을 할 수 있는 장치가 사용 중에 있다. 이러한 가장 일반적인 장치는 지역 측정에 사용한다. 가연성 가스나 증기 또는 산소를 각각 측정하는 장치도 있지만 가연성 가스와 산소를 같이 검출하고 측정하는 겸용장치가 더 일반적으로 사용된다. 이러한 겸용장치들은 가연성 가스 및 산소가스 겸용측정기(combine combustible and oxygen gasmeter)로 불려지며 더욱 간단하게는 가연성 가스측정기(그림 11.1과 그림 11.2)라고 한다. 그러나 대부분의 경우는 산소 시료채취의 가능성이 반영되지 않는다. 겸용측정기는 많은 경우 일산화탄소 또는 황산가스와 같은 독성물질을 같이 측정한다. 가연성 가스 및 증기, 산소의 시료채취는 즉각적이며 시료의 측정결과를 실시간으로 나타낸다. 이러한 장치들은 펌프에 의하여 자동적으로 기기 내부로 채취된 공기시료를 채취하는 전형적인 전자식 활성 흐름 측정기기이다. 기기내부로 공기가 흐르면서 가연성 가스, 또는 산소는 각각의 시료에 적당한 감지기나 검출기와 반응하게 된다. 측정기는 펜테인(pentane)과 같은 농도를 알고 있는 기준가스를 이용하여 가연성가스나 증기의 농도를 보정한다. 그러나 실제로는 다른 가연성 가스나 증기도 시료채취 중에 검출되고 측정되며 이러한 이유로 알고자 하는 특정가스의 실제농도를 구하기 위하여서는 전환 인자를 이용하여 조절해야 한다. 산소의 경우 어떠한 측정장치는 산소가스 분자의 알고 있는 농도를 사용하여 보정된다.

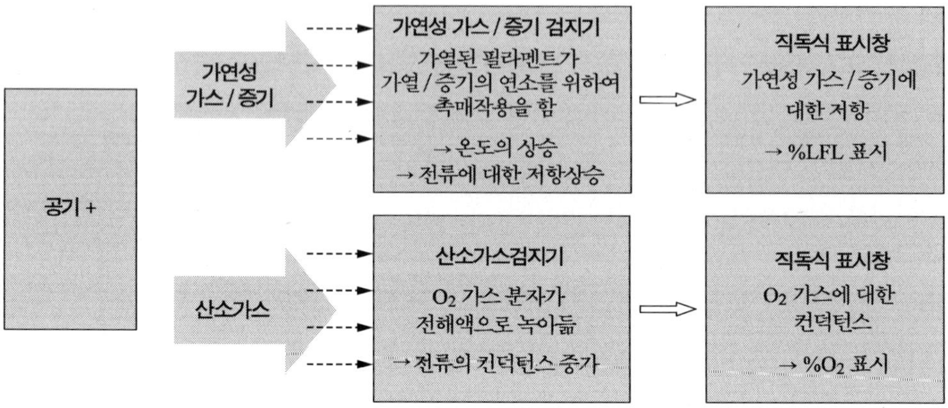

그림 11.1 가연성 가스 및 산소가스 겸용측정기(combine combustible and oxygen gas meter)의 개략도

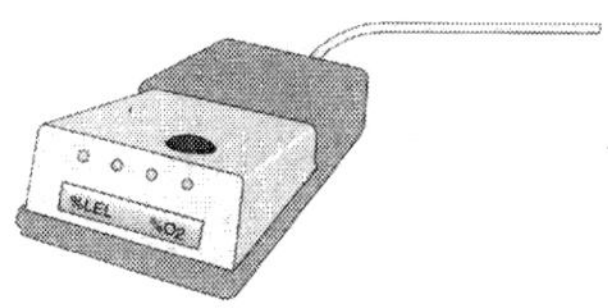

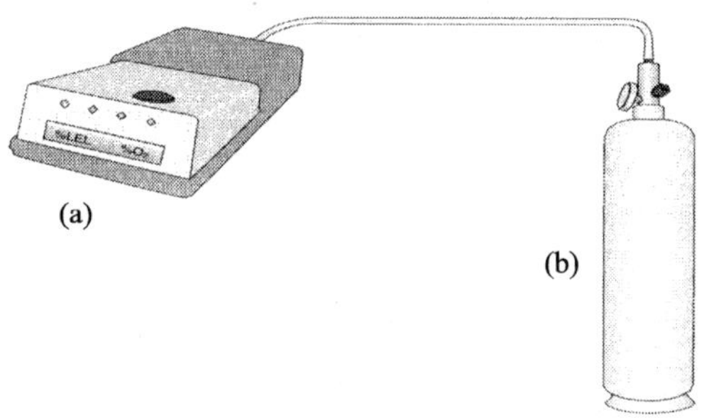

그림 11.2(좌) 가연성 가스 및 산소가스 겸용측정기(combine combustible and oxygen gas meter)
그림 11.3(우) 가연성 및 산소가스 겸용측정기의 보정장치 (a) 측정기, (b) 압축가스 실린더

11.2.1 가연성 가스측정기(CGMs, Combustible Gas Meters)

가연성 가스측정기는 가연성 가스나 증기를 내부에서 점화하기 위하여 촉매작용을 하는 플라티늄 필라멘트와 같은 가열된 철선을 포함하고 있다. 가연성 가스나 증기는 점화되어 검출되고 정량할 수 있는 양의 열을 생산한다. 연소된 열은 존재하고 있는 연소가스나 증기의 농도에 맞게 필라멘트의 저항을 변화시킨다. 측정기는 LEL에 대한 백분율로 연소가스나 증기의 농도를 나타내며 실질적으로는 보정가스의 LFL 또는 LEL의 백분율을 나타낸다. 다양한 모델들이 현재 사용되고 있다. 만약 측정기의 표시창에 8%라고 나타나 있으면 LFL의 8%를 나타낸다. 만약 아이소부틸아세테이트를 측정하였을 때 표시창의 값이 8%로 나타났으면 아이소부

틸아세테이트의 LFL이 1.3%이므로 실제값은 식 11.1에 대입하여 1.3%에 0.08을 곱하면 0.104%가 된다.

$$x\text{성분의 실제측정농도} = x\text{성분의 표시창에 나타난 수치} \times x\text{성분의 LFL값} \tag{11.1}$$

이 식은 특정한 보정가스와 관련되어 약간의 변동이 있게 된다. 그 보정가스가 메테인이냐 펜테인이냐에 따라서 실제값이 변하게 되는데 이것은 CGM의 제조사나 모델에 따라 좌우되므로 특정의 보정인자(CF, correction factor) 또는 응답인자가 적용된다. 예를 들어, 아이소부틸아세테이트를 측정할 때 보정가스를 펜테인을 사용하면 CF값은 1.5가 된다.

따라서 측정기의 표시창에 나타낸 값에 1.5를 곱하면 실제적인 직독값은 12%가 된다.

$$x\text{성분의 실질적인 직독값} = x\text{성분의 CF값} \times x\text{성분의 측정기 표시창 수치} \tag{11.2}$$

가연성 가스측정기들은 정상적인 공기에서만 사용하고 산소가 과잉이거나 부족한 경우에는 사용하지 못한다. 산소농도가 정상상태(20.8%)보다 유의하게 높거나 낮으면 판독이 잘못될 가능성이 있다. 따라서 공기 중 산소농도는 일반적으로 같이 측정되어진다.

유입된 가솔린증기, 할로겐, 실리콘, 그리고 황화합물 등은 필라멘트에 영향을 미치거나 손상을 주거나 감도를 감소시킬 수 있다.

11.2.2 산소가스 지시기(Oxygen Gas Indicator)

산소가스 지시기의 작동을 위한 두 가지의 중요한 요소들은 산소 감지장치와 판독장치이다. 한 부분에서 공기가 흡입구나 펌프를 이용하여 산소감지기로 들어오면 또 다른 부분에서 주위의 공기와 감지기 사이에 평형상태가 이루어진다. 전기화학적인 감지기는 공기 중의 산소농도를 정량하는데 사용되며 전형적인 감지기의 구성요소들을 계수기 및 검출기로 작용하는 전극, 기본적인 전해액을 포함하는 틀, 그리고 반투과성막이다.

산소분자는 멤브레인을 통과한 후 전해액으로 확산된다. 산소와 전기 전극과의 반응을 통하여 미세한 전기흐름이 나타난다. 이러한 전기흐름은 감지기에서의 산소농도에 직접적으로 비례하며, 전자회로를 통과하여 측정기에서 백분율의 단위로 판독되어진다. 측정기는 0~10, 0~25, 또는 0~100%의 산소농도를 판독하도록 보정이 된다. 미지의 환경을 평가할 때, 산소가 부족한지 또는 산소가 과잉인지를 알기 위하여 산소가스 지시기가 우선적으로 사용된다.

11.3 연습

11.3.1 개요

본 실습은 가연성 가스 및 산소가스 지시기를 사용하여 공기 중의 가연성 가스와 증기 그리고 산소를 현장에서 직접적으로 시료채취를 실시하기 위한 기본적인 개념을 제공할 것이다. 보다 자세한 사항은 가연성 가스 및 증기혼합물의 폭발한계산정에 관한 기술지침(KOSHA CODE D-18-2004)과 밀폐공간작업프로그램 시행지침(KOSHA CODE H-32-2003)에 나타난 것을 참조하기 바란다. 적당한 기구를 준비하고 시료채취를 위한 각각의 단계가 완료되면 □에 √ 표시를 한다.

11.3.2 기구

(1) 연소 및 산소가스 겸용측정기의 보정

- □ 가연성 가스 및 산소 겸용 측정기
- □ 가연성 가스 및 증기의 측정을 위한 압축 기준가스 또는 보정가스(메테인, 펜테인)
- □ 산소의 측정을 위한 압축 기준가스 또는 보정가스
- □ 압축가스 실린더용 조절기
- □ 측정기와 보정가스를 연결하는 적당한 유연호스
- □ 기준가스의 일정한 부피를 담기위한 플라스틱 공기 시료채취백(측정기의 형태에 따라 선택적임)

(2) 공기 중 가연성 가스와 증기 또는 산소의 시료채취

- □ 가연성 가스 및 산소가스 겸용측정기
- □ 시료채취 자료 결과 보고서(그림 11.4)

현장 측정 결과보고서
(가연성 산소 및 독성 가스/증기 미터를 사용한
가연성 가스/증기(%LFL) 및 산소(%O_2)의 실시간 측정)

설비명칭 및 장소 : ______________________________

측정수행자 : ______________________________

측정날짜 : ____________________

측정기기(모델명 및 제조회사) : ____________________

보정가스(LFL) : __________(___)　　보정산소(O_2) : __________(_____)

보정가스(독성물질) : __________(____)　　보정계수(LFL) : __________

시료채취 전 보정 : ____%LFL _____%O_2 ________ppm Toxic

시료채취 후 보정 : ____%LFL _____%O_2 ________ppm Toxic

기온 : _______℃　　기압 : ______mmHg　상대습도 : ______%

지역명	LFL(%)	O_2(%)	독성물질 가스/증기(ppm)

현장노트(비고) :

그림 11.4 가연성 및 산소가스의 직독식 측정용 현장 측정 결과보고서

11.3.3 방법

(1) 시료채취 전후의 가연성 가스 및 산소 겸용 측정기의 보정

□ 장비의 조립 및 작동을 위하여 측정장비의 설명서를 참조한다.

□ 장비와 또는 가스실린더에 조절기 부착을 위해서 압축보정가스나 기기와 함께 동봉된 사용설명서를 읽는다. 압축가스의 실린더가 작업대 위에서 굴러 떨어지지 않도록 하기 위하여 고정한다. 일부 제조회사의 제품들은 압축가스 실린더에서 플라스틱 제품 공기 시료채취백으로 기준가스를 옮겨야 하는 경우도 있다. 이러한 경우 측정장비는 보정가스로 이미 채워진 공기 시료채취백에 유연호스로 연결되어야 한다.

그러나 다른 장비들은 유연호스가 압축실린더의 조절기에 직접 연결된다. 어느 쪽에 설치하든지 보정가스를 측정기로 효율적으로 이동시켜야 한다.

□ 제조회사의 사용설명서에 따라 장비를 가동시키고 각각의 기준가스를 연결한다.

□ 측정기에 흐르게 할 보정가스가 채워진 압축가스 실린더 또는 플라스틱 시료채취백의 밸브를 서서히 연다.

□ 제조회사의 사용설명서에 따라 각각의 기준가스의 농도를 일치하게 %LEL과 %O_2가 나타나도록 측정장비를 조절한다. 이러한 과정이 끝나고 보정가스를 채운 압축가스 실린더 또는 플라스틱 시료채취백의 밸브를 잠그고 측정기와 연결을 해체하면 측정기의 사용 준비가 완료된다.

(2) 공기 중 연소가스와 증기 또는 산소가스의 시료채취

□ 공기 중 가연성 가스나 증기, 그리고 산소가스를 검출 및 정량 그리고 시료채취가 가능한 장소에서 시료채취를 실시하도록 승인을 받는다.

□ 측정기를 가동시키고 영점화 시킨다.

□ 바닥면 또는 작업장표면에서 약 1.2 m 높이에 측정기를 설치하고 그 지역을 천천히 조사한다.

□ 직독식으로 나타난 농도를 판독하고 기록한다.

□ 실시자 성명, 시료를 채취한 시설 및 장소, 날짜, 기온, 기압, 상대습도, 그리고 가연성 가스 및 산소가스 측정기의 제조회사 및 모델명을 기록한다.

CHAPTER

12

공기 중 무기 및 유기성 가스와 증기의 평가

고체 흡착검지관 매체가 달린 피스톤형 또는 송풍형 공기시료채취 펌프를 이용한 순간 지역 측정

CHAPTER 12

공기 중 무기 및 유기성 가스와 증기의 평가

학습목표 제12장의 학습목표를 달성하기 위해서는 학습자가 내용을 충분히 읽고 이 장과 관련된 자료를 연구하는 자세가 필요하다.

- 고체 흡착 검지관를 이용한 공기 중 무기성 및 유기성 가스와 증기의 순간 측정수행에 사용되는 특정 시료채취 매체를 포함한 시료채취장치의 구성의 명칭, 확인, 조립 등
- 피스톤형(piston) 및 송풍형(bellows) 공기시료채취 펌프의 유량측정용 1차 기준장치를 사용한 적용 보정절차의 명칭, 확인, 조립 등
- 수동식 또는 전자식 무마찰 거품관 유량측정기 사용시 적용 시료채취매체를 직렬로 연결한 피스톤형(piston) 및 송풍형(bellows) 공기시료채취 펌프의 보정
- 검지관을 이용한 공기 중 무기성 및 유기성 가스와 증기의 시료채취 원리 요약
- 검지관을 이용한 공기 중 무기성 및 유기성 가스와 증기의 순간 시료채취의 수행
- 보정자료와 현장 측정 결과보고서를 이용한 모든 보정, 시료채취 분석자료의 기록

12.1 개요

현장에서 공기 중의 무기 혹은 유기성 가스 및 증기의 농도를 측정하거나 검출하는 것이 필요한 경우가 종종 있으며 이러한 목적에 맞는 검지관과 수동식 공기펌프로 구성된 기구가 현재 사용가능하다. 공기 중의 개별 오염물질류의 농도를 정성적으로나 정량적으로 측정하기 위한 공기채취는 1~2분이면 충분하다. 관심의 대상이 되는 다양한 오염물질에 따라 다양한 검지관(>200)이 사용 가능하다.

검지관은 어떤 장소에서 전 근무시간 동안 어떤 종류의 특정한 오염물질을 통합된 측정방법을 이용하여 측정하게 될 것인지 선별하기 위하여 사용될 수 있다. 검지관은 또한 전 근무시간 동안 중에서 오염의 근원을 추적하기 위하거나 노출수준의 변화를 추적하기 위하여도

사용할 수 있다.

12.2 가스나 증기를 위한 검출관 매질

검지관에는 착색길이(변색길이)를 재는 것과 색도계를 이용한 두 가지 종류가 있다. 두 종류 모두 검지관은 특정한 오염물질에 반응하는 화학물질로 코팅된 고형 흡착제로 채워져 있다(그림 12.1과 12.2). 흔한 흡착제로는 적당한 화학제에 적셔진 실리카겔이나 산화알루미늄(aluminium oxide)이 사용된다. 유리관의 끝은 제조과정에서 봉해진다. 관의 끝을 깨고 측정하고자 하는 오염물질을 포함한 공기가 관으로 들어오면 오염물질의 분자는 고체매질과 접촉하여 반응을 일으킨다. 이러한 반응의 결과는 관의 종류(착색길이, 색도계)에 따라 검게 착색되거나 다른 색으로 착색된다. 착색길이나 강도, 그리고 색의 음영은 채취된 공기 내부에 있는 가스나 증기의 농도에 의하여 결정된다. 착색의 길이를 측정하는 관은 관에 농도눈금이 표시되어 있거나 전체 매질의 농도로 착색길이를 나누어서 해당 농도의 기준표와 비교하게 된다. 색도계관에 오염된 공기가 들어오면 흡착제는 색깔의 강도가 변하게 된다. 채취가 끝나면 검지관은 해당 농도의 기준표와 비교된다. 대부분의 검지관은 즉석에서 채취를 하지만 어떠한 검지관은 8시간 동안 채취하는 경우도 있다.

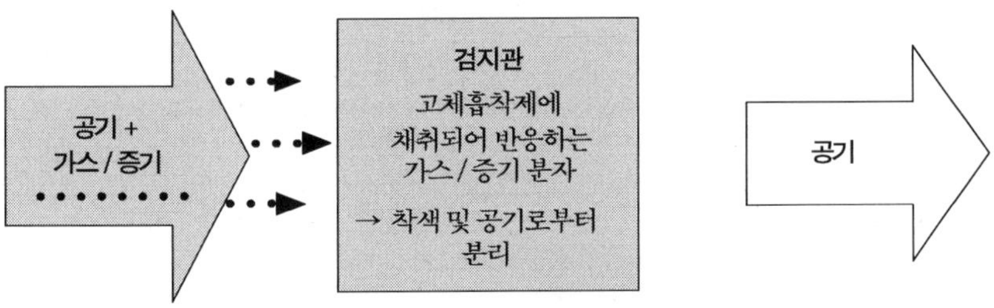

그림 12.1 검지관에서의 가스/증기의 수착(收着)과 반응

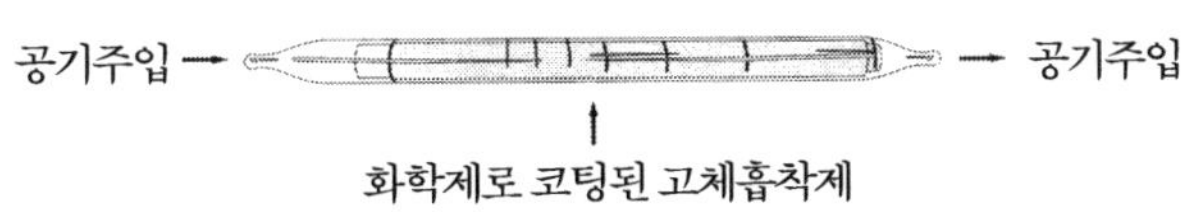

그림 12.2 화학제로 코팅된 고체 흡착제로 채워진 표준 유리 검지관

12.3 주의

검지관은 가장 쉽게 측정할 수 있는 기구이지만 동시에 관이 부정확할 수 있기 때문에 주의해서 해석해야 한다. 대부분의 경우 정확도는 ±25% 내외이며, 어떠한 종류는 그 보다 더 큰 경우도 있다. 때문에 예를 들어, 어떤 관이 200 ppm으로 측정되었다면 실질적인 농도는 150에서 250 ppm 사이에 (200 ppm±25% 또는 200±50 ppm) 있게 된다. 낟알 크기의 흡착제는 그 크기에서 변화가 있을 수 있으며 이러한 차이는 채취된 공기에서 채널링(channelling) 효과를 일으키며 소위 '꼬리'라고 불리는 관에서 수직이 아닌 형태의 착색을 일으킨다. 검지관은 변할 수 있기 때문에 사용 전에는 냉동 보관해야 한다.

검지관은 반드시 제조업체에서 제공된 수동펌프를 사용해야 한다. 만약 다른 회사의 제품을 사용하면 상대적인 유량의 차이는 오염물질이 흡착되어 반응을 일으키는 양에 영향을 미친다.

12.4 시료채취

채취 전에 유리검지관의 양끝을 조심스럽게 깨서 채취 전체기간 동안 공기에 노출되도록 한다. 검지관은 수동펌프의 입구에 끼워진다. 검지관을 위한 공기 시료채취펌프는 크게 두 가지가 사용된다. 두 종류 모두 수동식이며 하나는 '피스톤식 펌프(piston pump)' 또 하나는 '송풍형 펌프(bellows pump)'이다(그림 12.3).

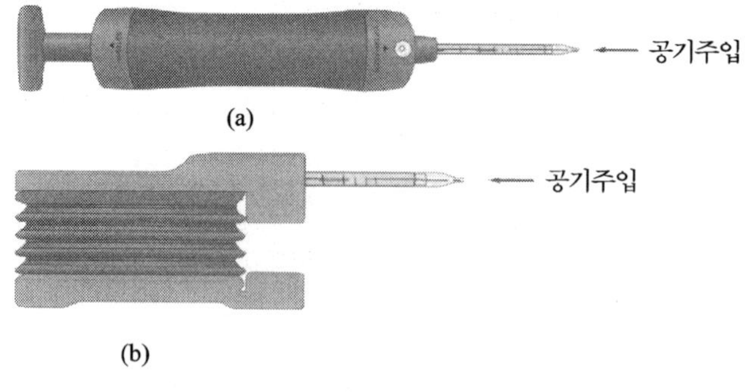

그림 12.3 유기 및 무기성 가스와 증기용 시료채취장치 (a) 피스톤형, (b) 송풍형 펌프

피스톤형 펌프는 한 번의 피스톤 스트로크(stroke)에 따라 일정한 공기의 양을 검지관 내로 통과시키도록 한 장치이다. 피스톤 스트로크란 피스톤의 손잡이를 뒤로 당겨서 실린더 내를 음압으로 만드는 것을 말한다. 매 피스톤 스트로크마다 충분한 양의 공기를 채취하기 위해서는 정해진 시간이 필요하다. 제품설명서에는 모든 펌프마다 필요한 시간이 정해져있다. 송풍형 펌프 역시 수동으로 움직이며 주름상자(bellows)를 압축함으로써 작동된다. 주름상자를 압축하게 되면 펌프는 음압이 된다. 피스톤이나 주름상자를 수동으로 작동하게 되면 실린더 내부는 공기보다 음압이 되고 이로 인하여 대기 중의 공기가 펌프 안으로 들어간다. 공기는 펌프 안으로 들어가기 전에 검지관을 통과한다. 펌프가 공기로 차게 되면 대기와의 압력차는 없어지고 일정한 양의 공기가 검지관을 통과, 즉 채취된다. 채취되는 공기의 양은 피스톤의 스트로크나 주름상자의 압축 수에 따른다.

오염물질이나 오염물질의 현재 농도에 따라 시료의 양이 다르고 이에 따라 각기 다른 검지관이 필요하다.

12.4.1 누출검사

- 수동식 공기 시료채취 펌프는 공기누출이나 기능상 장애가 있는지 검사해야 한다.

12.4.2 보정

- 수동식 공기 시료채취펌프는 유리 검지관이 연결된 상태에서 수동식 또는 전자식 보정장치를 이용하여 주기적으로 유량을 측정해야 한다(그림 12.4).

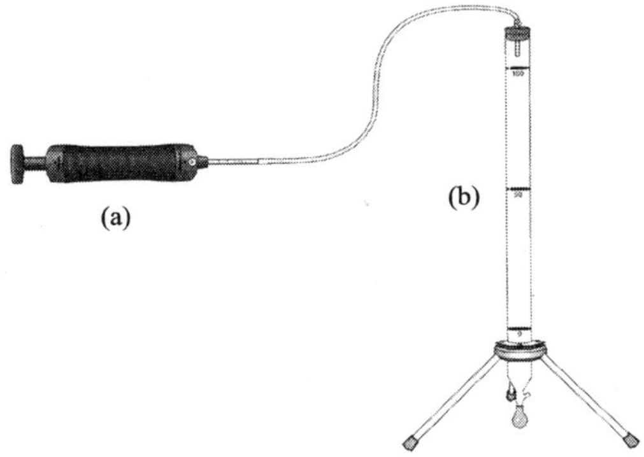

그림 12.4 검지관 펌프용 보정장치. (a) 피스톤형 펌프, (b) 무마찰 거품관

- 유량은 거품이 거품관의 부피(V, cm^3) 50~100 cm^3를 이동하는데 걸리는 시간을 3회 측정($\Sigma T_{1,\ 2,\ 3}/3$)하여 평균한 시간(T_{avg}, 초)을 이용하여 구한다.

$$Q(cm^3/min) = \frac{V cm^3}{T_{avg}(s)} \times \frac{60\ s}{1\ min} \qquad (12.1)$$

- 고형흡착제 검지관을 이용한 유기가스 및 증기 시료채취의 일반적인 유량은 1회 펌프 스트로크나 압축을 기본으로 100 cm^3/min이다.

12.4.3 측정준비

- 유리 검지관의 양쪽 끝을 깨서 개봉한다.
- 시료채취장치를 조립하고 수동식 피스톤형이나 송풍형 펌프를 검지관과 연결한다.

12.4.4 측정

- 시료채취장치를 지역 측정을 하기 위한 일정한 장소에 고정시킨다.
- 피스톤형이나 송풍형 펌프는 피스톤의 손잡이를 당기거나 주름상자를 압축하여 음압으로 만든다.
- 정해진 시간 후(보통 1분) 피스톤형이나 송풍형 펌프의 압축을 반복하고 검지관을 펌프에서 제거한다.
- 오염물질의 검출이나 측정을 착색정도에 따라 결정한다.

12.5 연습

12.5.1 개요

본 실습은 검지관이 달린 피스톤식 또는 송풍식 펌프를 이용하여 공기 중의 무기 혹은 유기성 가스 및 증기의 순간 측정을 하는 기본적인 지식을 제공하는데 그 목적이 있다. 적절한 재료를 얻거나 시료채취과정을 마쳤을 경우에는 □에 √ 표시를 한다.

12.5.2 실험재료

(1) 수동 공기시료채취 펌프의 보정 및 누출검사

- □ 피스톤형 또는 송풍형 펌프
- □ 고형흡착 검지관
- □ 100 cm^3의 수동식 또는 전자식 무마찰 거품관
- □ 30cm 길이의 내경 3.2 mm 유연호스
- □ 초시계(수동식 보정기 사용할 때)
- □ 비누액
- □ 보정 자료 결과보고서(그림 12.5)

보정자료 결과보고서

(저용량, 고용량, 다용량 공기시료채취 펌프)

보정장소 : ____________________

보정수행자 : ____________________ 보정날짜 : ____________________

보정기기 : ____________________
(모델명 및 제조회사)

공기시료채취 펌프 : ____________________
(모델명 및 제조회사)

채취매체 : ____________________ 보정부피 : ____________________cc

기온 : ____________℃ 기압 : ______mmHg 상대습도 : ________%

펌프 번호	시료채취 전 보정유량(Q_{pre})					시료채취 후 보정유량(Q_{post})					평균 유량
	시간(초)				Q_{pre}/min	시간(초)				Q_{post}/min	Q_{avg}/min
	T_1	T_2	T_3	T_{avg}		T_1	T_2	T_3	T_{avg}		

보정 시 주의사항 :

그림 12.5 피스톤식 또는 송풍식 공기 시료채취 펌프용 보정자료 결과보고서

(2) 가스나 증기의 시료채취

- ☐ 적절한 검지관
- ☐ 검지관 개봉장치
- ☐ 플라스틱 마개(선택)
- ☐ 피스톤형 또는 송풍형 펌프
- ☐ 현장 시료채취자료 결과보고서(그림 12.6)

현장 측정 자료 결과보고서
(검지관이 연결된 피스톤형 또는 송풍형 펌프를 사용한 무기 및 유기성 가스/증기용 실시간 모니터)

설비명칭 및 장소 : ______________________

측정수행자 : ______________________

측정날짜 : ______________________

측정기기
(모델명 및 제조회사) : ______________________

펌프누출검사 통과 : __________통과　　　오염물질 : __________

펌프보정검사 : __________cc/min　　　검지관 : __________

지시사항(펌프스트로크/압축횟수) : ______________________

기온 : ________℃　　기압 : ________mmHg　　상대습도 : ______%

지역명칭	농도(ppm)	

현장노트(비고) :

그림 12.6 유기 및 무기성 가스와 증기용 현장 측정자료 결과보고서

12.5.3 방법

(1) 수동식 공기 시료채취펌프의 채취 전 누출 검사

□ 개봉되지 않은 검지관을 피스톤형 또는 송풍형 펌프의 입구에 삽입한다.

□ 피스톤형 펌프의 경우 : 피스톤을 잡아당겨서 100 cm^3의 위치에 고정한 후 2분 동안 기다린 후 손잡이를 놓는다. 피스톤이 0 cm^3의 위치까지 복구되면 누출이 없는 것이다.

□ 송풍형 펌프의 경우 : 주름상자를 완전히 압축한 후 놓고 10분간 기다린다. 주름상자가 완전히 펴지지 않으면 누출이 없는 것이다.

(2) 피스톤식 펌프의 채취 전 보정

□ 보정양식을 완성하기 위하여서는 이름, 위치, 일시, 공기온도, 공기압력, 펌프 제조회사 및 모델명, 보정장치, 3회의 시도 시간, 평균유량 등이 기록되어져야 한다.

□ 거품을 무마찰 거품관의 0 cm^3에 위치시킨다. 이렇게 하기 위해서는 유연호스를 뷰렛(burette)의 위에 연결하고 바닥에 비누거품을 공급한다. 그렇게 한 후 유연호스의 반대편 끝을 거품이 0 cm^3에 위치할 때까지 조심스럽게 입으로 빤다.

□ 검지관의 양쪽 끝을 개봉한 후 피스톤형이나 송풍형 펌프의 입구에 삽입한다.

□ 직경 3.2 mm 유연호스의 다른 쪽 끝을 검지관의 입구단에 연결한다.

□ 피스톤형이나 송풍형 펌프를 100 cm^3가 될 때 까지 당기거나 압축한다.

□ 피스톤형 펌프의 경우 : 비누거품막이 80~100 cm^3에 이르는 시간을 측정해서 제조회사에서 추천한 유량과 비교한다.

□ 송풍형 펌프의 경우 : 주름상자가 팽창하도록 한 후 비누거품막이 95~105 cm^3까지 올라오는 것을 확인한다.

(3) 유기증기의 공기 시료채취

□ 측정할 유기 또는 무기성 증기나 가스의 농도가 검출, 측정 가능하여 시료채취를 적절히 시행할 수 있을 만한 장소에서 시료채취를 시행할 수 있는 허가를 얻는다. 아니면 알려진 유기 혹은 무기성 증기나 가스를 이용하여 가상 시료채취를 시행한다.

□ 검지관의 양쪽 끝을 개봉한 후 피스톤형이나 송풍형 펌프의 입구에 삽입한다.

□ 검출관의 사용설명서를 읽고 펌프 스트로크나 주름상자 압축 회수를 결정한다.

□ 손잡이의 표시를 적절히 맞춘 후 손잡이를 똑바로 측정하려고 하는 오염물질에서 필요한 특정 용량에 도달할 때까지 뒤로 당기고 고정시킨다. 펌프에 공기가 찰 때까지 기다린다(더 정확히는 공기가 매질을 지나 검지관을 통과할 때까지). 손잡이를 늦춘다. 필

요하면 손잡이의 표시를 다시 맞추고 펌프 스트로크를 다시 한다.

☐ 만약 송풍형 펌프를 사용하는 경우는 주름상자를 엄지손가락과 나머지 손가락 사이에 쥐고 끝까지 압축한 후 늦춘다. 스트로크는 제어체인(arrestor chain)이 팽팽해질 때까지 한다. 검지관의 사용설명서에 지적되어 있는 횟수대로 반복한다.

☐ 측정농도를 읽고 기록한다.

☐ 현장 시료채취자료 결과보고서를 완성하기 위하여 이름, 기관 및 채취위치, 일시, 공기온도, 공기압력, 상대습도, 검지관 및 펌프의 제조회사 및 모델명을 기록한다.

CHAPTER

13

공기 중 독성가스와 증기의 평가

유기성 가스와 증기 측정기를 이용한 순간 지역 측정

CHAPTER

13 공기 중 독성가스와 증기의 평가

학습목표 제13장의 학습목표를 달성하기 위해서는 학습자가 내용을 충분히 읽고 이 장과 관련된 자료를 연구하는 자세가 필요하다.

- 공기 중 유기성 가스와 증기의 순간 측정수행에 사용되는 일반적인 기기의 명칭과 확인
- 광이온화 검출기(PID, photoionization detector), 불꽃이온화 검출기(FID, flame ionization detector) 및 적외선(IR, infrared) 측정기를 보정하기 위한 알고 있는 기준 보정물질의 농도를 이용한 적용 보정장치의 명칭, 확인, 조립 등
- 알고 있는 유기성 가스 또는 증기의 농도를 이용한 PID, FID, IR 측정기의 보정
- PID, FID, IR 측정기를 사용한 공기 중 유기성 가스와 증기의 시료채취 원리 요약
- PID, FID, IR 측정기를 사용한 공기 중 유기성 가스와 증기의 순간 측정의 수행
- 현장 측정 결과보고서를 이용한 모든 보정 및 시료채취 자료의 기록

13.1 개요

유기성 가스나 증기의 순간, 혹은 실시간 지역 측정을 위한 전자식 기기들이 사용 가능하다. 이러한 기기들의 작동원리는 서로 다르지만, 공통적인 특징을 갖고 있다. 이러한 기기들은 공기와 공기 중의 오염물질을 챔버로 유입시키는 공기 시료채취펌프를 갖고 있다. 공기나 혹은 연관된 유기성 가스와 증기의 분자들은 검출관을 거치게 되며 여기에서 검출관은 정성적인 검출을 통하여 유기성 가스를 인식하거나 직접적인 표시 방식을 이용하여 농도를 ppm단위나 기타 단위로 계산한다(그림 13.1). 대부분의 경우에 있어서 공기 중의 유기성 가스나 증기의 성분은 확실하지 않거나 알 수 없는 경우가 많다. 때문에 자료는 총 유기성 증기(TOV, total organic vapor)로 표시된다.

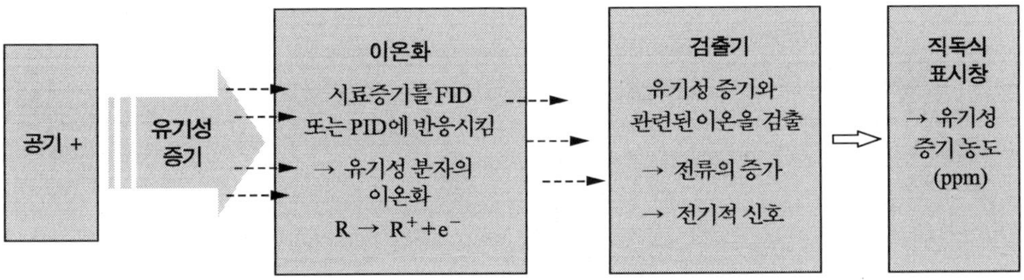

그림 13.1 독성 유기성 가스 및 증기 이온화미터의 개략도

13.2 시료채취

13.2.1 불꽃 이온화 검출기(FID, flame ionization detector meters)

불꽃 이온화 검출기는 이온화될 수 있는 총 유기성 가스나 증기의 농도를 측정한다. 또한 가스나 증기의 종류를 알게 되면 대기 중에 있는 특정한 가스나 증기의 농도를 측정한다. 불꽃 이온화 검출기의 공통적인 요소는 건전지로 작동되는 공기시료채취 펌프와 불꽃 이온화 검출기, 압축수소가 있는 실린더, 표시장치, 채취전극이다. 반응은 분자 내에 있는 탄소원자의 수에 따라 변한다. 그러나 탄소원자의 수에 대해서 선형적인 관계는 아니다(그림 13.2).

가스나 증기는 기기 안으로 들어온 후 검출관에 있는 수소불꽃을 통과하며 여기에서 15 eV 미만의 전압에 의해 이온화된다(대부분의 유기가스는 12 eV 미만에서 이온화된다).

대부분의 유기가스가 연소되면 양전하의 탄소를 함유한 원자를 방출하며 이 원자들은 음전하를 갖는 챔버 내의 채취전극에 의하여 채취된다. 화염 주위에 있는 전도체와 채취전극 사이에는 전기장이 형성되어 있으며 양이온이 채집됨에 따라 탄화수소의 농도에 비례한 전류가 전극에 형성된다. 이 전류는 이온화정도에 비례하는 결과신호를 출력하는 1차 증폭기에 의하여 측정된다. 수소불꽃은 시료를 산화시키기 위해서 적절한 농도의 산소분자를 필요로 한다.

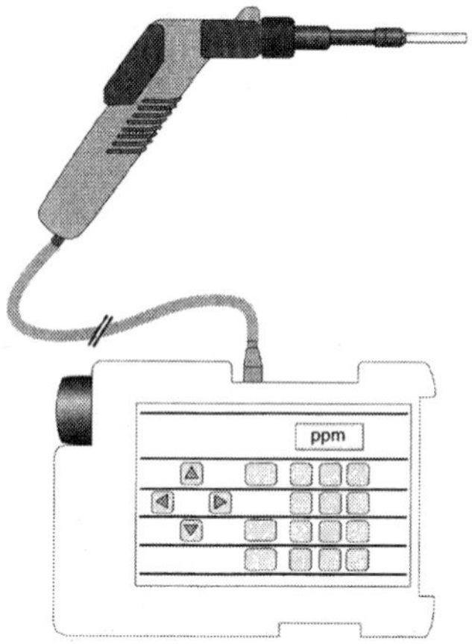

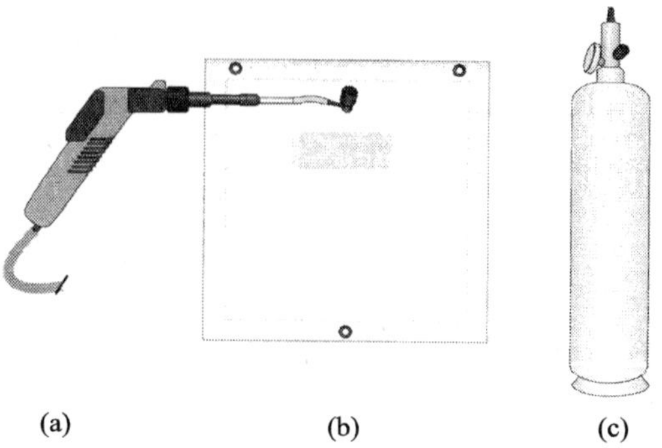

그림 13.2(좌) FID/PID 미터
그림 13.3(우) 독성 유기성 가스 및 증기미터의 보정장치 (a) FID/PID 미터, (b) 시료채취 백, (c) 압축가스 실린더

13.2.2 광이온화 검출기(PID, photo ionization detector meters)

광이온화 검출기를 장착한 검출기 역시 총 이온화 유기성 가스나 증기의 농도를 측정한다. 광이온화 검출기는 출력장치, 충전지, 증폭기, 자외선 광원, 감응 이온화 챔버와 탐침으로 구성된다. 전기펌프가 가스나 증기를 자외선 발생장치로 통과시킨다. 시료의 이온화 전압이 자외선 등에 의한 이온에너지 이하일 때 시료의 성분들이 이온화된다. 방사선은 자유전자와 오염물질 원자들의 양이온을 발생한다. 이 때 생성되어진 이온의 개수에 비례하는 전류를 발생시키는데 이 이온의 개수는 유기성 가스나 증기의 농도에 직접적으로 비례한다. 이 전류는 검출되어 증폭되고 출력장치에 표시된다. 자외선의 전압을 변화시킴에 따라 다양한 범위의 유기물질들이 검출되어 정량화될 수 있지만 반드시 동정이 필요한 것은 아니다.

13.2.3 적외선 흡수계(Infrared absorption meters)

적외선 분광광도계는 유기성 가스 및 증기의 농도를 검출, 측정할 수 있다. 이 기구는 직접 읽을 수 있는 눈금과 결과기록기, 채취펌프를 가지고 있다. 시료의 성분은 적외선의 다양한 파장을 흡수하는 성질에 따라서 적외선 분광광도계에 검출되어진다. 즉, 흡수는 가스나 증기의 농도에 비례한다.

13.2.4 휴대용 가스크로마토그래프미터(Portable gas chromatograph meters)

휴대용 가스크로마토그래프미터는 현장시료 채취에 있어서 다방면으로 유용한 기구이다. 이 장치는 특정 유기물질들을 검출 및 정량화할 수 있도록 각 성분으로 분리한다. 채취된 가스 및 증기는 고체, 또는 고체상 지지체 위에 액체상으로 채워진 칼럼을 통과한다. 채취된 기류의 성분들은 칼럼을 통과하는 과정에서 화학물질에 대한 친화력의 차이에 따라 분리된다. 개별성분들은 칼럼 내의 체류시간에 따라 동정되며 상업적으로 시판되고 있는 FID와 같은 검출장치를 이용하여 검출되어 진다. 제9장에서 기술한 것과 같은 실험모델은 휴대용 가스크로마토그래프 시스템보다 더 복잡한 분자들을 분석할 수 있다. 유기성 가스 및 증기들은 알려진 농도의 기준시약을 이용하여 적정한다. 기준시약은 압축가스 실린더에 의하여 공급되어진다. 농도를 알고 있는 증기 역시 용제를 사용하여 준비되어진다. 공기 중의 유기성 가스 및 증기들은 통상적으로 TOV를 ppm 단위로 측정한다.

13.3 연습

13.3.1 개요

본 실습은 적절한 전자식 유기성 가스 및 증기 측정기기를 이용하여 공기 중의 무기 혹은 유기성 가스 및 증기의 순간 측정을 하는 기본적인 지식을 제공하는데 그 목적이 있다. 적절한 재료를 얻거나 채취과정을 마쳤을 경우에는 □에 √ 표시를 한다.

13.3.2 재료

(1) 유기성 가스 및 증기 조사미터의 보정

- □ 유기성 가스 및 증기미터
- □ 압축된 표준가스 또는 보정시약
- □ 압축가스 실린더의 조절기
- □ 기기와 보정가스를 연결할 수 있는 적절한 유연호스
- □ 기준시약을 저장할 수 있는 플라스틱 공기 시료채취백

(2) 공기 중의 유기성 가스 및 증기의 시료채취

□ 유기성 가스 및 증기미터

□ 현장 시료채취자료 결과보고서(그림 13.4)

현장 측정 자료 결과보고서
(유기성 가스/증기 측정기를 사용한 유기성 가스 및 증기용 실시간 측정)

설비명칭 및 장소 : ____________________

측정수행자 : ____________________

측정수행날짜 : ____________________

측정기기(모델명 및 제조회사) : ____________________

FID 보정가스(농도) : ____________________ (   )

시료채취 전 보정 : __________ppm

시료채취 후 보정 : __________ppm 수정/환원계수 : __________

PID 보정가스(농도) : ____________________ (   )

시료채취 전 보정 : __________ppm

시료채취 후 보정 : __________ppm 수정/환원계수 : __________

예상오염물질 : ____________________

기온 : ________℃ 기압 : ________mmHg 상대습도 : ______%

지역명칭	농도(ppm)	
	FID	PID

현장노트(비고) :

그림 13.4 독성, 유기성 가스 및 증기의 순간 측정용 현장 측정자료 결과보고서

13.3.3 방법

(1) 유기성 가스 및 증기의 채취 전 · 후의 보정

□ 장비의 조립 및 작동을 위하여 측정장비의 제조회사의 설명서를 참조한다.

□ 장비와 또는 가스실린더에 조절기 부착을 위해서 압축보정 가스나 기기와 함께 동반된 사용설명서를 읽는다. 압축가스 실린더가 작업대 위에서 굴러 떨어지지 않도록 고정시킨다. 일부 제조회사의 제품들은 압축가스실린더에서 플라스틱제품 공기시료채취백으로 보정가스를 옮겨야 하는 경우도 있다. 이러한 경우 측정장비는 보정가스로 이미 채워진 공기 시료채취백에 유연호스로 연결되어야 한다. 그러나 다른 장비들은 유연호스가 압축가스 실린더의 조절기에 직접 연결된다. 어느 쪽의 설치든지 보정가스를 측정기로 효율적으로 이동시켜야 한다.

□ 제조회사의 사용법에 따라 장치를 압축가스의 실린더나 플라스틱 공기 시료채취백에 연결한다.

□ 장치의 전원을 'ON'으로 한다.

□ 압축가스의 실린더나 보정가스가 들어있는 플라스틱 공기 시료채취백의 밸브를 천천히 열어서 보정가스가 장치 내로 들어가게 한다.

□ 장치를 사용설명서에 나온 대로 조절하여 측정된 결과가 기준가스 또는 증기의 알려진 농도와 일치하도록 한다. 이어서 압축가스의 실린더나 플라스틱 공기 시료채취백의 밸브를 닫고 장치와 분리한다. 이렇게 함으로써 장치의 사용 준비는 완료된다.

(2) 공기 중의 유기성 증기 및 가스의 시료채취

□ 측정할 유기성 혹은 무기성 가스 및 증기의 농도가 검출, 측정 가능하여 시료채취를 적절히 시행할 수 있을 만한 장소에서 시료채취를 시행할 수 있는 허가를 얻는다. 아니면 알려진 유기성 또는 무기성 가스 및 증기의 발생원을 이용하여 가상 시료채취를 시행한다.

□ 스위치를 켜고 조사미터가 0이 되도록 한다.

□ 장치를 최소한 바닥이나 작업표면에서 1.2m 이상의 높이에서 고정시키고 한쪽 끝에서 다른 쪽 끝으로 이동하면서 조사를 한다.

□ 직독식 표시창에 나온 결과를 읽고 기록한다.

□ 측정자 이름, 기관 및 채취 위치, 일시, 공기온도, 공기압력, 상대습도, 검출관 및 펌프의 제조회사 및 모델명을 기록하여 현장 측정자료 결과보고서를 완성한다.

CHAPTER

14

표면 및 발생원 오염물질의 평가

Wipe시료와 Bulk 시료기술을 이용한 측정

CHAPTER

14 표면 및 발생원 오염물질의 평가

학습목표 제14장의 학습목표를 달성하기 위해서는 학습자가 내용을 충분히 읽고 이 장과 관련된 자료를 연구하는 자세가 필요하다.

- Wipe 및 bulk 시료채취 수행에 사용된 일반적인 공급품목과 기기의 명칭과 확인
- 표면 및 발생원 오염물질의 측정원리를 요약
- 표면 및 발생원 오염물질에 대한 wipe 및 bulk 시료채취의 수행
- 현장 시료채취자료 결과보고서를 사용한 모든 적용가능 시료채취의 기록

14.1 개요

물리적, 화학적, 또는 생물학적 요인들은 다양한 표면에 침착되고 축적될 수 있다. 그러한 침착은 직접적으로 엎지르거나 공기 중 입자의 침강으로 생길 수 있다. 오염된 표면은 피부와의 직접접촉과 오염된 손에 의한 눈과의 간접접촉 등으로 인한 외부노출의 중요한 근원이다. 또한 피부(손과 손가락)에서 음식물이나 담배를 통하여 오염물이 이동하여 이를 통한 경구노출을 일으킬 수도 있다. 더욱이 침강된 입자의 재비산은 2차먼지를 만들며 그것이 호흡기를 통하여 인체에 들어갈 수도 있다. 따라서 작업환경 중 많은 형태의 표면은 주기적으로 오염물이 검출가능하며 측정 가능한지를 알아보기 위해 시료를 채취할 필요가 있다. 예를 들면 벤치의 윗부분, 서랍장, 식당테이블과 의자, 개인보호구(PPE, personal protective equipment)다. 또한 피부도 오염될 수 있으므로 피부도 시료채취 위치가 된다. 보호구의 내부와 보호구를 낀 표피에서 시료를 채취함으로써 장갑과 같은 피부보호구나 마스크와 같은 호흡용 보호구의 효과를 부분적으로 평가할 수 있다. 표면채취는 정화장치의 효과를 평가하기 위해 수행할 수도 있다.

벌크(bulk)시료는 원재료, 부산물, 제품, 건축재료, 공기의 구성성분일 수도 있는 오염물을 확인하는데 필요하다. 석유계 용제의 제조방법은 거의 화합물의 혼합이다. 구성성분에

관한 정보가 유용하다 할지라도 주어진 구성성분의 함유율에 관한 정보는 불확실하다.

결국 용제의 화학적 조성을 정량적 또는 정성적으로 알기 위해서는 용제의 용적시료를 채취하는 것이 필요하다. 착색제나 페인트를 만드는데 사용되는 안료와 같은 고형분말에는 다양한 고형물이 있을 수도 있으며 크롬, 납, 결정성 실리카와 같은 불순물이 있을 수도 있다. 어떠한 화합물의 정성적, 정량적 화학조성은 기중 먼지의 조성에 대한 정보를 제공할 수 있다. 건축자재에 다양한 독성인자가 있을 가능성이 있으므로 건축자재를 채취하는 경우도 종종 있다. 절연제 내의 석면과 납을 포함한 페인트로 칠한 표면의 납이 가장 주의하여야 할 것이다. 더욱이 공기 중 벌크(bulk)시료나 그랩(grab)시료는 추가적인 시료채취가 필요할 수도 있는 독성물질을 알아보거나 시료채취와 분석방법을 방해할 수도 있는 화합물을 알아보는데 필요하다.

14.2 시료채취

표면 시료채취는 글자 그대로 오염됐다고 의심되는 표면을 닦거나 약솜으로 문지르는 것을 의미하며 채취 후에 시료는 분석을 위해 분석실로 보내진다. 보통 100 cm^2의 표면을 닦아야 한다. 표면 시료채취를 하는데 필요한 두 가지 기구는 와이프(wipe)시료채취를 하기 위한 종이 여지와 스왑(swab) 시료채취를 하기 위한 약솜이다(그림 14.1). 또한 채취하는 동안에 일회용 고무장갑을 끼어야 한다. 종이 여지는 보통 금속 와이프시료에 이용되고, 유리섬유 필터는 유기화합물을 채취하는데 사용한다. 각각의 필터는 사용되기 전에 깨끗한 뚜껑이 있는 병에 보관하고 와이프 시료채취 후 다시 뚜껑이 있는 병에 넣는다. 채취할 인자에 따라 시료채취를 이용하게끔 필터를 건조시켜 사용하거나 증류수나 다른 용제에 적셔서 사용한다. 솜은 미생물학적 인자를 표면 시료채취 할 때 가장 적당하다. 사용 전 용기에 살균 완충용액을 넣고 솜을 담근다. 스왑 시료채취 후 그 약솜을 살균 완충용액이 담긴 유리바이알에 다시 넣는다. 액체와 고체의 용적채취는 매우 간단하다. 병과 같은 딱딱한 용기는 보통 액체시료를 채취하는데 사용되고 딱딱하지 않고 밀봉 가능한 플라스틱 백은 고체시료를 채취하는데 사용된다(그림 14.2). 곧고 속이 빈 유리관은 접근하기 힘든 드럼통이나 탱크에서 액체시료를 채취하는데 사용된다. 그렇게 채취한 시료를 병에 따르고 마개로 막는다. 분말과 같은 고체시료는 오염원에서 직접 채취할 수 있으며 관과 같은 기구를 사용하여 채취할 수도 있다(그림 14.3). 건축자재와 같은 고체는 플라스틱 백에 대표적인 부분을 담아 채취할 수 있으며 표본채취기(corer)라는 시료채취기를 사용하여 핵심부분을 채취할 수도 있다. 공기의 용적시료는 약간 더 복잡하며 특별한 플라스틱 공기 시료채취 백에 연결한 저용량 또는 고용량 공기채취 펌프를 사용하여 채취한다. 채취되는 공기는 백으로 들어가며 공기 시료채취 가스통이라 불리는 작고 견고한 스테인리스 실린더로 채취공기를 압축시킬 수 있다.

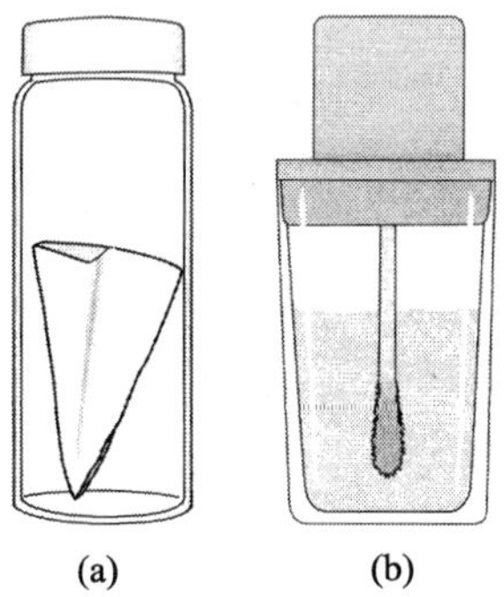

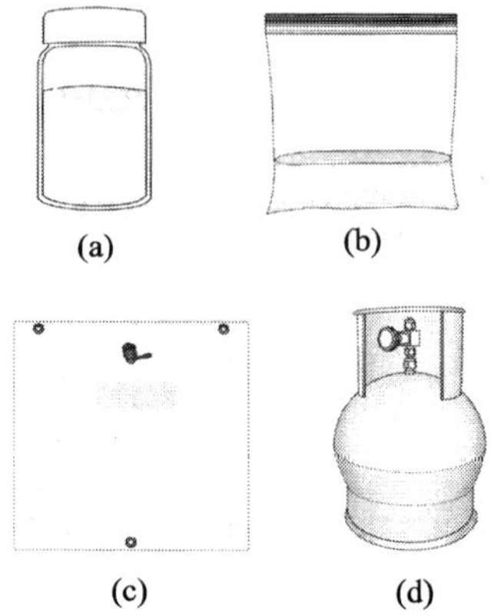

그림 14.1 표면 시료채취용 시료채취 기구 (a) 와이프(Wipe) 시료채취용 유리바이알, (b) 스왑(Swab) 시료채취용 용기

그림 14.2 (a) 액체 또는 고체시료용 고형 용기, (b) 액체 또는 고체시료용 비고형 밀봉 가능한 플라스틱백, (c) 가스상 화학물질용 플라스틱 공기 시료채취백, (d) 가스상 화학물질 공기 시료채취용 스테인리스 스틸로 구성된 벌크시료채취용 용기

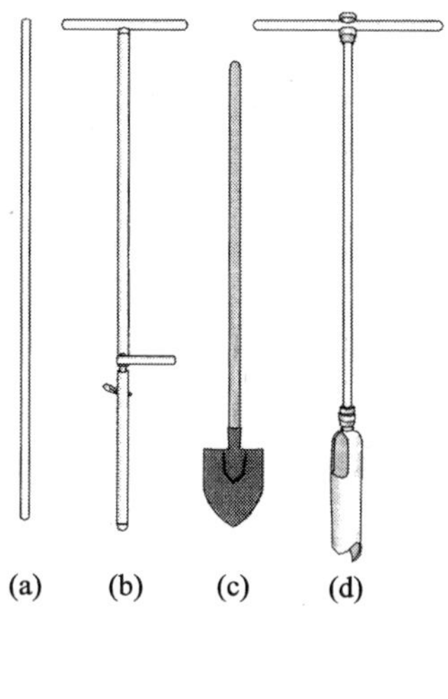

그림 14.3 (a) 물과 기타 액체 시료채취용 중공 유리관, (b) 토양 시료채취용 표본채취기, (c) 고체 시료채취용 삽, (d) 고체 시료채취용 굴착용 송곳으로 구성된 벌크시료채취용 장비

14.3 분석

표면시료와 벌크시료의 분석은 검출하고 측정할 오염물질의 형태에 따라 다르다. 종이 여지를 사용하여 금속을 채취한 와이프 시료는 원자흡광도계, ICP 분광광도계를 이용하여 분석한다(제7장 참조). 유리섬유 여지를 사용하여 표면 유기물을 채취한 시료와 채취백을 이용하여 채취한 공기 중 유기물은 가스크로마토그래피(GC)와 같은 방법으로 분석한다(제9장 참조). 살균솜을 사용하여 채취한 미생물 스왑 시료는 항온 상태에서 영양배지에 배양하여 군집수를 센다. 금속, 유기물, 미생물을 채취한 액체, 고체, 기체의 용적시료는 앞에서 분류된 방법으로 분석한다(제15장 참조). UV/Vis 흡광광도계를 사용하여 어떤 액체시료의 일부 유기물을 분석할 수도 있다(제10장 참조). 석면을 채취한 건축자제의 벌크시료를 분석하는데 일반적으로 편광현미경을 사용한다. 결정질 실리카를 채취한 분말용적시료를 분석할 때는 보통 X-선 회절기를 사용한다.

14.4 연습 1

14.4.1 개요

종이 여지를 사용한 와이프시료채취를 이용해 납먼지의 표면오염물의 시료채취에 대한 기초개념을 제공한 것이다. 원자흡광도계를 이용한 분석방법은 제7장을 참고한다. 적절한 기구를 준비했거나 채취방법 단계를 마쳤을 때 □에 √ 표시를 한다.

14.4.2 기구

(1) 표면오염물질의 채취

□ 깨끗하고 번호가 매겨진 뚜껑이 있는 병
□ 종이 여지
□ 증류수
□ 일회용 고무장갑
□ 현장 측정 자료 결과보고서(그림 14.4)

현장 측정 결과보고서
(표면 및 벌크시료채취)

설비명칭 및 장소 : ____________________

측정수행자 : ____________________

측정날짜 : __________

측정기기(모델명 및 제조회사) 및 공급처 : ____________________

지역명칭	시료번호	와이프, 스왑, 벌크시료 형태	예상오염물질

현장노트(비고) :

그림 14.4 표면 및 벌크시료채취용 현장 측정자료 결과보고서

14.4.3 방법

(1) 표면오염물의 시료채취

☐ 일회용 고무장갑을 끼고 깨끗하고 번호가 매겨진 뚜껑이 있는 병에 새 필터를 접어서 넣는다. 필터를 넣은 유리바이알을 여러 개 준비한다.

☐ 납먼지로 오염될 가능성이 있는 곳에서 표면채취를 하고 그렇지 않으면 유사한 채취방법을 사용한다.
☐ 채취준비가 됐을 때 깨끗한지를 확인하고 일회용 장갑을 착용한다.
☐ 번호가 매겨진 유리바이알을 열고 여지를 펼쳐 빼낸다.
☐ 증류수로 필터를 적신다.
☐ 100 cm^2 정도의 표면적을 닦는다.
☐ 닦은 필터의 면을 안쪽으로 접어 유리바이알에 거꾸로 넣는다.
☐ 채취한 시설명, 장소, 위치를 기록하여 현장 시료채취자료 결과보고서를 완성한다.
☐ 분석을 위하여 실험실로 시료를 보낸다.
☐ 같은 방법으로 다루어진 공필터를 최소한 하나 준비하여 채취는 하지 말고 각 채취지역에 놔두어야 한다.

14.5 연습 2

14.5.1 개요

이 실습은 액체용적 시료채취(bulk sampling) 기술을 이용한 용제의 유기성분에 의한 오염원 오염물의 측정수행에 대한 기초개념을 제공한다. 가스크로마토그래피의 분석방법은 9장을 참고한다. 적당한 기구를 준비했거나 채취방법 단계를 마쳤을 때 ☐에 √ 표시를 한다.

14.5.2 기구

(1) 액체 유기용제의 벌크시료채취

☐ 깨끗하고 번호가 매겨진 마개가 있는 병
☐ 속이 빈 유리관
☐ 피펫 휠러
☐ 적당한 안경과 불투과성 고무장갑
☐ 현장 시료채취자료 결과보고서

14.5.3 방법

(1) 액체 유기용제의 벌크시료채취

□ 알려진 산업용 용제를 담을 200 L통에서 액체시료를 채취하도록 승인을 받거나 물로 가득 찬 깨끗한 통을 사용하여 모의 용제 시료채취방법을 사용한다.

□ 시작할 준비가 됐을 때 안경과 불투과성 장갑을 착용한다.

□ 유리관의 위쪽에 피펫휠러를 끼운다.

□ 피펫휠러가 원상태로 복원된 뒤 통에서 천천히 유리관을 뺀다.

□ 시료채취병에 유리관의 끝을 넣고 피펫휠러를 눌러 병에 액체시료를 넣는다.

□ 병마개를 닫는다.

□ 채취한 시설명, 위치, 지역을 적어 현장 시료채취자료 결과보고서를 작성한다.

□ 시료를 실험실에 보내 일반 또는 특정 유기화합물을 분석한다.

CHAPTER

15

공기 중 바이오에어로졸의 평가

충돌판과 영양배지를 포함한 공기 시료 채취펌프를 사용한 누적 지역 측정

CHAPTER

15 공기 중 바이오에어로졸의 평가

학습목표 제15장의 학습목표를 달성하기 위해서는 학습자가 내용을 충분히 읽고 이 장과 관련된 자료를 연구하는 자세가 필요하다.

- 공기 중 바이오에어로졸의 누적 측정수행을 위하여 사용된 특정 시료채취 매체를 포함한 시료채취장치 구성의 명칭, 확인, 조립 등
- 고용량 공기시료채취 펌프의 유량측정용 1차 기준장치를 사용한 적용 보정장치의 명칭, 확인, 조립 등
- 수동식 또는 전자식 무마찰 거품관 유량측정기 사용시 적용 시료채취 매체를 직렬로 연결한 고용량 공기 시료채취펌프의 보정
- 공기 중 바이오에어로졸의 시료채취 원리 요약
- 공기 중 바이오에어로졸의 누적 시료채취의 수행
- 배양을 이용하여 채취된 생물학적 요인의 분석시료의 준비
- 공기 중 바이오에어로졸의 채취를 위하여 사용된 배양액(agar)의 시료분석 원리를 요약
- 바이오에어로졸용 시료의 분석을 수행
- 적용한 공기시료채취 펌프의 채취 전·후 시료채취 유량, 공기시료채취 펌프의 평균유량, 채취된 공기체적, 계수된 집락균(colonies)의 개수, 바이오에어로졸 농도(CFU/m^3)의 계산 및 단위환산의 수행
- 적용한 보정, 시료채취, 보정된 분석자료, 현장 시료채취 및 실험실분석 결과보고서의 기록

15.1 개요

바이오에어로졸은 보이거나 살아있는 입자의 덩어리를 말하며 박테리아, 방선균, 진균류, 원생동물이 속한다. 비록 공기 중 생물체에 대한 노출허용한계는 없지만 일반적 권장치와 배경지역의 농도와 비교하기 위해서 바이오에어로졸로써 존재 및 검출 가능성에 대하여 측정을 수

행하기도 한다. 그런 생물체는 거의 공기 중 미스트, 스프레이, 또는 먼지와 결합되어 있고 역시 입자의 크기에 따라 비호흡성 먼지와 호흡성 먼지로 나뉜다.

공기 중 바이오에어로졸은 여과법과 임핀저법 외에 여러 방법으로 채취될 수 있다. 비교적 정확한 방법은 충돌판이라 불리는 특별한 체와 같은 장치를 이용한 방법이다(그림 15.1). 생물체의 존재를 밝히기 위해서는 눈으로 보고 계수할 수 있는 크기의 집락으로 성장하는데 필요한 영양분을 함유하고 있는 영양배지라 불리 우는 매체에 채취된다. 생물체가 처음에 체에 의하여 입자 크기대로 분류된 후, 반고체배지에 충돌 후 성장, 검출, 측정되게 하기 위하여 측정되는 동안 충돌판 내에 배양접시를 둔다.

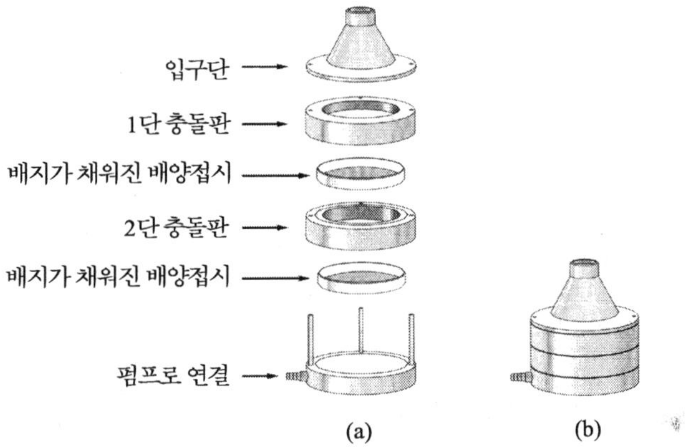

그림 15.1 배지가 들어 있는 배양접시가 있는 2단 충돌판 (a) 전개도, (b) 조립도 [상층단 또는 1단에 뚫려 있는 직경이 하층단 또는 2단의 직경보다 더 크다.]

15.1.1 바이오에어로졸의 성장매체

배지는 박테리아와 진균(곰팡이) 같은 수많은 미생물체를 성장시키는 매체역할을 한다. 보통 사용되는 두 가지 매체는 박테리아 성장매체인 TSA(trypticase soy agar)이고 진균류 성장매체인 MEA(malt extract agar) 또는 PDA(potato dextrose agar)이다.

다른 생물체나 특정 생물체에 대하여 더 선택적인 측정을 하기 위해서 특정 종류의 배지를 사용할 수 있다.

배양접시는 실험실에서 미리 준비하거나 제조회사에서 판매하는 것을 사용한다. 만약 실험실에서 준비하려면 건조 매체, 탈이온수, 살균배양접시를 준비하여야 한다. 플라스틱 배양접시는 직경 100 mm와 깊이 15 mm를 사용한다. 유리 배양접시는 깨질 위험성과 깊이가 너무 깊어 단 사이에 충돌판으로 적합하지 않기 때문에 사용하지 말아야 한다. 다음 단계를 밟아 기구를 준비한다.

- 시료채취에 필요한 배양접시의 수를 결정한다(2단 충돌판을 사용할 경우 시료당 2개+현장 바탕시료용 2개+보정용 2개).
- 접시당 17~20 mL의 배지를 준비한다.
- 배지 준비는 제조사의 설명을 따른다.
- 보통 121℃에서 15분 동안 스팀 살균기로 배지를 살균한다.
- 60℃까지 살균된 배지를 식힌다(수욕조에서도 가능).
- 각 배양접시에 약 17~20 mL의 배지를 넣고 움직이지 말고 굳힌다.

배지 표면은 물기가 없도록 하고 배양접시는 24시간 전에 미리 준비한다. 준비된 배양접시는 몇 주간 동안 플라스틱 선반에 보관이 가능하다. 상업적으로 판매하는 배양접시를 사용하여도 가능하다.

15.2 시료채취

채취매체의 준비도 충돌판을 이용한 측정에 속한다. 이 경우에 배양접시 내 영양배지는 충돌판 내에 놓여진다. 이용 가능한 충돌판의 형태는 여러 가지다. 보통 충돌판은 1단, 2단 또는 6단으로 구성된다. 배지로 채워진 배양판은 충돌과 바이오에어로졸의 채취가 가능하도록 각 단 내에 놓여진다.

단단 충돌판은 호흡성 입자와 비호흡성 입자의 크기를 분리할 수 없는 반면 이단 충돌판은 호흡성 입자를 비호흡성 입자로부터 분리할 수 있다. 6단 충돌판은 입자크기에 따른, 보다 더 분명한 분리를 할 수 있다. 단수와는 관계없이 고용량 펌프는 공기시료를 채취하는데 필요하다. 보통 사용되는 공기채취장치는 내부직경이 6.35 mm 또는 12.7 mm 고압 유연호스로 연결된 충돌판과 공기 채취펌프로 구성된다(그림 15.2). 일반적인 채취장치의 유량은 28.3 L/min(1 ft^3/min)이다. 어떠한 채취방법을 사용하더라도 최소한 0.1 m^3의 공기를 채취하여야 한다. 다단 충돌판은 사용하기 전과 사용 중에 각 단의 시료 간에 교차오염이 발생하는 것을 최소화하기위해 화학소독제를 사용하거나 살균기를 사용하여 살균해야 한다. 간단한 시료채취방법은 다음과 같다.

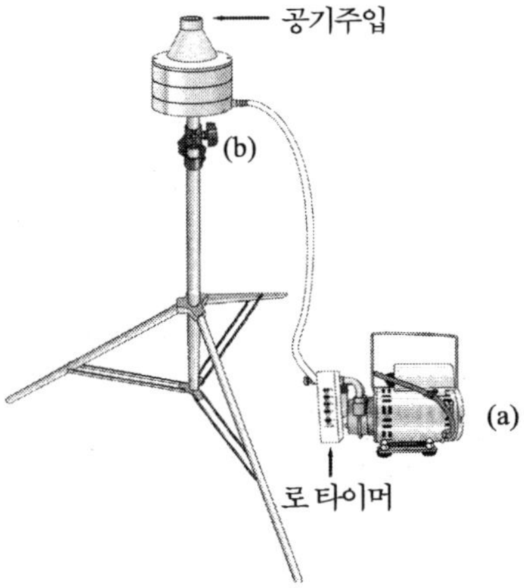

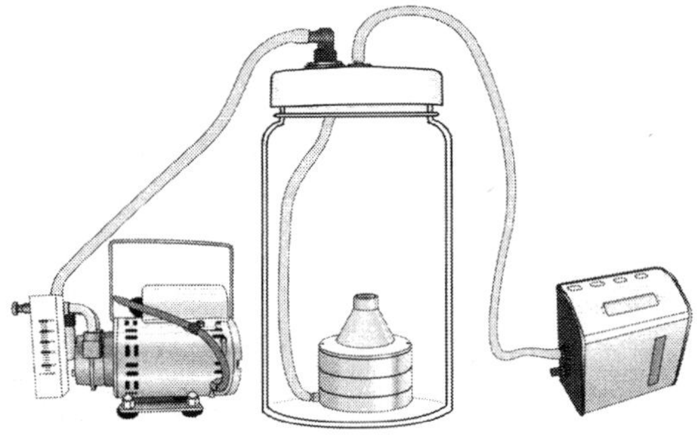

그림 15.2 바이오에어로졸용 시료채취장치 (a) 초고용량 진공펌프, (b) 2단 충돌판
그림 15.3 바이오에어로졸용 보정장치 (a) 초고용량 진공펌프, (b) 2단 충돌판, (c) 보정병, (d) 고용량 전자식 무마찰 거품관

15.2.1 보정

- 초고용량 공기 시료채취펌프는 보정 전, 후에 30 L/min 용량을 지닌 보정기를 사용하여 유량을 조정하거나 구한다. 초고용량 펌프는 제조회사에서 보정한 로터미터가 있다. 또한 유량은 그림 15.3에 나타난 전자식 거품관 또는 건조관 형태의 보정기를 사용하여 점검하고 보정한다.
- 채취 전 유량(Q_{pre})과 채취 후 유량(Q_{post})은 거품관의 30 L부피(V, L)를 통과시킨 3번 검사($\Sigma T_{1,\ 2,\ 3}/3$)의 평균시간(T_{avg}, min)을 측정하여 구한다.

$$Q(\mathrm{L/min}) = \frac{V(\mathrm{L})}{T_{avg}(\mathrm{min})} \tag{15.1}$$

- 평균유량(Q_{avg})은 채취 전 유량(Q_{pre})과 채취 후 유량(Q_{post})으로 구한다.

$$Q_{avg} = \frac{Q_{pre} + Q_{post}}{2} \tag{15.2}$$

- 2단 또는 6단 충돌판을 사용하여 바이오에어로졸을 채취하기 위한 일반적인 유량은 28.3 L/min(1 ft^3/min)이다.

15.2.2 측정의 준비

- 살균된 배양접시와 배지에 번호를 붙이고 소독된 충돌판에 넣는다.
- 초고용량 펌프, 내경 6.35 mm 또는 12.7 mm 고압 유연호스, 배지가 채워진 배양판을 포함한 충돌판을 조립하여 채취장치를 완성한다.

15.2.3 측정수행

- 펌프를 켜고 시작시간을 적는다.
- 특정시간 경과 후 펌프를 끄고 종료시간을 적는다.
- 충돌판에서 배양접시를 떼어 커버로 덮고 분석실로 가지고 가서 배양시키고 분석한다.

15.3 분석

분석에는 미생물군집이 검출되고 측정가능 하도록 성장시키는 예비 배양기간이 포함된다(그림 15.4). 필요한 배양시간, 온도, 습도, 광도는 채취한 생물체의 종류에 따라 다양하므로 분석시에 선택한다. 위에서 기술되었던 적절한 배양기간이 지난 후 배양접시는 관찰가능하고 계수할 수 있는 집락을 관찰한다. 그 접시를 확대렌즈와 조명판이 있는 집락계수판에 올려놓아 검출하고 계수한다.

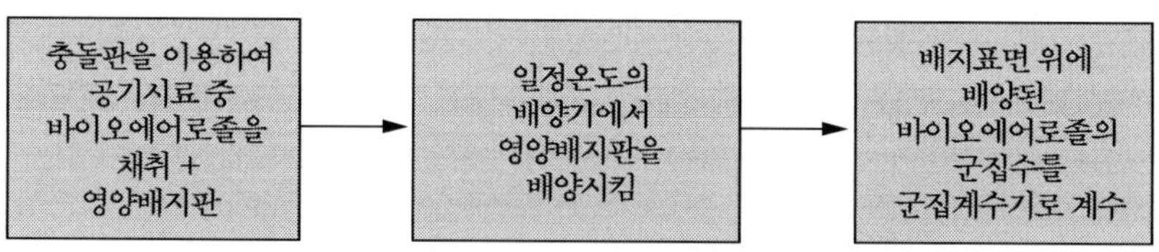

그림 15.4 바이오에어로졸 시료채취 및 분석단계

15.3.1 바이오에어로졸 농도의 계산

- 채취 시 기간(T, min)과 채취유량(Q, L/min)을 곱하고 L를 m^3으로 변환하여 채취부피를 구한다.

$$\text{공기의 부피}(m^3) = T(\text{min}) \times Q_{avg}(L/\text{min}) \times \frac{1\ m^3}{10^3\ L} \tag{15.3}$$

- 바이오에어로졸의 농도는 군집수를 채취공기의 부피로 나누어 구한다. 농도는 공기 m^3당 형성된 군집수(CFU/m^3)로 표현한다.

$$\text{바이오에어로졸의 농도}(CFU/m^3) = \frac{\text{군집수}(Colonies)}{\text{채취공기의 부피}(m^3)} \tag{15.4}$$

15.4 실습

15.4.1 개요

이 실습은 충돌판과 배지성장 매체를 사용하여 바이오에어로졸을 누적 측정하는 기초적 개념을 제공하기 위한 것이다. 또한 배양과 집락계수기를 이용한 분석방법을 소개한다. 이 실습은 공기 중 박테리아의 채취와 분석에 초점을 둔다. 적절한 기구를 준비했거나 채취와 분석방법 단계를 마쳤을 때 □에 √ 표시를 한다.

15.4.2 기구

(1) 공기시료채취 펌프의 보정

- □ 초고용량 공기시료채취 펌프
- □ 배지로 채워진 배양접시를 포함한 2단 충돌판으로 구성된 채취매체
- □ 직경 6.35 mm 또는 12.7 mm 길이 60 cm의 고압 유연호스 1개
- □ 4 L 유리 보정병
- □ 고용량(30 L) 전자식 무마찰 거품관 보정기
- □ 보정자료 결과보고서(그림 15.5)

(2) 바이오에어로졸의 시료채취

- □ 초고용량 공기채취 펌프
- □ 직경 6.35 mm 또는 12.7 mm 길이 60 cm의 고압 유연호스 1개
- □ 2단 충돌판
- □ 17~20 mL 멸균된 트립티카제 배지(TSA)를 포함한 배양접시 2개
- □ 현장 시료채취자료 결과보고서(그림 15.6)

보정자료 결과보고서
(저용량, 고용량, 다용량 공기시료채취 펌프)

보정장소 : ____________________

보정수행자 : ____________________ 보정날짜 : ______________

보정기기 : ________________________________
(모델명 및 제조회사)

공기시료채취 펌프 : ____________________________
(모델명 및 제조회사)

채취매체 : ______________ 보정부피 : ______________cc

기온 : __________℃ 기압 : ______mmHg 상대습도 : ________%

펌프 번호	시료채취 전 보정유량(Q_{pre})					시료채취 후 보정유량(Q_{post})					평균 유량
	시간(초)				Q_{pre}/min	시간(초)				Q_{post}/min	Q_{avg}/min
	T_1	T_2	T_3	T_{avg}		T_1	T_2	T_3	T_{avg}		

보정 시 주의사항 :

그림 15.5 고용량 진공 공기 시료채취펌프용 보정자료 결과보고서

현장 측정 자료 결과보고서
(바이오에어로졸의 누적 측정)

설비명 및 장소 : ______________________ 채취오염물질 : □ 박테리아 ________
□ 진균류 ________

측정수행자 : ______________________

채취매체 : ______________________ 측정날짜 : ______________

방법(발생원/번호/명칭) : ______________________

측정기기(모델명 및 제조회사) : ______________________

기온 : ________℃ 기압 : ________mmHg 상대습도 : ______%

개인 및 지역명칭	현장 시료	펌프 번호	시료채취 전 보정유량	시료채취 후 보정유량	평균유량 (Q)	시료채취 시작시간	시료채취 마감시간	총 시료채취 시간(T)	시료채취 시 공기체적 (Vol)

현장노트(비고) :

그림 15.6 바이오에어로졸용 현장 측정자료 결과보고서

(3) 바이오에어로졸의 분석

□ 배양기

□ 집락계수기

□ 실험실 분석자료 결과보고서(그림 15.7)

실험실 분석자료보고서
(군집수 측정용 바이오에어로졸의 분석)

모니터한 설비명칭 및 장소 : ______________________ 채취오염물질 : ____________

측정수행자 : ____________________________ 측정날짜 : ____________

실험실명칭 및 장소 : ____________________________ 분석오염물질 : ____________

영양배지 채취매체(형태 및 제조사) : ____________________

집락계수기(모델명 및 제조회사) : ____________________

기온 : ________℃ 기압 : ________mmHg 상대습도 : ______%

실험실 시료번호	현장 시료번호	배양 온도 (℃)	배양 시간 (Hours)	군집수 (CFUs)	평균유량 (Q) (L/min)	총 시료채취 시간 (T) (min)	채취체적 (m^3)	농도 (CFU/m^3)

현장노트(비고) :

그림 15.7 바이오에어로졸 분석용 실험실 분석자료 결과보고서

15.4.3 방법

(1) 시료채취 전 공기 시료채취펌프의 보정

□ 교류전원에 플러그를 꽂고 'ON'시킨 후 보정하기 전 5분 동안 가동시킨다.

□ 이름, 지역, 날짜, 기온, 기압, 펌프제조사와 모델명, 보정장치, 3번의 보정시간, 채취 전과 후의 보정치의 평균 유량을 적어 보정자료 결과보고서를 완성한다.

□ 공기 시료채취펌프를 보정할 동안 사용할 채취매체를 구한다. 이 채취매체는 배지로 채워진 2개의 배양접시를 포함한 2단 충돌판으로 구성되어 있어야 한다.

□ 유연호스를 보정병의 안쪽과 2단 충돌판의 유연호스 연결 부위에 연결시킨다.

□ 보정병에 충돌판을 올려놓고 뚜껑을 닫는다. 외기의 누입을 줄이기 위해 뚜껑 둘레에 플라스틱 테이프를 감는다.

□ 유연호스의 끝을 공기 시료채취펌프에 연결시킨다.

□ 유연호스의 또 다른 끝을 보정병 뚜껑의 연결부위에 연결하여 충돌판과 연결시키고 이 연결관이 유연호스를 통하여 시료채취펌프와 연결되도록 한다.

□ 보정병의 뚜껑에 있는 두 번째 유연호스의 끝을 연결시킨다.

□ 남은 유연호스의 끝을 전자식 무마찰 거품관에 연결시켜 보정기구를 완성한다.

□ 비누방울을 보정기구에 흡인시켜 비누막(거품)을 형성시킨다.

□ 비누방울이 30 L를 이동하는데 걸린 시간(T, 초)을 기록한다.

□ 유량이 28.3 L/min가 아니라면 펌프를 조절하고 그 유량이 될 때까지 한다.

□ 유량이 28.3 L/min가 되었다면 두세 번 반복하여 평균 시료채취 전 유량을 구한다.

□ 보정장치에서 펌프를 떼어 펌프를 끄면 시료채취 준비가 완성된다.

(2) 공기 중 바이오에어로졸의 시료채취

> 주의 : 다음은 박테리아의 채취조건을 나타낸다.
> 배양실 온도는 22~24℃, 배양시간은 최소한 5~7일로 한다.

□ 공기 중 박테리아가 검출가능하고 측정가능한 곳에서 승인을 받고 시료채취를 수행한다. 아니면 모의 시료채취를 하기위해 나중의 분석을 하기위한 대표적인 박테리아가 있는 시료를 구한다.

□ 현장시료채취 결과보고서에 이름, 지역, 채취대상인 사람이나 지역, 날짜, 기온, 기압, 상대습도, 분석물질(예 : 박테리아), 공기 시료채취펌프 제조사와 모델명, 펌프번호, 채취매체, 시료번호, 유량, 채취 시작과 종료시간, 채취시간, 채취공기 유량을 기

록한다.

- □ 덮개를 치우고 소독된 충돌기의 각 단에 반고체 배지가 있는 배양접시를 놓아 조립하고 유연호스를 연결시킨다.
- □ 전원을 꽂고 펌프를 켠다. 유연호스와 시료채취 매체를 연결시키기 전에 1~2분 동안 가동시킨다.
- □ 시료를 채취할 장소에 펌프를 놓고 고정시킨다.
- □ 펌프에 유연호스를 연결하고 시료채취 매체를 고정시킨다.
- □ 시료번호와 시작시간을 기록하고 최소한 10~20분 동안 놓아둔다.
- □ 적절한 채취시간이 경과한 후 펌프를 끄고 종료시간을 적고 채취시간(T, min)을 계산한다.
- □ 충돌판에서 배양접시를 떼고 뚜껑을 덮은 후, 배양과 분석을 하기 위해 시료를 분석실로 가지고 간다.

(3) 공기 시료채취펌프의 채취 후 보정

- □ 펌프의 유량조절만 빼고 방법 (1)에 요약된 단계를 반복한다.
- □ 채취 후 유량(Q_{post})은 채취 전 유량(Q_{pre})의 ±5% 내에 들어가야 한다.
- □ 채취 전·후 유량의 평균을 구해 평균채취유량(Q_{avg})을 구한다. 평균유량은 L/min으로 표현한다.

(4) 바이오에어로졸의 분석

- □ 배양접시를 뒤집어 35℃로 48시간 동안 항온시킨다.
- □ 집락계수기에 배양접시를 놓고 군집수를 센다.
- □ 비호흡성 입자와 호흡성 입자 각각의 구성비를 계산하고 CFU/m^3으로 표현한다.
- □ 이름, 지역, 날짜, 기온, 기압, 펌프와 충돌기 제조사와 모델명, 분석물질(박테리아), 항온조건, 채취매체와 성장매체, 시료번호, 채취공기유량, 농도를 기록하여 실험실 분석 자료 결과보고서를 완성한다.

15.5 연습문제

예제 15.1 바이오에어로졸 시료채취로 2단 충돌판 안에 위치한 2개의 배양접시에 TSA 배지를 사용하여 박테리아를 채취하였다. 시료채취전 유량은 28.3 L/min이었고 채취 후 유량은 28.5 L/min(Q)이었다. 시료는 10분(T, min) 동안 시행하였다. 공기의 부피는 각 위치에서 얼마인가?

풀이_ $V(L) = \left(\frac{28.3\ L/min + 28.5\ L/min}{2}\right) \times 10\ min$

$= 284\ L$

예제 15.2 예제 15.1의 조건으로 시료채취를 행하여 배양하고 충돌판에 형성된 군집수를 계수하였다. 한 지역에서 채취된 시료는 상층단(비호흡성)의 배지 위에 15군집이 형성되었고 하층단(호흡성)의 배지 위에 19군집이 형성되었다. 현장 배양접시에는 군집이 성장하지 않았다. (a) 비호흡성 박테리아의 농도, (b) 호흡성 박테리아의 농도, (c) 총 박테리아의 농도는 몇 CFU/m³인가?

풀이_ (a) 비호흡성 박테리아 농도$(CFU/m^3) = \frac{15\ CFU}{284\ L} \times \frac{1000\ L}{m^3}$

$= 53\ CFU/m^3$

(b) 비호흡성 박테리아 농도$(CFU/m^3) = \frac{19\ CFU}{284\ L} \times \frac{1000\ L}{m^3}$

$= 67\ CFU/m^3$

(c) 비호흡성 박테리아 농도$(CFU/m^3) = 53\ CFU/m^3 + 67\ CFU/m^3$

$= 120\ CFU/m^3$

CHAPTER

16

공기 중 소음의 평가

소음계와 주파수 분석기(옥타브밴드 분석기)를 이용한 순간 지역 측정

CHAPTER

16 공기 중 소음의 평가

학습목표 제16장의 학습목표를 달성하기 위해서는 학습자가 내용을 충분히 읽고 이 장과 관련된 자료를 연구하는 자세가 필요하다.

- 공기 중 소음레벨의 측정을 위하여 사용된 일반적인 기기의 명칭과 확인
- 소음계(SLM, sound level meter) 보정용 전자식 보정기기 적용장치의 명칭, 확인, 조립
- 전자식 보정기기를 사용한 소음레벨측정기의 보정
- SLM과 SLM-OBA를 사용한 공기 중 소음레벨 측정의 원리를 요약
- SLM과 SLM-OBA를 사용한 공기 중 소음레벨의 순간 측정의 수행
- 보정 및 현장 측정자료 결과보고서를 이용하여 적용한 보정 및 시료채취 자료의 기록

16.1 개요

소음은 소음원에서부터 구형의 형태로 전파된다. 만약 소음측정이 자유공간 하에서 소음원에서부터 고정된 거리에서 진행된다면 음압레벨은 동일할 것이다. 더욱이 소음원에서부터의 거리가 멀어질수록 음압은 낮아진다. 음압은 거리의 제곱에 반비례하며 소음기의 dB로 측정되는 소음의 세기 역시 이에 따라 감소한다. 예를 들어, 소음원에서 x 거리 떨어진 곳에서 소음기로 측정되는 음압이 약 100 dB일 때 거리가 $2x$로 증가하면 그에 해당하는 음압의 감소가 관찰된다. 즉, 60 cm 거리에서 100 dB의 음압이 측정되면 120 cm의 거리에서는 약 94 dB의 음압이 측정된다. 만약 자유음장의 방해소음이 없는 장소에서 소음측정이 이루어진다면 이상적으로는 거리가 2배가 되면 음압은 6 dB의 감소를 보이지만 이러한 변화는 이상적인 조건 하에서만 이루어진다.

작업은 이상적인 조건 하에서 이루어지는 경우가 거의 없기 때문에 실제상황에서는 음압의 변화는 자유공간 하의 측정에서 2배의 거리의 변화는 4~6 dB의 변화를 가져올 것이다.

거리가 2배가 되었을 때 음압의 변화가 4~6 dB로 일어나지 않는다는 것은 소음이 자유공간 하의 소음이 아니라는 것을 시사한다. 어떠한 위치에서 음압의 증폭이나 굴절/흡수 등을 유발시키는 것을 외부효과라고 하는데 이는 반드시 결정되어야 한다. 자유공간이라는 것은 소음원이 장벽이나 간섭이 없이 개방된 장소에 있는 것을 의미한다. 이상적인 자유장의 예로는 높은 장대에 설치된 사이렌을 들 수 있을 것이다. 천장, 바닥, 벽, 부착된 기구, 다양한 소음원들은 음압을 분산, 흡수, 증폭, 감소시키는 역할을 한다.

동시에 장벽은 음압의 수준이 거리의 제곱에 반비례하는 규칙 역시 적용되지 못하게 한다. 음압이나 소음의 차이는 그 설비 내의 음압차이에 대한 구조와 내용의 영향을 결정한 후에 유출되어져야 한다.

16.2 측정

소음계(SLM, sound level meter)와 주파수분석기(OBA, octave band analyzer)는 사업장에서 소음에 관련된 문제를 평가하기 위하여 흔히 사용되는 소음측정기의 두 가지 종류이다. SLM은 환경소음에 의한 음압의 변화를 감시하기 위한 것이고, 주파수분석기는 옥타브 대의 음압을 측정하기 위한 특수한 형태의 SLM으로 주파수분석 소음계라고도 불린다. 실질적으로 주파수분석기는 SLM에 전자필터가 부착되어 있는 것이다. 상업적으로 다양한 SLM과 OBAs가 있다. 이러한 기구들은 작업환경에서 소음과 관련된 문제가 있는지를 알아보거나 소음의 수준을 평가하기 위하여 사용된다. SLM은 ① 마이크로폰, ② 계기, ③ OBA를 위한 접속기의 주요한 3가지 구성을 가지고 있다(그림 16.1).

비록 개별 소음기들이 약간씩의 차이를 가지고 있기는 하지만 모두 하나 혹은 그 이상의 주파수 대역에 해당하는 소음측정 특성을 가지고 있다. 통상적인 3가지 특성은 A, B, C라고 표기된다. A특성은 사람의 회화영역에 가까운 20~2000 Hz의 주파수로 구성되어 있기 때문에 소음 측정에서는 필수적이다. B특성은 소리의 연구활동에 주로 쓰이며, C특성은 공학과 유지보수 활동에 주로 사용된다.

상업적으로 사용되는 SLM은 정확도에 따라 4가지의 종류가 있다. '0'타입은 ±0 dB의 정확도를 가지고 있기 때문에 가장 정확한 형태이며 실험연구의 목적으로 사용된다. '1'타입은 ±1 dB의 정확도를 가지고 있으며 극도로 정밀한 현장과 실험실의 측정을 위하여 사용된다. '2'타입의 SLM은 ±2 dB의 정확도를 가지고 있으며 일반적인 용도로 사용된다. 때문에 '2'

타입 혹은 그 이상의 A특성 SLM이 산업장에서의 소음을 평가하기 위하여 의무적으로 사용되어진다. SLM의 마지막 타입은 'S' 또는 '특수목적'이며, 이것은 이전의 '3'타입과 동일하게 '1'타입의 SLM과 유사한 허용한계를 갖도록 설계되었다. 'S'타입의 SLM이 '1'타입과 다른 것은 위에서 열거한 모든 기능을 다 가질 필요가 없다는 것이다.

주파수분석기가 없는 SLM은 상대적으로 넓은 주파수 영역을 가지고 있는 특성(A, B, C, D)으로 조정될 수 있는 반면에 SLM/OBA는 상대적으로 좁은 주파수 영역을 나타내도록 맞춰져 있다. 특정 중앙 주파수대역은 31.5, 63, 125, 250, 500, 1000, 2000, 4000, 8000, 16000 Hz이다. 각각의 중앙 주파수대역은 개별 주파수의 영역이나 대역을 나타낸다. SLM은 소음발생기나 특정주파수를 갖는 보정기를 이용하여 보정된다. 이러한 기구들은 단순히 마이크로폰 앞에 위치한 후 기기를 알려진 주파수에 맞도록 보정하면 된다(그림 16.2). 현장조사를 수행할 때는 SLM을 적정하게 고정시키는 것이 중요하다.

SLM을 고정시키는 적절한 위치는 사용되어지는 기기에 의한다. 예를 들면, 어떠한 기기는 장치가 몸체와 떨어져서 소음원과 90°의 각도를 유지하도록 하는 것도 있고 어떤 것은 70°를 유지하도록 되어있는 것도 있다.

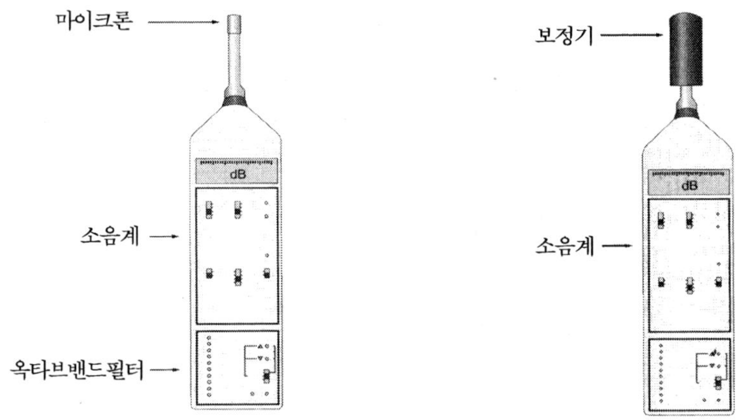

그림 16.1(좌) OBA가 있는 SLM
그림 16.2(우) 음향 보정기에 의한 SLM-OBA의 보정

16.3 소음기울기와 등음선

측정이 수행되는 장소에서 소음원을 둘러싸고 일반적인 음압과 모든 소음원의 위치를 표시한 지도를 작성하는 것이 좋다. 소음 기울기는 소음원을 둘러싸고 음압으로 순위 지워진 대역(band)을 그림으로 표시한 것이다. 소음 기울기를 평가하는데 에는 그 지역의 축도가 사용된다. 소음원 주위의 여러 곳에서 음압을 측정한다. 축도에는 그 구역의 모든 주위와 함께 소음의 경사를 포함한 모든 내용들이 포함된다. 의자, 책상, 기계, 선반 등이 그려진다. 이러한 작업을 위해서는 모눈종이가 사용되는 것이 좋은데 이러한 이유는 각 모눈종이의 영역은 일정한 길이를 표시할 수 있기 때문이다. 모눈종이의 한 눈금인 6.35 mm가 30 cm를 표시하도록 하여 그 구역의 주위와 모든 내용물을 척도로 표시한다. 줄자, 실내의 내용물, 기준점들을 사용하여 측정하고자 하는 구역의 다양한 위치에 음압을 측정한다. 이러한 측정이 이루어지고 척도 위에 표시가 되면 동일한 음압을 나타내는 곳끼리 연결을 한다. 이렇게 하면 자유공간 하의 소음에서 기대되는 것처럼 원형의 곡선양상이 나타나기 보다는 불규칙한 모양이 나타날 수 있다.

16.4 연습

16.4.1 개요

본 실습은 SLM-OBA를 이용하여 음압레벨의 순간 지역 측정을 수행하는데 기본적인 지식을 제공하는데 그 목적이 있다. 적절한 재료를 얻거나 채취과정을 마쳤을 경우에는 □에 √ 표시를 한다.

16.4.2 재료

(1) 보정

□ 전자식 음향 보정기

□ 드라이버(3.2 mm)

(2) 측정

☐ '2'타입 혹은 그 이상의 A특성, 또는 저반응형 SLM 또는 SLM-OBA
☐ 줄자
☐ 현장 측정 자료 결과보고서(그림 16.3)
☐ 6.35×6.35 mm 모눈종이

현장 측정 결과보고서
(음압레벨의 실시간 측정)

설비명칭 및 장소 : ______________________ 측정수행날짜 : ______

측정수행자 : ______________________

소음계(모델명 및 제조회사) : ______________________

옥타브밴드 분석기(모델명 및 제조회사) : ______________________

전자식 음향보정기(모델명 및 제조회사) : ______________________

측정 전 보정 : ______ 측정 후 보정 : _____ 기기응답(빠름/느림) : ______

기온 : _____℃ 기압 : _____mmHg 상대습도 : _____%

지역 명칭	발생원과의 거리(m)	dBA	dBL	31.5 Hz	125 Hz	250 Hz	500 Hz	1 kHz	2 kHz	4 kHz	8 kHz	16 kHz	dBL

현장노트(비고) :

그림 16.3 음의 실시간 지역 측정용 현장 측정자료 결과보고서

16.4.3 방법

(1) SLM 또는 SLM-OBA의 보정

□ 적절한 조립과 작동을 위하여 제조회사의 사용설명서를 참고한다.
□ SLM과 전자식 음향보정기의 전지를 점검한다.
□ SLM과 전자식 보정기의 전원을 켠다.
□ SLM을 전자식 음향보정기와 적절한 음압레벨로 맞춘다.
□ 보정기를 SLM의 마이크로폰 위에 놓고 필요하다면 계기를 보정기가 내는 특정한 음압레벨이 나도록 맞춘다. 조절나사를 이용하여 지시치를 조정한다.
□ 현장 측정자료 결과보고서를 기록한다.
□ SLM에서 보정기를 제거하고 음향 보정기를 전원을 끈다.
□ SLM은 측정준비가 된 것이다.

(2) SLM 또는 SLM-OBA를 이용한 소음 측정

□ 공기 중 소음이 증가되어 있거나 다양한 시료채취를 할 수 있을 만한 장소에서 측정을 시행할 수 있는 허가를 얻는다. 아니면 스테레오나 다른 소리의 발생장치를 이용하여 모의 측정을 시행한다.
□ SLM과 줄자를 이용하여 다양한 위치와 소음원에서부터의 다양한 거리에서의 소음을 측정하여 자유장에서의 결과 혹은 예측치와 흡사한지 결정한다.
□ 모눈종이를 이용하여 소음기울기 지도를 작성한다. 개구와 같은 기준점과 실내 내용물과 구조를 기준점으로 이용하여 모든 소음원을 표시한다. 가능하면 시설의 평면도를 얻는다.
□ SLM-OBA를 이용하여 다양한 위치의 특정 중앙대역 주파수를 측정하고 기록한다.
□ 현장 시료채취자료 결과보고서에 측정자의 이름, 시료채취를 시행한 시설, 위치, 일시, 기온, 상대습도, SLM, OBA, 음향보정기의 제조회사 및 모델명을 기록한다.

CHAPTER

17

공기 중 소음레벨의 평가

오디오 도시메터(Audio dosimeter)를 이용한 누적 개인 측정

CHAPTER

17 공기 중 소음레벨의 평가

학습목표 제17장의 학습목표를 달성하기 위해서는 학습자가 내용을 충분히 읽고 이 장과 관련된 자료를 연구하는 자세가 필요하다.

- 공기 중 소음레벨의 측정을 위하여 사용된 일반적인 기기의 명칭과 확인
- 오디오 도시메터(audio dosimeter) 보정용 전자식 보정기기 적용장치의 명칭, 확인, 조립
- 전자식 보정기기를 사용한 오디오 도시메터의 보정
- 오디오 도시메터를 사용한 공기 중 소음레벨 측정의 원리를 요약
- 오디오 도시메터를 사용한 공기 중 소음레벨의 순간 개인 측정의 수행
- 측정시간, 측정량, 음압레벨의 모든 적용 보정을 수행
- 보정 및 현장 측정 결과보고서를 이용하여 적용한 보정 및 시료채취 자료의 기록

17.1 개요

소음계(SLM, sound level meters)를 이용하여 순간 또는 실시간 지역 측정을 할 뿐만 아니라 오디오 도시미터(audio dosimeter)를 이용하여 작업환경을 평가하기 위한 누적 또는 연속 개인 측정이 수행된다. 측정을 한 후에 소음이 기준 측정치에 들어 있는지를 알기 위하여 계산을 해야 한다. OSHA 소음기준(29 CFR 1910.95)은 음압레벨을 평가하기 위하여 작업환경에서 측정을 측정한 기준치를 제공한다. 기준치는 허용기준의 100%에 해당하는 A특성의 연속적인 소음이다. 예를 들면, 1일당 8시간의 경우 기준치는 90 dB이고, 소음레벨이 기준치인 90 dBA에서 5 dB씩의 '이중교환률(doubling exchange rate)'이 적용된다고 할 때 근로자는 95 dBA에서 4시간, 100 dBA에서는 2시간, 105 dBA에서는 1시간의 노출이 허용된다. 노출수준에 따른 허용가능 시간은 기준소음이 90 dBA이고 이중교환률이 5일 때 식 (17.1)과 같이 계산되어진다.

$$T(h) = \frac{8h}{2^{L_a - 90/5}} \tag{17.1}$$

업종이나 위치에 따라 음압수준이 다양한 곳에서의 소음노출을 계산하기 위해서는 총 음압노출, 혹은 소음량이 결정되어져야 한다. 소음량(D)은 주어진 소음 수준에서의 실제 노출시간을 허용노출시간으로 나누어 계산한다.

$$D\,\% = \left(\frac{C_1}{T_1} + \frac{C_2}{T_2} + \cdots + \frac{C_n}{T_n}\right) \times 100 \tag{17.2}$$

만약 총 소음량이 100% 이상인 경우는 근로자가 다양한 소음원에 과다하게 노출된다고 할 수 있다. 소음량(D)을 기준으로 8시간 노출에 해당하는 등가음압레벨(L_{eq})을 결정하기 위해서는 식 (17.3)을 사용한다.

$$L_{eq} = 90 + 16.61 \log\left(\frac{D\%}{100}\right) \tag{17.3}$$

8시간 근무가 아닌 경우의 해당 노출시간(T, h)당 소음량(D) 중 등가음압레벨(L_{eq})을 결정하기 위해서는 식 (17.4)를 사용한다.

$$L_{eq} = 90 + 16.61 \log\left(\frac{D\%}{12.5\,T}\right) \tag{17.4}$$

17.2 측정

오디오 도시미터(Audio dosimeter)는 시간의 경과에 따른 누적 음압레벨과 개인의 소음노출을 측정하기 위하여 사용된다. 오디오 도시미터는 소음계와 비슷한 기기와 이에 연결되는 마이크로폰으로 구성되어 있다(그림 17.1). 검출된 소음레벨은 기억장치에 의하여 누적되고, 측정은 직접 출력장치를 통하여 이루어진다. 컴퓨터화된 출력장치도 역시 가능하다. 오디오 도시미터의 마이크로폰은 전형적으로 근로자의 쇄골부위(옷의 칼라)나 어깨 위쪽에 고정되어서 귀에서 30~45 cm(청취지역) 내에 고정된다. 이상적으로는 마이크로폰이 근로자의 귀에 연결되어져야 하지만 이러한 것은 항상 실제적이거나, 바람직하지는 않다. 기기는 근로자들의 셔츠 주머니나 허리띠에 고정된다. 오디오 도시미터는 근로자가 8시간의 작업 동안 계속 노출되는 A특성의 음압을 누적하여 총 노출이나 용량을 결정하게 된다.

오디오 도시미터에서 얻어진 누적용량을 계산하여 앞에서 제시한 공식에 대입함으로써 노출의 수준을 결정할 수 있다. 많은 소음계의 모델은 컴퓨터에 직접 연결이 가능하게 되어 있어서 측정 중에 얻어지는 다양한 결과를 출력할 수 있다.

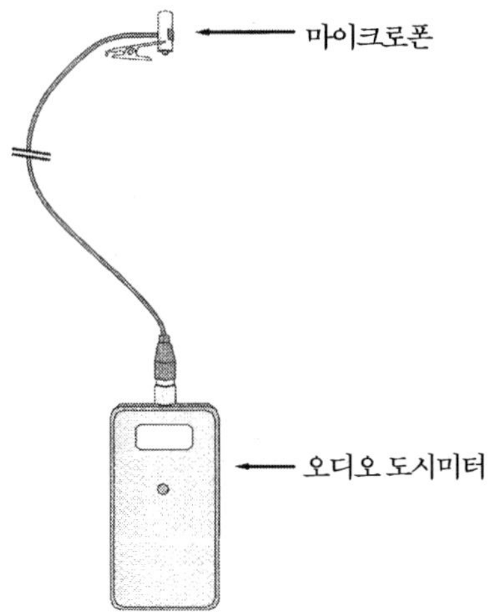

그림 17.1 오디오 도시미터

17.3 연습

17.3.1 개요

본 실습은 오디오 도시미터를 이용하여 소음의 누적 개인 측정을 수행하는데 기본적인 지식을 제공하는데 그 목적이 있다. 적절한 재료를 얻거나 채취과정을 마쳤을 경우에는 □에 √ 표시를 한다.

17.3.2 재료

(1) 보정

- □ 전자식 오디오 도시미터 보정기
- □ 드라이버(1/8 in.)

(2) 측정

- □ 오디오 도시미터
- □ 현장 측정자료 결과보고서(그림 17.2)

현장 측정자료 결과보고서
(소음레벨의 누적 측정)

설비명칭 및 장소 : ______________________ 측정수행날짜 : __________

측정수행자 : ______________________

오디오 도시미터와 보정기(모델명 및 제조회사) : __________ 방음장치 :______

기온 : ________℃ 기압 : ________mm Hg 상대습도 : ______%

개인 및 지역명칭	오디오 도시미터 번호	측정 전 보정	측정 후 보정	시료채취 시작시간	시료채취 종료시간	총 시료채취 시간 (T)	Dose (%)	음압레벨 (L_{eq}) (dBA)

현장노트(비고):

그림 17.2 소음의 누적 측정용 현장 측정자료 결과보고서

17.3.3 방법

(1) 오디오 도시미터의 보정

- ☐ 소음계와 같이 오디오 도시미터의 적절한 사용은 기기의 특성에 따라 다르다. 때문에 적절한 조립과 사용을 위하여 제조회사의 사용설명서를 참고한다.
- ☐ 오디오 도시미터와 전자식 보정기의 전지 점검한다.
- ☐ 오디오 도시미터와 전자식 보정기의 전원을 켠다.
- ☐ 마이크로폰을 보정기에 보정기가 내는 특정 소음수준을 지시할 때까지 넣는다. 보정을

위하여 보정나사를 이용한다.

□ 보정기에서 마이크로폰을 제거하고 모두 전원을 끈다.

(2) 오디오 도시미터를 이용한 시료채취

□ 소음이 있는 장소를 확인하고 근로자에게 오디오 도시미터를 연결한다. 실습을 목적으로 한 경우는 소음이 있는 장소에서 최소한 2시간 이상 오디오 도시미터를 부착시키거나 시범의 목적으로 기구의 스파이크가 생길 정도의 적절한 시간 동안 소음원 가까운 곳에 마이크로폰을 설치한다.

□ 측정결과를 읽고 자료를 기록한다.

□ 이름, 시료채취를 시행한 시설, 위치, 일시, 기온, 상대습도, 기구와 보정기의 제조회사 및 모델명을 기록해서 현장 시료채취자료 결과보고서를 완성한다.

17.4 연습문제

예제 17.1 96 dBA에서 최대노출 허용시간은 얼마인가?

풀이_ $T(h) = \dfrac{8h}{2^{(L_a - 90)/5}} = \dfrac{8h}{2^{(96-90)/5}} = 3.48h$

예제 17.2 90 dBA에서 3시간, 95 dBA에서 2시간, 100 dBA에서 3시간 노출된 소음량%(D%)는 얼마인가?

풀이_ $D\% = \left(\dfrac{C_1}{T_1} + \dfrac{C_2}{T_2} + \cdots + \dfrac{C_n}{T_n}\right) \times 100 = \left(\dfrac{3}{8} + \dfrac{2}{4} + \dfrac{3}{2}\right) \times 100$

$= 237.5\%$

예제 17.3 237.5% 소음량의 등가음압레벨(L_{eq})은 얼마인가?

풀이_ $L_{eq} = 90 + 16.61\log\left(\dfrac{D\%}{100}\right) = 90 + 16.61\log\left(\dfrac{237.5\%}{100}\right)$

$= 96$ dBA(8시간 기준)

CHAPTER

18

개인 청력 역치의 평가

오디오미터를 이용한 순간 개인 측정

CHAPTER

18 개인 청력 역치의 평가

학습목표 제18장의 학습목표를 달성하기 위해서는 학습자가 내용을 충분히 읽고 이 장과 관련된 자료를 연구하는 자세가 필요하다.

- 인간의 청력 역치의 순간 측정수행을 위하여 사용된 기기의 명칭과 확인
- 인간 청력 역치의 원리를 요약
- 오디오미터(청력측정기)를 사용한 인간 청력역치 순간 측정의 수행
- 표준 역치 이동에 관련된 적용 보정치의 실행
- 현장 측정자료 결과보고서를 이용한 모든 적용 측정자료의 기록

18.1 개요

전술한 바와 같이 소음은 '원하지 않는 소리'라고 정의될 수 있다. 소리는 고체, 액체, 기체를 통하여 전파되는 진동의 한 형태이다. 소리는 공기 중에서는 에너지 형태로 존재한다. 난청을 일으키는데 중요한 역할을 하는 소음의 세 가지 특성은 음압 혹은 세기, 주파수, 주기이다. 시끄러운 소음일수록 세기 역시 높다. 높은 주파수의 소음은 낮은 주파수의 소음보다 더 해가 크다. 오래 노출될수록 지속적인 장애를 일으킬 가능성이 높다. OSHA의 소음 기준에 따르면 청력검사는 8시간 가중평균치로 85dBA 이상의 소음에 노출된 피검자에게 제공된다.

청력검사는 알려진 특정 주파수의 순음을 들려주었을 때 피검자가 들을 수 있는 청력역치를 측정하는 것이다. 청력검사는 산업위생관리기사(산업기사)들이 일상적으로 하는 업무는 아니다. 사실 산업보건전문가들은 청력검사를 별로 신뢰감 있게 수행하지는 못한다. 원칙적으로 청력검사는 허가가 있는 청력검사자에 의해서 수행되어져야 한다. 그러나 많은 산업위생관리기사(산업기사)들은 이러한 청력검사에 친숙해져야 할 필요가 있다. 그들은 전형적으로 청력보존 프로그램을 집행하는데 관여할 책임이 있다. 물론 타당성 있고 신뢰성이 있는 자료를

모으기 위해서는 인정된 전문가가 청력검사를 시행하는 것이 좋다. 그러나 산업보건전문가들은 청력검사에 대해 자료의 해석뿐만 아니라 하는 방법에 대한 지식도 있어야 한다.

18.2 측정

청력측정기(audiometers)는 일정한 주파수와 세기를 가진 소리를 발생시키는 장치이다. 소리는 검사받을 사람에게 헤드폰을 통하여 전달된다(그림 18.1). 청력기는 양쪽의 귀가 각각 다른 소리를 들을 수 있도록 조절할 수 있다. 청력검사를 하기 위하여 다양한 청력기가 사용되고 있다. 이중 순음청력기(단계주파수)는 산업장에서 자주 사용되는 수동식 청력기이다. 주파수, 세기, 톤(tone)은 측정자가 조절한다. 이외에도 이 기구의 다른 기능들이 있지만 이러한 기능들은 다른 진단적 기능을 위하여 사용되며 소음성난청의 진단을 위해서는 위에서 언급한 세 가지 기능이 주로 사용된다.

이상적으로는 청력 검사를 시행할 때는 청력검사 부스를 사용하거나 외부소음을 조절해야 한다. 물론 개방된 실내에서 시행되는 것도 허용되지만 이러한 경우에도 방의 위치나 시끄러운 소음이 근접해 있는지를 고려해야 한다. 오디오그램은 피검자가 청력기에서 나는 다양한 소리를 귀로 들을 수 있는 역치나 최소세기를 표현하는 표준 차트나 그래프이다. 검출점은 청력역치라 불리며 개별 주파수의 범위로 측정된다. 상단의 수평축은 주파수이며 Hz로 표시된다. 산업장의 청력검사를 목적으로 하는 경우 500, 1000, 2000, 3000, 4000, 6000 Hz를 측정한다. 좌측의 수직축은 음의 세기를 나타내며 dB단위로 표시된다. 오디오그램은 20 dB의 열과 행의 간격이 같도록 그려져 있는 정방형의 모습을 하고 있다(그림 18.2). 각 주파수에 따르는 역치는 적당한 위치에 좌측 귀는 '×(만약 색이 표시된다면 청색을 사용)', 우측 귀는 '○(만약 색이 표시된다면 적색을 사용)'으로 표시된다.

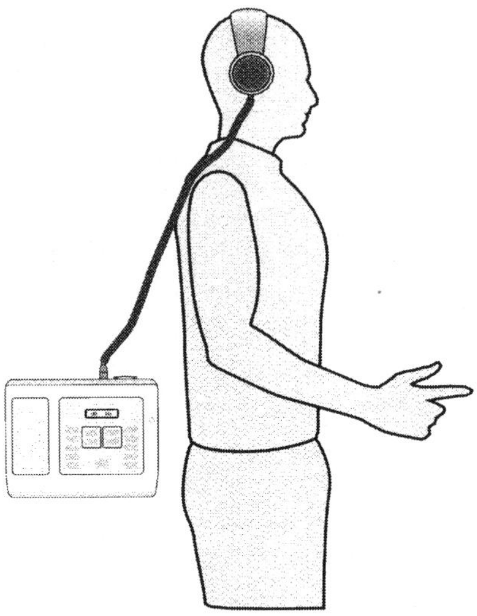

그림 18.1 피검자에게 연결된 헤드폰이 있는 청력측정기(Audiometer)

개인의 오디오그램은 전에 측정한 것과 비교되어야 한다. 예를 들어 2000, 3000, 4000 Hz의 수치를 가지고 표준역치이동(STS, standard threshold shift)을 각각의 주파수에서의 역치를 가지고 계산을 할 수 있다. STS는 각각의 귀에서 계산된 STS가 10 dB 이상인 경우는 청력 손실이 있다는 심각한 증거가 된다.

$$STS = \frac{(\Delta dB_{2000HZ} + \Delta dB_{3000HZ} + \Delta dB_{4000HZ})}{3} \tag{18.1}$$

250 Hz	500 Hz	1000 Hz	2000 Hz	4000 Hz	8000 Hz	
						0 dB
						10 dB
						20 dB
						30 dB
						40 dB
						50 dB
						60 dB
						70 dB
						80 dB
						90 dB
						100 dB

그림 18.2 오디오그램 표

18.3 연습

18.3.1 개요

본 실습은 청력기를 이용하여 공기전도 순음청력검사를 함으로써 청력의 개인 측정을 위하여 기본적인 개념을 제공하는데 그 목적이 있다. 자세한 지침은 KOSHA CODE H-13-2003 '순음청력검사지침'에 나타나 있다. 적절한 재료를 얻거나 채취과정을 마쳤을 경우에는 □에 √ 표시를 한다.

18.3.2 재료

(1) 보정

□ 청력측정기는 현장에서 보정을 하는 경우에도 주기적으로 작업장에서 보정해야 한다.

(2) 측정

□ 청력측정기

□ 현장 측정자료 결과보고서(그림 18.3)

18.3.3 방법

(1) 청력측정기의 보정

□ 제조회사에서 보정할 것

(2) 청력측정기를 이용한 시료채취

□ 청력측정기의 적절한 조립과 사용을 위하여 제조회사의 사용설명서를 참고한다.

□ 피검자에게 검사의 방법을 설명한다.

□ 오른쪽 귀에 적색 헤드폰, 왼쪽 귀에 청색 헤드폰을 쓴다.

□ 만약 아는 경우는 좋은 쪽의 귀부터 시작한다. 모르는 경우는 오른쪽 귀부터 시작한다.

□ 피검자의 추정 청력역치에서 40~50 dB 높은 음을 1000 Hz의 주파수부터 1에서 3초간 들려준다. 만약 피검자가 반응이 없으면 반응이 있을 때까지 세기를 증가시키면서 반복한다.

□ 음의 세기를 10 dB씩 줄이고 소리의 간격을 변화시켜서 거짓응답을 줄인다.

☐ 응답이 없을 때까지 음의 세기를 줄인 후에는 다시 5 dB씩 세기를 올려서 다시 한 번 반응을 검사한다.

☐ 역치가 명확해질 때까지 10 dB씩 내리고 5 dB씩 올리는 것을 반복한다(피검자가 50%의 반응을 보이거나 4회 시행해서 2회 반응을 나타낼 때까지).

☐ 앞의 순서를 2000, 3000, 4000, 8000, 500, 250 Hz에서 반복한다.

☐ 귀를 바꾸기 전에 1000Hz에서의 검사를 동일한 순서로 다시 한 번 반복한다.

☐ 현장 측정자료 결과보고서에 기록하고 오디오그램을 그린다.

☐ 측정자의 이름, 피검자 이름, 일시, 위치, 청력측정기의 제조회사 및 모델을 기록하여 현장 측정자료 결과보고서를 완성한다.

청력측정 자료 결과보고서
(청력측정 평가용 실시간 측정)

설비명칭 및 장소 : ______________________ 측정수행날짜 : __________

측정수행자 : ______________________

청력측정기와 보정기(모델명 및 제조회사) : ______________________

모니터 보정 : ______________________

개인명	나이(살)	특정 주파수(Hz)에서 청력역치(dB)/귀(오른쪽과 왼쪽)															
		250 Hz		500 Hz		1000 Hz		2000 Hz		3000 Hz		4000 Hz		6000 Hz		8000 Hz	
		R	L	R	L	R	L	R	L	R	L	R	L	R	L	R	L

주의사항 :

그림 18.3 청력측정 평가용 현장 측정자료 결과보고서

18.4 연습문제

예제 18.1 청력측정기의 베이스라인 자료와 작업자의 평가치를 다음표로 나타내었다. 이 경우 STS는 몇 dB인가?

주파수 (Hz)	베이스라인 오디오그램(dB)	측정 오디오그램 (dB)	변화량 (dB)
500	5	5	0
1000	5	5	0
2000	0	10	+10
3000	5	15	+10
4000	10	30	+20
6000	10	15	+5

풀이_ $STS = \frac{(^{+}10\ dB_{\Delta 2000\ Hz} + {}^{+}10\ dB_{\Delta 3000\ Hz} + {}^{+}20\ dB_{\Delta 4000\ Hz})}{3} = 13.3\ dB$

13.3 dB>10 dB이므로 STS가 중요하게 작용한다.

CHAPTER

19

열 스트레스(Heat stress)의 평가

습구흑구온도계(WBGT)를 사용한 측정

19.1 개요

19.2 측정

19.3 실습

19.4 연습문제

CHAPTER

19 열스트레스(Heat stress)의 평가

학습목표 제19장의 학습목표를 달성하기 위해서는 학습자가 내용을 충분히 읽고 이 장과 관련된 자료를 연구하는 자세가 필요하다.

- 습구흑구온도(WBGT, wet-bulb globe temperature) 지표를 결정하기 위한 인자의 순간 측정을 수행하는데 사용하는 일반적인 기기의 명칭, 확인 및 조립
- 열스트레스 지표용 측정원리의 요약
- 건구온도(DB, dry-bulb), 흑구온도(GT, globe temperature) 및 자연습구온도(NWB, natural wet-bulb)의 순간측정을 수행
- 실내의 습구흑구온도($WBGT_{in}$)와 실외의 습구흑구온도($WBGT_{in}$) 색인에 관련 있는 계산식과 변환식을 나타냄.
- 현장 측정자료 결과보고서를 사용한 시료채취 자료의 기록

19.1 개요

열스트레스가 발생되는 작업환경을 평가할 수 있는 방법과 기기들에게는 몇 가지가 있다. 그 중 가장 일반적인 방법이 습구흑구온도(WBGT)를 측정하는 방법이다. 이 방법은 열스트레스를 일으킬 수 있는 환경적 요인 2~3가지 방법들을 혼합한 방법이다. 즉 건구온도(DB), 자연습구온도(NWB), 흑구온도(GT)를 모두 측정하는 것이고 자연습구온도는 대기온도를 측정하긴 하지만 습도와 공기의 움직임에 영향을 받는다. 습도가 높고 대기흐름이 적을 때 높은 습구온도를 발생한다. 흑구온도는 복사열에 의해 발생하는 온도이다. 이 모든 3가지 측정을 통합하여 WBGT 지표를 계산한다. 그늘진 실외나 실내에 대해서는 자연습구온도(WB)와 흑구온도(GT), 단지 2가지 온도만 필요하다.

$$WBGT_{in} = (0.7 \times NWB) + (0.3 \times GT) \tag{19.1}$$

태양빛이 있는 실외에서는 대기온도를 기초로 하는 건구온도(DB)가 반드시 측정되어져야 한다.

$$\mathrm{WBGT_{out}} = (0.7 \times \mathrm{NWB}) + (0.2 \times \mathrm{GT}) + (0.1 \times \mathrm{DB}) \quad (19.2)$$

WBGT를 사용하는 것은 쉽고, 간편하긴 하지만 그 자체만으로 개별적 작업강도에 대한 요인을 평가하지는 못한다. 또한 WBGT로부터 직접적으로 노출허용시간을 결정하는 것은 불가능하다.

개인에 대한 작업량은 작업자의 대사율을 평가한 후 결정해야 한다. 작업노출 제한은 연속작업 시 작업자가 수반하는 시간의 양을 작업의 강도수준을 바탕으로 설정되어져 왔다.

19.2 측정

비록 열스트레스를 측정하는데 있어 대기 중 온도만을 측정하는 것이 불충분한 것일지라도 이것은 열스트레스 측정의 한 부분이다. 대기 중 온도를 측정하는 방법에는 여러 가지가 있다. 가장 일반적인 방법이 바닥에 수은이 있는 유리관으로 구성된 건구온도계를 사용하는 것이다. 이 온도계의 측정범위는 −5∼+50℃이고 ±0.5℃까지 정확하게 측정가능하다. 건구온도계의 측정범위 이하의 온도일 땐 부서질 수 있다. 측정이 실시되어질 때 건구온도계는 대기온도만을 측정할 수 있게 복사열원으로부터 차단되어져야 한다. 열전자 온도계나 열전쌍기들도 대기온도 측정시 사용되어 진다.

흑구온도계나 버논흑구계(Vernon globe)는 복사열을 측정하는데 사용되는 기본적인 방법으로써 6인치 직경이면서 검은색으로 도색된 속이 빈 구리재질의 구모형으로 구성되어 있다. 온도계는 이 구의 구 안쪽 중심에 삽입되어져 있다. 이때 온도계의 측정 가능한 범위는 −5∼+100℃이고 ±0.5℃까지 정확하게 측정할 수 있으며 흑구는 복사열을 흡수한다. 구 안쪽의 온도계는 항상 균형을 유지시켜 사용한다. 어떤 열은 대류를 통해 구에서 손실되어지기도 하기 때문에 측정된 에너지는 일반적으로 복사온도라고 한다. 공기온도가 증가하면 더 많은 수증기가 존재할 것이다. 주어진 온도에서 공기가 최대로 모든 수증기를 포함하고 있을 때 포화상태라 한다. 공기 중 수분이 증기압(mmHg)에 영향을 미친다. 공기의 습도는 일반적으로 습도온도계와 같이 건구온도계를 사용하여 측정한다.

NWB 온도는 젖은 거즈로 구부를 싼 온도계로 측정된다. 싸여진 온도계 구는 심지가 젖어 있게 유지하기 위해 일부분을 물속에 잠겨있게 해야만 한다. 심지에서 물이 증발할 때 열에너지의 일정량은 증발하여 냉각되면서 소모된다. 그러면 구는 수분이 증발되는 동안 열을 흡수함으로써 냉각되어지면서 공기 중 증발비율과 수분 증기압 사이에 균형을 이루게 되는데, 이때의 온도를 읽는다. 충분한 포화상태일 때, 즉 탈수에 의한 냉각이 더 이상 발생하지 않을 때, 습구와 건구 온도계의 온도가 같아진다.

습구흑구온도를 측정하는데 필요한 온도계와 보조장치는 그림 19.1과 같이 링 스탠드 내에 고정하고 조립한다. 실용적으로 사용할 수 있는 전자 WBGT 측정기는 그림 19.2와 같다. 전기장치는 온도측정치들을 누적시키고 각각의 온도(습구, 흑구, 건구온도)들의 결과와 전체적인 WBGT에 대한 결과를 직독할 수 있다.

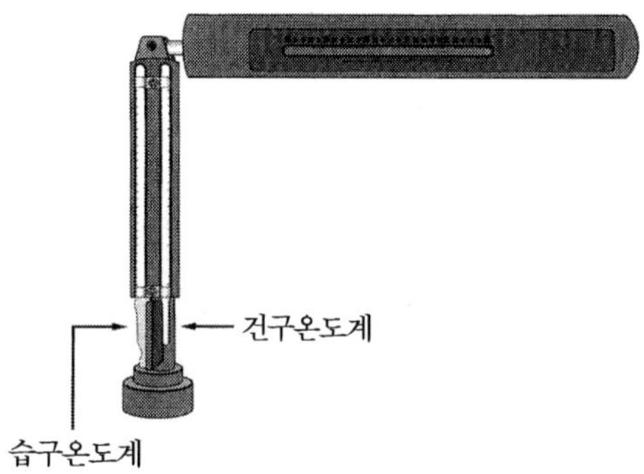

그림 19.1 슬링 건습계(Sling psychrometer)

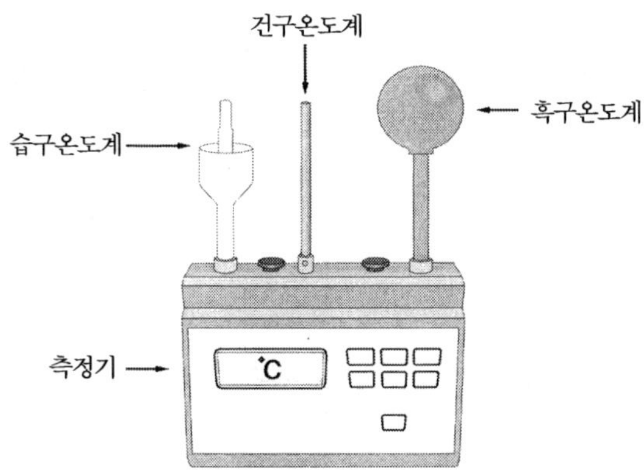

그림 19.2 WBGT 측정용 전자식 측정기

19.3 실습

이 실습은 수동식 WBGT를 조립하거나 전자식 WBGT 측정계를 사용하여 열스트레스 요인들의 순간 지역 측정을 실시할 때 기초적인 개념을 제공할 수 있다. 적절한 기구를 가지고 있거나 채취 및 분석방법의 단계가 완비되었을 때 □에 √ 표시를 한다.

19.3.1 기구

(1) WBGT 측정

☐ 건구(DB) 온도계

☐ 습구(WB) 온도계

☐ 자연습구(NWB) 온도계

☐ 흑구(GT) 온도계

☐ 실험실에서 사용하는 클램프가 달린 링스탠드

☐ 전지가 내장된 전자식 WBGT 측정기는 세 가지 온도를 측정할 수 있다.

☐ 슬링 건습계(sling psychrometer)

☐ 현장 시료채취자료 결과보고서(그림 19.3)

(2) 방법

☐ 만약 수동식 방법이 사용되어진다면, 클램프를 사용하여 각각 링 스탠드에 수직으로 고정시키고 WB의 심지가 탈이온수에 담겨져 있는지 확인한다. 전자식 WBGT 측정기용으로 건구(DB), 자연습구(NWB)와 흑구(GT)온도계 탐침들을 조립하고 "ON"시킨다.

☐ 실외에 WBGT를 조립한 후 실내에서도 설치하고 각각 장소에서 20분 동안 측정한다.

☐ 각각 지역에서 온도계를 통해 측정된 온도를 계측하고 기록할 때 화씨(°F), 섭씨(℃) 단위 중 한 단위만을 사용하도록 한다. 각각 지역에 대한 $WBGT_{out}$와 $WBGT_{in}$를 계산한다. 만약 전자식 WBGT 측정기를 사용한다면 계기판에서 자동적으로 표시된 각각의 온도들과 WBGT를 기록한다.

☐ 각 지역에서 측정한 DB와 WB를 기록한 후 건습도계 차트를 사용하여 상대습도를 결정한다.

☐ 기록 명칭, 지역, 기온, 대기압, 상대습도, 기기 제조회사, 형태, 모델명 등을 적어 현장 측정자료 결과보고서를 완성한다.

현장 측정자료 결과보고서
(WBGT 실시간 측정)

설비명칭 및 장소 : ______________________ 측정수행날짜 : __________

측정수행자 : ______________________

측정기기(모델명 및 제조회사) : ______________________

기온 : ________℃ 기압 : ________mmHg 상대습도 : ______%

지역명칭	시료채취 시작시간	시료채취 종료시간	총 시료채취 시간 (T)	건구온도 (℃)	습구온도 (℃)	흑구온도 (℃)	WBGT(℃)

현장노트(비고) :

그림 19.3 WBGT 현장 측정자료 결과보고서

19.4 연습문제

예제 19.1 측정된 건구(DB) 온도가 78°F이고 습구(WB) 온도는 58°F, 흑구(GT) 온도는 80°F일 때, 실내 WBGT 지표는 얼마인가?

풀이_ $$\begin{aligned} WBGT_{in} &= (0.7 \times NWB) + (0.3 \times GT) \\ &= (0.7 \times 58\,^{\circ}F) + (0.3 \times 80\,^{\circ}F) \\ &= 64.6\,^{\circ}F \end{aligned}$$

예제 19.2 예제 19.1과 같은 온도로 측정된 태양빛이 비치는 실외 WBGT 지표는 얼마인가?

풀이_ $$\begin{aligned} WBGT_{out} &= (0.7 \times NWB) + (0.2 \times GT) + (0.1 \times DB) \\ &= (0.7 \times 58\,^{\circ}F) + (0.2 \times 80\,^{\circ}F) + (0.1 \times 78\,^{\circ}F) \\ &= 64.4\,^{\circ}F \end{aligned}$$

CHAPTER

20

조도(Illumination)의 평가

조도계(Light meter)를 사용한 측정

CHAPTER

20 조도(Illumination)의 평가

학습목표 제20장의 학습목표를 달성하기 위해서는 학습자가 내용을 충분히 읽고 이 장과 관련된 자료를 연구하는 자세가 필요하다.

- 조도레벨의 순간 측정을 수행하는데 사용하는 일반적인 기기의 명칭, 확인 및 조립
- 조도측정을 측정원리의 요약
- 조도의 순간측정을 수행
- 현장 측정 결과보고서를 사용한 시료채취자료의 기록

20.1 개요

빛은 비전리방사선과 전자기파 스펙트럼의 한 부분이다. 빛은 직선적으로 대기를 통과하며 비친다. 빛의 방향은 다양한 매체들과 상호작용을 하면서 변화되어 질 수 있고, 투사된 빛은 표면으로부터 반사될 수 있다. 빛은 서로 다른 투명한 매체들을 통과할 때 굴절되거나 회절될 수 있다. 또한 빛이 투명한 매체를 통과하고 빠져나왔을 땐 발산된다.

빛은 근로자의 편안함과 안전을 유지하기 위한 중요한 작업환경의 요인이다. 빛의 양이나 세기에 영향을 주는 몇 가지의 요인들이 있다. 조도(illumination)는 빛의 양과 일정지역에 대한 빛에너지의 방향과 관련되어 있고 빛의 특질은 대조(contrast), 번쩍임(섬광)(brightness), 휘도(glare), 색과 같은 부수적인 요인들에 의해 달라진다. 일반작업과 특별작업에 대해 적합한지를 평가하기 위해 작업환경 내의 조도를 측정한다.

가시광선 빛은 자연적으로 발생되고, 인위적으로 생산된 광원에서도 발생된다. 광속(luminous flux)이란 발산되면서 시야에 영향을 미칠 수 있는 빛의 광원에서의 전체에너지를 말한다. 광속은 루멘(lumens)을 표준단위로 하여 측정하는데 루멘이란 1 ft^2 단면적에 대한 전체 광사량이나 빛의 흐름을 말한다. 조도는 주어진 지역의 단면적에 대한 광속밀도이

다. 따라서 조도와 면적당 루멘은 같다. 조도 측정시 사용되는 단위는 일반적으로 푸트캔들(foot-candle)이나 럭스(lux)가 사용되어지는데 1푸트캔들(foot-candle)은 대략 10럭스(lux)와 동일하다.

20.2 측정

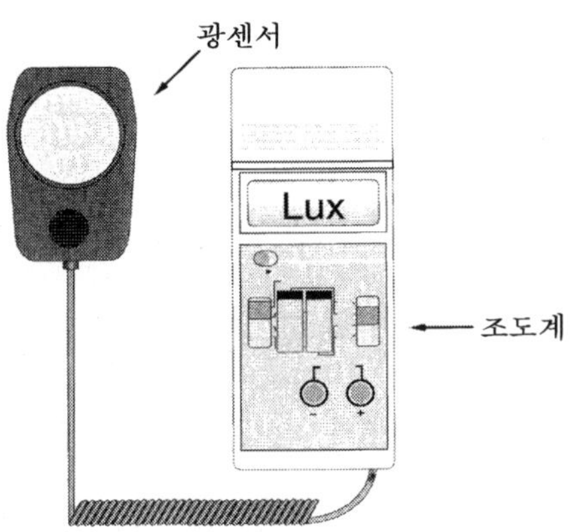

그림 20.1 조도계

전자식 조도계는 조도를 측정하는데 사용되어진다. 그 장치는 검출기능을 수행할 수 있는 필터나 색감쇠기가 존재하는 광전자 센서판으로 구성되어 있다(그림 20.1). 빛에너지는 전자를 방출하게 되고 전류를 증가시킨다. 전류는 빛의 강도와 비례하여 발생한다. 조도의 측정은 푸트캔들(foot-candles)이나 럭스(lux)로 계기판에서 직독할 수 있다.

조도수준은 작업이 이루어지고 있는 지역에 관해 일정지역 내 여러 곳에서 측정한 후 기록하며 광원과 작업표면 사이, 예를 들면 작업라인과 책상 위 사이에서 측정된다. 조도는 특별한 작업대 표면들과 시설의 일반적인 구역에 대한 측정을 실시한다.

20.3 실습

20.3.1 개요

이 실습은 전자식 조도계를 사용하여 가시광원이 방출되는 광원으로부터 발생되는 조도의 순간 지역 측정을 실시할 때 기초적인 개념을 제공할 수 있다. 적절한 기구를 가지고 있거나 채취 및 분석방법의 단계가 완비되었을 때 □에 √ 표시를 한다.

20.3.2 기구

(1) 조도 측정

- □ 조도계
- □ 줄자
- □ 자연적인 광원과 인위적인 광원
- □ 현장 측정자료 결과보고서(그림 20.2)

현장측정자료 결과보고서
(조도계를 사용한 실시간 측정 조도)

설비명칭 및 장소 : ______
측정수행자 : ______
측정수행날짜 : ______
측정기기(모델명 및 제조회사) : ______
자연빛 근원 : ______
인공빛 근원 : ______

지역명칭	조도 (footcandles)

현장노트(비고) :

그림 20.2 조도의 현장 측정자료 결과보고서

20.3.3 방법

(1) 조도 측정

□ 기기를 작동하고 조립하기 위해 제조사의 기기 조작방법을 참고로 한다. 조도계는 공장에서 보정되어 출고되어지므로 재보정이 필요할 때에는 공장에서만 가능하다.

□ 조명장치가 설치된 지역의 범위와 자연적이거나 인위적인 광원들로부터의 거리를 측정한다.

□ 조도계 전원을 "ON"시킨다.

□ 특별한 작업의 표면과 자연적이거나 인원적인 광원과의 거리를 측정하고 기록한다.

□ 측정자는 센서를 작업표면에 가능한 가까운 위치에서 측정하고 기록한다. 만약 작업면적이 뚜렷이 구분되어 있지 않을 경우 센서를 바닥에서 80 cm 떨어진 위치에서 수평을 유지하면서 측정하여 기록한다.

□ 현장 시료채취자료 결과보고서를 완성할 때 이름, 지역, 날짜, 광원, 기기모델명을 완성한다.

CHAPTER

21

공기 중 마이크로파 방사선의 평가

마이크로파계를 사용한 측정

CHAPTER 21 공기 중 마이크로파 방사선의 평가

학습목표 제21장의 학습목표를 달성하기 위해서는 학습자가 내용을 충분히 읽고 이 장과 관련된 자료를 연구하는 자세가 필요하다.

- 마이크로파 방사선의 순간 측정을 수행하는데 사용하는 일반적인 기기의 명칭, 확인 및 조립
- 마이크로파 방사선을 측정하는 원리의 요약
- 마이크로파 방사선의 순간측정을 수행 · 현장 측정 결과보고서를 사용한 시료채취 자료의 기록

21.1 개요

마이크로파는 각각 주파수 1 MHz～300 GHZ, 파장 1 mm～1 m의 전자기성 비전리 방사선이다. 마이크로파에너지는 진동회로 내 전자의 가속에 의하여 발생한다. 주파수와 파장에 따라 마이크로파는 공기를 통해 먼 거리까지 전달된다. 마이크로파 에너지의 주요한 특성은 인간의 조직 등 수 많은 물질에 쉽게 흡수될 수 있고 그 결과 마이크로파의 양과 균일하게 온도 상승이 발생한다는 것이다. 마이크로파는 인간조직과 관계해서 눈, 피부, 근육, 장기 등과 같은 수분함량이 높은 부분에 대해 투과성이 더욱 높다. 뿐만 아니라 고주파와 단파장의 마이크로파는 인체조직 깊숙한 곳까지 흡수가 가능하다.

일반적인 마이크로파 방사선의 사용과 발생원은 유전체(誘電體) 가열기(dielectric heaters), 라디오와 텔레비전 방송국, 감응로(induction furnaces), 정보망(레이더), 오븐 등이다. 마이크로파 오븐은 작업장 환경과 비작업장 환경 모두에서 공통적으로 사용하는 마이크로파 발생원이다. 불완전하게 닫힌 문, 쌓인 음식찌꺼기, 불완전한 문뚜껑, 경첩(hingers), 걸이쇠(latchs) 등 이런 상태에서 마이크로파 오븐 내부에서 외부로부터 마이크

로파 방사선이 누출될 수 있다. 마이크로파 오븐 누출 구멍에서 마이크로파 방사선은 상당히 위험스러울 정도의 양이 외부 공기 중으로 누출된다. 따라서 마이크로파 오븐은 닫힌 문의 바깥 부분, 그리고 작동 중 마이크로파 방사선이 검출, 측정되는지 주기적으로 감시해야 할 필요가 있다. 마이크로파 방사선의 에너지량(power density)은 mW/cm^2 단위로 측정하고 나타낸다. 마이크로파 오븐의 작동기준은 오븐 구입 전 오븐으로부터 5 cm 떨어진 어느 지점에서도 1 mW/cm^2 이하, 오븐 구입 후 오븐으로부터 5 cm 떨어진 어느 지점에서도 5 mW/cm^2 이하로 정한다.

21.2 측정

저항 또는 전압변화에 따라 나타나는 흡수방사선으로부터의 증가 온도에 감응하는 열장치를 포함한 마이크로파 검출기의 몇 가지 종류들이 유용하다. 마이크로파 주파수를 직류로 변환하는 전자마이크로파계는 일반적으로 마이크로파 오븐에서의 비전리방사선의 순간 지역측정에 사용한다. 마이크로파계는 검출기와 증폭기에 안테나 또는 탐침의 연결로 구성된다(그림 21.1). 역전류기(spacer)는 탐침에 있어 발생원과 안테나의 거리를 일정하게 유지시킨다. 마이크로파 오븐 평가 시 측정하는 동안 오븐 입구와 탐침과의 거리가 5 cm 정도이어야 한다.

측정과정은 시작하기 전 마이크로파 오븐의 철저한 점검이 필요하다. 이런 점검은 전기선과 플러그 검사, 문 정렬상태, 문 봉인상태와 청결성, 문 경첩과 걸이쇠 상태의 검사들이다. 점검 후 마이크로파 오븐 내 설치되는 장치의 표준부하에 대해서 기구들을 사용한다. 부하를 걸지 않고 작동하는 오븐은 장치에 손상을 입히므로 이것은 지양해야 한다. 따라서 일반적으로 500 mL 비금속 비커(플라스틱)에 약 275 mL의 물을 채워 표준부하를 걸리게 한다. 측정은 오븐이 작동하는 동안 탐침을 마이크로파 방사선에서부터 5 cm 간격을 유지하면서 실시하고 오븐 문 부근을 스캐닝 한다(그림 21.2). 다음 평가는 온도계를 비커 속의 물에 담가 마이크로파에너지에 의해 수온이 증가하는지 확인한다.

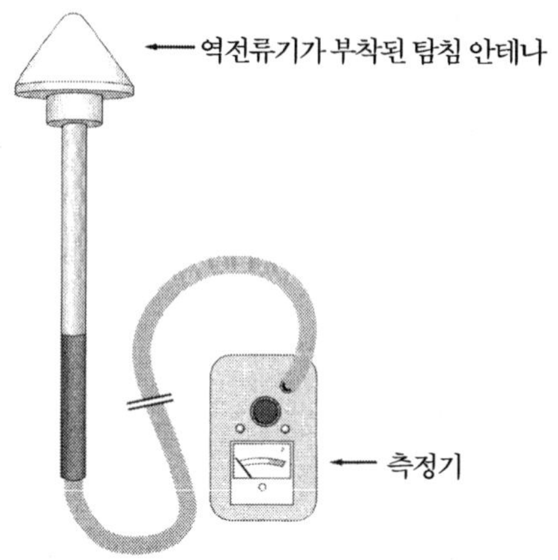

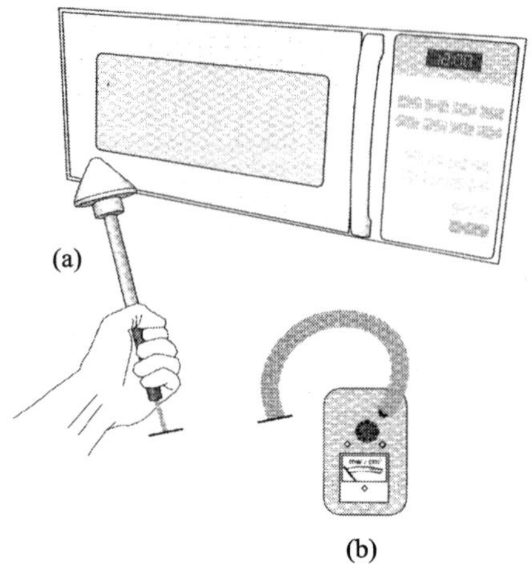

그림 21.1(좌) 마이크로파 방사선 검사기
그림 21.2(우) (a) 탐침(probe)과 (b) 마이크로파 오븐을 측정하기 위한 표시창으로 구성된 마이크로파 오븐 검사기

21.3 연습

이 실습은 적정한 전자식 검사기를 사용해서 마이크로파 오븐에서 발생되는 마이크로파 방사선의 순간 측정실행에 기초적인 개념을 줄 것이다. 적당한 도구가 준비되었거나 시료채취 방법의 단계가 완료되었다면 □에 √ 표시를 한다.

21.3.1 기구

(1) 누출된 마이크로파 방사선 측정을 위한 마이크로파 오븐의 측정

- □ 마이크로파 검사기
- □ 마이크로파에 안전한 500 mL 플라스틱 또는 유리 비커
- □ 수도물 275 mL
- □ 온도계(20～120℃)
- □ 마이크로파 오븐
- □ 줄자 또는 고리자(ruler)
- □ 현장 시료채취자료 결과보고서(그림 21.3)

현장 측정자료 결과보고서
(마이크로파 오븐 조사 측정기를 사용한 오븐에서 발생한 마이크로파 방사선 측정용 실시간 측정)

설비명칭 및 장소 : ____________________

측정수행자 : ____________________

측정수행날짜 : ____________________

측정기기(모델명 및 제조회사) : ____________________

마이크로파 오븐(모델명 및 제조회사) : ____________________

물 부피 : ____________mL

측정 전 물의 온도 : ________℃　　　　측정 후 물의 온도 : ____℃

시료채취지점	측정치 (mW/cm^2)	마이크로파 오븐 개략도와 시료채취점
1		
2		
3		
4		
5		
6		
7		
8		
9		
10		
11		
12		

현장노트(비고) :

그림 21.3 마이크로파 방사선 측정을 위한 현장 측정자료 결과보고서

21.3.2 방법

(1) 누출된 마이크로파 방사선 측정을 위한 마이크로파 오븐 측정

□ 검사기 제조사의 제품 조립과 작동 설명서를 참고한다(측정기는 공장에서 보정되었는지).

☐ 측정기에 탐침(안테나)과 역전류기를 부착시켜 측정기를 조립한다.

☐ 마이크로파 오븐, 특히 개구와 주변 가스킷, 경첩, 걸이쇠 등을 점검한다.

☐ 오븐 개구 주변 좌우를 잰다.

☐ 플라스틱 또는 유리 비커에 물 275 mL를 가한다.

☐ 물 속에 온도계를 담그고 온도를 측정, 기록한 후 온도계를 빼낸다.

☐ 마이크로파 오븐에 비커를 넣고 문을 닫는다.

☐ 측정기를 켜고 영점 조정을 한다.

☐ 마이크로파 오븐을 작동시킨다.

☐ 약 1분간 건조기 표면과 탐침 거리를 5 cm 정도 유지하면서 마이크로파 오븐의 개구 주변과 표면을 천천히 스캐닝 한다. 다양한 지점에서의 측정치를 기록한다.

☐ 오븐을 끄고, 조심스럽게 비커를 꺼낸다. 온도계를 담가 수온이 증가했는지 확인하고 온도를 기록한다.

☐ 현장 시료채취 결과보고서(그림 21.3)를 만들고 측정자 이름, 측정한 장비와 장소, 날짜, 기온, 기압, 상대습도, 마이크로파 검사기 제조사와 모델명을 기록한다.

CHAPTER

22

공기 중 극저주파 전자기장의 평가

전자기장 현장측정계를 이용한 측정

CHAPTER

22 공기 중 극저주파 전자기장의 평가

학습목표 제22장의 학습목표를 달성하기 위해서는 학습자가 내용을 충분히 읽고 이 장과 관련된 자료를 연구하는 자세가 필요하다.

- 극저주파(ELF, extremely low frequency) 전자기장의 측정을 수행하는데 사용하는 일반적인 기기의 명칭, 확인 및 조립
- ELF 전자기장 측정하는 원리의 요약
- ELF 전자기장의 측정을 수행
- 현장 측정 결과보고서를 사용한 시료채취 자료의 기록

22.1 개요

작업장 및 비작업장 극저주파(ELF) 전자기장에 대한 노출에 대한 관심이 증가하고 있다. ELF 전자기장은 전기장과 자기장으로 이루어진다. 전기장은 전원에 연결된 전기기구의 작동 또는 전기기구가 작동되지 않는 경우에 생길 수 있는 전하에 의해 발생한다. 자기장 또한 전기장치와 연관되어 발생하지만 전기장치가 작동하고 전류가 흐르는 경우에만 전기장과 함께 발생한다.

비록 특정한 경계가 있는 것은 아니지만 ELF 전자기장은 10^3 Hz(1 kHz)보다 낮다. ELF 전자기장의 주요 발생원은 송전선(50 또는 60 Hz)과 작업장 또는 비작업장 환경에 존재하는 수많은 전기제품에서 나타난다. 작업장 환경에서 장치 설비는 계속적인 전원의 사용과 유지가 필요하기 때문에 전자장비 들은 ELF 전자기장의 잠재적인 발생원인 것이다. 그러나 최근 상대적으로 사무실 컴퓨터와 VDTs(visual display terminals) 같은 일반적인 사무실에서의 발생원은 ELF 전자기장의 노출과 연관되어 관심이 더욱 증가되고 있다. 따라서 측정은 사무실에 설치되어 있는 컴퓨터 등과 같은 장치에서 발생하는 ELF 전자기장의 수준에 대한 평가가 더욱 일반화 될 것이다.

22.2 측정

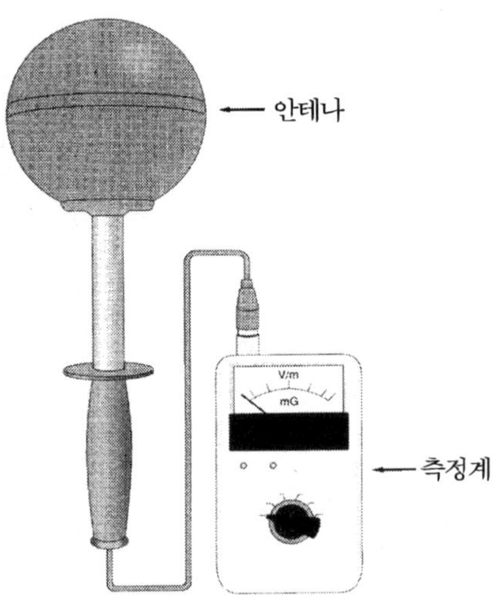

그림 22.1 전자기장 측정계

측정에는 ELF 전자기장을 검출·측정할 수 있는 특별한 전자식 측정계 사용이 필요하다(그림 22.1). 측정계에 검출된 수치는 실효값(RMS, root meansquare)으로 계산하고 측정치는 직판독기에 표시된다. 자기장은 일반적으로 밀리가우스(mG, milligauss) 단위로 측정(자기유량밀도)하고, 전기장은 V/m(volt/meter)단위로 측정한다.

ELF 전자기장 발생원에서부터의 거리와 높이가 측정하는 동안 고려되어져야 한다. 측정은 컴퓨터나 VDT와 같은 발생원으로부터 다양한 수직, 수평거리에서 실시한다. 또한 발생원이라 의심되는, 예를 들어 전기기기 등을 껐을 때와 켰을 때를 비교하여 측정을 실시하는 것이 효과적이다. 그렇게 하여서 전기기계의 작동이 그 해당 지역 전기장과 자기장에너지의 발생원이라고 생각할 수 있는 것이다.

22.3 연습

22.3.1 개요

이 실습은 저주파 비전리 전자기방사선, 특히 전자기장 측정기를 사용하여 VDT에서 발생하는 ELF 전자기장, 즉 전자기장에너지의 순간 지역 측정을 실행하는 데 있어 기초적인 개념을 제공해 줄 것이다. 적당한 도구를 획득하였거나 시료채취 방법 단계가 완료되었을 때 □에 √ 표시를 한다.

22.3.2 도구

(1) ELF 전자기장 측정

- ☐ 전자식 ELF 전자기장 측정계
- ☐ 줄자
- ☐ VDT를 갖춘 컴퓨터 작업실(computer workstation)
- ☐ 현장 측정 자료 결과보고서(그림 22.2)

현장 측정 자료 결과보고서

(전자기장 및 자기장 현장측정기를 사용한 ELF 전자기장 측정용 실시간 측정)

설비명칭 및 장소 : ______________________________

측정수행자 : ______________________________

측정수행날짜 : ______________

측정기기(모델명 및 제조회사) : ______________________________

발생원 : ______________________ 지역 : ______________________

거리(cm)	높이(cm)	전기장(Volts/m)	자기장(mGauss)	발생원/지역 개략도 및 시료측정지점

현장노트(비고) :

그림 22.2 ELF 전자기장의 현장 측정 자료 결과보고서

22.3.3 방법

(1) ELF 전자기장 측정

- □ 기기의 조립과 작동은 검사기 제조사의 설명서를 참조한다. 검사기는 공장에서 보정되어야 하고 주기적 등가 조정과 재보정 시에는 제조회사로 보내야 한다.
- □ 측정 지역의 치수 측정
- □ ELF 전자기장 측정계를 켜고 0점 조정한다.
- □ 컴퓨터와 VDT(기타 프린터기 같은 주변 장치)가 'OFF'되어 있는지 확인한다.
- □ 줄자를 사용해서 컴퓨터와 VDT 스크린으로부터 다양한 거리에서 발생 수준을 기록하고 특히 거리 5 cm, 25 cm, 50 cm, 1 m 그리고 높이 50 cm, 1 m, 1.5 m, 2 m에서 발생수준을 측정한다.
- □ 컴퓨터와 VDT를 'ON'시키고 동일한 측정을 반복한다.
- □ 측정자 이름, 측정한 기기 또는 위치, 날짜, 기온, 기압, 상대습도, ELF기기 제조사와 모델명을 기록하여 현장 측정자료 결과보고서를 완성한다.

CHAPTER

23

공기 중 전리 방사선의 평가

전리 방사선 측정계를 이용한 측정

CHAPTER

23 공기 중 전리 방사선의 평가

학습목표 제23장의 학습목표를 달성하기 위해서는 학습자가 내용을 충분히 읽고 이 장과 관련된 자료를 연구하는 자세가 필요하다.

- 전리 방사선의 측정수행을 위하여 사용되는 기기의 각부 명칭과 기능 숙지
- 전리 방사선 측정의 원리파악
- 전리 방사선의 측정수행
- 현장 측정자료 결과보고서를 이용한 측정자료의 기록

23.1 개요

많은 작업환경에서 전리방사선에 대한 폭로의 양과 비율은 중요하게 고려해야 할 문제이다. 이러한 작업환경들은 X-ray 기기가 있거나 방사성 동위원소를 취급하는 병원의 진료실 및 연구실, 원자력 발전소, 방사성 동위원소가 저장 또는 폐기되는 장소들이 이와 관련되어 있다. 보건의 들은 일반적으로 전리방사선 농도의 검출과 측정에 있어 직업성과 비직업성 환경들에 대한 평가에 열중한다. 산업위생관리기사(산업기사)들은 자주 작업환경, 측정 적용, 전리방사선 발생원과 농도 등에 근거하여 직·간접적으로 방사선 측정활동들을 수반한다. 전리 방사선의 검출 및 측정농도는 발생원과의 거리를 포함한 몇 개의 인자들에 기인해서 달라진다. 그 결과 지역 측정은 측정 등고선(monitoring contour)을 작성하는데 있어서 확인되거나 추정되는 전리방사선 발생원으로부터 떨어진 다양한 거리에서 행할 수 있다.

23.2 측정

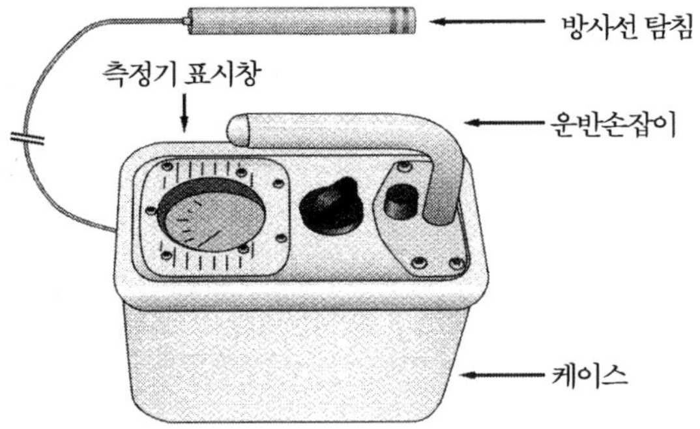

그림 23.1 가이거뮬러 계수기(Geiger–Mueller meter)

전리방사선 측정계는 개인과 지역 전리방사선의 자료 수집이 가능하다. 순간 지역 측정기기들은 일반적으로 직판독 계기판이 있는 측정기에 연결된 탐침(probe)으로 구성되어 있는 가이거뮬러 계수기를 사용한다(그림 23.1). 측정기기의 선택은 방출되는 전리 방사선의 유형과 농도에 따른다. 전리방사선에 대하여 순간 지역측정이 가능한 일반적인 기기들의 종류는 다음과 같다. 여기에는 몇 가지의 개인 측정기기들도 소개되어 있다.

23.2.1 이온화챔버(Ionization chamber)

이온화챔버는 부피를 알고 있는 가스로 챔버 내부가 채워져 있는 실시간 전자식 측정기기이다. 챔버 내에는 양극과 음극이 있어 공기 중 전리방사선이 챔버 내로 유입될 때 양극과 음극은 가스분자와 상호반응하여 일차 이온쌍 형태(primary ion pairs)를 갖춘다. 이 이온들은 각각의 전극에 끌어 당겨져서 전압변화를 일으킨다. 이온으로부터 발생한 전압 및 이에 동반되는 전류의 변화는 검출된 전리 방사선의 양에 비례한다. 전리방사선의 측정치는 직판독 계기판에 표시된다. 이온화챔버는 상대적으로 고농도의 전리방사선이 발생하는 지역의 측정에 유용하게 사용된다. 그러나 이 측정기는 검출되는 전리방사선의 유형을 확인하거나 구별짓지는 못한다.

23.2.2 비례계수기(Proportional counters)

비례계수기는 이온화챔버와 기능이 매우 유사하고 전리방사선의 실시간 지역 측정에 사용되는 전자식 측정기이다. 실제로 비례계수기는 이온화챔버의 특별한 형태이다. 이온화챔버와의 가장 중요한 차이점은 이러한 측정기들은 전리방사선이 챔버 내에서 가스분자와 상호반응 할 때 이온화가 증폭된다는 것이다. 이 때 고압이 발생되고 2차 이온(secondary ions)이 생성된다. 2차 이온 형성의 결과로 전류는 증폭되고, 기기의 민감도를 증가시킨다. 따라서 비례계수기들은 표준 이온화챔버보다 낮은 농도의 전리방사선을 검출할 수가 있다. 이러한 비례계수기들은 α와 β입자들의 검출과 측정, 확인에 특히 유용하게 사용된다.

23.2.3 가이거-뮬러 계수기(Geiger-Mueller meters)

가이거-뮬러(G-M) 계수기 또한 앞의 두 기기에 대해서 언급한 것처럼 이온화 원리에 기초하여 작동한다. 그러나 이 기기는 비례계수기에 대해서 기술한 것보다 더 큰 2차 이온화가 나타난다. 따라서 저농도 전리방사선(low-level ionizing radiation) 검출에 대한 민감도가 더욱 크다. 그러나 챔버 내부에서 검출된 전리 방사선과 가스분자의 상호반응, 2차 이온 형성, 그리고 전극에 끌어당겨지는 결과로서 생성되는 전류는 생성된 이온화에너지와 일반적으로 비례하지는 않는다. 따라서 G-M 계수기는 저농도의 전리 방사선을 검출하는 적격심사 기기(screening device)로서는 유용하지만, 정확한 노출량 측정에는 효과적이지 못하다. 고농도의 방사선(high-level radiation)은 전리 방사선이 실제로 있을 때에도 이에 감응하지 못하여 측정기에 '장애(block)'표시가 나타날 수도 있다. 주요한 적용은 저농도의 β와 γ-ray 노출에 대한 지역 측정이다.

23.2.4 필름배지(Film badge)

필름배지는 누적 측정자료를 수집하는 개인 측정장치이다. 이 장치는 은 할로겐 화합물[예 : AgBr(silver bromide)]이 섞인 특수한 유상액의 얇은 층이 코팅되어 있는 사진필름으로 구성되어 있다. 이 필름은 사용에 따라 변경될 수 있는 특수한 배지 안에 들어있다. 전리방사선의 상호작용은 은 할로겐 화합물을 이온화시키고, 은 양이온을 형성시킨다. 은 양이온은 자유은 화합물(free-silver compounds)을 만드는 필름의 음극부에 유도된다. 필름은 사용 후 배지에서 떼어낸 후, 처치를 하게 된다. 필름의 다음단계는 은 할로겐 화합물과 은 이온을 씻어내는 것이다. 그러나 자유은(free silver)은 남게 되고, 자유은의 존재는 전리방사선 폭로량에 비례하여 필름의 불투명도가 증가되는 것으로 나타난다. 폭로의 측정은 필름의 불투명도를 측정하는 광학농도계(densitometer)를 사용하여 결정하게 된다.

23.2.5 방사선 선량계(Dosimeters)

휴대용 방사선 선량계는 전리방사선에 대한 노출을 결정하는 누적 측정장치이다. 필름배지와 같이 이 장치는 일반적으로 작업자의 옷깃 또는 셔츠 주머니에 부착한다. 선량계는 이온화 챔버의 기술과 유사하다. 이러한 장치들은 선량계에 있는 직판독기로 누적된 노출을 나타낸다. 그러나 펜 형태의 선량계와 같은 유형은 흡수량의 측정치를 결정하는 데 있어 해독기의 분리가 필요하다. 전리방사선의 검출과 측정에 사용되는 또 다른 일반적인 개인 방사선 선량계로는 열투과성 선량계(TLD, thermoluminescence dosimeter)가 있다. 전리방사선의 상호작용 결과로 생긴 에너지를 가진 전자들은 형광결정체(phosphor crystal) 내에 포획된다. 선량계의 열분석은 검출광을 생성시킨다. 측정된 광방출 양은 흡수된 폭로량의 농도에 영향을 미친다.

23.3 실습

23.3.1 개요

이 실습은 가이거뮬러(G–M) 계수기와 같은 전리 방사선에 대한 적절한 전자측정기를 이용하여 알려진 활성도를 띤 발생원으로부터 발생되는 저농도 전리방사선의 순간 지역 측정을 수행하는데 필요한 기초적 개념을 제공해 줄 것이다. 적당한 기구나 측정방법의 단계가 완료되었을 때 □에 √ 표시를 한다.

23.3.2 기구

(1) 저농도 전리방사선에 대한 측정

□ 전리방사선측정계(예 : Geiger–Mueller 계수기)

□ 줄자

□ 기기를 사용함으로써 검출 및 측정이 가능한 이미 알고 있는 활성도로 저농도 방사선의 일반적 이용이 가능한 발생원

□ 현장 측정자료 결과보고서(그림 23.2)

23.3.3 방법

(1) 저농도 전리방사선의 측정

□ 기기의 조립과 작동은 측정 시 제조회사의 설명서를 참조한다. 측정기는 제조회사에서 보정해서 출시되어져야 하며, 주기적인 조정 또는 재보정을 위해서는 제조회사에 의뢰해야 한다. 현장점검에 대해서는 저농도 방사선의 발생원이 있어야 한다.

현장 측정 결과보고서
(가이거-뮬러 계수기를 사용한 전리방사선의 실시간 측정)

설비명칭 및 장소 : ______________________

측정수행자 : ______________________

측정수행날짜 : ____________

측정기기(모델명 및 제조회사) : ______________________

발생원 : ______________. 발생지역 : ______________

거리 (cm)	높이 (cm)	전기장 (r/hr)	발생원/지역 개략도 및 시료측정지점

현장 노트 :

그림 23.2 전리 방사선 측정을 위한 현장 측정자료 결과보고서

- ☐ 측정지역의 치수를 측정한다.
- ☐ 측정자에게 지역 내 다양한 위치에서 알려져 있는 저농도 전리방사선의 발생원을 비밀로 한다.
- ☐ 기기를 작동시키고 영점 조정한다.
- ☐ 기기를 손에 쥐고 현장을 걸어 다니면서 기기에서 나오는 소리신호를 들으면서 직독식

계기판에 나타난 측정치를 읽는다.

□ 기기에 나타난 수치를 읽으면서 현장에 더 가깝게 이동하면 소리는 점점 커지고 이에 따라 숨겨진 발생원의 위치를 확인할 수 있다.

□ 줄자를 사용하여 발생원에서부터 다양한 거리에서의 농도들을 기록한다.

□ 현장 측정자료 결과보고서를 만들고, 측정자 이름, 채취한 시설 및 위치, 날짜, 전리 방사선측정기의 유형, 제조사, 모델명을 기록한다.

CHAPTER

24

인간공학 인자의 평가

인체측정학과 작업조건 측정 실행

CHAPTER

24 인간공학 인자의 평가

학습목표 제24장의 학습목표를 달성하기 위해서는 학습자가 내용을 충분히 읽고 이 장과 관련된 자료를 연구하는 자세가 필요하다.

- 작업환경에 인간공학적 보건안전 위험요인의 존재여부를 결정하는 방법의 확인
- 인간공학적 자료를 수집하는데 사용되는 중요한 장비 및 기구의 작성
- 인간공학적 직무부석을 수행하는데 포함되는 단계의 기술
- 인체측정 방법의 수집
- 컴퓨터를 이용한 평가

24.1 개요

작업환경 내에서 작업자와 작업장 사이의 상호작용이 미치는 영역에 대한 평가는 잠재적인 인간공학적 문제를 확인하는데 필요한 실마리를 제공한다. 미국의 산업안전보건청(OSHA) 200/300 규정으로부터 얻은 자료 : 작업시 근골격계 상해의 의료기록; 그리고 직장에서의 장기결근, 고충사항, 불평경향 등은 인간공학적 유해요인이 나타나는 직업과 직무를 확인하는데 있어 그 초점이 직업군과 작업위치와 관련되어 있다고 할 수 있다. 작업성 근골격계 손상과 관련된 첫 번째 위해요인은 극단적이거나 어색한 자세, 지나친 힘의 발휘, 반복동작, 작업자의 신체와 작업장 사이에서 발생하는 접촉스트레스 등이 있다. 작업 시 이러한 환경적 요인은 부적합한 결정을 내리는 작업자의 능력에 대한 실제 자료와 비교할 수 있다. 환경적 요인이 작업자의 능력범위를 벗어날 때 사고와 부상이 일어난다. 환경적 요인에 대한 자료는 작업자가 작업을 행하는 모습을 직접 관찰함으로써 얻을 수 있다. 작업하는 모습을 비디오테이프에 담아 놓으면 작업 후에라도 철저한 인간공학적인 평가가 이루어지게 되며 영원한 작업수행 방법의 기록을 제공하게 된다. 인간공학적인 평가는 실제 작업시나 새로운 공정, 장비, 작업

방법, 새로운 인간공학적 위해요인을 파악할 때 달성할 수 있다.

24.2 평가

인간공학적 평가를 수행하는 첫 단계는 이전의 자료를 활용하여 직업성 근골격계 질병을 일으키는 최대의 가능성을 지닌 작업을 결정하는 것이다. 다음 단계는 작업자가 수행하여야만 하는 작업단계나 업무, 예를 들어 직무, 작업자세의 결정, 작업강도, 작업수행의 빈도와 기간, 작업의 생리적인 요구사항, 진동, 조명 등을 분석하는 것이다. 이러한 자료들을 그림 24.1과 24.2를 활용하여 작업자세, 작업강도, 작업빈도, 작업기간, 생리적인 자료를 입력하여야 한다.
그런 다음 작업동작범위의 측정, 인체비교측정학적 자료(신체부위의 치수 및 행동유효범위), 근육강도(당기는 힘/미는 힘, 악력), 정보처리능력, 작업자의 시각적 능력 등의 각각의 작업에 대한 변수들을 현존하는 기준 측정치와 비교한다. 여기서 기준 측정치를 초과하는 직무는 환경적 요구를 축소, 제거, 재설계해야 할 필요성이 있는 것이다.

위해도를 측정하기 위하여 필요한 장비는 비디오카메라, 줄자(tape measures), 괘자(rulers), 장력게이지, 캘리퍼스, 심장박동기 또는 피부측정계(galvanic skin response instruments)와 같은 휴대용 생리기구 측정기, 초시계 등이 있으며 또한 작업장, 장비 및 장치의 높이, 유효작동범위, 폭 등의 물리적인 치수도 측정하여야 한다. 아울러 작업자의 지각력 조사와 생리학적 자료가 얻어져야 하는데 지각력 조사는 직무의 차이점으로 인한 작업자의 정보와 그 차이점을 없애거나 축소시킬 수 있는 변화의 형태가 있기 때문에 신중하게 사용하여야 한다. 여러 가지 정신물리학적인 측정치도 작업자의 작업능력에 대한 지각력의 주관적인 자료를 제공하기 위하여 개발되어져야 한다.

궁극적으로 인간공학적 위험들은 도구와 작업대의 수정, 공정변경, 반복동작의 빈도수 감소, 업무를 완결하는 방법들의 수정 등에서 의해 제거 또는 최소화할 수 있다(그림 24.3).

직무분석표

작업명 :					
직무	1	2	3	4	5
작업빈도					
등(back) · 유연성 · 이완성 · 회전성					
목(neck) · 유연성 · 이완성 · 회전성					
다른 신체부위와의 연속성					
힘(forces) · 미는 힘/당기는 힘 · 악력					
조명					
진동					

그림 24.1 작업 직무분석의 예(인용문헌 : Drury, C.G., A biomechanical evaluation of the repetitive motion injury potential of industrial jobs, *Semin. Occup. Med.*, 2(1), 41–49, 1987.)

현장평가 결과보고서(개인 인체비교측정학적 측정치)

과제명	성별	나이 (yr)	몸무게 (kg)	키 (cm)	앉은 상태 눈높이 (cm)	앉은 상태 어깨높이 (cm)	앉은 상태 바닥면에서 팔꿈치까지의 높이 (cm)	앉은 상태의 의자면에서 팔꿈치까지의 높이 (cm)	앉은 상태 바닥면에서 손목까지 높이 (cm)	앉은 상태 넓적다리 길이 (cm)	앉은 상태 오금 높이 (cm)
근로자 불편사항 이전의 부상여부 :											

그림 24.2 인체측정학적 측정치 기록을 위한 현장평가표

현장평가 결과보고서(작업장 측정치)

설비명칭 및 장소 : ____________________

평가수행자 : ____________________ 수행날짜 : __________

작업장 거주자 : __________ 지역 : __________

평가항목	측정/권고사항	작업장/면적 개략도
조도(Lux)		
VDT 특징		
모니터 높이/각도 조절		
모니터 눈부심		
모니터 스크린 깜박거림		
바닥에서 모니터 윗면가지 높이(cm)		
작업자의 눈에서 모니터 스크린까지 거리(cm)		
문서홀더 이용여부		
전화 헤드셋 이용여부		
작업면		
작업장당 근로자수		
바닥면에서 키보드 높이(cm)		
키보드 높이 조정/기울기		
마우스 위치/높이		
손목보호대 이용여부		
하체공간여부		
작업면의 확보		
작업의자		
5개의 의자받침		
의자바퀴의 전후 움직임		
의자면 높이		
의자면 폭		
의자면 깊이		
의자면 쿠션		
전방 의자면 기울기		
팔걸이 높이/조절여부		
의자 등받이 여부		
의자 등받이 조절붙이/각도		
바닥 지지대		

그림 24.3 작업장 측정치 작성용 현장평가표

24.3 실습 (1)

24.3.1 개요

이 실습은 인체측정학적 측정을 포함한 인간공학적 평가를 실행하는데 기초적 개념을 제공한다. 최소한 열 명에 대한 측정치를 기록한다. 적당한 도구를 가지고 있거나 평가방법의 단계가 완료되었을 때 □에 √ 표시를 한다.

24.3.2 기구

(1) 인체측정학적 측정실행

- □ 줄자
- □ 현장평가표(그림 24.1과 그림 24.2)

24.3.3 방법

(1) 인체측정학적 측정실행과 업무분석

- □ 최소한 열 명을 측정하였는지 확인한다.
- □ 앉은 상태에서 눈높이 측정
- □ 앉은 상태에서 어깨 높이 측정
- □ 앉은 상태로 바닥면에서 팔꿈치 높이 측정
- □ 앉은 상태로 작업의자 밑면에서 팔꿈치 높이 측정
- □ 앉은 상태로 바닥면에서 팔목/손 높이 측정
- □ 앉은 상태로 뒷무릎에서 궁둥이까지 넓적다리 길이 측정
- □ 앉은 상태로 바닥면에서 뒷무릎까지 높이 측정
- □ 통계학적 평균, 표준편차, 각 인체측정학적 측정에 대한 5th, 50th, 95th 백분율 계산
- □ 일반 인구집단에 대한 10개 항목 기준자료와 대상 집단의 측정자료 간의 비교
- □ 작업자가 작업을 어떻게, 무엇을 하고 있는가를 관찰하고 기록한다.
- □ 작업자가 작업장소에 대하여 갖는 불평들을 기록
- □ 작업자가 작업장과 관련된 이전 부상기록 및 의학적 신체상태(손목관절 이상증세나 힘줄관련 질병의 과거의 의학적 증상)에 관한 정보를 확보한다.

24.4 실습 (2)

24.4.1 개요

이 실습은 컴퓨터 작업실의 측정을 포함한 작업장 설계의 인간공학적 평가를 수행하는데 기초적인 개념을 제공한다. 적절한 도구와 평가방법의 단계가 완료되었을 때 □에 √ 표시를 한다.

24.4.2 도구

(1) 컴퓨터 작업실 측정 실행

- □ 줄자
- □ 조도계
- □ 현장평가표(그림 24.3)

24.4.3 방법

(1) 컴퓨터 작업실의 조도측정

- □ 작업대에서의 조도수준 측정
- □ 화면에서 조도측정
- □ 광원을 머리 위로 수평하게 할지, 아니면 작업실 정면 또는 뒷면에 둘 것인지 결정한다.
- □ 인공조명원의 결정

(2) 컴퓨터 작업실에서 음압수준 측정실행

- □ 컴퓨터 프린터 작동 시, 정지 시 음압수준 측정
- □ 컴퓨터를 둘러싼 벽이 있다면 컴퓨터 프린터 작동 시 둘러싼 벽이 열려있을 때와 닫혀 있을 때의 음압수준 측정

(3) 컴퓨터 작업실에서 온습도 측정

- □ 작업실 지역에서 온습도를 측정
- □ 쾌적한 환기원 확인

(4) 가구에 대한 평가와 컴퓨터 작업실에서 거리와 높이 측정

□ 좌석에 등받이가 설치되어 있는지, 높이는 조절 가능한지 확인
□ 좌석 앞면이 동그랗게 되어 있는지 확인
□ 팔걸이가 있는지, 팔걸이 높이가 조절 가능한지 확인
□ 의자에 등받이가 있는지, 컴퓨터 조작자가 뒤에 기댈 때 등받이가 어깨를 지지하는지 확인
□ 의자 등받이는 높이, 길이, 각도에 대해 조절 가능한지 가능
□ 좌석 등받이 높이 측정
□ 컴퓨터 조작자의 팔, 손목, 손이 작업실에 바르게 있을 때 무릎이 엉덩이 높이와 같게 유지되는지, 지면과 수평한지 확인
□ 컴퓨터 조작자의 발부분이 바닥에 평평하고 확실하게 위치하는지 확인
□ 키보드 높이는 조절가능한지 확인
□ 조작자가 각도 90°로 팔뚝을 뻗친 양 옆에서 조작자의 팔꿈치를 유지하는 위치에서의 키보드와 책상이 조절되는지 확인
□ 키보드와 책상이 조절되어 조작자의 손목이 지지되는지 그리고 곧게 펴진 상태에서 중립위치를 유지하는지 확인
□ 근로자가 업무를 하거나 키보드를 다루기 위하여 팔을 길게 뻗어야 하는지 확인
□ 모니터 높이가 조절 가능한지 확인
□ 바닥면에서부터 화면 중간높이 측정
□ 책상 가장자리에서부터 화면까지의 거리 측정
□ 근로자의 눈에서부터 화면까지의 거리 측정
□ 모니터를 기울일 수 있는지 확인
□ 시야선상과 화면각도 측정
□ 발의 움직임이 편안한지 확인
□ 작업면적 측정
□ 작업실이 1명의 컴퓨터 조작자보다 많은 사람에 의해 사용될지 확인
□ 같은 조작자에 의해 얼마나 오래 작업실이 사용되는지 확인

CHAPTER

25

공기압력, 유속 및 유량의 평가

압력계와 풍속계가 있는 피토관을 사용한 환기시스템의 순간 측정

CHAPTER

25 공기압력, 유속 및 유량의 평가

학습목표 제25장의 학습목표를 달성하기 위해서는 학습자가 내용을 충분히 읽고 이 장과 관련된 자료를 연구하는 자세가 필요하다.

- 환기시스템의 속도압, 유속 및 유량의 순간 측정을 행하기 위하여 사용된 일반적인 기기의 명칭과 확인
- 피토우관, 경사 마노미터, 스윙 밴 풍속계 또는 열선 풍속계를 사용한 환기시스템의 속도압, 유속, 유량 측정의 원리를 요약
- 피토우관, 경사 마노미터와 그네날개형 풍속계를 사용한 속도압과 제어속도의 순간 측정을 수행
- 공기의 속도압, 유속, 유량, 후드 개구면 유속, 후드 제어속도와 관련된 계산 및 환산식의 적용
- 보정 및 현장 측정 결과보고서를 이용하여 적용한 보정 및 시료채취 자료의 기록

25.1 개요

작업장 환경 및 비작업장 환경에서 국소환기와 전체환기(local and general ventilation) 시스템이 효율적으로 작동하는가, 설계되어진 정도로 환기가 되고 있는가, 그리고 기준이나 지침에 부합되는지에 대한 공학적 관리(engineering control)는 정기적으로 평가되어야 한다. 측정은 시스템의 내부와 외부의 측정치들을 기록하여 이루어진다. 내부 측정은 속도압(velocity pressure)과 같은 압력을 송풍관 내부에서 실제 측정하여 이루어지지만, 시스템에서의 공기의 운반속도(transport velocity)와 유량(flow)은 계산으로 구한다. 외부 측정들은 개구면속도(face velocity)와 제어속도(control velocity) 측정들이 포함된다. 개구면 속도는 후드(hood), 배출구(vent) 또는 확산기(diffuser)를 열었을 때, 분당 몇 m가 유입되는가

(m/min)를 반영한다. 제어속도는 오염원이 발생되는 장소에서 후드의 개구면까지의 특정거리에서의 유속을 측정한 것이다.

25.2 측정

환기시스템은 정성적 및 정량적으로 평가할 수 있다. 정성적 평가는 발연관($TiCl_4$)을 끼운 흡인구(吸引球)를 손으로 수축 이완하여 이 때 발생하는 연기의 움직임을 관찰함으로써 간단하게 수행할 수 있다. 이러한 간단한 방법으로 확산기를 통하여 실내로 들어가거나 후드를 통하여 실내로 나가는 공기의 유량을 결정할 수 있다. 더욱이 연기의 움직임을 관찰함으로써 층류와 난류를 확인하는데 도움이 된다.

환기시스템의 정량적 평가는 더욱 복잡하다. 환기시스템 내에서 동압 또는 속도압(velocity pressure), 정압(static pressure) 또는 전압(total pressure)과 같은 공기압력을 정량적으로 측정하기 위해서 가장 일반적으로 사용되는 장치는 경사마노미터가 연결된 피토우관(pitot tube)이다. 피토우관은 전압과 정압을 동시에 알 수 있고 압력 차이에 의하여 속도압을 측정할 수 있도록 되어있다. 경사마노미터는 물이나 오일 같은 액체가 들어 있다. 전자식 마노미터는 경사마노미터를 대신하여 사용되는 대체장치 중의 하나이다. 피토우관은 송풍관(duct)으로 삽입되기 전에 마노미터와 연결되어 있다(그림 25.1). 송풍관 안의 공기압력은 마노미터의 액체를 기울여지게 한다. 그러한 액체의 기울여짐(deflection)은 수압(mmH_2O)으로 측정되며 여러 종류의 속도압(VP) 측정은 수평과 수직으로 송풍관 안쪽(duct lumen) 단면적을 가로지르면서 행하여진다(그림 25.2). 반면에 속도압은 속도(V, velocity)로 전환되고 평균을 취하여 평균운반속도(average transport velocity)를 m/s로 나타낸다. 평균유속과 송풍관의 단면적을 곱하여 유량을 m^3/s 단위로 구한다. 간략히 요약해 보면 다음과 같다.

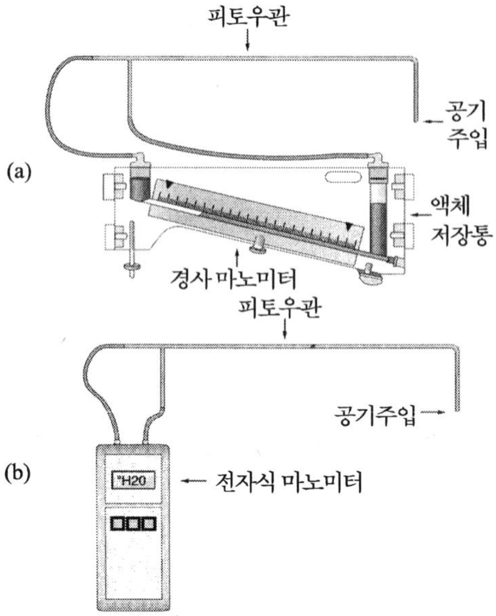

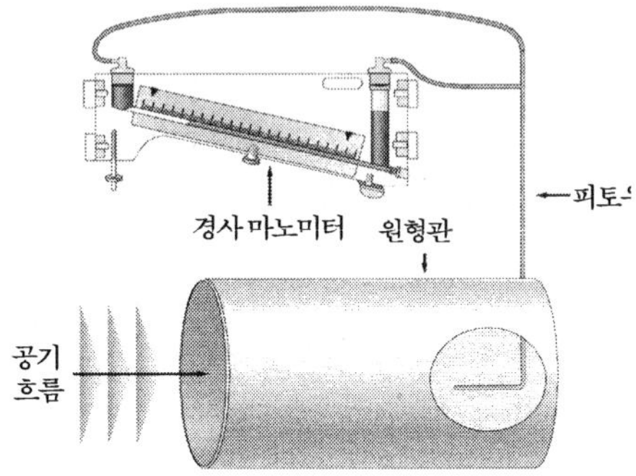

그림 25.1 (a) 액체가 채워진 경사마노미터와 연결된 피토우관 (b) 전자식 마노미터와 연결된 피토우관
그림 25.2 원형 송풍관 내의 단면교차점에서 속도압을 측정하기 위한 피토우관과 마노미터

25.2.1 원형 송풍관의 속도압, 유속 및 유량 측정

- 피토우관과 경사마노미터를 조립하고 단면상의 수직과 수평 교차점을 결정하여 송풍관의 측정공에 피토우관을 삽입시킨다. 그리고 각각의 측정지점에서 속도압(VP)을 기록한다.

25.2.2 평균 속도압, 유속 및 유량의 계산

- 속도압(VP)을 속도(V)로 변환한다(온도 20℃, 기압 760 mmHg로 가정).

$$\mathrm{V}(\mathrm{m/sec}) = 4.04 \times \sqrt{VP}(\mathrm{mmH_2O}) \tag{25.1}$$

- 평균 운반속도 또는 송풍관 속도 계산

$$V_{ovg} = \frac{\sum V}{N} \tag{25.2}$$

- 송풍관의 단면적($\mathrm{A} = \pi \mathrm{d}^2/4$)을 계산하고 이어서 송풍관을 흐르는 유량(Q)을 계산한다.

$$Q(\mathrm{m^3/sec}) = V(\mathrm{m^3/sec}) \times \mathrm{A}(\mathrm{m^2}) \tag{25.3}$$

환기시스템 외부의 개구면속도와 제어속도의 측정은 일반적으로 그네날개형 풍속계(swinging vane anemometer) 또는 열선풍속계(thermal velometer)를 사용한다(그림 25.3). 그네날개형 풍속계는 공기움직임의 반응에 편향하는 진자메카니즘(pendulum mechanism)을 포함하는 기기장치이다. 편향도는 공기속도에 관련되어 있으며 판독장치에 속도량이 나타난다. 열선풍속계는 건전지로 작동되는데 안정적인 온도로 가열된 가는 철사가 포함되어 있는 탐침(probe)으로 구성되어 있다. 공기의 흐름이 가는 철사를 통과할 때 가열되어진 철사는 식게 되고 그 정도가 공기 흐름과 관련되어 측정기에 정량적으로 나타나는 것이다. 속도의 측정들은 후드개구면, 배출구 또는 확산기의 여러 지점에서 이루어지며 그리고 주어진 평균 개구면속도(m/sec)들을 평균한다. 포착속도는 오염원에서 흡인되는 후드의 거리까지 여러 회 측정을 하고 주어진 제어속도를 평균하여 평균 제어속도를 m/s의 단위로 구한다(그림 25.4). 간략한 요약은 다음과 같다.

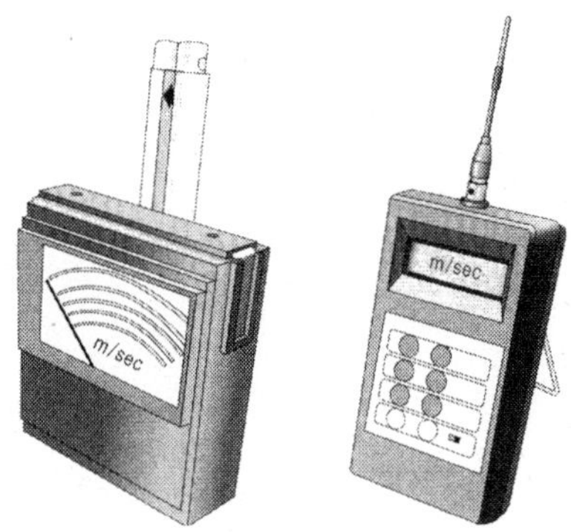

(a) (b)

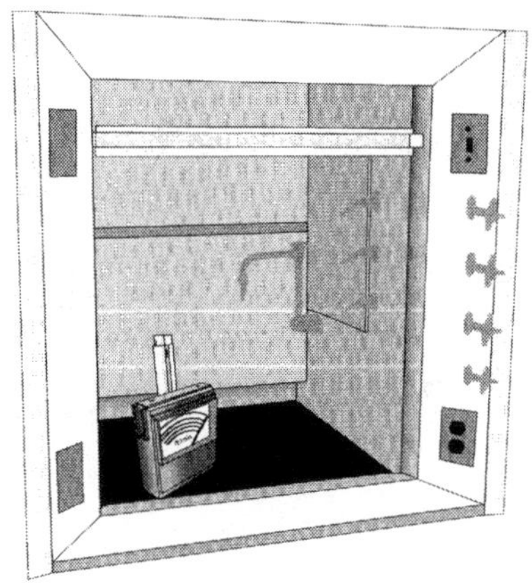

그림 25.3 (a) 그네날개형 풍속계와 (b) 열선 풍속계
그림 25.4 부스형 후드 내의 단면교차점에서 제어속도를 측정하기 위한 그네날개형 풍속계

25.2.3 실험실 후드의 제어속도 및 개구면속도에 대한 측정

- 그네날개형 풍속계 또는 열선풍속계를 조립하고 단면교차점 들의 수(N)를 결정한다. 후드가 열려진 지점에서 측정되어진 속도(V)가 개구면 속도이고, 후드가 열려진 지점에서 오염원이 있는 거리까지의 거리에서 측정한 것이 제어속도이다.

25.2.4 평균 공기속도 계산

식 (25.2)를 이용하여 평균 개구면속도 또는 제어속도를 계산한다.

25.3 실습 (1)

25.3.1 개요

본 실습은 경사마노미터가 연결된 피토우관을 사용하여 환기시스템의 송풍관을 통과하는 속도압, 유속 및 유량의 순간 측정을 수행하는데 필요한 기본적인 개념들을 제공한다. 유량계측장치의 설치에 관한 기술지침에 대한 자세한 사항은 KOSHA CODE E-12-2004를 참조한다. 적절한 기구가 준비되고 시료채취를 위한 각각의 단계가 완료되면 □에 √ 표시를 한다.

25.3.2 기구

(1) 송풍관 크기(duct dimensions)측정 및 교차점(traverse point) 평가

- □ 색연필
- □ 줄자
- □ 송풍관의 직경 이상 되는 작은 직경의 가늠자
- □ 원형 송풍관이 포함된 이용 가능한 환기시스템
- □ 직경 6.35 mm 드릴
- □ 송풍관 테이프
- □ 현장 측정자료 결과보고서(그림 25.5)

(2) 유속 측정과 환기시스템에서 유량의 결정

- □ 표준 피토우관
- □ 고무호스가 부착된 경사마노미터
- □ 마노미터 액체

환기 현장 측정자료 : 속도압, 유속 및 유량

설비 : ____________________ 날짜 : ____________________

측정실 : ____________________ 시스템 및 장소 : ____________

기온 : ____________℉ 기압 : __________mmHg

장비 : ____________ 평가자 : ________

송풍관 직경의 단면도 및 측정(Vp, V)

송풍관 크기 및 직경=______________________________

특정단면에서 속도압 측정

No.	수식		수평		주의사항
	VP	V	VP	V	
1					
2					
3					
4					
5					
6					
7					
8					
9					
10					
평균속도압(VP)=________mmH_2O(V로 변환)					
평균유속(V_{avg})=____________m/s					
면적(A)=____________m^2					
유량(Q)=____________m^3/s					

그림 25.5 속도압 측정을 위한 현장 측정자료 결과보고서

25.3.3 방법

(1) 송풍관 크기측정과 교차점 지정

□ 기존의 환기시스템에 대한 평가나 원형송풍관이 있는 실험실적 모델의 사용에 대해 허가를 받는다.

□ 후드의 하향류로 몇 군데의 송풍관 직경지점을 설정하고, 관이 구부러진 곳(bend) 또는 엘보우(elbow)로부터 상향류로 적어도 4지점에 송풍관 직경지점을 설정한다.

□ 색연필을 사용하여 각각 90°가 되는 두 지점을 표시한다.

□ 각각의 표시된 지점에 드릴로 구멍을 낸다.

□ 원형송풍관의 직경측정을 위하여 구멍에 가늠자를 삽입한다.

□ 송풍관직경 측정에 관련된 수평, 수직면의 피토우 교차점의 위치와 개수를 결정하기 위해 관련된 참고문헌을 참조한다. 예를 들어, 직경 30 cm인 송풍관은 수직 5개, 수평 5개 총 10개의 교차점을 결정한다.

□ 줄자와 색연필을 사용하여 피토우관의 각각의 교차점을 표시한다.

(2) 환기시스템에서 공기압의 측정

□ 경사마노미터 유액조에 유액이 절반이 되도록 한다.

□ 수평대로 장치의 수평을 나타낼 수 있도록 마노미터의 바닥을 조절한다.

□ 대기로 환기될 수 있도록 상단 부위의 구멍(밸브)을 연다.

□ 고무호스에 균열이나 찢어진 부위가 없는지 검사를 한다.

□ 피토우관이 굽어지거나 막히지 않은지 확인 검사한다.

□ 한쪽의 고무호스는 전압측정 부위(수평)에 연결하고 다른 쪽 고무호스는 피토우관의 정압측정 부위(수직)에 연결한다.

□ 정압측정 부위에 연결된 고무호스를 경사마노미터의 유액조에 연결한다.

□ 전압측정 부위에 연결된 경시마노미터의 다른 쪽 부위에 연결한다.

□ 지정된 판을 느슨하게 하여 마노미터의 눈금이 0이 되도록 하여 유액조의 메니스커스가 영점 안에 들어오도록 한 다음 다시 판을 조인다.

□ 조심스럽게 피토관에 공기흐름을 유입시키고 마노미터의 유액이 양의 값이 되도록 한다.

□ 두 호스가 동시에 수축되는 동안 서서히 피토우관을 송풍관(환시시스템의 송풍기를 가동한 상태)에 삽입시키고 제거한다.

□ 피토우관의 개방지점과 공기흐름 방향에 반대되는 쪽에서 정압대(static pressure arm)의 위치를 선정한다.
□ 각각의 수평, 수직방향의 교차점의 속도압을 측정한다.
□ 현장 시료채취자료 결과보고서에 자료를 기입한다.
□ 각각 측정된 속도압 각 지점의 유속을 계산한다.
□ 측정된 유속을 평균한다.
□ 평균 유속(V_{avg})을 이용하여 후드 또는 송풍관의 단면적에서 유량을 계산한다.

25.4 실습 (2)

25.4.1 개요

본 실습을 통해 속도계를 이용하여 제어속도(control velocity)와 부스형 후드로 이동하는 기류의 순간 측정수행을 하기 위한 기본적인 개념을 익힌다. 적절한 기구가 갖추어지고 시료채취를 위한 각각의 단계가 완료되면 □에 √ 표시를 한다.

25.4.2 기구

(1) 후드의 개구면 크기측정 및 교차점의 지정

□ 줄자

(2) 환기시스템의 후드 개구면 속도와 제어속도의 측정

□ 흡인구와 발연관
□ 그네날개형 풍속계 또는 열선풍속계
□ 현장 측정자료 결과보고서(그림 25.6)

25.4.3 방법

(1) 후드의 개구면 크기측정 및 그리드점(grid points) 지정

□ 새시(sash)를 완전히 개방한 상태에서 후드 개구면의 길이와 너비를 측정한다.
□ 새시 개구면에 약 4×4 격자로 이루어지거나 16지점의 가상적인 그리드를 설치한다.

환기현장 측정자료 결과보고서(개구면 및 제어속도)

<table>
<tr><td>설비 : ______________</td><td>날짜 : ________</td></tr>
<tr><td>측정실 : __________________</td><td>시스템 및 장소 : _________</td></tr>
<tr><td>기온 : __________℃</td><td>기압 : _________mmHg</td></tr>
<tr><td>장비 : ___________</td><td>평가자 : ____________</td></tr>
<tr><td colspan="2">후드, 확산장치 또는 환기구 개략도 및 크기</td></tr>
<tr><td colspan="2">

크기 : _________</td></tr>
</table>

<table>
<tr><td>No.</td><td>속도</td><td>No.</td><td>속도</td><td>No.</td><td>속도</td><td>주의사항</td></tr>
<tr><td>1</td><td></td><td>11</td><td></td><td>21</td><td></td><td rowspan="15"></td></tr>
<tr><td>2</td><td></td><td>12</td><td></td><td>22</td><td></td></tr>
<tr><td>3</td><td></td><td>13</td><td></td><td>23</td><td></td></tr>
<tr><td>4</td><td></td><td>14</td><td></td><td>24</td><td></td></tr>
<tr><td>5</td><td></td><td>15</td><td></td><td>25</td><td></td></tr>
<tr><td>6</td><td></td><td>16</td><td></td><td>26</td><td></td></tr>
<tr><td>7</td><td></td><td>17</td><td></td><td>27</td><td></td></tr>
<tr><td>8</td><td></td><td>18</td><td></td><td>28</td><td></td></tr>
<tr><td>9</td><td></td><td>19</td><td></td><td>29</td><td></td></tr>
<tr><td>10</td><td></td><td>20</td><td></td><td>30</td><td></td></tr>
<tr><td colspan="6">평균유속, V_{avg} = ________________m/s</td></tr>
<tr><td colspan="6">면적, A = ________________m^2</td></tr>
<tr><td colspan="6">유량, Q = ________________m^3/s</td></tr>
<tr><td colspan="6">□ 개구면속도</td></tr>
<tr><td colspan="6">□ 제어속도거리(거리 = _________cm)</td></tr>
</table>

그림 25.6 개구면 및 제어속도 측정을 위한 현장 측정자료 결과보고서

(2) 환기시스템의 후드 개구면속도의 제어속도를 측정

- □ 후드의 송풍기 또는 모터를 가동시킨다.
- □ 조심스럽게 발연관의 양쪽 끝을 자르고 한쪽을 흡인구에 끼운다.
- □ 열려진 후드를 향하여 흡인구를 수축이완하면서 연기를 내뿜으면서 연기의 움직임을 관찰하여 열려진 후드 주위에 흐르는 공기류가 층류인지 난류인지를 기록한다.
- □ 풍속계 또는 속도계를 이용하여 각 지점에서의 속도를 측정한다.
- □ 현장 측정자료 결과보고서에 측정된 속도를 기록한다.
- □ 평균 포착속도를 계산한다.
- □ 새시에 대한 다양한 높이에서 위에서 실행한 사항을 반복한다. 대략 0.5 m/s의 제어속도가 되는 위치에 표시를 한다.
- □ 후드를 비운 상태와 후드에 장비(교반기, 증류장치) 등을 설치한 상태에서 반복 측정한다.
- □ 다양한 조건에서 측정되어진 자료들을 비교한다.

25.5 연습문제

예제 25.1 만약 측정된 속도압이 12 mmH_2O이었다면 이때의 공기의 유속은 얼마인가?

풀이_ $V(ft/min) + 4.04 \times \sqrt{VP(mmH_2O)} = 4.04 \times \sqrt{12\ mmH_2O} = 14\ m/s$

예제 25.2 직경 0.3 m인 원형 송풍관의 수평 5지점 및 수직 5지점의 교차점에서 속도압을 측정하였다. 다음에 주어진 속도압 측정치로 송풍관을 흐르는 평균 운반속도를 계산하시오.
속도압 측정치 : 5.3, 6.4, 7.6, 6.9, 5.6, 5.1, 6.1, 7.9, 6.4, 5.3 mmH_2O
(힌트 : 먼저 속도압을 유속으로 변환한 다음 평균속도를 계산한다.)

풀이_ $V_{avg}(m/s) = \dfrac{\Sigma V}{N} = \dfrac{100.8}{10} = 10.08\ m/s$

예제 25.3 예제 25.2에 나타낸 자료를 근거로 유량을 계산하시오.

풀이_

$$\begin{aligned} Q(m^3/s) &= V(m/s) \times A(m^2) \\ &= 10.08(m/s) \times \pi(0.3\ m/2)^2 \\ &= 10.08(m/s) \times 0.07\ m^2 \\ &= 0.71(m^3/s) \end{aligned}$$

CHAPTER

26

개인보호구의 평가

피부 보호구와 호흡 호보구의 선택, 유지, 적합성

CHAPTER

26 개인보호구의 평가

학습목표 제26장의 학습목표를 달성 하기 위해서는 학습자가 내용을 충분히 읽고 이 장과 관련된 자료를 연구하는 자세가 필요하다.

- 개인보호구(PPE, personal protective equipment)의 선택을 위하여 고려해야 할 주요 인자를 나타낸다.
- 여러 가지 피부와 호흡용 보호구의 사용 예, 구성, 적용을 확인한다.
- 공기 정화 호흡용 보호구의 분해 및 조립, 청결유지, 위생
- 개인 호흡용 보호구의 적합성 검사를 위한 목적을 설명한다.
- 개인 호흡용 보호구의 정성 및 정량적 적합성 검사와 현장 사용방법을 나타낸다.
- 정량적 적합성 검사를 수행한다.

26.1 개요

개인보호구와 같은 적절한 통제 방법이 잘 작동, 유지되는지를 알아보기 위해 작업환경은 주기적으로 평가해야 한다. 개인보호구(PPE, personal protective equipment)는 유해발생원과 유해물질에 노출되거나, 직접 접촉하는 것을 방지하기 위해 근로자가 착용하는 장치이다. 개인보호구가 산업안전 및 보건계획에서 가장 현실적이고 가시적이기는 하지만 유해인자를 통제하는데 전문가들이 첫 번째로 하는 선택은 아니다. 이상적으로 작업환경의 유해인자는 공학적 관리대책을 이용한 통제방법을 사용하여 통제되어야 한다.

개인보호구(PPE)는 근로자를 보호하기 위해 근로자의 몸에 부착되는 부분(눈, 호흡기, 피부)에 따라 분류된다. 개인보호구의 주된 역할은 유해인자가 근로자의 신체와 접촉하는 것을 방지하는 것이다. 또한 개인보호구는 근로자와 오염된 작업환경 사이에서 차폐물 역할을 한다. 작업환경에서 사용되는 것 중 이 장에서 설명하는 주된 개인보호구는 피부보호구와

호흡용 보호구이다.

26.2 피부 보호구용 장갑과 의복

피부보호구의 주된 역할은 피부와 유해인자가 접촉하지 못하게 방지하는 것이다. 피부는 대략 1.7 m^2의 표면적을 가지며 환경 중 유해인자로부터 내부 기관을 보호하는 주된 역할을 한다. 피부와 화학물질이 직접 접촉하면 인체에 다양한 악영향을 미친다. 보호구를 선택할 때 화학적 저항력, 디자인 및 구조, 적합성, 일회용 및 재사용 여부, 제조회사, 비용 등 여러 사항을 고려해야만 한다.

피부보호구의 선택시, 불투과성은 절대적이 아니라 상대적인 용어라는 것을 기억해야 한다. 보호구는 모든 화학물질에 대해 차폐물 역할을 하지 못하며 특정 화학물질에 대해서 어떤 경우는 1시간 또는 그 이내에서만 보호될 수 있다. 보호구를 통한 액체 또는 증기의 투과는 보호구 표면에 화학물질의 수착, 보호구 내에서 이루어지는 화학물질의 확산, 보호구에서 착용자의 표면으로 가는 화학물질의 탈착의 세 과정으로 이루어진다(그림 26.1). 투과의 영향인자는 온도, 보호구 두께, 오염물의 수용성, 투과지속성(일단 투과가 일어나면 탈착이 일어날 때까지 투과는 계속 일어난다)이다. 투과시간(보호구 표면에 접촉과 보호구 내부에 화학물질의 검출에 걸린 시간에 따른 보호구 투과율)은 보호구를 선별하거나 적절한 계획관리를 위한 방안을 개선하는데 전문가에게 중요한 자료를 제시해 준다.

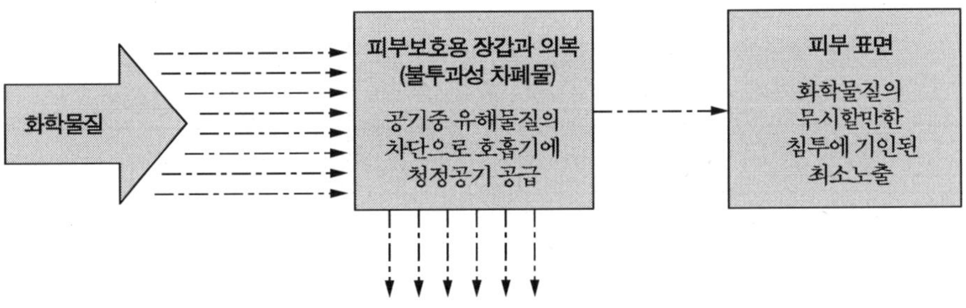

그림 26.1 피부 보호용 인공 차폐물

26.3 호흡용 보호구

호흡용 보호구는 작업환경에서 가장 주로 사용되는 개인보호구의 한 종류이다. 호흡용 보호구의 종류는 공기 정화기, 공기 공급기 그리고 두 가지 기능을 동시에 가진 호흡용 보호구이다(그림 26.2와 그림 26.3). 안면부의 주된 두 가지 형태는 반면식과 전면식 마스크다. 반면식 호흡용 보호구는 코에서 턱까지를 가린다. 전면식 호흡용 보호구는 이마 중간부터 턱까지 가린다. 그러므로 전면식이 반면식보다 상대적으로 보호가 잘 된다.

사용목적에 맞게 보호구를 선택하였는지를 알아보는 것은 중요한 일이다. 보호구가 적합한지를 알아보기 위해 근로자를 평가하는 것도 중요하며 보호구가 깨끗하며 성능이 유지되는가를 알아보는 것도 중요하다. 호흡용 보호구 선택 시, 유해인자에 대해 알아보는 것 역시 필요하다. 필요한 보호구를 결정하기 위해 산소결핍, 유해인자의 물리적 속성, 유해인자의 화학적 속성, 생리적 영향, 독성화합물의 실제농도, 노출기준, 오염물의 속성 등을 정확하게 평가해야만 한다.

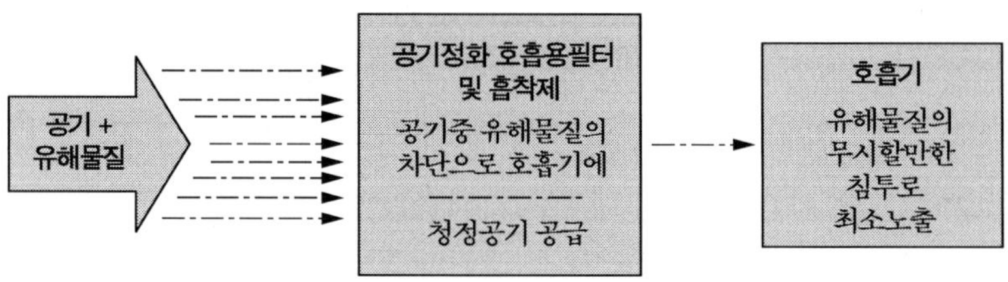

그림 26.2 호흡기 보호용 인공 차페물(공기정화 호흡용 보호구)

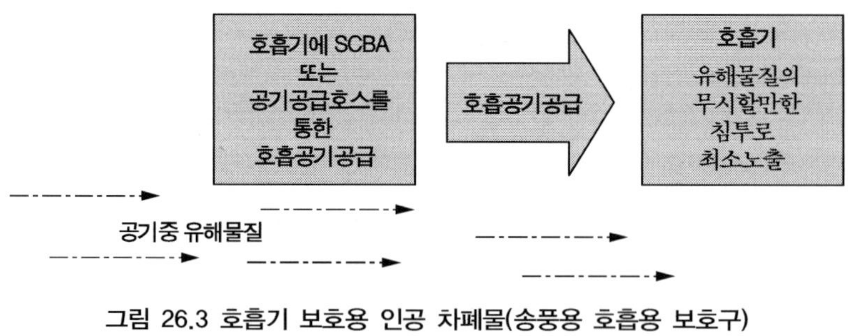

그림 26.3 호흡기 보호용 인공 차페물(송풍용 호흡용 보호구)

호흡용 보호구를 깨끗하게 유지해야 한다. 호흡용 보호구는 고장부분에 대해 지속적으로 평가되어야 한다. 호흡용 보호구는 사용 전·후 점검해야 하며, 최소한 한 달에 한 번은 점검해야 한다. 또한 다른 호흡용 보호구의 부품과 섞이지 않도록 관리되어야 한다.

마지막으로 호흡용 보호구는 먼지, 햇빛, 열, 극한 온도, 고습, 유해한 화학물질로부터 보호하여, 적절하게 보관되어야 한다. 위의 인자로부터 적절히 보호하고, 장비를 효과적으로 정리정돈하기 위해 호흡보호구를 캐비닛 내 플라스틱 가방에 보관해야 한다. 호흡용 보호구는 사용 후 세척과 소독을 해야 한다. 솔을 사용하여 따뜻한 물에 세제로 세척한 후 깨끗한 물로 헹구어 깨끗한 곳에서 건조하는 것이 좋다. 세척과 소독에는 살균제가 포함된 좋은 세제를 사용해야 한다. 차아염소산염 용액이나 아이오딘용액이 여기에 포함된다. 온도는 50~60℃로 유지되어야 하며 따뜻한 물(60℃)로 세척해야 한다.

호흡용 보호구는 판매를 하기 전에 실험실 평가에 기초를 둔 보호계수(PF, protection factors)를 정해야 한다. 보호계수는 실험 조건하에서 바깥 표면의 알고 있는 농도에 상대적인 호흡용 보호구의 안 부분으로 누설된 농도를 근거로 한 단위가 없는 숫자이다.

$$\mathrm{PF} = \frac{\text{바깥 표면에서의 화학물질의 농도}}{\text{안쪽 표면에서의 화학물질의 농도}} \tag{26.1}$$

보호계수는 특정 화학물질로부터 보호하기 위한 특정 호흡용 보호구에 대해 최대사용 농도(MUC, maximum use concentration)로 평가되어 사용될 수 있다. 해당 화학물질에 대한 TLV나 PEL과 같은 작업장 노출한계(OEL, occupational exposure limit)와 보호계수(PF)를 곱한 것이 최대사용농도(MUC)이다.

$$\mathrm{MUC} = \mathrm{PF} \times \mathrm{OEL} \tag{26.2}$$

특정 호흡용 보호구의 PF는 호흡용 보호구가 근로자에게 잘 맞고 적절히 착용되었다는 가정하에서 결정된다. 호흡용 보호구가 근로자에게 적합한가를 알아보기 위해서는 적합성 검사가 필요하다. 적합성 검사란 호흡용 보호구 착용자가 적당한 보호를 받는지를 알아보는 방법을 의미한다. 적합성 검사 시 대상자는 문장이나 숫자 등을 크게 읽는다. 또한 대상자는 머리를 좌우로 위아래로 흔들도록 한다. 적합성 검사에는 두 가지 방법이 있다.

26.3.1 정성적 적합성 검사

이것은 호흡용 보호구의 정성적 적합성에 대한 주관적 평가이다. 정성적 적합성 검사에서 감각기관을 자극할 수 있는 검사가스가 검사시약을 효율적으로 제거하는 여지를 갖춘 호흡용 보호구를 착용한 근로자의 주위로 생성된다. 미세한 누출이 있다면 보호구를 착용한 사람은 그 자극물질을 느낀다. 보통 사용되는 검사시약은 피검자가 불수의적으로 냄새를 맡고, 맛보고,

기침하도록 하는 바나나기름(isoamyl acetate vapor), 사카린, 또는 자극성 연기(염화주석)이다. 정성적 적합성 검사 결과 그 호흡용 보호구가 적합하다면 특정 호흡용 보호구에 주어진 특정 보호계수를 확인할 수 있다. 예를 들어 OSHA 호흡용 보호구 29 CFR 1910.134에 호흡용 보호구의 정성적 적합성 검사가 나타나있다.

26.3.2 정량적 적합성 검사

이것은 적합성을 수적으로 결정하는 객관적 적합성 검사과정이다. 호흡용 보호구의 호흡구역 내의 상대적인 오염물의 농도를 알 수 있도록 하는 내부 탐침을 가진 호흡용 보호구를 대상자가 착용한다(그림 26.4). 염화나트륨, 옥수수기름 미스트(corn oil mist), 폴리에틸렌 글리콜 400(PEG 400), DEHS(di-2-ethylhexyl se- bacate)가 질적 적합성 검사가 성공적으로 끝난 후의 정량적 적합성 검사에 주로 사용되는 시약이다. 적당한 호흡용 보호구를 착용하고 있는 대상자는 알고 있는 농도의 검사시약을 특별장치로 발생시키는 챔버로 들어가게 한다. 호흡용 보호구의 내부 탐침은 내부 공기를 채취한다. 내부농도로 외부농도를 나누어 양적 보호계수를 계산한다.

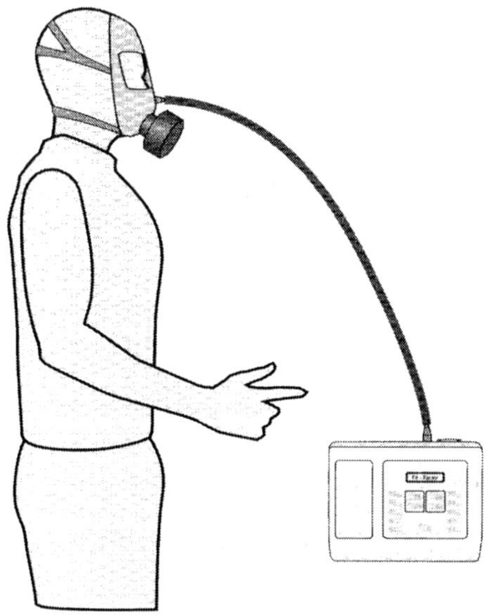

그림 26.4 전면식 방독면을 착용하여 행하는 정량적 적합성 검사

또 다른 장치는 챔버가 필요하지 않고 비교를 하기 위해 보호구 내부, 외부 주위 입자의 농도를 쉽게 측정할 수 있도록 고안된 것이 있다. 외부에서 내부로 오염물의 누설양에 대한 객관적인 평가를 제공하므로 정량적 적합성 검사는 적합성을 결정하는데 보다 더 정확하다. 사실 특정 착용자에 대한 특정 호흡용 보호구의 보호계수는 정량적 적합성 검사결과에 근거를 두어 계산된다. 대부분 경우에 실제 정량적 적합성 검사에 근거를 두어 계산된 보호계수가 호흡용 보호구에 주어지는 보호계수보다 크다. 처음 보호구를 선택하기 전이나 호흡용 보호구 사용 전에 간단한 적합성 검사 중 하나가 수행되어야 한다. 사용 전에 시행하는 양적 적합성 평가는 단순히 적부검사이다. 호흡용 보호구의 양음압 현장검사는 안면과 안면부, 또는 안면부와 밀착부 간의 적합성을 알아보기 위해 필요하다.

26.3.3 음압 및 양압 점검

위에서 요약되어진 정성적 및 정량적 적합성 검사과정 중 하나는 호흡용 보호구의 초기 선택과 사용 전에 수행되어져야 한다는 것이다. 사용 전에 정성적으로 평가를 하기 위해서는 간단한 양·음압 적합성 점검과정이 필수적이다. 간단한 점검은 호흡을 하면서 손바닥으로 입구를 덮거나 숨을 내뱉을 때 출구를 덮은 것이다. 음압 및 양압을 점검하는 동안 공기의 유입이나 유출이 없어야 한다. 음압 및 양압의 현장점검은 호흡용 보호구가 얼굴에 잘 밀착되어 있는지를 알아보기 위하여 행하여진다.

26.4 실습

26.4.1 개요

이 실습은 많은 피부와 호흡용 보호구를 확인하고 선택하는데 있어 기초적 개념을 제공한다. 또한 호흡용 보호구의 청소와 소독의 원리와 정량적 적합성 검사의 수행원리가 설명될 것이다. 더욱 자세한 정성적 및 정량적 적합성 검사 방법의 과정은 KOSHA CODE H-29-2004의 호흡용 보호구 사용지침 및 OSHA 호흡용 보호구 표준의 부록 A에 있으므로 참조하고 적절한 기구를 가지고 있거나 실습의 단계를 끝냈을 때 □에 √ 표시를 한다.

26.4.2 기구

(1) 피부 및 호흡용 보호구의 확인, 선택, 검사

- □ 장갑
- □ 의복
- □ 카트리지나 여과통을 가진 반면식 및 전면식 공기정화 호흡용 보호구
- □ 공기호스와 공기실린더를 가진 자동 공기공급 호흡용 보호구

(2) 호흡용 보호구의 세척 및 소독

- □ 8 L 이하의 플라스틱 용기
- □ 호흡용 보호구를 세척하기 위한 세척액(물비누액)이나 판매되는 세척액
- □ 호흡용 보호구를 소독하기 위한 소독액(물 1 L당 2 mL의 표백제)이나 판매되는 소독액

□ 부드러운 솔
□ 실 보푸라기가 일어나지 않는 천
□ 호흡용 보호구를 보관하기 위한 깨끗하고 번호가 있고 잠글 수 있는 플라스틱 가방

(3) 공기정화 호흡용 보호구의 정성적 적합성 검사

□ 직경 60 cm, 깊이 1.5 m의 깨끗한 폴리에틸렌백으로 된 정성적 적합성 검사챔버
□ 적당한 카트리지나 여과통을 가진 호흡용 보호구의 준비
□ 자극성 발연검사를 하기 위한 염화주석 발연관과 흡인기 또는 바나나 기름 검사를 하기 위한 아이소아밀 아세테이트(isoamyl acetate) 앰플
□ 호흡용 보호구의 적합성 검사 결과보고서(그림 26.5)

(4) 공기정화 호흡용 보호구의 정량적 적합성 검사

□ 정량적 적합성검사 측정기(응축핵 계수기술)
□ 카트리지 또는 여과통이 있는 공기 정화용 호흡용 보호구의 선택
□ 호흡용 보호구의 적합성 검사 결과보고서(그림 26.5)

26.4.3 방법

(1) 피부 호흡용 보호구의 확인 및 선택

□ 감독자가 제공해 준 장갑, 의복, 호흡용 보호구 등 개인보호구를 확인한다.
□ 감독자가 제공한 다양한 인자와 조건에 맞추어서 장갑, 의복, 호흡보호구를 선택한다.

(2) 피부보호구의 검사

□ 개인 피부보호구를 만져보고 관찰하여 인공적 차폐물(피부보호구)의 효율을 저하시킬 수 있는 구멍, 찢어짐, 절단, 깨짐 등이 있나 관찰한다.

(3) 호흡용 보호구의 검사

□ 일회용 공기정화 호흡용 보호구에 대한 점검
□ 흡착제 과립이 새어나와 있는지 등을 살펴서 여지의 구멍이나 흡착제의 손상을 확인한다.
□ 머리끈의 탄력성이나 위치가 제대로 되어 있는지 확인한다.
□ 코마개가 적절한 상태에 있는지 확인한다.
□ 재사용 가능한 공기정화 호흡용 보호구에 대한 점검

현장 평가자료 결과보고서
(호흡용 보호구의 정성적 및 정량적 적합성 검사)

설비명칭 및 장소 : ______________________________

평가수행자 : ______________________________

평가수행날짜 : ____________

적합성 검사과정 형태 :

□ 정성적 적합성 검사(통과/실패 결과) : ____________

적합성 검사매치 : □ 발연관 □ 아이소아밀 아세테이트 □ 사카린 용액

□ 정량적 적합성 검사 :

기기 제조회사/모델명 : ______________________________

에어로졸 : ______

이름	호흡용 보호구 형태	호흡용 보호구 제조회사/모델명	필터/카드리지	호흡용 보호구 크기	적합성 검사결과 (통과/실패)

현장노트(비고) :

그림 26.5 호흡용 보호구의 정성적 및 정량적 적합성 검사를 위한 현장평가 결과보고서

☐ 안면부 표면의 더러워짐, 휨, 깨짐, 구멍 등을 점검한다.

☐ 머리끈의 탄력성이나 위치가 제대로 되어 있는지 확인한다.

☐ 흡기 및 배기 밸브에 구멍이 나 있거나, 깨짐, 더러워짐 등을 확인한다.

☐ 여지 및 흡착제 카트리지와 여과통의 패인 자국, 부식, 유효기간, 개스킷의 기능저하,

깨짐, 더러워짐 등을 확인한다.

□ 여지나 카트리지 등의 부품이 정품인지를 확인한다.

□ 송기식 호흡용 보호구의 점검

□ 공기정화 호흡용 보호구의 체크리스트를 그대로 점검한다.

□ 후드, 헬멧, 막, 옷의 깨짐, 찢어짐, 기능저하 검사

□ 얼굴 보호면의 깨짐, 마멸, 뒤틀림 등 시야를 방해하는 요소들의 검사

□ 공기공급기의 공기 질과 호스의 꺾임, 연결부분, 압력계, 밸브의 균열 등의 검사

□ 압축기를 사용하는 경우, 공기정화기와 일산화탄소(CO)/고온경보기의 검사

□ 자동 공기공급 호흡용 보호구의 점검

□ 공기정화 호흡용 보호구의 조사항목을 그대로 점검한다.

□ 실린더, 압력계, 끈 조임, 조임쇠를 확인하여 공기/산소압 등의 적합성 검사

□ 압력조절기와 경보기의 확인

(4) 호흡용 보호구의 표면 세척

□ 최소한 한 형태의 재사용 가능한 호흡용 보호구를 구한다.

□ 호흡용 보호구를 분해한다.

□ 얼굴부분, 흡기밸브, 배기밸브, 연결관, 여과통/카트리지, 얼굴부분의 렌즈, 끈, 집게, 주름이 있는 호흡관 등 호흡용 보호구의 구성요소를 확인한다.

□ 각 구성요소를 깨끗한 용액에 넣어 부드럽게 씻고, 필요하다면 깨끗한 60℃ 정도의 물에 헹군다.

□ 각 구성요소를 소독액에 넣고 깨끗하고 따뜻한 물에 헹군다.

□ 자연 건조시키거나 실 보푸라기가 없는 천을 사용하여 건조시킨 후 조립한다.

□ 알맞게 조립되었는지를 알아보기 위해 최종 검사를 한다.

□ 깨끗하고 번호가 매겨진 플라스틱 백에 호흡용 보호구를 넣는다.

□ 먼지, 공기오염물질, 유해 화학물질, 햇빛, 극한 온도, 습도로부터 보호하게끔 보관한다. 이때 끈을 사용하여 걸어놓지 않도록 한다.

(5) 호흡용 보호구 안면부의 양–음압 적합성 검사

- 음압검사

□ 보관된 적당한 카트리지나 여과통이 장착된 공기정화 호흡용 보호구를 쓴다.

□ 호흡용 보호구가 편하게 착용되도록 얼굴부분과 끈을 고정시킨다. 그러나 꽉 묶지는

말아라.

□ 손으로 잡거나 호흡관을 눌러서 여과통, 카트리지, 여지의 입구를 막는다.

□ 얼굴 부분의 흡입밸브가 접어진 상태에서 숨을 10초 동안 참는다.

□ 얼굴 부분에 공기의 유입의 증거가 없이 흡입밸브가 접어진 채로 있다면 적합하다고 판정한다.

- 양압검사

□ 손으로 막아 흡입밸브를 막은 채로 호흡용 보호구를 유지시킨다.

□ 안면부로 배기시킨다.

□ 공기의 누출로 인한 누설이 없이 압력이 생긴다면 적합하다.

(6) 공기정화 호흡용 보호구의 정성적 적합성 검사

□ 고리볼트에 백을 달아서 마루에서 챔버의 천장 높이가 약 2 cm가 되게 한다.

□ 적절한 카트리지나 여과통이 장착된 공기정화 호흡용 보호구를 착용할 지원자를 선택한다. 지원자가 호흡용 보호구에 대한 사전교육을 받았다는 것과 호흡용 보호구를 착용하는 것이 의학적으로 문제가 없는지를 확인한다. 염화주석 연기를 사용한다면 입자상물질에 대해 승인된 카트리지나 여과통을 사용하고, 아이소아밀 아세테이트를 사용한다면 유기용제 증기에 대해 승인된 카트리지나 여과통을 사용한다. 대신, 입자상물질과 유기용제 증기에 대해 승인된 카트리지나 여과통을 사용할 수 있다.

□ 지원자들이 정성적 적합성 검사의 원리와 목적을 이해하고 안도감을 느끼게 하기 위해 지원자들에게 정성적 적합성 검사의 단계를 설명해 주고 지원자가 원할 때에는 언제든지 챔버를 나갈 수 있다고 말해준다.

□ 호흡용 보호구가 적절히 착용되었으며 안전한지를 확인한다. 예비 적-부 검사를 실시한다.

□ 지원자들을 적합성 검사 챔버에 들어 보낸다.

□ 자극성 연기를 사용한다면 유리관의 양쪽을 깨서 흡입기에 관을 연결하고 구멍을 통해 챔버 내로 여러 번 연기를 뿜어낸다. 대신 아이소아밀 아세테이트를 사용한다면 뚜껑을 연 앰플이나 아이소아밀 아세테이트를 적신 종이 수건을 챔버 내에 매단다.

□ 허리를 위아래로 구부리면서 미리 준비한 문장(측정자가 준비해야 함)을 읽게 한 다음 머리를 좌우, 위아래로 흔들게 한다.

(7) 공기정화 호흡용 보호구의 정량적 적합성 검사

□ 적절한 카트리지나 여과통이 장착된 공기정화 호흡용 보호구를 착용할 지원자를 선택한다. 입자상물질에 대해 승인된 통합 카트리지나 여과통을 사용할 수 있다.

□ 지원자들이 정량적 적합성 검사의 원리와 목적을 이해하고 안도감을 느끼게 하기 위해 지원자들에게 정량적 적합성 검사의 단계를 설명해 주고 지원자가 원할 때에는 언제든지 챔버를 나갈 수 있다고 말해준다.

□ 호흡용 보호구가 적절히 착용되었으며 안전한지를 확인한다. 예비 적-부 검사를 실시한다.

□ 시료채취선이 전면의 구멍과 적합성 측정기에 연결되었다고 가정한다. 적합성 측정기의 매뉴얼대로 작동하면서 점검을 시작한다. 또한 지원자가 실제 점검 전에 5분 정도 보호구를 쓰고 있는다.

□ 허리를 위아래로 구부리면서 숨을 깊이 들이 쉬게 한 다음 머리를 좌우, 위아래로 흔들게 한다.

□ 보호구 또는 적합성 인자를 확인하기 위하여 표시창에 써 있는 글씨를 읽게 한다.

CHAPTER

27

폐기능 검사

일체형 전자식 폐활량계(Spirometer)를 이용한 측정

CHAPTER

27 폐기능 검사

학습목표 제27장의 학습목표를 달성하기 위해서는 학습자가 내용을 충분히 읽고 이 장과 관련된 자료를 연구하는 자세가 필요하다.

- 폐기능 순간 측정에 사용된 기기에 대한 각 부의 명칭, 기능, 작동법 숙지
- 폐기능 측정의 원리파악
- 폐기능의 측정방법 수행
- 현장 측정 결과보고서를 이용한 모든 측정자료의 기록

27.1 개요

폐기능 검사(PFTs, pulmonary function tests)는 다른 방법으로는 측정하지 못하는 호흡기 장애를 파악하기 위하여 폐의 용적과 기능을 측정하는 방법이다. 그러나 폐기능 검사는 산업위생관리기사(산업기사)의 일상적인 업무는 아니다. 18장의 청력검사에서 언급한 바와 같이, 산업위생사가 폐기능 검사를 수행해야 할 이유는 없다. 대부분의 경우 폐기능 검사는 자격이 있는 임상의, 호흡기치료사나 간호사에 의해서 수행되어져야 하지만, 산업위생관리기사(산업기사)들도 폐기능 검사에 친숙해야 할 필요성이 있다. 산업위생과 관련된 폐기능 검사의 두 가지 중요한 적용분야는 작업자가 호흡용 보호구를 착용할 수 있는지를 평가하는 것과 직업과 연관된 호흡기계 질환을 확인하는 것이다. 사실 폐기능 검사는 호흡용 보호구를 착용해야 하는 작업자나, 호흡기계에 독성이 있는 유해인자에 노출되는 작업자들을 대상으로 하는 의학적 감시의 한 부분이다. 미국의 산업안전보건청(OSHA, occupational safety and health administration)의 호흡기 보호기준(respiratory protection standard, 29CFR 1910, 134)에서는 작업자가 자신의 건강상태와 호흡용 보호구를 착용여부를 판단하기 위하여 폐기능 검사가 포함된 의학적 평가를 받아야 한다고 나타나 있다. 중요한 폐기능 검사는 직업성 천식에

의한 폐색성 폐질환과 석면에 의한 폐질환과 같은 폐장애 진단법에 적합한 폐활량, 폐용적 및 확산력 측정 등이 있다.

27.2 측정

폐활량계는 폐기능 검사를 수행하는 도구이다. 이 기기는 폐의 호흡용적변화를 측정한다. 전자식 폐활량계는 용적변환 폐활량계를 대신해서 점차 그 사용이 늘어가고 있는 추세이다. 전자식 폐활량계는 또는 폐기능 검사기는 피검자의 호기나 흡기 시에 생기는 기류의 용적을 측정하는 전자장치이다. 이 기구는 마우스피스와 기구를 연결하는 유연관으로 구성되어 있다. 피검자는 코마개로 코를 막은 상태에서 마우스피스를 물고 지시에 따라 숨을 내쉬거나 들이쉰다(그림 27.1). 피검자에게서 나오는 기류는 전기신호로 바뀌어 직독식 계기판에 숫자로 표시된다. 이 기구들은 일반적으로 컴퓨터와 연결되어 있다. 폐활량곡선은 노력성 호기 동안에 시간 대 용적, 또는 용적 대 기류량와 용적과의 관련 자료를 그림으로 나타내준다.

최고로 숨을 들이쉰 후, 끝까지 숨을 내쉬었을 때의 총 용적이 노력성 폐활량(FVC, forced vital capacity)이다. 1초 동안 최고로 숨을 많이 내쉬었을 때의 용적을 1초간 노력성 호기량(FEV_1, forced exhaled volume)이라고 한다. 노력성 폐활량과 1초간 노력성 호기량은 L단위로 측정되어지고, 폐기능 검사기는 일반적으로 7 L가 넘는 용적을 측정할 수 있으며 호기량은 최소 10초 이상 누적되어 진다. 노력성 폐활량과 1초간 노력성 호기량은 폐기능 검사시 측정하는 두 가지 중요한 요소이다. 1초간 노력성 호기량과 노력성 폐활량의 비(FEV_1/FVC)는 임상의에 있어서 매우 진단적 가치가 높은 정보를 제공한다. 노력성 폐활량과 1초간 노력성 호기량의 정상치(보통 정상치가 0.7 정도임)는 피검자들의 연령, 신장, 체중, 성, 인종에 따라 다양한 값을 갖는다. 폐기능 검사기의 보정이 잘못되어 있거나 조작을 제대로 못하였을 때에도 많은 오차가 생길 수 있으며,

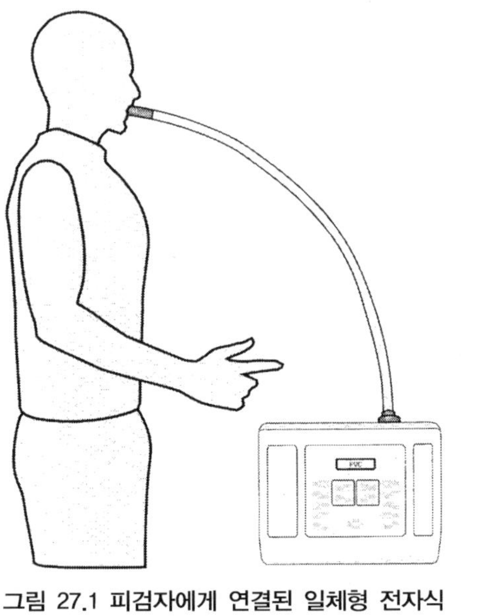

그림 27.1 피검자에게 연결된 일체형 전자식 폐활량계 또는 폐기능 검사기

더욱이 피검자가 제대로 호흡을 하지 못하였을 때에도 많은 잘못된 폐기능 자료가 발생할 수 있다.

27.3 실습

27.3.1 개요

이 실습은 일체형 전자식 폐활량계를 이용하여 순간 폐기능 측정을 수행하는데 있어서 기본적인 정보를 제공한다. 더 자세한 내용은 KOSHA CODE H-17-1999 '폐기량검사지침'을 참조하기 바란다. 평가방법을 위한 적절한 기구가 준비되었거나, 필요한 단계를 마쳤으면 □에 √ 표시를 한다.

27.3.2 기구

(1) 일체형 전자식 폐활량계의 보정

- □ 3 L 보정용 주사기

(2) 폐기능 검사의 수행

- □ 일체형 전자식 폐활량계 또는 폐기능 검사기
- □ 일회용 마우스피스
- □ 코마개
- □ 측정 결과 결과보고서(그림 27.2)

27.3.3 방법

(1) 일체형 전자식 폐활량계의 보정

- □ 폐기능 검사기의 조립과 작동을 위하여 제조회사의 사용설명서를 참조한다. 폐기능 검사기는 사용 전·후에 보정하여야 하며, 주기적으로 제조업체로 보내서 보정하여야 한다.

현장평가 결과보고서(개인 폐기능 검사)

설비명칭 및 장소 : ____________________

평가수행자 : ____________________

평가수행날짜 : __________

측정기기(모델명 및 제조회사) : ____________________

____

보정 전 검사 : __________L 보정 후 검사 : __________L

개인명	성별	나이 (yr)	키 (cm)	몸무게 (kg)	폐기물검사 결과		
					FVC (L)	FEV_1 (L)	FEV_1 : FVC 비율

측정 시 특이사항 및 비고 :

그림 27.2 폐기능 검사에 쓰이는 현장평가 자료표

□ 기기를 켠다.

□ 보정용 주사기의 플런저를 뒤로 뽑는다.

□ 호기를 만들기 위하여 최대 10초 안에 3 L의 공기를 주입한다.

□ 플런저를 뒤로 뽑아 흡기를 만들기 위하여 최대 10초 안에 3 L의 공기를 빨아들인다.

□ 이러한 과정을 컴퓨터 또는 직독식 장치에서 표시되는 호기와 흡기의 용적이 3.0±0.01 L 이내의 범위에 들 때까지 반복한다.

(2) 폐기능 검사의 수행

□ 피검사자에게 폐기능 검사의 목적과 검사 방법을 간단하게 설명한다.

□ 기기를 켜서 작동되는지 확인한다.

□ 마우스피스 연결부에 일회용 마우스피스를 연결한다.

□ 코마개를 피검자의 코에 끼우고 콧구멍을 누른다.

□ 피검자에게 마우스피스를 물게 하고, 입술 주위로 공기가 새지 않도록 잘 고정시킨다.

□ 일회 호흡량의 그래프를 얻기 위해 피검자가 안정된 상태에서 평상시대로 호흡하도록 한다.

□ 일회 호흡량이 일정하게 나오면, 피검자에게 최대한 숨을 들이쉰 후 최대한 빠르고, 강하게 숨을 내쉬도록 한다.

□ 측정된 노력성 폐활량(FVC)과 1초간 노력성 호기량(FEV_1)을 기록한다.

□ 위의 과정을 2회 이상 반복하여 가장 잘 나온 결과를 기록한다.

□ 측정기사의 이름, 피검자의 이름, 연령, 신장, 체중, 성, 인종과 일체형 전자식 폐활량계의 제조회사와 모델명을 기입하여 측정자료 결과보고서를 완성한다.

CHAPTER

28

작업환경측정 및 평가의 총정리(문제풀이)

CHAPTER 28

작업환경측정 및 평가의 총정리(문제풀이)

학습목표 제28장의 학습목표를 달성하기 위해서는 학습자가 내용을 충분히 읽고 이 장과 관련된 자료를 연구하는 자세가 필요하다.

- 작업환경측정의 정의 및 목적의 숙지
- 작업환경측정에 사용되는 각종 장치의 원리파악
- 작업환경측정의 전반적인 수행방법 요약
- 작업환경측정 자료를 통한 허용기준의 계산

1. 작업장의 유해인자의 종류를 4가지로 분류하시오.

2. 작업환경측정 시 예비조사에서 조사해야 할 내용을 서술하시오.

3. 예비조사의 궁극적인 목적은 무엇인가?

   우선 첫째는 근로자에게 건강상의 장해를 줄 수 있는 유해인자를 모두 알아내고 이들을 정확하게 측정하기 위한 전략을 수립하는 것이다. 둘째는 유사노출그룹을 설정하는 것이다.

4. 화학적 인자의 유해특성을 알아보기 위한 방법으로는 무엇이 있는가?

5. “물질안전보건자료(MSDS)”란 무엇인가?

6. 인테넷 검색엔진에서 주요어를 “MSDS”라고 입력하여 정보를 찾아보자.

7. 유사노출그룹(HEG)이란 무엇인가?

8. 유사노출그룹 설정이 근로자 노출농도 측정에 있어서 중요한 이유는 무엇인가?

9. 모든 근로자를 HEG로 구분하고 HEG별로 최소한 몇 개의 표본을 선택해야 경제적인가?

10. 유사노출그룹을 설정하는 이유(또는 활용목적) 4가지를 쓰시오.

11. 작업환경측정의 가장 큰 목적은 무엇인가?

유해인자에 대한 근로자의 노출정도를 알아내는 것이다. 노출정도에 문제가 있다면 그 원인을 파악하기 위해서 노출원, 발생원, 위험작업 등을 알아내는 것도 측정의 목적이다. 측정의 여러 가지 목적을 외우지 말고 왜 측정을 하는가를 이해하면 된다.

12. 개인시료의 측정결과로 근로자의 노출정도를 평가하는 원리는 무엇인가?

근로자가 유해물질에 노출되는 정도를 알려면 유해물질이 몸속으로 들어가 영향을 미치는 조직을 해부해서 그 양을 측정해야 한다. 그러나 이것은 불가능하다. 따라서 근로자의 호흡기 주변(반경 30 cm)에서의 농도를 측정함으로써 간접적으로 노출농도로 추정(estimation)하는 것이다. 즉, 호흡기 주변의 공기가 그대로 호흡기를 통해서 흡수된다고 가정하고 그 노출농도를 측정하는 것이다. 그래서 유효노출(effective exposure)이라고 한다.

13. 왜 개인시료에 의한 측정농도를 유효노출이라 하는가?

14. 시료채취 전략을 수립하였으면 유해인자별 측정기구를 준비해야 한다. 이들 중 공기 중 화학적 인자를 측정하는 경우에는 공기를 채취해야 한다. 그러면 얼마만큼의 공기(L)를 채취해야 하는가?

물질별 대략적인 채취유량 범위

- 입자상물질 : 1~3 L/분
- 가스상 물질 : 0.2 L/분 이하

15. 50 mL뷰렛을 가지고 0.18 L/분으로 채취유량을 설정하고자 한다. 비누방울이 0에서 50 mL까지 도달하는데 걸리는 시간(sec)은 얼마여야 하는가?

16. 200 mL뷰렛을 가지고 비누방울을 이용하여 보정하고자 한다. 0 에서 200 mL까지 도달하는데 걸리는 시간 30초였다. 이 펌프의 채취유량(L/min)은?

17. 공기를 채취하는 펌프에 대한 보정은 측정전과 후에 모두 하여야 한다. 그 이유는?

18. 금속을 분석하고자 할 때 MCE 필터를 이용하는 이유는?

19. 입자상물질이란 무엇이고 그 종류는?

20. 입자상물질의 채취원리는?

21. 입자상물질을 입자크기별로 구분하여 채취하고자 할 때 이용되는 기구는?

22. 입자상물질을 입자크기별로 구분하고 그 정의를 설명하시오.

23. 호흡성입자상물질을 채취하고자 한다. 그 원리는 무엇인가?

24. 호흡성입자상물질을 채취하고자 할 때 채취유량과 그 이유는?

25. 고체흡착관을 유기용제의 특성에 따라 구분해 보시오.

26. 가스와 증기의 차이점은 무엇인가?

27. 고체흡착관의 구조와 종류를 설명하여 보시오.

28. 파과현상(breakthrough)이란 무엇인가?

29. 고체흡착관의 앞 층과 뒤 층을 구분하여 분석하는 이유는?

30. 임핀저에 의한 가스상물질의 채취원리는?

31. 개인시료(personal sample)와 지역시료를 구분하여 설명하시오.

32. 전작업시간 연속시료채취가 근로자노출농도를 추정하는데 가장 좋은 이유는 무엇인가?

33. 매체(여재)를 갈아 준다는 것은 무슨 의미인가?

34. 전작업시간 연속시료채취가 왜 가장 좋은 방법인가?

35. 극성과 비극성이란 무엇인가?

    비극성(무극성)은 결합된 전자쌍이 치우침이 없는 화합물을 말한다. 각종 유기용제류(방향족, 지방족 등)가 여기에 해당된다. 극성은 결합된 전자쌍이 치우침이 있는 화합물을 말한다. 불산, 염산, 질산 등이 여기에 해당된다.

36. 고체흡착관에 의한 채취원리는 무엇인가?

37. 공시료란 무엇이고 왜 반드시 준비해야 하는가?

    측정해야 하는 양은 오직 근로자가 일하는 곳에서의 공기 중에 있는 유해물질이다. 그러나 운반, 분석과정에서 어쩔 수 없이 오염되는 미량의 물질들이 있을 수 있다. 즉, 이들은 분석시약 중에 포함되어 있을 수도 있고, 운반가방에서도 있을 수 있다. 오염된 양이 인정할 정도로 적다면 보정하고 나면 문제가 되지 않는다. 오염된 양을 보정하기 위해서 공시료가 필요한 것이다.

38. 어떤 작업장에서 근무하는 근로자의 유기용제에 대한 노출정도를 측정하고자 한다. 우선 측정하기 전에 펌프를 보정해야 한다. 다음 물음에 답하시오.
   1) 보정이란 무엇을 말하는가?
   2) 보정하는데 뷰렛을 이용하고자 한다. 보정을 위해 필요한 것과 실험장치를 그려서(혹은 명칭에 따라) 연결해 보시오.
   3) 뷰렛의 200 mL를 비누거품이 이동한 시간이 58초였다. 이 펌프의 유량(L/분)은 얼마인가?
   4) 펌프의 유량을 0.15 L/min으로 보정하고자 한다. 뷰렛의 200 mL을 비누거품이 올라가는데 걸려야 할 시간(분)은?

39. 목욕탕마다 몸무게가 다르게 나타나는 경우가 있다. 그 원인은 무엇일까 생각해 보자. 또한 체중계와 무게를 재는 천칭의 보정원리는 무엇인가 생각해 보자.

40. 서울시내에 설치되어 있는 대기오염 자동 측정장치를 통해서 전광판에 표시되어 있는 오존, 일산화탄소, 이산화질소, 아황산가스 등의 농도를 확인할 수 있을 것이다. 이것은 일종의 직독식 측정기구이다. 그러면 전광판에 농도가 나타나는 측정원리는 무엇인가?

41. 염화비닐(vinyl chloride)을 이용하여 PVC수지를 만드는 화학공장이 있다. 염화비닐은 간암을 유발하는 물질로서 허용기준은 1 ppm이다. 따라서 이 공장은 공기 중에 0.5 ppm이 되면 경보가 발령되도록 가스검지기를 설치했다. 즉, 0.5 ppm의 알고 있는 농도를 가스검지기에 입력시켜 경보가 울리도록 한 것이다. 여기에서 15년 근무했던 근로자가 간암이 발병되었다고 가정하자. 그 동안 경보가 울린 적이 없었으므로 작업환경은 양호하였다고 관리자는 말한다. 간암의 발병원인이 염화비닐에 의한 노출이라고 가정할 때 어떻게 논리적으로 조사를 하겠는가?

42. 천칭(balance)이란 어떤 기기인가?

43. AAS는 원자화방법에 따라 3가지로 분류한다. 이 3가지 방법은 무엇인가?

44. 시료전처리의 3단계는?

45. 크로마토그래피란 무엇인가?

46. 크로마토그래피를 2가지로 분류하고 분류되는 기준은?

47. 이동상, 고정상, 체류시간(retention time), 크로마토그램이란 무엇인가?

48. GC를 고정상의 특성에 따라 2가지로 분류하여 보시오.

49. GC의 구성장치를 열거하고 그 기능을 설명하여 보시오.

50. 주물공장에서 발생되는 먼지를 측정하고자 한다. 측정 전 PVC여지의 무게는 0.4130 mg이었고 측정후의 무게는 0.5130 mg이었다. 공시료의 측정 전과 후의 무게는 0.4110 mg으로 동일하였다. 한편 공기채취유량은 2.3 L/분으로 420분 채취하였다. 먼지의 농도(mg/m^3)는 얼마인가?

51. 자동차정비업소 발생되는 입자상물질(aerosol)을 측정하고자 한다. 측정시간은 08:25부터 11:55까지였고 채취유량은 1.99 L/분이었다. PVC여지로 채취한 후 분석실에서 분진의 양을 재고 공시료를 보정한 결과 0.213 mg이었다. 농도(mg/m^3)는 얼마인가?

   1) 여기서는 공시료를 보정한 값으로 주어졌으므로 쉽게 먼지의 양을 구할 수 있다. 그러나 공시료를 보정하는 이유와 방법을 이해하고 있어야 한다.

   2) 농도의 단위환산에 주의해야 한다. 질문한 대로 항상 단위를 환산해야 한다.

52. 크롬 도금공장에서 공기 중 크롬농도를 측정하고자 한다. 공기의 채취용량은 284 L였다. 전처리 후에 질산 10 mL로 추출하여 불꽃을 이용한 AAS로 분석하였다. AAS의 분석결과가 채취한 시료에서는 4.5 ppm, 공시료에서는 0.04 ppm이었다. 한편 평균 회수율은 98%였다. 농도(mg/m^3)를 구하시오.

53. 납축전지를 제조하는 공정에서 납을 측정하고자 한다. MCE여지를 사용하여 164 L의 공기를 채취하였다. 분석한 결과 채취한 매체에서는 0.1090 μPa이었고 공시료(blank)에서는 0.0010 μg이었다. 회수율은 98%였다. 농도(mg/m^3)는 얼마인가?

   1) 분자와 분모의 단위환산을 질문대로 적정히 해야 함.

   2) 유해물질의 농도=(유해물질의 양/공기채취량)이다. 여기에 공시료를 분자에 보정해주고 회수율을 보정해 주면 된다.

54. 톨루엔을 GC로 분석한 결과 앞 층에서 0.8810 μg, 뒷 층에서 0.0001 μg이었다. 공시료는 0.0001 μg이었다. 탈착율은 102%였다. 공기채취량은 12 L였을 때 공기 중 벤젠의 농도(μg/m^3)는 얼마인가?

55. 입자상물질의 정의와 종류를 들어보시오.

56. 흄의 발생기전과 공정 2가지를 들어보시오.

57. 입자상물질에 장기간 노출되어 폐포의 산소교환능력이 떨어지는 것을 진폐증이라 한다. 현재 우리나라 직업병 중 진폐증의 현황을 조사하시오.

58. 최근에 입자의 역학적 크기 특성을 측정하는 방법으로 바뀌고 있는 이유는 무엇인가 생각해 보시오. 단지 입자상물질의 물리적인 크기만을 측정했을 때 건강상의 영향을 평가할 수 있겠는가? 입자상물질이 가지고 있는 농도, 크기 등의 역학적 특성까지도 측정해야 건강상의 영향을 파악할 수 있겠는가?

59. MMD란 무엇이며 이러한 특성을 측정할 수 있는 기기는 무엇인가?

60. 흡입성, 흉곽성, 호흡성 먼지의 정의와 50%가 침착되는 입자크기를 나타내시오.

61. ACGIH란 어떤 기관인가?

62. 입자크기별로 시료를 채취해야 하는 이유는 무엇인가?

63. 측정한 총 입자상물질과 호흡성 입자상물질의 농도가 동일했다. 이것에 근로자가 노출되었을 때 어떤 종류의 입자상물질이 더 유해한가?

64. 여과에 의한 입자상물질의 채취원리(관성, 확산, 차단)를 설명하시오.

65. 사이클론에 의한 호흡성분진의 채취시 10 μm 이상의 입자는 밑으로 모두 가라앉아 제거되고 그 이하는 모두 채취되는가 ? 여기에 대해서 설명하시오.

사이클론을 이용하여 입자상물질을 채취할 때, 공기역학적 직경이 2 μm 인 입자는 필터에 채취되는 효율이 적어도 90%가 된다. 2.5 μm 인 입자는 적어도 75%, 3.5 μm 인 입자는 50%, 그리고 5 μm 인 입자는 25%가 채취된다. 그리고 10 μm 이상의 입자는 채취되지 않는다. 10 mm 사이클론의 입자크기별 채취효율은 폐포에 침착되는 율과 동일하게 한 것이다.

66. MCE 멤브레인 필터가 중량분석에는 이용하지 않는 이유는?

67. MCE 멤브레인 필터가 석면, 금속분석에 이용되는 이유는?

68. PVC 필터가 중량분석에 이용되는 이유는?

69. 섬유필터가 멤브레인 필터에 비해 갖는 장점은 무엇인가?

70. 필터가 흡습성이 있는 경우, 입자상물질의 채취와 분석에 어떤 영향을 미치는가?

71. 왜 중량분석을 할 경우 PVC여지는 사용하고 MCE여지는 사용하지 못하는가?

72. 공시료란 무엇이고 필요한 이유는?

입자상물질을 채취할 때나 실제 무게를 재는 과정, 운반하는 과정에서 입자상물질에 오염이 될 수 있다. 즉, 측정 이외의 과정에서 오염이 될 수가 있다. 이러한 양을 보정해주기 위해서 공시료는 반드시 필요하다. 공시료 수는 10개당 2개를 준비한다(NIOSH, 1994).

73. 개인시료를 채취할 때 왜 호흡기 주변 30cm에 여지를 장착하는가?

74. 공기채취용량(L)을 구하는 식을 쓰시오.

75. 채취 후에도 채취기구의 유량을 보정하는 이유는 무엇인가?

펌프(공기채취기구)가 8시간 동안 공기를 채취하는 일을 하면 그 성능이 저하될 수도 있다. 또한 여지에 많은 양의 입자상물질이 채취되면 부하가 걸릴 수 있어 그 성능이 저하될 수 있다. 이러한 이유 때문에 측정전과 후에 유량을 보정해서 평균 채취유량을 적용해야 한다.

76. 필터 중의 입자상물질의 무게를 분석하는 것과 입자상물질 중의 특정 금속의 성분이나 그 양을 분석하는 것의 차이는 무엇인가?

77. 전처리에서 회화용액으로 사용하는 강산은 어떤 것이 있으며 그 목적은 무엇인가?

78. 회화과정을 3단계로 요약해 보시오.

79. 기질(matrix)이 모두 분해되는 시점을 알아내는 지표는?

80. 금속의 분석에서는 금속화합물만을 남기고 다른 기질은 완벽하게 제거하는 것이 가장 중요하다. 그 이유는?

만일 매트릭스가 모두 분해되지 않은 상태에서 질산을 더 이상 처리하지 않고 분석을 하는 경우 분해되지 않고 남은 입자들이 파장을 흡수하여 정확한 분석을 할 수가 없다.

81. Beer-Lambert 법칙이란 무엇인가?

$A = \epsilon bc = \log(I_o/I)$

A = 흡광도

ϵ = 몰흡광계수

b = 빛이 통과하는 셀의 길이

c = 시료의 농도

I_o =불꽃에 시료를 주입시키지 않고 측정한 복사선의 세기(reference beam, 100)

I =불꽃에 시료를 통과시켜 나온 빛의 세기, 투광도(sample beam, %)

82. AAS에서 빛의 강도가 I_o의 단색광이 어떤 시료 용액을 통과할 때 그 빛의 90%가 흡수될 경우 흡광도는 얼마인가?

$A = \epsilon bc = \log(I_o/I)$ 에서 투광도는 $100-90=10\%$

$\therefore A = \log(100/10) = 1$

83. 금속원자의 화학적 결합을 깨서 중성원자로 만드는 방법은 3가지가 있다. 무엇인가?

84. 전처리한 상태의 금속은 화합물형태이다. 그런데 이 화합물 형태를 왜 깨야 하는가?

85. 1988년에 문송면 군은 형광등제조업체에 근무하다 수은중독으로 사망하였다. 사망한 원인은 수은을 취급하면서도 작업장에 적정한 배기시설이 없었고 보호구도 지급되지 않았기 때문이다. 문송면 군의 수은중독과 관련하여 아래와 같은 사항에 대한 정보를 찾아보시오.

1) 형광등제조업체에서 수은(Mercury)은 어디에 사용하는가?

2) 일본에서 일어난 미나마타병의 원인은 무엇인가?

3) 수은에 의한 건강상의 장해는 어떤 것이 있는가?

86. 검량선을 작성할 때 금속별 최적으로 분석할 수 있는 농도범위를 아는 것이 중요하다. 그 이유는?

87. 표준용액을 제조하는 방법을 간단히 기술해 보시오.

88. 표준용액이 정확하지 않으면 어떤 문제가 발생되는가?

89. 검량선의 신뢰성을 확인하는 방법은?

90. 납축전지 제조업에서 공기 중 납의 농도를 측정하고자 한다. 공기의 채취용량은 264 L였다. 전처리 후에 10% 질산 10 mL로 추출하여 불꽃을 이용한 AA로 분석하였다. AA의 분석결과가 채취한 시료에서는 5.5 ppm, 공시료에서는 0.09 ppm이었다. 한편 평균 회수율은 98%였다. 농도를 구하시오.

$$C(\mathrm{mg/m^3}) = \frac{(5.5\times 10 - 0.09\times 10)\mu\mathrm{g}}{264\ \mathrm{L}\times 0.98}$$

91. 공시료와 회수율이란 무엇인가?

92. 증기압이란 무엇인가?

쉽게 말하면 액체의 증발하는 힘이다. 증기압이 높으면 그만큼 증발이 잘되고 공기 중에 높은 농도를 형성할 수 있다. 그러므로 증기압이 높은 물질을 사용하는 경우, 공기 중으로 증발하여 가스로 존재할 가능성이 높게 되고 이로 인해 근로자노출은 크게 된다. 따라서 사업장에서 사용하는 액체 화학물질의 증기압이 높으면 근로자노출을 방지하기 위해 노력해야 한다.

93. 순간시료채취와 연속시료채취의 차이는 무엇인가?

94. 연속시료채취에서 능동식과 수동식의 가장 큰 차이는 무엇인가?

95. 순간시료채취의 결과로는 근로자노출농도를 알아 낼 수가 없다. 그 이유는?

96. 왜 고체흡착관은 앞 층과 뒷 층으로 구분되어 있는가?

97. 파과란 무엇인가?

98. 활성탄의 탈착용매로 이황화탄소가 가장 많이 쓰이는 이유와 단점은 무엇인가?

장점 ① 탈착능력이 뛰어나다.
② GC와의 반응성이 적다 : 간섭이 적음

단점 ① 실험자에게 건강상의 장해를 초래할 수 있다. 즉, 독성이 강하다. 이황화탄소는 심혈관계와 신경계에 독성이 매우 크기 때문에 사용할 때 주의하여야 하고 분석절차도 환기가 잘되는 곳에서 행하여야 한다.

99. 벤젠(비중 0.874 kg/L)의 1 μL을 취하여 이황화탄소 10 mL에 희석하였다. 농도(μg/mL)는 얼마인가?

벤젠의 비중은 0.874 kg/L이다. 단위를 환산하면 0.874g/mL 혹은 0.874 mg/μL이다. 이것은 벤젠 1 μL의 무게가 벤젠 0.874 mg이라는 뜻이다. 이 양을 이황화탄소 10 mL에 녹였으므로 0.874 mg/10 mL이다. 그러므로 농도는 87.4 μg/mL가 된다. 농도를 해당되는 범위에 따라 4개나 5개 정도 희석하여 만들면 이것이 단계별 표준용액이 된다. 액체의 비중에 따른 단위환산을 잘 알아두도록 하자. 표준용액의 농도제조는 모두 동일하므로 액체의 밀도단위는 kg/L, g/mL, μg/mL라는 것을 확실히 외워 두자.

100. 유기용제 시약병에 기재되어 있는 비중(밀도)의 의미는?

101. 검량선이란 무엇인가?

102. 표준용액이 왜 정확해야 하는가?

103. 계산기를 이용하여 1차 방정식을 만드는 방법(최소제곱법)을 알아두시오.

104. 벤젠을 GC로 분석한 결과 앞 층에서 0.9810 μg, 뒤 층에서 0.0008 μg이었다. 공시료는 0.0001 μg이었다. 탈착률은 99%였다. 공기채취량은 10 L였을 때 공기중 벤젠의 농도(mg/m^3)는?

$$\text{농도}(mg/m^3) = \frac{(0.9810 + 0.0009 - 0.0001)\ \mu g}{10 \times 0.99\ L}$$

105. 왜 공기 중 농도를 계산하는 식에서 활성탄의 앞 층과 뒤 층의 양을 더했는가?

APPENDIX

A

산업위생 시료채취의 전략, 시간가중 평균농도 계산 및 통계학적 분석

APPENDIX A

산업위생 시료채취의 전략, 시간가중 평균농도 계산 및 통계학적 분석

학습목표 부록 A의 학습목표를 달성하기 위해서는 학습자가 다음에 제시된 사항과 참고자료를 충분히 읽고 연구하며 정확하게 이해하여야 한다.

- 작업자의 폭로여부를 측정할 때 결정해야만 하는 유해인자의 리스트
- 지역 및 개인시료채취의 차이점
- 시료채취 선택에 대한 4가지 형태의 기술
- 기술통계 및 추리통계의 차이점
- 기술통계의 적용과 시료채취 및 분석오차(SAEs, sampling and analytical 학습목표 errors)에 대한 오차개념의 기술
- 전기간 단일시료 및 연속 시료의 95%의 신뢰도를 가진 상한치(UCL, upper confidencelimit)와 95%의 신뢰도를 가진 하한치(LCL, lower confidence limit)의 계산
- 단시간 노출(＜8h), 기준시간 노출(8h), 장시간 노출(＞8h)시 시간가중평균(TWA)
- 계산식을 기초로 한 순응 및 불순응의 노출허용치(PELs)의 결정의 계산

A.1 개요

미국 산업위생학회(AIH, Academy of Industrial Hygiene)의 산업위생전문가의 윤리조항에 따르면 산업위생관리기사의 1차적인 책임은 근로자의 건강을 보호하는데 있다. 마찬가지로 산업위생 프로그램의 가장 중요한 목표 중 하나는 환경적인 스트레스에 시달리는 근로자를 정확하게 찾아내는데 있다.

잠재적인 건강 유해성이 인정이 되면 산업위생관리기사는 노출농도를 파악하기 위하여 작업장이나 작업자를 모니터한다. 그런 다음 측정을 하여 구한 농도와 권장 가이드라인(TLVs)과 강제기준(PELs)에 대비하여 위험성의 평가를 구한다. 관리전략과 선택은 부분적으로나 전적으로 측정에서 얻은 결과치와 유해성 평가치를 기본으로 하여 행하여진다.

이러한 노출과 유해성 평가과정의 궁극적인 성공은 작업장 또는 작업자 측정에서 얻어지는 측정의 타당성과 확실성에 달려있다. 근로자에 대한 노출 측정 프로그램을 실시할 때 많은 인자들이 구해진다.

- 근로자들이 어디서 시료채취를 하여야 하는가?
- 채취하여야 할 시료의 형태는 무엇인가?
- 얼마만큼의 시료가 채취되어져야 하는가?
- 부분적으로 시료채취를 할 때 시료채취 간격은 얼마로 하여야 하는가?
- 언제 시료채취를 하여야 하는가?

A.1.1 작업장의 기본특성 파악을 위한 예비조사(basic characterization)

- 기본적인 특성조사(작업장, 노동력, 환경요인을 나타내는 채취 정보)
- 노출평가(기본적인 특성조사를 기본으로 한 노출치의 수용성, 비수용성, 불확실성)
- 많은 양의 정보의 확보
- 건강 유해성 관리
- 재평가(기 채취된 정보와 노출치의 주기적인 재평가)

A.1.2 시료채취전략수집(sampling strategy)

(1) 시료채취 목적

미국산업위생학회에서는 측정목적에 따라 시료채취의 목적을 세 가지로 구분하였다.

- 기초자료확보를 위한 측정
- 진단(diagnostic)을 위한 측정
- 법적 노출기준 초과여부(compliance)를 판단하기 위한 측정

(2) 시료채취방법

시료는 채취위치에 따라 개인시료(personal sampling)와 지역시료(area sampling)로 구분한다.

- 개인시료는 근로자의 호흡기 위치가 채취지점이고 여기서 유해물질에 노출된 양을 간접적으로 측정하는 방법이다.
- 지역시료는 어떤 공정의 고정된 우치에서 채취하는 시료를 말한다. 측정결과를 통하여 근로자에게 노출되는 유해인자의 배경농도와 시간별 변화 등을 평가할 수 있다.

채취시간에 따른 시료채취방법은 크게 나누어 장시간 시료채취(long-term sample)와 단시간 시료채취(short-term or grab sample)로 나눌 수 있으며 장시간 시료채취는 다시 전작업시간 단일시료채취(full-period single samples), 전작업시간 연속시료채취(full-period consecutive samples), 부분적 연속시료채취(partial-period consecutive samlpes)로 나뉜다.

- 전작업시간 단일시료채취(full-period single samples)-전작업시간을 단지 한 개의 시료로 채취하는 것이다(예 : 호흡성 입자상물질의 측정).
- 전작업시간 연속시료채취(full-period consecutive samples)-전작업시간을 일정시간대별로 나누어 여러 개의 시료를 채취하는 것이다. 이 시료채취방법은 펌프의 오작동으로 인한 손실을 줄일 수가 있으며 여러 개의 시료를 채취함으로 분석오차를 줄일 수 있다.
- 부분적 연속시료채취(partial-period consecutive samlpes)-작업시간 전체를 측정하는 것이 원칙이나 작업시간 일부를 제외하고 시료를 채취하는 방법이다. 임의로 선택한 측정시간이 4~8시간 이하이다.
- 단시간 시료채취(short-term or grab sample)-작업시간 중 무작위로 선택한 기간에 여러 번 짧은 시간(5분 또는 그 이하) 동안에 측정하는 방법이다. 이 경우는 측정치에 신뢰도를 부여할 수가 없는 단점이 있다.

A.2 시간가중평균농도(TWA, time-weighted average)의 계산

작업자 노출에 대한 규제치(PELs)와 가이드라인(TLVs)의 초과여부를 구하기 위하여 평균시간을 동일시하였다. 표준작업시간을 8시간으로 하여 허용농도를 8-h TWAs로 표현하였다. 8시간의 전 작업시간 동안 시료채취를 행하였을 때, TWA는 측정된 농도와 분으로 계산된 시료채취 시간을 곱한 값을 모두 더하여 480분으로 나눈 값으로 계산하였다.

$$\mathrm{TWA} = \frac{(C_1 \times T_1) + (C_2 \times T_2) + \cdots + (C_n \times T_n)}{480\ \mathrm{min}}$$

여기서 C는 mg/m³ 또는 ppm 단위의 농도이며 T는 분단위의 시료채취시간이다. 결과치는 8-h TWA로 표현된다. 그러나 때때로 시료채취는 여러 가지 사정상 전작업시간을 채취 못할 수도 있다. 그래서 TWA의 계산을 다음 3가지 가정하에서 적용된다.

- 작업자가 같은 작업을 수행하였는데 전 작업시간을 측정하지 못하였을 경우(시료채취 기간 동안 노출농도는 같다고 가정) 결과치는 8-h TWA로 표현된다.

$$\text{TWA} = \frac{(C_1 \times T_1) + (C_2 \times T_2) + \cdots + (C_n \times T_n)}{T_1 + T_2 + \cdots + T_n}$$

- 시료채취를 하지 못한 기간 동안 작업자는 시료채취 기간 동안에 한 작업과 동일하지 못한 작업을 수행하였음(시료채취를 못한 기간 동안 노출농도는 0이라고 가정). 결과치는 8-h TWA로 표현된다.

$$\text{TWA} = \frac{(C_1 \times T_1) + (C_2 \times T_2) + \cdots + (C_n \times T_n) \times (0 \times T_{unsampled})}{480\ \text{min}}$$

- 시료를 채취하지 못한 기간 중 노출농도는 0이거나 시료채취 기간과 같은지를 구할 수 없는 경우 8-h TWA는 계산할 수 없다. 결과치는 8-h TWA가 아니고 그냥 TWA로 표현한다.

$$\text{TWA} = \frac{(C_1 \times T_1) + (C_2 \times T_2) + \cdots + (C_n \times T_n)}{T_1 + T_2 + \cdots + T_n}$$

작업시간이 8시간보다 더 확장된 초과작업시간인 경우 PELs 및 TLVs에 대한 TWA 노출농도는 다음 3가지 방법이 있다.

- 8-h TWA를 계산-전 작업시간을 채취한 모든 자료를 사용하여 측정된 농도와 시료채취시간을 분으로 변경하여 곱한 값을 480분으로 나누어 8-h TWA를 계산한다. 결과치는 총 시료채취 시간이 8h보다 많더라도 8-h TWA으로 표현된다. 그 다음 PELs 및 TLVs와 직접 비교한다.
- 표준치를 조절-Brief와 Scala는 확장된 작업시간을 보정하기 위하여 PEL 또는 TLV(OEL로서)를 조정하는 방법을 개발하였다. 먼저 TWA 노출농도는 확장된 전체 시간 동안 계산된다.

$$\text{TWA} = \frac{(C_1 \times T_1) + (C_2 \times T_2) + \cdots + (C_n \times T_n)}{T_1 + T_2 + \cdots + T_n}$$

- 결과치는 H−h로 표현된다. 여기서 H는 확장된 작업시간의 수이다. 다음 감소인자(RF, reduction factor)는 확장된 작업시간 동안 OEL을 조절하기 위하여 계산된다.

$$RF = \frac{(8/H) \times (24 - H)}{16}$$

- 그 다음 감소인자는 확장된 작업시간의 OEL(OELH)을 구하기 위하여 8−h TWA OEL (OEL_8)을 곱한다.

$$OEL_H = RF \times OEL_8$$

- H−h TWA는 OELH로 직접 비교할 수 있다.

A.3 산업위생의 통계학적 분석

부록 F 작업환경측정 및 정도관리규정의 [별표 1] 측정농도의 평가방법(제33조 관련)을 참조할 것

A.4 계산문제

예제 A.1

작업장에서 호흡성 먼지의 측정을 실시하여 3시간 2개 시료, 2시간 1개 시료를 얻었다. 여지의 무게를 잰 후 각 시료채취 기간별로 다음과 같이 농도가 구하여졌다.

농도	시료채취시간
2.58 mg/m^3	3h
1.51 mg/m^3	2h
3.53 mg/m^3	3h

SAE가 0.21로 주어졌을 때, 채취된 근로자 호흡성 먼지의 노출농도가 OSHA−PEL(PEL＝5 mg/m^3)에 대하여 초과여부를 결정하시오.

풀이_ 8h $TWA = \dfrac{(C_1 \times T_1) + (C_2 \times T_2) + (C_3 \times T_3)}{8h}$

$$= \frac{(2.58 \times 3) + (1.51 \times 2) + (3.53 \times 3)}{8h} = 2.67 \text{ mg/m}^3$$

$$Y = \frac{TWA}{PEL} = \frac{2.67}{5.0} = 0.53$$

$$UCL_{95\%} = Y \times SAE = 0.53 + 0.21 = 0.74$$

$$UCL_{95\%} = Y \times SAE = 0.53 - 0.21 = 0.32$$

$UCL_{95\%}$가 1 미만이므로 근로자의 노출농도는 초과되지 않았다.

예제 A.2 압축공기 스프레이를 이용하여 페인팅하는 작업장에서 톨루엔을 측정하였다. 측정한 값은 15분 동안 측정한 평균 농도값이다. 톨루엔의 단시간폭로허용농도(STEL, short-term exposure limit)가 560 mg/m³이었다. 측정된 농도값(mg/m³)은 다음과 같았다. 이 경우 허용기준의 초과 여부를 밝히시오.

8.5, 2.0, 3.5, 4.0, 4.0, 10.7, 6.9, 3.3, 3.3, 3.3

풀이_ 이 자료를 Mulhausen과 Damiano가 지은 책 중의 표(Industrial Hygiene Statistics)로 적는다. 먼저 측정된 수치에 로그를 취한다. 표 중의 'Test for Distribution Fit'항 윗줄에 그 답을 적는다. 'Lognormal parametric statistics'항에서 적합여부를 밝힐 수 있다.

STEL 560 mg/m³에 대한 통계치를 비교한다.

- 산술평균은 4.950 mg/m³
- 기하평균은 4.368 mg/m³
- MVUE는 4.910 mg/m³
- Land's Exact UCL은 7.260 mg/m³
- UTL은 19.426 mg/m³

모든 값들이 최소한 28개의 인자에 의하여 STEL 미만이다. 더욱이 초과비가 5%보다 적은 0 이다. 압축공기 스프레이 페인팅 작업시 톨루엔에 대한 단시간 노출의 모든 통계치가 적합하게 받아들여졌다.

Industrial Hygiene Statistics

Data Description:

OEL
560

Sample Data (max n = 50) No less-than (<) or greater-than (>)
8.5
2
3.5
4
4
10.7
6.9
3.3
3.3
3.3

Descriptive Statistics	
Number of samples (n)	10
Maximum (max)	10.7
Minimum (min)	2
Range	8.7
Percent above OEL (%>OEL)	0.000
Mean	4.950
Median	3.750
Standard deviation (s)	2.794
Mean of logtransformed data (LN)	1.474
Std. deviation of logtransformed data (LN)	0.513
Geometric mean (GM)	4.368
Geometric standard deviation (GSD)	1.670
Test For Distribution Fit	
W-test of logtransformed data (LN)	0.902
Lognormal (a = 0.05)?	Yes
W-test of data	0.818
Normal (a = 0.05)?	No
Lognormal Parametric Statistics	
Estimated Arithmetic Mean - MVUE	4.910
$LCL_{1,95\%}$ - Land's "Exact"	3.781
$UCL_{1,95\%}$ - Land's "Exact"	7.260
95th Percentile	10.151
$UTL_{95\%,95\%}$	19.426
Percent above OEL (%>OEL)	0.000
$LCL_{1,95\%\%}$>OEL	<0.1
$UCL_{1,95\%}$%>OEL	<0.000
Normal Parametric Statistics	
Mean	4.950
$LCL_{1,95\%}$ - t statistics	3.331
$UCL_{1,95\%}$ - t statistics	6.569
95th Percentile - Z	9.546
$UTL_{95\%,95\%}$	13.08
Percent above OEL (%>OEL)	0.000

A.5 실습과제

예제 A.3 드라이크리닝 작업장에서 과염화에틸렌(perchloroethylene)을 측정하였다. 한 사람이 4대의 건조기계를 가동하고 있다. 국소배기장치가 없는 상태에서 3대의 기계가 증기콘덴서를 통하여 더운 건조공기를 재순환하면서 냉각된 콘덴서를 가동시키고 있다. 이 기계들은 2대가 40-lb, 2대가 70-lb의 무게를 가지고 있다. 근로자를 모니터한 결과 작업자를 지난 6개월 동안 다음에 나타낸 결과치로 농도가 측정되었다(mg/m³, 8h TWAs).

78, 43, 145, 110, 91, 59

측정한 회사는 과염화에틸렌(perchloroethylene)의 실내기준으로 1989PEL(170 mg/m³, 8h TWA)을 사용하였다. 이 회사가 판단하는 노출평가전략(수용치=UTL<AL[action level]<5% : 비수용치=UTL>OEL)과 최고노출농도에 대한 초과여부계산을 수행하시오(SAE=0.09).

풀이_ 6개월 동안 최고 농도치는 145 mg/m³이었다.

$$Y = \frac{147}{170} = 0.85,\ \ UCL_{95\%} = 0.85 + 0.09 = 0.94$$

UCL 95%가 1 미만이므로 최고 노출농도는 초과하지 않았다.

6개의 노출값을 Mulhausen과 Damiano가 지은 책 중의 표(Industrial Hygiene Statistics)로 적는다. 먼저 측정된 수치에 로그를 취한다.

초과율은 4.5%였지만 UTL은 408 mg/m³로 PEL을 초과하였다. 산술평균은 87.7 mg/m³, 기하평균은 81.2 mg/m³, MVUE는 87.8 mg/m³, Land's Exact UCL은 144 mg/m³, 95th percentile은 166 mg/m³로 모든 값이 AL(action level) 85 mg/m³보다는 크고 AL과 OEL 사이에 있다.

그러므로 과염화에틸렌(perchloroethylene)를 사용하여 가동하는 드라이크리닝 공장에서의 노출평가는 불확실하므로 부가정보를 요구할 수 있다.

Industrial Hygiene Statistics

Data Description:

OEL
170

Sample Data (max n = 50) No less-than (<) or greater-than (>)
78
43
145
110
91
59

Descriptive Statistics	
Number of samples (n)	6
Maximum (max)	145
Minimum (min)	43
Range	102
Percent above OEL (%>OEL)	0.000
Mean	87.667
Median	84.500
Standard deviation (s)	36.626
Mean of logtransformed data (LN)	4.397
Std. deviation of logtransformed data (LN)	0.436
Geometric mean (GM)	81.227
Geometric standard deviation (GSD)	1.546
Test For Distribution Fit	
W-test of logtransformed data (LN)	1.003
Lognormal (a = 0.05)?	Yes
W-test of data	0.990
Normal (a = 0.05)?	Yes
Lognormal Parametric Statistics	
Estimated Arithmetic Mean - MVUE	87.836
$LCL_{1,95\%}$ - Land's "Exact"	65.316
$UCL_{1,95\%}$ - Land's "Exact"	144.423
95th Percentile	166.325
$UTL_{95\%,95\%}$	408.426
Percent above OEL (%>OEL)	4.502
$LCL_{1,95\%}$%>OEL	0.309
$UCL_{1,95\%}$%>OEL	28.842
Normal Parametric Statistics	
Mean	87.667
$LCL_{1,95\%}$ - t statistics	57.537
$UCL_{1,95\%}$ - t statistics	117.797
95th Percentile - Z	147.916
$UTL_{95\%,95\%}$	223.44
Percent above OEL (%>OEL)	1.229

A.6 부록 A의 문제

예제 A.4

세 명의 실험자가 납의 발화범위를 측정하였다. A실험자는 8시간 동안 하루 종일 측정하였다. B실험자는 교수와 약속이 있어서 5시간 동안 측정하였고, C실험자는 산업위생관리기사를 피하여 시료채취 펌프를 할당하기 전에 발화범위에 들어갔다. 그래서 8시간 중 6시간을 측정하였다.

1) 다음에 측정된 농도로부터 실험자 A의 8h TWA를 계산하시오.

Concentration	Time Sampled
0.025 mg/m^3	3h
0.043 mg/m^3	2h
0.019 mg/m^3	3h

2) 다음에 측정된 농도로부터 실험자 B의 8h TWA를 계산하시오.

Concentration	Time Sampled
0.031 mg/m^3	3h
0.024 mg/m^3	2h

3) 다음에 측정된 농도로부터 실험자 C의 8h TWA를 계산하시오.

Concentration	Time Sampled
0.042 mg/m^3	3h
0.047 mg/m^3	3h

예제 A.5

납의 SAE가 0.11이고 PEL이 0.05 $mg/m^3$8h TWA로 주어졌다.

1) 실험자 A가 측정한 농도의 초과여부를 결정하시오.

2) 실험자 B가 측정한 농도의 초과여부를 결정하시오.

3) 실험자 C가 측정한 농도의 초과여부를 결정하시오.

예제 A.6

별도의 날에 또 다른 실험자 D가 깨끗한 뷰렛트랩을 가지고 작업에 임하였다. 10시간 동안 가동하여 다음과 같은 결과를 얻었다.

Concentration	Time Sampled
0.06 mg/m^3	105 min
0.08 mg/m^3	113 min
0.03 mg/m^3	132 min
0.04 mg/m^3	130 min
0.01 mg/m^3	120 min

1) 모든 자료를 사용하여 8h TWA를 계산하시오. 그 결과치가 PEL을 초과하였습니까?
2) 10h TWA를 계산하시오. 그 결과치가 Brief와 Scala식으로 조정된 OEL을 초과하였습니까?
3) OSHA를 사용하여 8h TWA를 계산하시오. 그 결과치가 PEL을 초과하였습니까?
4) 초과하지 않은 인용치를 OSHA로 쓸 수 있습니까?

APPENDIX

B

실습과제 문제 정답

4, 5, 6, 7, 9장, 부록 A

APPENDIX

B 실습과제 문제 정답

B.1 4장(실습과제)에 대한 정답

표 4.1 보정 및 현장자료

Name of Personnel or Area	Sample No.	Analyte	Avg. Pre-sample Q(L/min)	Avg. Post-sample Q(L/min)	Avg. Q (L/min)	Sample Start Time	Sample Stop Time	Sample Time (min)	Air Volume Sampled(L)
Jim K.	2155	Total dust	Pump No. 3021: 2.00	Pump No. 3021: 2.00	2.00	0700	1059	239	478
	2157					1100	1500	240	480
Mixer 1	2136	Total dust	Pump No. 3023: 2.01	Pump No. 3023: 2.04	2.03	0701	1101	240	487.2
	2135					1103	1459	236	479.1
Blank	2130	Total dust	N/A	N/A	N/A	N/A	N/A	0	0

N/A=Not applicable

표 4.2 실험실 자료

Name of Personnel or Area	Sample No.	Analyte	Pre-sample Weight (mg)	Post-sample Weight (mg)	Weight Total Dust (mg)	Percent Crystalline Quartz(%)	Air Volume Sampled (m^3)	Conc. Total Dust (mg/m^3)
Jim K.	2155	Total dust	11.016	15.643	4.627	N/A	0.478	9.68
	2157		11.000	15.444	4.444	N/A	0.480	9.26
Mixer 1	2136	Total dust	11.101	13.756	2.655	N/A	0.4872	5.45
	2135		11.099	14.041	2.942	N/A	0.4791	6.14
Blank	2130	Total dust	1.011	11.011		N/A	0	<LOD

LOD=Limit of detection
N/A=Not applicable

표 4.3 계산된 TWA

Name of Personnel or Area	Sample No.	Analyte	8-hr TWA Total Dust(mg/m^3)
Jim K.	2155	Total dust	9.45
Mixer 1	2157	Total dust	5.74
	2136		
Blank	2135	Total dust	<LOD
	2130		

LOD=Limit of detection

B.2 5장(실습과제)에 대한 정답

표 5.2 보정 및 현장자료

Name of Personnel or Area	Sample No.	Analyte	Avg. Pre-sample Q(L/min)	Avg. Post-sample Q(L/min)	Avg. Q(L/min)	Sample Start Time	Sample Stop Time	Sample Time (min)	Air Volume Sampled(L)
Tim D.	0321	Respirable and quartz	Pump No. 221: 1.70	Pump No. 221: 1.72	1.71	0700	1100	240	410.4
	0323					1101	1500	239	408.7
Mike K.	0329	Respirable and quartz	Pump No. 225: 1.69	Pump No. 225: 1.72	1.71	0701	1102	241	412.1
	0333					1103	1501	238	407.0
Blank	0300	Respirable and quartz	N/A	N/A	N/A	N/A	N/A	0	0

N/A=Not applicable

표 5.3 실험실 자료

Name of Personnel or Area	Sample No.	Analytes	Pre-sample Weight (mg)	Post-sample weight (mg)	Weight Respirable Dust (mg)	Precent Crystalline Quartz (%)	Air Volume Sampled (m^3)	Conc. Respirable Dust (mg/m^3)	Conc. Respirable Quartz Dust (mg/m^3)
Tim D.	0321	Respirable dust and quartz	12.056	13.964	1.908	8	0.4104	4.65	0.37
	0323		11.999	14.004	2.005	8	0.4087	4.91	0.39
Mike K.	0329	Respirable dust and quartz	12.115	13.075	0.960	8	0.4121	2.33	0.19
	0333		12.104	13.604	1.500	8	0.407	3.69	0.30
Blank	0300	Respirable dust and quartz	12.223	12.223	<LOD	<LOD	0	<LOD	<LOD

LOD=Limit detection
N/A=Not applicable

표 5.4 계산된 TWA

Name of Personnel or Area	Sample No.	Analytes	8-hr TWA Total Dust(mg/m^3)	8-hr TWA Respirable Quartz Dust(mg/m^3)
Tim D.	0321	Respirable dust and quartz	4.77	0.38
Mike K.	0323 0329	Respirable dust and quartz	3.00	0.24
Blank	0333 s0300	Respirable dust and quartz	<LOD	<LOD

B.3 6장(실습과제)에 대한 정답

표 6.1 보정 및 현장자료-석면섬유

개인 및 지역시료 명칭	시료 번호	분석 물질	시료채취 전 평균유량 (L/min)	시료채취 후 평균유량 (L/min)	평균 유량 (L/min)	시료채취 시작시간	시료채취 종료시간	시료채취 시간 (min)	채취된 공기의 체적 (L)
Gray M.	0052	섬유상 물질	Pump No. 133: 2.25	Pump No. 133: 2.25	2.25	1503	1930	267	600.8
	0055					1931	2300	209	470.3

표 6.2 실험실 자료-석면섬유

Name of Personnel or Area	Sample No.	Analyte	Fibers Counted Per Tatal Fields (f/field)	Fiber Density (f/mm^2)	Air Volume Sampled (cm^3)	Conc. Fibers (f/cm^3)
Gray M.	0052	Fibers	100/67	193.89	$6.008 \cdot 10^5$	0.12
	0055		82/100	106.53	$4.703 \cdot 10^5$	0.09

Lab Notes : (1) Calibration of the Walton-Beckett graticule using a stage micrometer indicated that the measured diameter was 99.0 μm. (2) Assume total exposed surface of 25 mm diameter MCE filter during sampling was 385 mm^2. (3) Assume all field blanks were<limit of detection(LOD).

표 6.3 계산된 TWA

Name of Personnel or Area	Sample No.	Analyte	8-h TWA Asbestos Fibers(f/cm^3)
Gray M.	0052	Fibers	0.11
	0055		
Blank	0500	Fibers	<LOD

B.4 7장(실습과제)에 대한 정답

표 7.1 보정 및 현장자료

Name of Personnel or Area	Sample No.	Analyte	Avg. Pre-sample Q (L/min)	Avg. Post-sample Q (L/min)	Avg. Q (L/min)	Sample Start Time	Sample Stop Time	Sample Time (min)	Air Volume Sampled (L)
Joe M.	1136	Lead	Pump No. 001: 2.16	Pump No. 001: 2.20	2.18	1500	1730	150	327.0
	1140					1730	2000	150	327.0
	1128					2000	2300	180	392.4
Tank 1 Railing	1138	Lead	Pump No. 005: 2.08	Pump No. 005: 2.02	2.05	1500	1900	240	492.0
	1125					1900	2300	2440	492.0
Blank	1131	Lead	N/A	N/A	N/A	N/A	N/A	N/A	-

N/A=Not applicable

표 7.2 원자흡광광도계용 실험실 표준검량선 자료

Abs	0	0.1	0.2	0.3	0.4	0.5	0.6	0.7	0.8	0.9	1.0
Lead std. (μg/ml)	0	0.25	0.50	0.75	1.00	1.25	1.50	1.75	2.00	2.25	2.50

표 7.3 실험실 자료

Name of Personnel or Area	Sample No.	Analyte	Absorbance	Conc. Analyte (μg/mL)	Volume Acid to Dissolve Filter(mL)	Mass of Analyte (mg)	Air Volume Sampled (m^3)	Conc. Lead Dust (mg/m^3)
Joe M.	1136	Lead	0.70	1.75	10	0.018	0.327	0.06
	1140		0.50	1.25		0.013	0.327	0.04
	1128		0.80	2.00		0.020	0.3924	0.05
Tank 1	1138	Lead	0.40	1.00	10	0.010	0.492	0.02
Railing	1125		0.30	0.75		0.008	0.492	0.02
Blank	1131	Lead	<LOD	N/A	10	<LOD	0	<LOD

LOD=Limit of detection

N/A=Not applicable

표 7.4 계산된 TWA

Name of Personnel or Area	Sample No.	Analyte	8-h TWA Lead Dust(mg/m^3)
Joe M.	1136	Lead Dust	0.05
	1140		
	1128		
Tank 1 Railing	1138	Lead Dust	0.02
	1125		
Blank	1131	Lead Dust	<LOD

B.5 9장(실습과제)에 대한 정답

표 9.1 보정 및 현장자료

Name of Personnel or Area	Sample No.	Analyte	Avg. Pre-sample Q (cm^3/min)	Avg. Post-sample Q (cm^3/min)	Avg. Q (cm^3/min)	Sample Start Time	Sample Stop Time	Sample Duration (min)	Air Volume Sampled(L)
Tim P.	132	Toluene	Pump No.	Pump No.		1500	1700	120	6.12
	126		342	342		1700	1900	120	6.12
	136		50	52	51	1900	2100	120	6.12
Blank	128	Toluene	N/A	N/A	N/A	2100	2300	120	6.12
	105					N/A	N/A	N/A	0

N/A=Not applicable

표 9.2 실험실 자료

Name of Personnel or Area	Sample No.	Analytes	Mass Analyte Detected Front(mg)	Mass Analyte Detected Back(mg)	Mass Analyte Detected Total(mg)	Air Volume Sampled (m^3)	Conc. Analyte (mg/m^3)	Conc. Analyte (ppm)
Tim P.	132	Toluene	1.9	0.1	2.0	0.0061	327.87	87.14
	126		2.5	<LOD	2.5	0.0061	409.84	108.92
	136		2.9	<LOD	2.9	0.0061	475.41	126.35
Blank	128	Toluene	3.3	<LOD	3.3	0.0061	540.98	143.77
	105		<LOD	<LOD	<LOD	N/A	<LOD	<LOD

LOD=Limit of detection.
N/A=Not applicable.

표 9.3 계산된 TWA

Name of Personnel or Area	Sample No.	Analytes	8-h TWA(ppm)
T. Pender	132	Toluene	116.55
	126		
	136		
Blank	128	Toluene	<LOD
	105		

B.6 부록 A의 실습과제 문제에 대한 정답

정답 1-1 $8h\ TWA = \frac{(3\times 0.025)+(2\times 0.043)+(3\times 0.019)}{8} = 0.027\ mg/m^3$

정답 1-2 $8h\ TWA = \frac{(3\times 0.031)+(2\times 0.024)+(3\times 0)}{8} = 0.018\ mg/m^3$

정답 1-3 $8h\ TWA = \frac{(3\times 0.042)+(3\times 0.047)}{6} = 0.044\ mg/m^3$

정답 2-1 $UCL_{95} = \frac{0.027}{0.05} + 0.11 = 0.64(< 1,\ \text{in compliance})$

정답 2-2 $UCL_{95} = \frac{0.018}{0.05} + 0.11 = 0.47(< 1,\ \text{in compliance})$

정답 2-3 $UCL_{95} = \frac{0.044}{0.05} + 0.11 = 0.99(< 1,\ \text{in compliance})$

정답 3-1 8h TWA

$$= \frac{(0.06 \times 105) + (0.08 \times 113) + (0.03 \times 132) + (0.04 \times 130) + (0.01 \times 120)}{480}$$

$= 0.053\ mg/m^3$(exceeds PEL)

정답 3-2　10h TWA

$$= \frac{(0.06 \times 105) + (0.08 \times 113) + (0.03 \times 132) + (0.04 \times 130) + (0.01 \times 120)}{600}$$

$= 0.043\ mg/m^3$(exceeds PEL)

$$RF = \frac{(8/10) \times (24 - 10)}{16} = 0.7$$

$PEL_{10} = 0.7 \times 0.05 = 0.035\ mg/m^3$

정답 3-3　8h TWA

$$= \frac{(0.06 \times 105) + (0.08 \times 113) + (0.03 \times 132) + (0.04 \times 130)}{480}$$

$= 0.051\ mg/m^3$

정답 3-4　$LCD_{95} = \frac{0.051}{0.05} - 0.11 = 0.91$(possible exposure, cannot cite)

APPENDIX

C

산업위생과 관련된 약어의 정의 및 국내외 산업보건정보 웹사이트 소개

APPENDIX C 산업위생과 관련된 약어의 정의 및 국내외 산업보건정보 웹사이트 소개

C.1 산업위생자료-약어의 정의(Abbreviations)

약어	전체 명칭(원명)	한글명칭	비고
ABIH	American Board of Industrial Hygiene	미국산업위생청	기관
ACGIH	American Conference of Bovernmental Industrial Hygienists	미국산업위생전문가협의회	〃
AIHA	American Industrial Hygiene Association	미국산업위생학회	〃
ANSI	American National Standard Institute	미국표준협회	〃
BOHS	British Occupational Hygiene Society	영국산업위생학회	〃
EPA	Environmental Protection Agency	미국환경청	〃
IARC	International Agency for Research on Cancer	국제암연구기구	〃
ICRP	International Commission on Radiological	국제방사선방호위원회	〃
ILO	International Labour Organization	국제노동기구	〃
IRPA	International Radiation Protection Association	국제방사선보호학회	〃
KOSHA	Korea Occupational Safety and Health Agency	한국산업안전공단	〃
MSHA	Mine Safety and Health Administration	미국광산안전보건협회	〃
NCRP	National Commission on Radiation Protection	미국국립방사선보호위원회	〃
NIOSH	National Institute for Occupational Safety and Health	미국국립산업안전보건연구원	〃
NRC	Nuclear Regulatory Commission	미국원자력규제위원회	〃
OHSA	Occupational Safety and Health Administration	미국산업안전보건청	〃
AL	Action Limit	활동한계	기준
BEI	Biological Exposure Index	생물학적노출지수	〃
C	Ceiling	최고치, 천장치	〃

약어	전체 명칭(원명)	한글명칭	비고
LC	Lethal Concentration	치사농도	〃
LD	Lethal Dose	치사량	〃
LEL	Lower Explosive Limit	폭발하한농도치	〃
MPL	Maximum Permissible	최대활동허용한계	〃
NRR	Noise Reduction Rating	소음감쇠율	〃
PEL	Permissible Exposure Limit	OSHA의 허용노출농도한계	〃
PTS	Permanent Threshold Shift	영구적청력손실	〃 (소음)
REL	Recommended Exposure Limit	NIOSH의 권장노출농도한계	기준
STEL	Short Term Exposure Limit	단시간노출기준	〃
TLVs	Threshold Limit Values	ACGIH의 허용기준치(노출기준)	〃
TTS	Temporary Threshold Shift	일시적청력손실	〃 (소음)
TWA	Time Weighted Average	시간가중평균	기준
VAL	Vibration Acceleration Level	진동가속도값	〃 (dB)
WBGT	Wet-bulb Globe Temperature	습구흑구온도	〃 (℃)
CNS	Central Nervous System	중추신경계	온도
CTDs	Cumulative Trauma Disorders	누적외상성질환	질병
JIS	Japanese Industrial Standard	일본공업표준규격	용어
MSDS	Material Safety Data Sheet	물질안전자료	〃
PAHs	Polynuclear Aromatic Hydrocarbons	다환방향족탄화수소	물질명
PWC	Physical Work Capacity	육체적 작업능력	용어
QC	Quality Control	품질관리	〃
VADT	Video Display Terminal	시각표시단말기	〃
VOCs	Volatile Organic Compounds	휘발성화합물	물질명
WMSDs	Work-related Musculoskeletal Disorders	근골격계질환	질병

C.2 국내외 산업보건정보 웹사이트 소개(2014. 12. 31. 현재)

기관명	웹사이트명	내용
한국산업위생학회	http://www.ksoeh.org	학회소개, 학회지 논문 제공 및 연구자료 제공
대한산업의학회	http://www.ksoem.org	학회소개, 학회지 논문 정보
대한예방의학회	http://prevent.richis.org	학회소개 및 활동, 학회지 정보
대한인간공학회	http://www.esk.or.kr	학회소개, 학회 논문 정보
전자과학회	http://www.kees.or.kr	학회소개, 전자파 관련 연구 자료 및 논문정보
한국산업안전학회	http://kiis.or.kr	산업안전에 관한 조사 및 연구 발표
냄새학회	http://odor.woosong.ac.kr	악취측정 및 분석, 악취관련 연구
노동부	http://www.molab.go.kr	노동부 정책 자료 및 법령 정보
한국산업안전공단	http://www.kosha.net	산업안전보건정보(산업안전보건법 및 MSDS)
근로복지공단	http://www.welco.or.kr	산재, 고용보험사업 및 근로복지사업
산재의료관리원	http://www.wamco.or.kr	산업재해보상 정보 및 의학 정보
한국노동연구원	http://ns.kli.re.kr	노동정책연구, 산재보험 및 근로자복지 증진을 위한 조사, 연구
환경부	http://www.me.go.kr	환경정책 및 정보, 환경법
가톨릭산업의학센터	http://cmc.cuk.ac.kr/cimc	근로자 건강진단 및 연구
가톨릭산업보건대학원	http://lib.cuk.ac.kr/gsoh	교수진, 학사안내 및 교과과정 소개
가톨릭악취센터	http://www.odorcenter.com	악취 측정 및 분석
서울대보건대학원	http://plaza1.snu.ac.kr	학사안내, 교과과정 소개
서울대산업보건학교실	http://okcooking.co.kr/snuih	산업보건 연구 및 세미나, 논문 정보
연세대보건대학원	http://ghsm.yonsei.ac.kr	학과 및 산하 연구기관 소개
인제대산업안전보건학과	http://todori.inje.ac.kr/~ishd	학과소개 및 학생활동

기관명	웹사이트명	내용
창원대산업환기연구실	http://industrialventilation-korea.com	세미나, VSDS, 산업환기 매뉴얼 제공
충남대화학연구정보센터	http://chemwave.com	국내외 화학 연구 관련 정보 제공
한성대안전보건경영대학원	http://webmail.hansung.ac.kr/~shm	교수진, 전공, 교과과정 소개
대한산업보건협회	http://kiha21.or.kr	근로자 건강진단, 작업환경측정, 보건관리대행 등 자료 제공
대한산업안전협회	http://www.safety.or.kr	안전관련법 및 안전교육자료 제공
안전신문사	http://www.safetynews.co.kr	산업, 건설, 교통안전 등의 관련 뉴스
한국산업간호협회	http://www.kaohn.or.kr	협회소개, Clean 3D 자료 제공
노동환경건강연구소	http://www.greenhospital.co.kr	연구소 안내, 분야별 연구활동과 논문제공
CCOHS	http://www.ccohs.ca	Canadian Centre for Occupational health and Safety
ILO	http://www.ilo.org International Labour Organization	International Labour Organization
HSE	http://www.hse.gov.uk	영국보건안전부 (Health and Safety Excutives)
IOSH	http://www.iosh.co.uk	Institution of Occupational Safety and Health(영국)
IWH-Toronto	http://www.iwh.on.ca Institute for Work and Health	Institute for Work and Health
JISHA	http://www.jisha.or.jp	일본중앙노동재해방지협회
FIOH	http://www.occuphealth.fi Finnish Institute of Occupational Health	Finnish Institute of Occupational Health
ACGIH	http://www.acgih.org	미국산업위생전문가협의회 (American Conference of Governmental Industrial Hygienists)
AIHA	http://www.aiha.org	미국산업위생협회(American Industrial Hygienists Association)

기관명	웹사이트명	내용
ANSI	http://www.ansi.org	미국표준연구소(American National Standards Institute)
ATSDR	http://www.atsdr.cdc.gov	Agency for Toxic Substances and Disease Registry
BLS	http://www.bls.gov	미국노동통계국(Bureau of Labor Statistics)
CDC	http://www.cdc.gov	미국질병관리 및 예방센터(Centers for Disease Control and Preventuon)
DHHS	http://www.hhs.gov	미국보건복지부(Department of Health and Human Services)
DOL	http://www.dol.gov	미국 노동성(Department of Labor)
DUOEM	http://occ-env-med.mc.duke.edu/oem	Duke Occupational & Environmental Medicine
EPA	http://www.epa.gov	미국환경부 (Environmental Protection Agency)
MSDSON LINE	http://www.msdsonline.com	MSDS information
NIOSH	http://www.cdc.gov/niosh	미국질병통제예방센터(CDC) 산하에 있는 미국국립산업안전보건연구소 (국립직업안전건강연구소) (National Institute for Occupational Safety and Health)
NSC	http://www.nsc.org	미국국립안전위원회(National Safety Council)
OSHA	http://www.osha.gov	미국산업안전보건청(노동안전위생국) (Occupational Safety and Health Administration)

APPENDIX

D

작업환경측정 및 지정측정기관 평가 등에 관한 고시

제1편 통칙

제2편 작업환경측정

제3편 작업환경측정에 관한 정도관리

제4편 지정측정기관 평가

APPENDIX D

작업환경측정 및 지정측정기관 평가 등에 관한 고시

학습목표

- 제정 1992.04.16 노동부고시 제0092-17호
- 개정 1993.05.14 노동부고시 제0093-12호
- 개정 1994.11.05 노동부고시 제0094-46호
- 개정 1995.07.18 노동부고시 제0095-25호
- 개정 1997.12.31 노동부고시 제0097-53호
- 개정 1998.08.06 노동부고시 제0098-43호
- 개정 1999.12.31 노동부고시 제0099-38호
- 개정 2001.01.27 노동부고시 제2001-20호
- 개정 2001.06.29 노동부고시 제2001-39호
- 개정 2003.12.31 노동부고시 제2003-62호
- 개정 2005.12.30 노동부고시 제2005-49호
- 개정 2007.11.29 노동부고시 제2007-45호
- 개정 2009.02.13 노동부고시 제2009-03호
- 개정 2009.12.14 노동부고시 제2009-78호
- 개정 2011.05.06 노동부고시 제2011-25호
- 개정 2011.12.23 노동부고시 제2011-55호
- 개정 2013.08.13 노동부고시 제2013-39호

제1편 통칙

제1조(목적) 이 고시는 「산업안전보건법」 제39조의2, 제42조, 같은 법 시행령 제31조, 제32조의3부터 제32조의6까지 및 같은 법 시행규칙 제81조의4, 제93조부터 제97조의3까지에 따른 작업환경의 측정 및 노출 농도 측정, 지정측정기관의 지정 및 정도관리, 작업환경측정 수준 향상을 위한 평가(이하 "지정측정기관 평가"라 한다) 등에 관하여 필요한 사항을 규정함을 목적으로 한다.

제2조(정의) ① 이 고시에서 사용하는 용어의 뜻은 다음 각 호와 같다.

1. "액체채취방법"이란 시료공기를 액체 중에 통과시키거나 액체의 표면과 접촉시켜 용해·반응·흡수·충돌 등을 일으키게 하여 해당 액체에 작업환경측정(이하 "측정"이라 한다)을 하려는 물질을 채취하는 방법을 말한다.
2. "고체채취방법"이란 시료공기를 고체의 입자층을 통해 흡입, 흡착하여 해당 고체입자에 측정하려는 물질을 채취하는 방법을 말한다.

3. "직접채취방법"이란 시료공기를 흡수, 흡착 등의 과정을 거치지 아니하고 직접채취대 또는 진공채취병 등의 채취용기에 물질을 채취하는 방법을 말한다.
4. "냉각응축채취방법"이란 시료공기를 냉각된 관 등에 접촉 응축시켜 측정하려는 물질을 채취하는 방법을 말한다.
5. "여과채취방법"이란 시료공기를 여과재를 통하여 흡인함으로써 해당 여과재에 측정하려는 물질을 채취하는 방법을 말한다.
6. "개인시료채취"란 개인시료채취기를 이용하여 가스·증기·분진·흄(fume)·미스트(mist) 등을 근로자의 호흡위치(호흡기를 중심으로 반경 30㎝인 반구)에서 채취하는 것을 말한다.
7. "지역시료채취"란 시료채취기를 이용하여 가스·증기·분진·흄(fume)·미스트(mist) 등을 근로자의 작업행동 범위에서 호흡기 높이에 고정하여 채취하는 것을 말한다.
8. "노출기준"이란 「산업안전보건법」(이하 "법"이라 한다) 제39조 제2항에서 정한 작업환경평가기준을 말한다.
9. "최고노출근로자"란 「산업안전보건법 시행규칙」(이하 "규칙"이라 한다) 별표 11의4에 따른 작업환경측정대상 유해인자의 발생 및 취급원에서 가장 가까운 위치의 근로자이거나 규칙 별표 11의4에 따른 작업환경측정대상 유해인자에 가장 많이 노출될 것으로 간주되는 근로자를 말한다.
10. "단위작업장소"란 규칙 제93조 제1항에 따라 작업환경측정대상이 되는 작업장 또는 공정에서 정상적인 작업을 수행하는 동일 노출집단의 근로자가 작업을 하는 장소를 말한다.
11. "호흡성분진"이란 호흡기를 통하여 폐포에 축적될 수 있는 크기의 분진을 말한다.
12. "흡입성분진"이란 호흡기의 어느 부위에 침착하더라도 독성을 일으키는 분진을 말한다.
13. "입자상 물질"이란 화학적인자가 공기중으로 분진·흄(fume)·미스트(mist) 등의 형태로 발생되는 물질을 말한다.
14. "가스상 물질"이란 화학적인자가 공기중으로 가스·증기의 형태로 발생되는 물질을 말한다.
15. "정도관리"란 법 제42조 제8항에 따라 작업환경측정·분석치에 대한 정확성과 정밀도를 확보하기 위하여 지정측정기관의 작업환경측정·분석능력을 평가하고, 그 결과에 따라 지도·교육 그 밖에 측정·분석능력 향상을 위하여 행하는 모든 관리적 수단을 말한다.
16. "정확도"란 분석치가 참값에 얼마나 접근하였는가 하는 수치상의 표현을 말한다.
17. "정밀도"란 일정한 물질에 대해 반복측정·분석을 했을 때 나타나는 자료 분석치의 변동크기가 얼마나 작은가 하는 수치상의 표현을 말한다.

② 그 밖의 이 고시에서 사용하는 용어의 뜻은 이 고시에 특별한 규정이 없으면 법, 「산업안전보건법 시행령」(이하 "영"이라 한다), 규칙, 「산업안전보건기준에 관한 규칙」(이하 "안전보건규칙"이라 한다) 및 관련 고시가 정하는 바에 따른다.

제2편 작업환경측정

제1장 작업환경측정 시기 등

제3조 〈삭제〉

제4조(측정실시 시기 및 기간) ① 〈삭제〉

② 규칙 제93조의4에 따른 측정 시기는 전회(前回)측정을 완료한 날부터 다음 각 호에서 정하는 간격을 두어야 한다.

1. 규칙 제93조의4 제1항에 따라 측정 횟수가 6개월에 1회 이상인 경우 3개월 이상
2. 규칙 제93조의4 제1항 단서규정에 따라 측정 횟수가 3개월에 1회 이상인 경우 45일 이상
3. 규칙 제93조의4 제2항에 따라 측정 횟수가 1년에 1회 이상인 경우 6개월 이상

③ 영 제32조의3 제1호에 따른 사업장 위탁측정기관(이하 "사업장 위탁측정기관"이라 한다)이 측정을 실시할 경우에 사업주는 측정실시 소요기간에 대하여 예비조사 결과에 따라 사업장 위탁측정기관과 협의·결정하여야 한다.

제4조의2(측정대상의 제외) 규칙 제93조 제1항 제4호의 "작업환경측정 대상 유해인자의 노출수준이 노출기준에 비하여 현저히 낮은 경우로서 고용노동부장관이 정하여 고시하는 작업장"이란 「석유 및 석유대체연료 사업법 시행령」 제2조 제3호에 따른 주유소를 말한다. 다만, 다음 각 호의 어느 하나에 해당하는 경우에는 1개월 이내에 측정을 실시하여야 한다.

1. 근로자 건강진단 실시결과 직업병유소견자 또는 직업성질병자가 발생한 경우
2. 근로자대표가 요구하는 경우로서 산업위생전문가가 필요하다고 판단한 경우
3. 그 밖에 지방고용노동관서장이 필요하다고 인정하여 명령한 경우

제5조(임시작업, 단시간작업의 적용제외 등) 규칙 제93조 제1항 제1호, 제93조의4 제1항 각 호 및 제2항 단서에서 고용노동부장관이 정하여 고시하는 물질이란 다음 각 호의 어느 하나를 말한다.

1. 영 제30조에 따른 허가대상유해물질
2. 안전보건규칙 별표 12에 따른 특별관리물질

제6조 〈삭제〉

제6조의2(측정시료의 분석 의뢰) 영 제32조의3제2호에 따른 사업장 자체측정기관과 규칙 제93조의2에 따른 작업환경측정자는 측정한 시료의 분석을 사업장 위탁측정기관에 의뢰할 수 있다.

제2장 작업환경측정기관의 지정

제1절 신청 및 지정

제7조(사업장 위탁측정기관의 수·담당지역 등) ① 규칙 제96조 제4항에 따라 지방고용노동관서의 장이 지정할 수 있는 사업장 위탁측정기관의 수는 2개 이상을 원칙으로 하며, 사업장 위탁측정기관의 담당지역은 관내의 측정 대상사업장수, 업종 등을 고려하여 정할 수 있다. 제2항에 따른 추가지정의 경우에도 또한 같다.

② 제1항에 따라 이미 지정 받은 측정기관이 다른 지방고용노동관서에서 추가지정을 받으려면 규칙 별지 제4호 서식의 지정측정기관 지정신청서의 소재지 기재란 여백에 추가지정을 받으려는 지방고용노동관서 관내에서 측정하려는 사업장 수(이하 "측정대상사업장수"라 한다)를 기재하여 신청하여야 한다. 다만, 다른 지방고용노동관서의 추가지정은 최초 지정한 지방고용노동관서를 포함하여 4개 지방고용노동관서를 초과하지 못한다.

③ 제2항에 따라 지방고용노동관서의 장이 추가지정을 할 경우에는 그 측정기관을 최초로 지정한 지방고용노동관서에 지정사항을 확인하고, 측정대상사업장수 및 측정한계 등을 확인하여야 한다.

④ 지방고용노동관서의 장은 측정기관을 지정(변경, 취소, 반납 등을 포함한다)한 경우 관련 내용을 고용노동부 전산시스템에 입력하고 지속적으로 관리하여야 한다.

제8조 〈삭제〉

제8조의2 〈삭제〉

제9조(측정지역에 대한 특례) ① 지방고용노동관서의 장은 제7조 제1항에도 불구하고 다음 각 호의 어느 하나에 해당하는 경우에는 지정지역에 관계없이 측정을 실시하도록 할 수 있다.

1. 유해인자별·업종별 작업환경전문연구기관이 해당 사업장을 측정하는 경우(규칙 별표 12의 필수장비로 측정 불가능한 유해인자에 대하여 지정 받은 기관에 한정한다)
2. 〈삭제〉
3. 지정측정기관의 지정취소·일시업무정지 등의 사유로 관내의 지정측정기관만으로는 관내 사업장에 대한 원활한 측정실시가 어렵다고 판단한 지방고용노동관서장의 요청이 있

는 경우로서 측정기관으로 최초로 지정한 지방고용노동관서의 장이 이를 승인한 경우

4. 사업주가 노・사 합의로 관내 지정측정기관 이외의 지정측정기관에서 측정을 받으려고 관할 지방고용노동관서의 장에게 신고한 경우

5. 〈삭제〉

② 제1항 제3호・제4호에 따라 관할지역 외에서 측정을 하는 경우 해당 지정측정기관을 최초로 지정한 지방고용노동관서의 장은 지정지역의 측정대상 사업장에 대한 측정에 지장이 없도록 지도·감독하여야 한다.

제10조(사업장 자체측정기관의 관리) ① 지방고용노동관서의 장이 사업장 자체측정기관을 지정한 경우에는 지정한 날부터 10일 이내에 지정내용을 사업장 자체측정기관의 측정대상 사업장을 관할하는 지방고용노동관서의 장에게 통보하여야 한다.

② 지방고용노동관서의 장은 사업장 자체측정기관이 측정하는 사업장이 작업공정변경 등에 따라 유해인자가 추가 또는 변경되는 때에는 그에 따른 시설・장비요건의 보완을 명하는 등 지도・감독하여야 한다.

③ 제2항의 명령에 응하지 아니한 사업장 자체측정기관은 추가 또는 변경된 유해인자에 대한 측정을 실시할 수 없다.

제2절 지정의 취소 등

제11조(행정처분 내용의 통보) 지방고용노동관서의 장이 지정측정기관에 대하여 행정처분을 행한 경우 그 처분내용을 해당 지정측정기관을 지정한 다른 지방고용노동관서의 장에게도 통보하여 적절한 조치를 취할 수 있도록 하여야 한다.

제12조(행정처분 등 결과보고) 지방고용노동관서의 장은 지정측정기관의 지정 등과 관련하여 다음 각 호의 어느 하나에 해당하는 사유가 발생한 경우에는 그 사유가 발생한 날부터 10일 이내에 그 사유 및 처리결과를 고용노동부장관에게 보고하여야 한다.

1. 지정측정기관을 지정한 경우
2. 지정측정기관에 대하여 지정취소 또는 업무정지 등 행정처분을 행한 경우
3. 지정측정기관이 휴업 또는 폐업한 경우
4. 지정측정기관의 기관명, 소재지, 대표자 또는 측정한계 등 지정사항의 변경이 있는 경우

제13조(지정측정기관 점검) ① 지정측정기관을 최초로 지정한 지방고용노동관서의 장은 지정측정기관에 대하여 규칙 별표 12에 따른 인력, 시설 및 장비기준 등 지정요건과 작업환경측정 업무실태를 매년 1월 중에 정기적으로 점검하여야 한다. 다만, 지정측정기관이 다른 지방고용노동관서의 관할지역에 소재 하는 경우에는 그 소재지 관할 지방고용노동관서의 장

에게 점검을 의뢰할 수 있다.

② 지방고용노동관서의 장은 다음 각호의 경우 제1항의 정기점검 외에 해당 측정기관에 대하여 수시점검을 실시할 수 있다.

1. 부실측정과 관련한 민원이 발생한 경우
2. 법 제42조의2에 따른 작업환경측정 신뢰성평가 결과 지정측정기관의 업무수행에 중대한 문제가 있다고 인정하는 경우
3. 그 밖에 지방고용노동관서의 장이 필요하다고 인정하는 경우

③ 지방고용노동관서의 장은 제79조에 따른 평가등급이 우수한 평가대상기관에 대하여 제1항에 따른 정기점검을 면제할 수 있다.

제3장 유해인자별 및 업종별 작업환경전문연구기관

제14조(유해인자별・업종별 작업환경 전문연구기관의 지정신청 및 지정 등) ① 규칙 제97조3에 따라 유해인자별・업종별 작업환경전문연구기관(이하 "전문연구기관"이라 한다)으로 지정 받으려는 자는 규칙 별지 제5호서식의 측정기관지정서 사본 1부와 사업계획서를 고용노동부장관에게 제출하여야 하며, 고용노동부장관은 해당 서류를 제출 받은 날부터 30일 이내에 이를 심사하여 지정여부를 결정하여야 한다.

② 고용노동부장관은 규칙 별표12의 다목 장비기준 중 (1)부터 (13)까지의 필수보유장비로 측정 가능한 분야(연, 수은, 카드뮴, 망간, 크롬 등)와 그 외의 선택 보유장비나 신 장비로서 측정 가능한 분야(석면, 코크스오븐 배출물질, 톨루엔 디이소시아네이트 등)를 구분하여 전문연구기관을 지정할 수 있다.

③ 고용노동부장관은 소음, 용접흄, 철분진 등 복합적 유해인자를 다량 보유하는 조선업 등 그 밖의 특수한 업종에 대하여 작업환경을 측정・관리할 수 있는 전문연구기관을 지정・운영할 수 있으며, 지정에 관해서는 제1항의 규정을 준용한다.

제15조(전문연구기관에 대한 우대지원 및 관리) ① 고용노동부장관은 제14조에 따라 지정된 전문연구기관에게 홍보・연구비 지원・설비자금보조 또는 융자알선・측정지역의 확대 등 필요한 지원을 할 수 있다.

② 전문연구기관의 관리는 제11조를 준용한다.

제4장 작업환경측정방법

제1절 측정방법 및 단위

제16조 〈삭제〉

제17조(예비조사 및 측정계획서의 작성) ① 규칙 제93조의3 제1항 제1호에 따라 예비조사를 실시하는 경우에는 다음 각 호의 내용이 포함된 측정계획서를 작성하여야 한다.

1. 원재료의 투입과정부터 최종 제품생산 공정까지의 주요공정 도식
2. 해당 공정별 작업내용, 측정대상공정, 공정별 화학물질 사용실태 및 그 밖에 이와 관련된 운전조건 등을 고려한 유해인자 노출 가능성
3. 측정대상 유해인자, 유해인자 발생주기, 종사근로자 현황
4. 유해인자별 측정방법 및 측정 소요기간 등 필요한 사항

② 측정기관이 전회에 측정을 실시한 사업장으로서 공정 및 취급인자 변동이 없는 경우에는 서류상의 예비조사만을 실시할 수 있다.

제18조(노출기준의 종류별 측정시간) ①「화학물질 및 물리적 인자의 노출기준(고용노동부 고시, 이하 '노출기준 고시'라 한다)」에 시간가중평균기준(TWA)이 설정되어 있는 대상물질을 측정하는 경우에는 1일 작업시간동안 6시간 이상 연속 측정하거나 작업시간을 등간격으로 나누어 6시간 이상 연속분리하여 측정하여야 한다. 다만, 다음 각 호의 경우에는 대상물질의 발생시간 동안 측정 할 수 있다.

1. 대상물질의 발생시간이 6시간 이하인 경우
2. 불규칙작업으로 6시간 이하의 작업
3. 발생원에서의 발생시간이 간헐적인 경우

② 노출기준 고시에 단시간 노출기준(STEL)이 설정되어 있는 물질로서 작업특성상 노출이 불균일하여 단시간 노출평가가 필요하다고 자격자(규칙 제93조의2에 따른 작업환경측정의 자격을 가진 자를 말한다. 이하 "자격자"라 한다) 또는 지정측정기관이 판단하는 경우에는 제1항의 측정에 추가하여 단시간 측정을 할 수 있다. 이 경우 1회에 15분간 측정하되 유해인자 노출특성을 고려하여 측정횟수를 정할 수 있다.

③ 노출기준 고시에 최고노출기준(Ceiling, C)이 설정되어 있는 대상물질을 측정하는 경우에는 최고노출 수준을 평가할 수 있는 최소한의 시간동안 측정하여야 한다. 다만 시간가중평균기준(TWA)이 함께 설정되어 있는 경우에는 제1항에 따른 측정을 병행하여야 한다.

제19조(시료채취 근로자수) ① 단위작업장소에서 최고 노출근로자 2명 이상에 대하여 동시에 측정하되, 단위작업장소에 근로자가 1명인 경우에는 그러하지 아니하며, 동일 작업근로자

수가 10명을 초과하는 경우에는 매 5명당 1명(1개 지점) 이상 추가하여 측정하여야 한다. 다만, 동일 작업근로자수가 100명을 초과하는 경우에는 최대 시료채취 근로자수를 20명으로 조정할 수 있다.

② 규칙 제93의3 제1항 제3호에 따른 지역시료채취방법에 따른 측정시료의 개수는 단위작업장소에서 2개 이상에 대하여 동시에 측정하여야 한다. 다만, 단위작업장소의 넓이가 50평방미터 이상인 경우에는 매 30평방미터마다 1개 지점 이상을 추가로 측정하여야 한다.

제20조(단위) ① 화학적 인자의 가스, 증기, 분진, 흄(fume), 미스트(mist) 등의 농도는 피피엠(ppm) 또는 세제곱미터 당 밀리그램(mg/m^3)으로 표시한다. 다만, 석면의 농도 표시는 세제곱센티미터 당 섬유개수(개/cm^3)로 표시한다.

② 피피엠(ppm)과 세제곱미터 당 밀리그램(mg/m^3)간의 상호 농도변환은 다음 계산식 1과 같다.

(계산식 1)

$$\text{노출기준}(\text{mg/m}^3) = \frac{\text{노출기준}(\text{ppm}) \times \text{그램분자량}}{24.45(25℃,\ 1\text{기압})}$$

③ 〈삭제〉

④ 소음수준의 측정단위는 데시벨[dB(A)]로 표시한다.

⑤ 고열(복사열 포함)의 측정단위는 습구・흑구 온도지수(WBGT)를 구하여 섭씨온도(℃)로 표시한다.

제2절 입자상 물질

제21조(측정 및 분석방법) 규칙 별표 11의4의 작업환경측정 대상 유해인자 중 입자상 물질은 다음 각 호의 방법으로 측정한다.

1. 석면의 농도는 여과채취방법에 의한 계수방법 또는 이와 동등이상의 분석방법으로 측정할 것
2. 광물성분진은 여과채취방법에 따라 석영, 크리스토바라이트, 트리디마이트를 분석할 수 있는 적합한 분석방법으로 측정할 것. 다만 규산염과 그 밖의 광물성분진은 중량분석방법으로 측정한다.
3. 용접흄은 여과채취방법으로 하되 용접보안면을 착용한 경우에는 그 내부에서 채취하고 중량분석방법과 원자흡광광도계 또는 유도결합프라스마를 이용한 분석방법으로 측정할 것
4. 석면, 광물성분진 및 용접흄을 제외한 입자상 물질은 여과채취방법에 따른 중량분석방법이나 유해물질 종류에 따른 적합한 분석방법으로 측정할 것

5. 호흡성분진은 호흡성분진용 분립장치 또는 호흡성분진을 채취 할 수 있는 기기를 이용한 여과채취방법으로 측정할 것
6. 흡입성분진은 흡입성분진용 분립장치 또는 흡입성분진을 채취 할 수 있는 기기를 이용한 여과채취방법으로 측정할 것

제22조(측정위치) 규칙 제93조의3 제1항 제3호에 따라 개인시료채취방법으로 작업환경측정을 하는 경우에는 측정기기를 작업 근로자의 호흡기 위치에 장착하여야 하며, 지역시료채취방법의 경우에는 측정기기를 발생원의 근접한 위치 또는 작업근로자의 주 작업행동 범위의 작업근로자 호흡기 높이에 설치하여야 한다.

제22조의2(측정시간 등) 입자상물질을 측정하는 경우 측정시간은 제18조의 규정을 준용한다.

제3절 가스상 물질

제23조(측정 및 분석방법) 규칙 별표 11의4의 작업환경측정 대상 유해인자 중 가스상 물질은 개인시료채취기 또는 이와 동등 이상의 특성을 가진 측정기기를 사용하여 제2조 제1항 제1호부터 제5호까지의 채취방법에 따라 시료를 채취한 후 원자흡광분석, 가스크로마토그래프 분석 또는 이와 동등 이상의 분석방법으로 정량분석하여야 한다.

제24조(측정위치 및 측정시간 등) 가스상물질의 측정위치, 측정시간 등은 제22조 및 제22조의2의 규정을 준용한다.

제25조(검지관방식의 측정) ① 제23조 및 제24조의 규정에도 불구하고 다음 각 호의 어느 하나에 해당하는 경우에는 검지관방식으로 측정할 수 있다.

1. 예비조사 목적인 경우
2. 검지관방식 외에 다른 측정방법이 없는 경우
3. 발생하는 가스상 물질이 단일물질인 경우. 다만, 자격자가 측정하는 사업장에 한정한다.

② 자격자가 해당 사업장에 대하여 검지관방식으로 측정을 하는 경우 사업주는 2년에 1회 이상 사업장위탁 측정기관에 의뢰하여 제23조 및 제24조에 따른 방법으로 측정을 하여야 한다.

③ 검지관방식의 측정결과가 노출기준을 초과하는 것으로 나타난 경우에는 즉시 제23조 및 제24조에 따른 방법으로 재측정을 하여야 하며, 해당 사업장에 대하여는 측정치가 노출기준 이하로 나타날 때까지는 검지관방식으로 측정할 수 없다.

④ 검지관방식으로 측정하는 경우에는 해당 작업근로자의 호흡기 및 가스상 물질 발생원에 근접한 위치 또는 근로자 작업행동 범위의 주 작업 위치에서의 근로자 호흡기 높이에서 측정하여야 한다.

⑤ 검지관방식으로 측정하는 경우에는 1일 작업시간 동안 1시간 간격으로 6회 이상 측정하되 측정시간마다 2회 이상 반복 측정하여 평균값을 산출하여야 한다. 다만, 가스상 물질의 발생시간이 6시간 이내일 때에는 작업시간 동안 1시간 간격으로 나누어 측정하여야 한다.

제4절 소음

제26조(측정방법) 규칙 별표 11의4에 따른 소음수준의 측정은 다음 각 호에 따른다.

1. 측정에 사용되는 기기(이하 "소음계"라 한다)는 누적소음 노출량측정기, 적분형소음계 또는 이와 동등 이상의 성능이 있는 것으로 하되 개인시료 채취방법이 불가능한 경우에는 지시소음계를 사용할 수 있으며, 발생시간을 고려한 등가소음레벨 방법으로 측정할 것. 다만, 소음발생 간격이 1초 미만을 유지하면서 계속적으로 발생되는 소음(이하 "연속음"이라 한다)을 지시소음계 또는 이와 동등 이상의 성능이 있는 기기로 측정할 경우에는 그러하지 아니할 수 있다.
2. 소음계의 청감보정회로는 A특성으로 할 것
3. 제1호 단서규정에 따른 소음측정은 다음과 같이 할 것
   가. 소음계 지시침의 동작은 느린(Slow) 상태로 한다.
   나. 소음계의 지시치가 변동하지 않는 경우에는 해당 지시치를 그 측정점에서의 소음수준으로 한다.
4. 누적소음노출량 측정기로 소음을 측정하는 경우에는 Criteria는 90dB, Exchange Rate는 5dB, Threshold는 80dB로 기기를 설정할 것
5. 소음이 1초 이상의 간격을 유지하면서 최대음압수준이 120dB(A)이상의 소음인 경우에는 소음수준에 따른 1분 동안의 발생횟수를 측정할 것

제27조(측정위치) 규칙 제93조의3 제1항 제3호에 따라 개인시료채취방법으로 작업환경측정을 하는 경우에는 소음측정기의 센서 부분을 작업 근로자의 귀 위치(귀를 중심으로 반경 30cm인 반구)에 장착하여야 하며, 지역시료채취방법의 경우에는 소음측정기를 측정대상이 되는 근로자의 주 작업행동 범위의 작업근로자 귀 높이에 설치하여야 한다.

제28조(측정시간 등) ① 단위작업장소에서 소음수준은 규정된 측정위치 및 지점에서 1일 작업시간 동안 6시간 이상 연속 측정하거나 작업시간을 1시간 간격으로 나누어 6회 이상 측정하여야 한다. 다만, 소음의 발생특성이 연속음으로서 측정치가 변동이 없다고 자격자 또는 지정측정기관이 판단한 경우에는 1시간 동안을 등간격으로 나누어 3회 이상 측정할 수 있다.

② 단위작업장소에서의 소음발생시간이 6시간 이내인 경우나 소음발생원에서의 발생시간이

간헐적인 경우에는 발생시간동안 연속 측정하거나 등간격으로 나누어 4회 이상 측정하여야 한다.

제5절 고열

제29조 〈삭제〉

제30조 〈삭제〉

제31조(측정방법 등) 고열의 측정은 다음 각 호의 방법에 따른다.

1. 측정은 단위작업장소에서 측정대상이 되는 근로자의 작업행동 범위에서 주 작업 위치의 바닥 면으로부터 50센티미터 이상, 150센티미터 이하의 위치에서 할 것
2. 측정구분 및 측정기기에 따른 측정시간은 다음의 표 1과 같이 할 것

〈표 1〉 측정구분에 의한 측정기기와 측정시간

구 분	측 정 기 기	측정시간
습구온도	0.5도 간격의 눈금이 있는 아스만통풍건습계, 자연습구온도를 측정할 수 있는 기기 또는 이와 동등 이상의 성능이 있는 측정기기	아스만통풍건습계 : 25분 이상 자연습구온도계 : 5분 이상
〈삭 제〉	〈삭 제〉	〈삭 제〉
흑구 및 습구흑구 온도	직경이 5센티미터 이상되는 흑구온도계 또는 습구흑구온도(WBGT)를 동시에 측정할 수 있는 기기	직경이 15센티미터일 경우 25분 이상 직경이 7.5센티미터 또는 5센티미터일 경우 5분 이상

3. 습구흑구온도지수(WBGT)는 다음 계산식 2에 따라 산출할 것

(계산식 2)

옥외(태양광선이 내리쬐는 장소) :

WBGT(℃) = 0.7 × 자연습구온도 + 0.2 × 흑구온도 + 0.1 × 건구온도

옥내 또는 옥외(태양광선이 내리쬐지 않는 장소) :

WBGT(℃) = 0.7 × 자연습구온도 + 0.3 × 흑구온도

$$\text{평균 } WBGT(℃) = \frac{WBGT_1 \times t_1 + \ldots\ldots + WBGT_n \times t_n}{t_1 + \ldots\ldots + t_n}$$

$WBGT_n$: 각 습구흑구온도지수의 측정치(℃)

t_n : 각 습구흑구온도지수치의 발생시간(분)

제32조 〈삭제〉

제6절 평가 및 작업환경측정결과보고

제33조(측정농도의 평가) 제21조, 제23조, 제26조 및 제31조에 따른 방법으로 측정한 농도나 측정값은 노출기준 고시와 비교하여 초과여부를 평가한다.

제34조(입자상 물질의 농도 평가) ① 제18조 제1항에 따라 측정한 입자상 물질 농도는 8시간 작업 시의 평균농도로 한다. 다만, 6시간 이상 연속 측정한 경우에 있어 측정하지 아니한 나머지 작업시간 동안의 입자상 물질 발생이 측정기간보다 현저하게 낮거나 입자상 물질이 발생하지 않은 경우에는 측정시간 동안의 농도를 8시간 시간가중 평균하여 8시간 작업 시의 평균농도로 한다.

② 제18조 제1항 단서 규정에 따라 1일 작업시간 동안 6시간 이내 측정을 한 경우의 입자상 물질 농도는 측정시간 동안의 시간가중평균치를 산출하여 그 기간 동안의 평균농도로 하고 이를 8시간 시간가중평균하여 8시간 작업 시의 평균농도로 한다.

③ 1일 작업시간이 8시간을 초과하는 경우에는 다음 계산식 4에 따라 보정노출기준을 산출한 후 측정농도와 비교하여 평가하여야 한다.

(계산식 4)

$$\text{보정노출기준} = 8\text{시간 노출기준} \times \frac{8}{h}$$

(h : 노출시간/일)

④ 제18조 제2항 또는 제3항에 따른 측정을 한 경우에는 측정시간 동안의 농도를 해당 노출기준과 직접 비교 평가하여야 한다. 다만 2회 이상 측정한 단시간 노출농도값이 단시간 노출기준과 시간가중평균기준값 사이의 경우로서 다음 각호의 어느 하나의 경우에는 노출기준 초과로 평가하여야 한다.

1. 15분 이상 연속 노출되는 경우
2. 노출과 노출사이의 간격이 1시간 이내인 경우
3. 1일 4회를 초과하는 경우

제35조(가스상 물질의 농도 평가) 제4장제3절에 따른 가스상 물질의 측정농도평가는 제33조 및 제34조의 평가방법을 준용한다.

제36조(소음수준의 평가) ① 제28조 제1항에 따라 1일 작업시간 동안 연속 측정하거나 작업시간을 1시간 간격으로 나누어 6회 이상 소음수준을 측정한 경우에는 이를 평균하여 8시간 작업시의 평균소음수준으로 한다(제34조 제1항 단서의 규정은 이 경우에도 이를 준용한다).

다만, 제28조 제1항 단서규정에 의하여 측정한 경우에는 이를 평균하여 8시간 작업시의 평균소음 수준으로 한다.

② 제28조 제2항에 측정한 경우에는 이를 평균하여 그 기간 동안의 평균소음수준으로 하고 이를 1일 노출시간과 소음강도를 측정하여 등가소음레벨방법으로 평가한다.

③ 지시소음계로 측정하여 등가소음레벨방법을 적용할 경우에는 다음 계산식 5에 따라 산출한 값을 기준으로 평가한다.

(계산식 5)

$$leq[dB(A)] = 16.61 \log \frac{n_1 \times 10^{\frac{LA_1}{16.61}} + n_2 \times 10^{\frac{LA_2}{16.61}} + \cdots + n_N \times 10^{\frac{LA_N}{16.61}}}{\text{각 소음레벨측정치의발생시간합}}$$

LA : 각 소음레벨의 측정치[dB(A)]

n : 각 소음레벨측정치의 발생시간(분)

④ 단위작업장소에서 소음의 강도가 불규칙적으로 변동하는 소음 등을 누적소음 노출량측정기로 측정하여 노출량으로 산출되었을 경우에는 별표 1을 이용하여 시간가중평균 소음수준으로 환산하여야 한다. 다만, 누적소음 노출량측정기에 따른 노출량 산출치가 별표 1에 주어진 값보다 작거나 크면 시간가중평균소음은 다음 계산식 6에 따라 산출한 값을 기준으로 평가할 수 있다.

(계산식 6)

$$TWA = 16.61 \log\left(\frac{D}{100}\right) + 90$$

TWA : 시간가중평균소음수준[dB(A)]

D : 누적소음노출량(%)

제37조(고열 수준의 평가) 고열 수준은 제31조에 따른 방법으로 측정하여 평가하여야 한다.

제38조 〈삭 제〉

제39조(작업환경측정결과의 보고) ① 지정측정기관이 법 제42조 제4항에 따라 작업환경측정을 실시하였을 경우에는 측정을 완료한 날부터 30일 이내에 규칙 별지 제21호서식의 작업환경측정결과표 2부를 작성하여 1부는 지정측정기관이 보관하고 1부는 사업주에게 송부하여야 한다.

② 규칙 제94조 제2항에 따른 전자적 방법이란 한국산업안전보건공단(이하 “공단”이라 한

다)이 고용노동부장관의 승인을 받아 제공하는 전산 프로그램이나 이와 호환이 되는 프로그램에 측정결과를 입력하는 것을 말하며 지정측정기관이 이 프로그램에 작업환경측정결과를 입력하여 공단에 전송함으로써 사업주가 지방고용노동관서의 장에게 시행규칙 별지 21호 서식의 작업환경측정결과표를 제출한 것으로 본다.

③ 사업주는 작업환경측정결과 노출기준을 초과한 경우에는 시행규칙 별지 제20호 서식의 작업환경측정 결과보고서에 개선계획서 또는 개선을 증명할 수 있는 서류를 첨부하여 제출하여야 한다.

④ 규칙 제94조 제1항 및 제2항의 단서에 따라 시료채취를 마친 날부터 30일 이내에 보고하는 것이 어려운 사업주 또는 지정측정기관은 다음 각 호의 내용이 포함된 지연사유서를 작성하여 지방고용노동관서의 장에게 제출하면 30일의 범위에서 제출기간을 연장할 수 있다.

1. 지정측정기관명, 소재지 및 전화번호 등 기관개요
2. 작업환경측정 일시 및 작업환경 측정자명
3. 사업장명, 소재지 및 전화번호 등 사업장개요
4. 지연사유 내용
5. 신청자(기관)직인
6. 지연사유를 증명할 수 있는 첨부서류

제39조의2(작업환경측정 결과의 전산관리) ① 공단은 제39조 제2항에 따라 지정측정기관이 전산으로 송부한 작업환경측정결과에 대하여 자료의 결함 여부 등을 확인하고 안전하게 보관·관리하여야 한다.

② 공단은 제1항에 따른 작업환경측정 자료를 통계·분석하여 고용노동부장관에게 보고하여야 한다.

제40조(작업환경측정결과의 알림 등) ① 사업주는 법 제42조 제1항에 따른 작업환경측정결과를 다음 각 호 어느 하나의 방법(전자적 방법을 포함한다)으로 해당 사업장 근로자에게 알려야 하며, 법 제11조 제2항에 따라서 근로자대표가 작업환경측정결과나 평가내용의 통지를 요청하는 경우에는 성실히 응하여야 한다.

1. 사업장 내의 게시판에 부착하는 방법
2. 사보에 게재하는 방법
3. 자체정례조회 시 집합교육에 의한 방법
4. 해당 근로자들이 작업환경측정결과를 알 수 있는 방법

② 사업주는 법 제42조 제5항에 따라 산업안전보건위원회 또는 근로자대표가 작업환경측정

결과에 대한 설명회 개최를 요구한 경우에는 측정기관으로부터 결과를 통보 받은 날로부터 10일 이내에 설명회를 실시하여야 한다.

③ 사업주는 해당 사업장의 근로자에 대한 건강관리를 위해 특수건강진단기관 등에서 작업환경측정의 결과를 요청할 때에는 이에 협조하여야 한다.

제41조(작업환경측정결과에 대한 검토) ① 지방고용노동관서의 장은 제39조 제2항에 따라 제출받은 작업환경측정결과표 또는 제39조 제3항에 따라 사업주로부터 제출받은 작업환경측정결과보고서에 대하여 다음 각호의 사항을 공단에 검토 의뢰할 수 있다.

1. 내용의 정확성 여부
2. 측정의 적정실시 여부
3. 측정의 누락 여부
4. 측정결과에 대한 개선의견의 적정 여부
5. 그 밖에 측정과 관련하여 해당 사업장에 대하여 필요한 조치에 관한 사항

② 공단은 제1항에 따른 검토의뢰를 받은 때에는 지체 없이 관련 내용을 검토하여 그 의견을 해당 지방고용노동관서의 장에게 통보하여야 한다.

제42조(지방고용노동관서의 조치) 지방고용노동관서의 장은 제39조 제2항·제3항 및 제41조에 따라서 제출 또는 통보받은 작업환경측정결과표 또는 결과보고서, 검토서류를 확인하여 필요하다고 인정되는 경우 해당 사업장을 점검하거나 시정조치를 명하여야 한다.

제42조의2(허용기준 대상 유해인자의 노출 농도 측정) 지방고용노동관서의 장이 법 제39조의2, 영 제31조 및 규칙 제81조의4에 따라 행정처분의 근거로 사용하고자 하는 경우에는 별표2의 노출 농도 측정 및 분석 방법에 따른다.

제5장 감독 및 지도

제43조(작업환경측정실시 감독 및 지도) ① 〈삭제〉

② 지방고용노동관서의 장은 측정기관의 측정이 특정기간 또는 연말에 집중적으로 실시되는 것을 방지하기 위하여 필요하다고 인정하면 사업주로 하여금 측정실시 시기를 변경하도록 지도하여야 한다.

제44조 〈삭제〉

제45조 〈삭제〉

제46조 〈삭제〉

제47조 〈삭제〉

제47조의2 〈삭제〉

제3편 작업환경측정에 관한 정도관리

제1장 적용범위 및 조직 · 기능

제48조(적용범위) 제3편의 규정은 지정측정기관, 유해인자별 및 업종별 작업환경전문연구기관(이하 "대상기관"이라 한다)에 적용한다. 다만, 정도관리에 참여를 희망하는 기관 · 단체 및 사업장에 대해서도 적용할 수 있다.

제49조(실시기관) ① 이 장에 따른 정도관리실시기관(이하 "실시기관"이라 한다)은 공단 산업안전보건연구원(이하 "연구원"이라 한다)으로 한다.

② 실시기관은 연간세부계획을 수립하여 대상기관에 대한 정도관리를 실시하고 그 결과에 대한 평가 및 사후관리를 하여야 한다.

③ 실시기관은 정도관리를 위하여 국제적으로 공신력이 있는 정도관리기구에 가입하여야 한다.

제50조(실시기관의 업무) 실시기관은 다음 각 호의 업무를 수행한다.

1. 정도관리 운영계획의 수립
2. 분석방법의 표준화 도모
3. 관리기준 설정
4. 정도관리용 시료조제 및 분배
5. 정도관리용 시료분석
6. 분석능력 평가
7. 기관간 분석자료 수집 및 결과통보
8. 시료의 교환 및 분석
9. 정도관리 운영계획에 필요한 서식작성
10. 대상기관에 대한 교육
11. 그 밖의 정도관리에 필요한 사항

제51조(정도관리운영위원회의 구성) ① 실시기관은 대상기관에 대한 효율적 정도관리를 위하여 정도관리운영위원회를 구성 · 운영하여야 한다.

② 정도관리운영위원회는 위원장을 포함하여 10명 이내의 위원으로 구성한다.

③ 위원장은 연구원장으로 한다.

④ 위원은 위원장이 위촉하되, 연구원 및 한국산업위생학회가 추천하는 위원이 각각 3명 이상이 되도록 하여야 한다.

제52조(정도관리운영위원회의 기능) 정도관리운영위원회는 다음 각 호에 관한 사항을 심의·조정한다.

1. 정도관리 표준시료의 농도결정
2. 정도관리 표준시료의 조제방법
3. 정도관리의 평가방법 및 결과처리
4. 정도관리에 필요한 교육
5. 정도관리에 필요한 시료분석
6. 제66조에 따라 연구원장이 정하는 사항
7. 그 밖의 정도관리운영에 필요한 사항

제53조(정도관리운영위원회의 회의개최) 정도관리운영위원회는 회의를 연 1회 이상 정기 개최하여야 하며, 위원장이 필요하다고 인정하면 임시회의를 수시로 개최할 수 있다.

제54조(정도관리실무위원회의 구성) ① 정도관리운영위원장은 위원회를 효율적으로 운영하기 위하여 정도관리실무위원회를 두어야 한다.

② 정도관리실무위원회는 연구원 및 한국산업위생학회가 추천하는 전문가 3명 이상 5명 이하의 위원으로 구성한다.

제55조(정도관리실무위원회의 기능) 정도관리실무위원회는 다음 각 호의 업무를 수행한다.

1. 정도관리 세부일정 수립
2. 정도관리 기준시료 조제
3. 정도관리 분석시료에 대한 평가
4. 정도관리 결과에 대한 검토
5. 정도관리운영위원회에서 결정된 사항
6. 그 밖의 정도관리 세부시행에 필요한 사항

제2장 정도관리 실시

제56조 〈삭제〉

제57조(실시시기 및 구분) ① 정도관리는 다음 각 호와 같이 구분한다.

1. 정기정도관리는 다음 각 목의 어느 하나에 해당하는 경우 실시하는 것을 말한다.

가. 대상기관에 대하여 3년마다 실시하는 정도관리

나. 처음 작업환경측정기관으로 지정받고자 하는 경우 실시하는 정도관리

2. 임시정도관리는 제3항 각 호의 어느 하나에 해당하는 경우 실시하는 것을 말한다.

3. 수시정도관리는 제60조의3제1항 후단에 따른 인정유효기간이 만료된 경우에 실시하는 것을 말한다.

4. 자율정도관리는 대상기관의 자체정도관리를 지원하기 위하여 제64조의2에 따라 실시하는 것을 말한다.

② 실시기관은 정기정도관리를 대상기관에 대하여 3년마다 1회 이상 실시하되, 세부실시계획은 실무위원회가 정하는 바에 따른다.

③ 실시기관은 다음 각 호의 어느 하나에 해당하는 경우에는 임시정도관리를 실시할 수 있다.

1. 대상기관이 부실측정과 관련한 민원을 야기한 경우

2. 그 밖에 운영위원회에서 임시정도관리가 필요하다고 인정한 경우

④ 제3항에 따라 임시정도관리를 실시할 때에는 실시계획을 해당기관에 통보하여야 한다.

⑤ 정기・임시정도관리 및 수시정도관리 결과 부적합 평가를 받은 기관은 6개월 이내에 해당 정도관리를 다시 받아야 한다. 다만, 제1항 제1호 나목의 경우에는 그러하지 아니하다.

⑥ 처음 작업환경측정기관으로 지정받은 기관 중 제58조 제2호 후단에 따른 평가결과 부적정을 통보받은 기관은 다음 연도에 실시하는 정기정도관리를 받아야 한다.

제57조의2 〈삭제〉

제58조(평가기준) 정도관리 결과에 대한 평가기준은 다음 각 호와 같다.

1. 대상기관이 제63조에 따른 각 항목의 배점을 합산하여 100점 만점으로 환산한 점수 중 75점 이상을 받은 경우에는 적합으로 평가하여야 한다. 다만, 사업장 자체측정기관의 경우에는 정도관리 참여 항목만 평가한다.

2. 처음 작업환경측정기관으로 지정받으려는 기관에 대해서는 실시기관이 정하는 해당 항목의 배점을 합산하고 100점 만점으로 환산하여 제1호의 기준에 따라 평가한다. 이 경우 해당 기관은 평가받지 않은 항목에 대한 자료를 6개월 이내에 실시기관에 제출하여 평가를 받아야 한다.

제59조(정도관리 결과보고) 실시기관은 정도관리를 종료한 날부터 10일 이내에 대상기관별 정도관리실시 결과를 고용노동부장관에게 보고하여야 한다. 다만, 특별한 사유가 있는 경우에는 그러하지 아니하다.

제60조(판정기준) ① 고용노동부장관은 제59조에 따른 결과보고를 검토하여 다음 각 호의 기준에 따라 종합적으로 판정하여야 한다.

1. 정기·임시정도관리 및 수시정도관리에서 2회 연속 부적합 평가를 받은 경우 불합격으로 판정
2. 작업환경측정기관으로 지정을 받은 후 정기·임시정도관리 및 수시정도관리에 참여하지 않은 경우에는 부적합으로 처리하여 제1호에 준하여 판정
3. 〈삭 제〉

② 〈삭 제〉

제60조의2(정도관리 인정) 연구원장은 정도관리 실시결과 적합으로 평가된 대상기관 및 분석자에게 별지 제5호 및 제6호서식의 작업환경측정 정도관리 인정서를 발급하고 이를 연구원 홈페이지에 공고할 수 있다. 다만, 제63조에 따른 사업장 자체측정기관으로서 특정 참여분야에 대해 정도관리를 받은 경우에는 기관에 대해서만 별지 제5호서식의 작업환경측정 정도관리 인정서를 발급한다.

제60조의3(인정 유효기간) ① 정도관리 인정 유효기간은 적합 평가를 받은 날부터 3년으로 한다. 다만, 다음 각 호의 어느 하나에 해당하는 사항이 발생한 경우에는 인정 유효기간이 만료된 것으로 본다.

1. 거짓이나 그 밖의 부정한 방법으로 정도관리를 받은 것으로 확인된 기관 및 분석자
2. 인정받은 분석자가 퇴사 등의 사유로 분석업무를 담당하지 않는 기관

② 제1항 후단에 따른 인정 유효기간이 만료된 기관은 만료된 날부터 3개월 이내에 정도관리를 다시 받아야 한다. 다만, 제1항 제2호의 경우 분석자를 새로 채용하는 때에는 해당 분석자의 인정유효기간에 한해서는 그러하지 아니하다.

③ 제2항 후단의 경우에도 해당 인정기관의 유효기간에 한하여 인정을 한다.

제61조(정도관리실시계획의 공고) 실시기관은 정도관리 시행 30일 전까지 연구원 홈페이지에 정도관리실시계획을 공고하고 대상기관에 안내문을 발송하여 정도관리실시계획을 알려야 한다. 다만, 임시 및 수시정도관리를 실시하는 경우에는 그러하지 아니한다.

제62조(정도관리참여신청) 정도관리에 참여하고자 하는 대상기관은 별지 제4호서식의 정도관리참여신청서에 다음 각 호의 서류를 구비하여 실시기관에 참여신청을 하여야 한다.

1. 기관의 인력 및 장비현황(최초참여기관과 기 참여기관 중 변동사항이 있는 기관)
2. 〈삭제〉

제63조(정도관리 항목) 대상기관에 대한 정도관리항목은 분석장비·설비, 자체정도관리시스템, 분석자의 분석능력, 분석 준비현황 및 그 밖의 항목으로 한다. 다만, 사업장 자체측정기관은 해당 측정대상 작업장에 일부 항목의 유해인자만 존재할 경우에는 해당 항목으로 한다.

제64조(정도관리용 시료의 분석) 대상기관은 정도관리용 시료를 배부 받은 날부터 20일 이내에 그 분석결과와 분석관련 자료를 실시기관에 통보하여야 한다.

제64조의2(자율정도관리) 실시기관은 표준시료를 대상기관에 송부하여 분석결과를 받아 통계처리하는 방식의 자율정도관리를 1년에 1회 이상 실시할 수 있다. 이 경우 실시기관은 민간기관을 통해 표준시료의 제조 및 결과처리 등을 할 수 있다.

제65조 〈삭제〉

제66조(세부시행규정) 운영위원회 구성 및 운영, 정도관리 세부항목, 평가기준・방법등 정도관리 실시에 필요한 세부시행규정은 고용노동부장관과 협의를 하여 연구원장이 따로 정한다.

제4편 지정측정기관 평가

제1장 평가대상기관 등

제67조(평가대상기관) 평가대상은 영 제32조의3에 따른 지정측정기관으로 한다. 다만, 지정측정기관 평가계획을 공고한 날(이하 "공고일"이라 한다) 현재 1년 미만인 기관은 평가대상에서 제외한다.

제68조(평가실시기관) 평가를 실시하는 기관(이하 "평가실시기관"이라 한다)은 공단으로 한다.

제69조(평가실시기관의 업무) 공단은 다음 각 호의 업무를 수행한다.

1. 평가계획의 수립 및 평가실시
2. 평가표의 개발 및 보완
3. 평가방법의 표준화 및 일관성 유지
4. 평가기준의 적정성 확보
5. 평가자료 수집 및 결과 보고
6. 그 밖의 평가에 필요한 사항

제70조(평가주기 등) ① 평가는 2년마다 실시하되, 고용노동부장관이 필요하다고 인정하는 경우에는 평가주기를 조정할 수 있다.

② 평가는 공고일을 기준으로 최근 2년간의 업무를 대상으로 한다.

제2장 평가운영위원회 구성 및 운영

제71조(평가운영위원회의 설치) ① 고용노동부장관은 제69조에 따른 평가에 관한 사항을 심의·의결하기 위하여 평가운영위원회를 둔다.

② 평가운영위원회는 위원장 1명을 포함하여 10명 이내의 위원으로 구성한다.

③ 위원장은 위원 중에서 호선한다.

④ 위원은 고용노동부장관이 위촉하되, 고용노동부, 공단 및 관련학회가 추천하는 위원이 각각 2명 이상이 되도록 하여야 한다. 다만, 다음 각 호에 해당하는 사람은 당연직 위원이 된다.

1. 고용노동부 소관업무 부서장
2. 공단 소관업무 부서장

⑤ 위원의 임기는 3년으로 하고, 1회에 한하여 연임할 수 있다. 다만, 당연직 위원의 임기는 해당 업무에 재직하는 기간으로 한다.

⑥ 회의는 재적위원 과반수의 출석으로 개의하고 출석위원 과반수의 찬성으로 의결한다.

제72조(평가운영위원회의 기능) 평가운영위원회는 다음 각 호의 사항을 심의·의결한다.

1. 평가계획 수립
2. 평가방법
3. 평가기준 세부항목 및 배점
4. 평가등급 결정 및 공표
5. 평가운영위원회의 운영
6. 평가실무위원회에서 상정한 사항
7. 그 밖의 평가에 관한 사항

제73조(평가실무위원회의 설치) ① 평가운영위원회는 평가에 관한 전문적인 사항을 검토하기 위하여 평가실무위원회를 둘 수 있다.

② 위원회는 위원장 1명을 포함하여 5명 이상 7명 이하의 위원으로 구성한다.

③ 위원장은 공단의 직업건강 업무관련 부서의 장(실장·국장)으로 한다.

④ 위원은 관련학회 등이 추천하는 전문가 중에서 위촉하는 자와 공단직원 중에서 선발된 자로 한다.

제74조(평가실무위원회의 기능) ① 평가실무위원회는 다음 각 호의 사항을 수행한다.

1. 평가 세부일정 및 평가자 구성·운영
2. 평가항목 적용 세부기준 수립 및 결과의 집계·이의신청서 검토

3. 평가운영위원회가 위임한 사항
4. 그 밖의 평가 세부시행을 위하여 필요한 사항

② 평가실무위원회는 제1항 각 호에 대한 처리결과를 평가운영위원회에 보고하여야 한다.

제3장 평가절차 등

제75조(평가계획의 공고) 공단은 평가 실시 30일 전까지 평가실시계획을 공단 홈페이지에 공고하고 평가 대상기관에 알려야 한다.

제76조(평가자) ① 제74조 제1항 제1호에 따른 평가자는 공단직원과 외부전문가로 구성한다.

② 제1항의 외부전문가는 작업환경측정에 대한 전문지식과 경험이 풍부한 사람으로 한다.

③ 평가자는 평가과정에서 취득한 정보를 누설하여서는 아니 된다.

제77조(평가실시 등) ① 공단은 평가실시 전에 평가기준을 공개하여야 한다.

② 평가자는 대상기관을 방문하여 평가표에 따라 평가를 실시하여야 한다. 다만, 다음 각 호의 자료만으로 평가가 가능한 경우에는 해당 항목에 대하여 방문평가를 생략할 수 있다.

1. 작업환경측정기관의 정도관리결과 자료
2. 규칙 제94조에 따라 공단에 송부한 작업환경측정결과표 전산자료

③ 평가자는 평가를 완료하는 즉시 평가결과보고서를 공단에 제출하여야 한다.

④ 공단은 평가실무위원회에 평가결과보고서를 검토 의뢰하여야 한다.

⑤ 공단은 평가실무위원회의 검토결과를 제출 받은 날부터 7일 이내에 평가점수를 대상기관에 통보하여야 한다.

⑥ 대상기관은 평가점수를 통보받은 날부터 7일 이내에 별지 제7호서식에 따라 공단에 이의신청을 할 수 있다.

⑦ 공단은 이의신청서를 접수한 경우에는 평가실무위원회를 거쳐 21일 이내에 그 결과를 해당 대상기관에 알려야 한다.

⑧ 공단은 평가를 종료한 후에는 종합평가결과 보고서를 고용노동부장관에게 제출하여야 한다.

제78조(수당 등) 공단은 평가실무위원회 위원 및 평가자에게 공단여비규칙 및 운영수당 지급규칙에 따라 예산의 범위에서 수당 등을 지급할 수 있다.

제4장 평가결과 공표 및 활용

제79조(평가등급 결정) ① 평가운영위원회는 대상기관이 획득한 점수에 대하여 다음 각 호를 기준으로 평가등급을 결정하여야 한다.

1. S(우수) 등급 : 합계 평점이 90점 이상
2. A(양호) 등급 : 합계 평점이 80점 이상 90점 미만
3. B(보통) 등급 : 합계 평점이 70점 이상 80점 미만
4. C(미흡) 등급 : 합계 평점이 70점 미만

② 평가운영위원회는 평가등급의 분포를 고려하여 제1항의 등급별 기준점수를 일부 조정할 수 있다.

③ 평가운영위원회는 평가대상기관이 거짓 또는 부정한 방법으로 평가받은 사실이 확인된 경우에는 최하위 등급을 부여하여야 한다.

제80조(평가결과의 공표) ① 고용노동부장관은 규칙 제97조 제2항에 따라 대상기관의 평가등급을 공표하여야 한다.

② 평가결과의 공표방법은 고용노동부 또는 공단 홈페이지에 게시하는 등 다양한 매체를 활용할 수 있다.

제81조(평가결과의 활용) ① 고용노동부장관은 평가결과가 우수한 대상기관에 대하여 정부포상 시 우선 고려하고, 제13조에 따른 점검을 면제할 수 있다.

② 공단은 평가결과가 우수한 대상기관에 대하여 재정지원사업에 우선적으로 참여시킬 수 있다.

제82조(재검토기한 3년) 이 고시는 「훈령 · 예규 등의 발령 및 관리에 관한 규정」(대통령훈령 제248호)에 따라 발령 후 2016년 8월 12일까지 법령이나 현실여건의 변화 등을 검토하여 폐지 또는 개정한다.

부칙(2011. 12. 23)

제1조(시행일) 이 고시는 2012년 1월 1일부터 시행한다.

제2조(경과조치 등) ① 모든 지정측정기관은 2015년 12월 31일까지 개정고시에 따른 정기정도관리를 받아야 한다. 이 경우 개정고시에 의한 정기정도관리를 받기 전까지는 종전의 규정에 따른 정도관리를 받아야 하며 판정기준도 종전규정에 따른다.

② 실시기관은 제1항에 따라 실시하는 개정고시에 따른 정기정도관리의 시기를 대상기관별로 지정할 수 있다.

③ 개정고시에 따른 최초 정기정도관리에 부적합 평가를 받은 기관은 다음 정기정도관리 전까지는 종전의 규정에 따른 정도관리를 받아야 한다. 이 경우 최초 정기정도관리의 시료분석결과를 포함하여 평가 및 판정기준은 종전규정에 따른다.

부칙(2013. 8. 13)

이 고시는 2013년 8월 13일부터 시행한다.

[별표 1] 소음노출량(%)과 TWA사이의 변화(제36조 제4항 관련)

(%)소음노출량	TWA[dB(A)]	(%)소음노출량	TWA[dB(A)]	(%)소음노출량	TWA[dB(A)]
10	73.4	117	91.1	520	101.9
15	76.3	118	91.2	530	102.0
20	78.4	119	91.3	540	102.2
25	80.0	120	91.3	550	102.3
30	81.3	125	91.6	560	102.4
35	82.4	130	91.9	570	102.6
40	83.4	135	92.2	580	102.7
45	84.2	140	92.4	590	102.8
50	85.0	145	92.7	600	102.9
55	85.7	150	92.9	610	103.0
60	86.3	155	93.2	620	103.2
65	86.9	160	93.4	630	103.3
70	87.4	165	93.6	640	103.4
75	87.9	170	93.8	650	103.5
80	88.4	175	94.0	660	103.6
81	88.5	180	94.2	670	103.7
82	88.6	185	94.4	680	103.8
83	88.7	190	94.6	690	103.9
84	88.7	195	94.8	700	104.0
85	88.8	200	95.0	710	104.1
86	88.9	210	95.4	720	104.2
87	89.0	220	95.7	730	104.3
88	89.1	230	96.0	740	104.4
89	89.2	240	96.3	750	104.5
90	89.2	250	96.6	760	104.6
91	89.3	260	96.9	770	104.7
92	89.4	270	97.2	780	104.8
93	89.5	280	97.4	790	104.9
94	89.6	290	97.7	800	105.0
95	89.6	300	97.9	810	105.1
96	89.7	310	98.2	820	105.2
97	89.8	320	98.4	830	105.3

[별표 1] 소음노출량(%)과 TWA사이의 변화(제36조 제4항 관련) (계속)

(%)소음노출량 TWA[dB(A)]	(%)소음노출량 TWA[dB(A)]	(%)소음노출량 TWA[dB(A)]
98 ··············89.9	330 ··············98.6	840 ··············105.4
99 ··············89.9	340 ··············98.8	850 ··············105.4
100 ··············90.0	350 ··············99.0	860 ··············105.5
101 ··············90.1	360 ··············99.2	870 ··············105.6
102 ··············90.1	370 ··············99.4	880 ··············105.7
103 ··············90.2	380 ··············99.6	890 ··············105.8
104 ··············90.3	390 ··············99.8	900 ··············105.8
105 ··············90.4	400 ··············100.0	910 ··············105.9
106 ··············90.4	410 ··············100.2	920 ··············106.0
107 ··············90.5	420 ··············100.4	930 ··············106.1
108 ··············90.6	430 ··············100.5	940 ··············106.2
109 ··············90.6	440 ··············100.7	950 ··············106.2
110 ··············90.7	450 ··············100.8	960 ··············106.3
111 ··············90.8	460 ··············101.0	970 ··············106.4
112 ··············90.8	470 ··············101.2	980 ··············106.5
113 ··············90.9	480 ··············101.3	990 ··············106.5
114 ··············90.9	490 ··············101.5	999 ··············106.6
115 ··············91.0	500 ··············101.6	
116 ··············91.1	510 ··············101.8	

[별표 2] 허용기준 대상 유해인자의 노출 농도 측정 및 분석 방법(제42조의2 관련)

제1장 총칙

1. 목적

이 기준은 산업안전보건법 제39조의2(유해인자 허용기준의 준수)에 따라 허용기준 대상 유해인자의 노출 농도 측정을 실시함에 있어 측정 및 분석의 정확성과 통일성을 유지하기 위하여 필요한 제반사항을 규정한다.

2. 적용범위

이 기준은 지방고용노동관서의 장이 산업안전보건법 제39조의2(유해인자 허용기준의 준수)에 따라 작업장 내 허용기준 대상 유해인자의 노출 농도가 허용기준 이하로 유지되고 있는지를 확인하여 행정처분의 근거로 사용하고자 할 때 적용한다.

3. 일반사항

가. 이 기준의 내용은 총칙, 일반측정사항, 물질별 노출 농도 측정 및 분석 방법, 측정 농도의 평가 방법으로 구성된다.

나. 어원, 분자식 및 화학명 등은 특별한 언급이 없는 한 ( )안에 기재한다.

다. 검출한계, 탈착효율, 회수율 등의 표시는 해당되는 조건에서 얻을 수 있는 값을 참고하도록 한 것이므로 실제 측정 시 분석조건 등에 따라 달라질 수 있다.

라. 이 기준에서 사용하는 수치의 맺음법은 따로 규정이 없는 한 한국산업표준 KS A 3251-1(데이터의 통계적 해석 방법-제1부 : 데이터의 통계적 기술)에 따른다.

마. 이 기준에 정하지 않은 사항에 대해서는 일반적인 화학적 상식에 따르며, 세부조작에 관한 사항은 측정의 본질에 영향을 주지 않는 범위 내에서 일부를 변경 또는 조정할 수 있다.

바. 이 기준에서 정한 방법만이 반드시 최고의 정밀도와 정확도를 갖는다고 할 수는 없으며, 규정되지 않은 방법이라도 이 규정에서 정한 방법과 동등 이상의 정밀도 및 정확도가 인정될 때에는 그 측정 및 분석 방법을 사용할 수 있다.

제2장 일반측정사항

제1절 화학시험의 일반사항

1. 적용범위

이 기준은 노출 농도 측정 및 분석 방법 중 일반화학분석에 관한 공통적인 사항을 규정한다.

2. 원자량

원자량은 국제순수 및 응용화학연맹(IUPAC)에서 정한 원자량 표에 따르되, 분자량은 소수점 이하 셋째자리에서 반올림하여 둘째자리까지 표시한다.

3. 단위 및 기호

주요 단위 및 기호는 아래 〈표 1〉과 같고, 여기에 표시되어 있지 않은 단위는 KS A ISO 80000-1(양 및 단위-제1부 : 일반사항)에 따른다.

〈표 1〉 SI 단위 및 기호

종류	단위	기호	종류	단위	기호
길이	미터 센티미터 밀리미터 마이크로미터(미크론) 나노미터(밀리미크론)	m cm mm μm(μ) nm(mμ)	농도	몰농도 노르말농도 그램/리터 밀리그램/리터 퍼센트	M N g/L mg/L %
압력	기압 수은주밀리미터 수주밀리미터	atm mmHg mmH_2O	부피	세제곱미터 세제곱센티미터 세제곱밀리미터	m^3 cm^3 mm^3
넓이	제곱미터 제곱센티미터 제곱밀리미터	m^2 cm^2 mm^2	무게	킬로그램 그램 밀리그램 마이크로그램 나노그램	kg g mg μg ng
용량	리터 밀리리터 마이크로리터	L mL μL			

4. 온도 표시

가. 온도의 표시는 셀시우스(Celcius) 법에 따라 아라비아 숫자의 오른쪽에 ℃를 붙인다. 절대온도는 °K로 표시하고 절대온도 0 °K는 −273 ℃로 한다.

나. 상온은 15~25 ℃, 실온은 1~35 ℃, 미온은 30~40 ℃로 하고, 찬 곳은 따로 규정이 없는 한 0~15 ℃의 곳을 말한다.

다. 냉수(冷水)는 15 ℃이하, 온수(溫水)는 60~70 ℃, 열수(熱水)는 약 100 ℃를 말한다.

5. 농도 표시

가. 중량백분율을 표시할 때에는 %의 기호를 사용한다.

나. 액체단위부피, 또는 기체단위부피 중의 성분질량(g)을 표시할 때에는 %(W/V)의 기호를 사용한다.

다. 액체단위부피, 또는 기체단위부피 중의 성분용량을 표시할 때에는 %(V/V)의 기호를 사용한다.

라. 백만분율(Parts Per Million)을 표시할 때에는 ppm을 사용하며 따로 표시가 없으면, 기체인 경우에는 용량 대 용량(V/V)을 액체인 경우에는 중량 대 중량(W/W)을 의미한다.

마. 10억분율(Parts per Billion)을 표시할 때에는 ppb를 사용하며 따로 표시가 없으면, 기체인 경우에는 용량 대 용량(V/V)을 액체인 경우에는 중량 대 중량(W/W)을 의미한다.

바. 공기 중의 농도를 mg/m^3로 표시했을 때는 25 ℃, 1기압 상태의 농도를 말한다.

6. 초순수(물)

측정・분석 방법에 사용하는 초순수는 따로 규정이 없는 한 정제증류수 또는 이온교환수지로 정제한 탈염수(脫鹽水)를 말한다.

7. 시약, 표준물질

가. 분석에 사용하는 시약은 따로 규정이 없는 한 특급 또는 1급 이상이거나 이와 동등한 규격의 것을 사용하여야 한다. 단, 단순히 염산, 질산, 황산 등으로 표시하였을 때 따로 규정이 없는 한 아래 〈표 2〉에 규정한 농도 이상의 것을 말한다.

〈표 2〉 시약의 농도

물질명	화학식	농도(%)	비중(약)
염 산	HC1	35.0~37.0	1.18
질 산	HNO_3	60.0~62.0	1.38
황 산	H_2SO_4	95% 이상	1.84
아 세 트 산	CH_3COOH	99.0% 이상	1.05
인 산	H_3PO_4	85.0% 이상	1.69
암 모 니 아 수	NH_4OH	28.0~30.0(NH_3로서)	0.90
과 산 화 수 소	H_2O_2	30.0~35.0	1.11
불 화 수 소 산	HF	46.0~48.0	1.14
요 오 드 화 수 소 산	HI	55.0~58.0	1.70
브 롬 화 수 소 산	HBr	47.0~49.0	1.48
과 염 소 산	$HClO_4$	60.0~62.0	1.54

나. 분석에 사용되는 표준품은 원칙적으로 특급시약을 사용한다.

다. 광도법, 전기화학적분석법, 크로마토그래피법, 고성능액체크로마토그래피법에 사용되는 시약은 순도에 유의해야 하고, 불순물이 분석에 영향을 미칠 우려가 있을 때에는 미리 검정하여야 한다.

라. 분석에 사용하는 지시약은 따로 규정이 없는 한 KS M 0015(화학 분석용 지시약 조제방법)에 규정된 지시약을 사용한다.

마. 시료의 시험, 바탕시험 및 표준액에 대한 시험을 일련의 동일시험으로 행할 때에 사용하는 시약 또는 시액은 동일 로트(Lot)로 조제된 것을 사용한다.

8. 기구

가. 측정방법에서 사용하는 모든 유리기구는 KS L 2302(이화학용 유리기구의 모양 및 치수)에 적합한 것 또는 이와 동등 이상의 규격에 적합한 것으로 국가 또는 국가에서 지정하는 기관에서 검정을 필한 것을 사용해야 한다.

나. 부피플라스크, 피펫, 뷰렛, 메스실린더, 비이커 등 화학분석용 유리기구는 국가검정을 필한 것을 사용한다.

다. 여과용 기구 및 기기의 기재없이 "여과한다"라고 표시한 것은 KS M 7602(거름종이(화학 분석용)) 거름종이 5종 또는 이와 동등한 여과지를 사용하여 여과함을 말한다.

9. 용기

가. 용기란 시험용액 또는 시험에 관계된 물질을 보존, 운반 또는 조작하기 위하여 넣어두는 것으로 시험에 지장을 주지 않도록 깨끗한 것을 말한다.

나. 밀폐용기(密閉容器)란 물질을 취급 또는 보관하는 동안에 이물(異物)이 들어가거나 내용물이 손실되지 않도록 보호하는 용기를 말한다.

다. 기밀용기(機密容器)란 물질을 취급하거나 보관하는 동안에 외부로부터의 공기 또는 다른 기체가 침입하지 않도록 내용물을 보호하는 용기를 말한다.

라. 밀봉용기(密封容器)란 물질을 취급 또는 보관하는 동안에 기체 또는 미생물이 침입하지 않도록 내용물을 보호하는 용기를 말한다.

마. 차광용기(遮光容器)란 광선이 투과되지 않는 갈색용기 또는 투과하지 않도록 포장한 용기로서 취급 또는 보관하는 동안에 내용물의 광화학적 변화를 방지할 수 있는 용기를 말한다.

10. 분석용 저울

이 기준에서 사용하는 분석용 저울은 국가검정을 필한 것으로서 소수점 다섯째자리 이상을 나타낼 수 있는 것을 사용하여야 한다.

11. 전처리 기기

가. 가열판(Hot plate)

이 기준에서 사용하는 가열판은 국가검정을 필한 것으로서 200 ℃ 이상으로 가열할 수 있는 것을 사용하여야 한다.

나. 마이크로웨이브(Microwave) 회화기

온도와 압력의 조절이 가능하도록 설계되어야 하며, 베셀(vessel)은 내산성(耐酸性) 재료로 만들어져야 한다.

12. 용어

가. "항량이 될 때까지 건조한다 또는 강열한다"란 규정된 건조온도에서 1시간 더 건조 또는 강열할 때 전후 무게의 차가 매 g당 0.3 mg 이하일 때를 말한다.

나. 시험조작 중 "즉시"란 30초 이내에 표시된 조작을 하는 것을 말한다.

다. "감압 또는 진공"이란 따로 규정이 없는 한 15 mmHg 이하를 뜻한다.

라. "이상" "초과" "이하" "미만"이라고 기재하였을 때 이(以)자가 쓰여진 쪽은 어느 것이나 기산점(起算點) 또는 기준점(基準點)인 숫자를 포함하며, "미만" 또는 "초과"는 기산점 또는 기준점의 숫자를 포함하지 않는다. 또 "a～b"라 표시한 것은 a 이상 b 이하를 말한다.

마. "바탕시험(空試驗)을 하여 보정한다"란 시료에 대한 처리 및 측정을 할 때, 시료를 사용하지 않고 같은 방법으로 조작한 측정치를 빼는 것을 말한다.

바. 중량을 "정확하게 단다"란 지시된 수치의 중량을 그 자릿수까지 단다는 것을 말한다.

사. "약"이란 그 무게 또는 부피에 대하여 ±10% 이상의 차가 있지 아니한 것을 말한다.

아. "검출한계"란 분석기기가 검출할 수 있는 가장 작은 양을 말한다.

자. "정량한계"란 분석기기가 정량할 수 있는 가장 작은 양을 말한다.

차. "회수율"이란 여과지에 채취된 성분을 추출과정을 거쳐 분석시 실제 검출되는 비율을 말한다.

카. "탈착효율"이란 흡착제에 흡착된 성분을 추출과정을 거쳐 분석시 실제 검출되는 비율을 말한다.

13. 측정결과의 표시

가. 측정결과의 표시는 산업안전보건법에서 규정한 허용기준의 단위로 표시하여야 한다.

나. 시험성적수치는 마지막 유효숫자의 다음 단위까지 계산하여 KS Q 5002(데이터의 통계적 해석 방법-제1부 : 데이터의 통계적 기술)에 따라 기록한다.

제2절 시료채취 및 분석 시 고려사항

1. 시료채취 시 고려사항

가. 시료채취 시에는 예상되는 측정대상물질의 농도, 방해인자, 시료채취 시간 등을 종합적으로 고려하여야 한다.

나. 시간가중평균허용기준을 평가하기 위해서는 정상적인 작업시간 동안 최소한 6시간 이상 시료를 채취해야 하고, 단시간허용기준 또는 최고허용기준을 평가하기 위해서는 10～15분 동안 시료를 채취해야 한다.

다. 시료채취 시 오차를 발생시키는 주요원인은 시료채취 시 흡입한 공기총량이 정확히 측정되지 않아서 발생되는 경우가 많다. 따라서 시료채취용 펌프는 유량변동 폭이 적은 안정적인 펌프를 선택하여 사용하여야 하고 시료채취 전·후로 펌프의 유량을 확인하여 공기총량을 산출하여야 한다.

2. 검량선 작성을 위한 표준용액 조제

가. 측정대상 물질의 표준용액을 조제할 원액(시약)의 특성(분자량, 비중, 순도(함량), 노출기준 등)을 파악한다.

나. 표준용액의 농도범위는 채취된 시료의 예상농도(0.1~2배 수준)에서 결정하는 것이 좋다.

다. 표준용액 조제방법은 표준원액을 단계적으로 희석시키는 희석식과 표준원액에서 일정량씩 줄여가면서 만드는 배취식이 있다. 희석식은 조제가 수월한 반면 조제시 계통오차가 발생할 가능성이 있고, 배취식은 조제가 희석식에 비해 어려운 점은 있으나 계통오차를 줄일 수 있는 장점이 있다.

라. 표준용액은 최소한 5개 수준이상을 만드는 것이 좋으며, 이때 분석하고자 하는 시료의 농도는 반드시 포함되어져야 한다.

마. 원액의 순도, 제조일자, 유효기간 등은 조제 전에 반드시 확인되어져야 한다.

바. 표준용액, 탈착효율 또는 회수율에 사용되는 시약은 같은 로트(Lot)번호를 가진 것을 사용하여야 한다.

3. 내부표준물질

가. 내부표준물질은 시료채취 후 분석시 칼럼의 주입손실, 퍼징손실, 또는 점도 등에 영향을 받은 시료의 분석결과를 보정하기 위해 인위적으로 시료 전처리과정에서 더해지는 화학물질을 말한다.

나. 내부표준물질도 각 측정방법에서 정하는 대로 모든 측정시료, 정도관리시료, 그리고 공시료에 가해지며 내부표준물질 분석결과가 수용한계를 벗어난 경우 적절한 대응책을 마련 한 후 다시 분석을 실시하여야 한다.

다. 내부표준물질로 사용되는 물질은 다음의 특성을 갖고 있어야 한다.

1) 머무름시간이 분석대상물질과 너무 멀리 떨어져 있지 않아야 한다.

2) 피크가 용매나 분석대상물질의 피크와 중첩되지 않아야 한다.

3) 내부표준물질 양이 분석대상물질 양보다 너무 많거나 적지 않아야 한다.

라. 내부표준물질은 탈착용매 및 표준용액의 용매로 사용되는 물질에 적당 양을 직접 주입한 후 이를 표준용액 조제용 용매와 탈착용매로 사용하는 것이 좋다.

4. 탈착효율 실험을 위한 시료조제방법

탈착효율 실험을 위한 첨가량은 작업장에서 예상되는 측정대상물질의 일정 농도범위(0.5~

2배)에서 결정한다. 이러한 실험의 목적은 흡착관의 오염 여부, 시약의 오염 여부 및 분석 대상 물질이 탈착 용매에 실제로 탈착되는 양을 파악하여 보정하는데 있으며, 그 시험방법은 다음과 같다.

가. 탈착효율 실험을 위한 첨가량을 결정한다. 작업장의 농도를 포함하도록 예상되는 농도(mg/m3)와 공기채취량(L)에 따라 첨가량을 계산한다. 만일 작업장의 예상 농도를 모를 경우 첨가량은 노출기준과 공기채취량 20 L(또는 10 L)를 기준으로 계산한다.

나. 예상되는 농도의 3가지 수준(0.5~2배)에서 첨가량을 결정한다. 각 수준별로 최소한 3개 이상의 반복 첨가시료를 다음의 방법으로 조제하여 분석한 후 탈착효율을 구하도록 한다.

1) 탈착효율 실험용 흡착튜브의 뒷층을 제거한다.

2) 계산된 첨가량에 해당하는 분석대상물질의 원액(또는 희석용액)을 마이크로실린지를 이용하여 정확히 흡착튜브 앞층에 주입한다.

3) 흡착튜브를 마개로 즉시 막고 하룻밤 동안 상온에서 놓아둔다.

4) 탈착시켜 분석한 후 분석량/첨가량으로서 탈착효율을 구한다.

다. 탈착효율은 최소한 75% 이상이 되어야 한다.

라. 탈착효율 간의 변이가 심하여 일정성이 없으면 그 원인을 찾아 교정하고 다시 실험을 실시해야한다.

5. 회수율 실험을 위한 시료조제방법

회수율 실험을 위한 첨가량은 측정대상물질의 작업장 예상농도 일정범위(0.5~2배)에서 결정한다. 이러한 실험의 목적은 여과지의 오염, 시약의 오염 여부 및 분석대상 물질이 실제로 전처리과정 중에 회수되는 양을 파악하여 보정하는데 있으며, 그 시험방법은 다음과 같다.

가. 회수율 실험을 위한 첨가량을 결정한다. 작업장의 농도를 포함하도록 예상되는 농도(mg/m^3)와 공기채취량(L)에 따라 첨가량을 계산한다. 만일 작업장의 예상 농도를 모를 경우 첨가량은 노출기준과 공기채취량 400 L(또는 200 L)를 기준으로 계산한다.

나. 예상되는 농도의 3가지 수준(0.5~2배)에서 첨가량을 결정한다. 각 수준별로 최소한 3개 이상의 반복 첨가시료를 다음의 방법으로 조제하여 분석한 후 회수율을 구하도록 한다.

1) 3단 카세트에 실험용 여과지를 장착시킨 후 상단카세트를 제거한 상태에서 계산된 첨가량에 해당하는 분석대상물질의 원액(또는 희석용액)을 마이크로실린지를 이용하여 주입한다.

2) 하룻밤 동안 상온에서 놓아둔다.

3) 시료를 전처리한 후 분석하여 분석량/첨가량으로서 회수율을 구한다.

다. 회수율은 최소한 75% 이상이 되어야 한다.

라. 회수율간의 변이가 심하여 일정성이 없으면 그 원인을 찾아 교정하고 다시 실험을 실시해야한다.

제3절 분석기기

1. 가스크로마토그래피

가. 원리 및 적용범위

가스크로마토그래피는 기체시료 또는 기화한 액체나 고체시료를 운반가스로 고정상이 충진된 컬럼(또는 분리관)내부를 이동시키면서 시료의 각 성분을 분리・전개시켜 정성 및 정량하는 분석기기로서 허용기준 대상 유해인자 중 휘발성유기화합물의 분석 방법에 적용한다.

나. 주요 구성

가스크로마토그래피는 주입부(injector), 컬럼(column)오븐 및 검출기(detector)의 3가지 주요요소로 구성되어 있으며, 여기에 이동상인 운반가스를 공급해주는 가스공급장치(압축가스통 또는 가스발생기) 및 검출기에서 나오는 신호결과를 처리해 주는 데이터 처리시스템이 있어야 한다.

1) 주입부

가) 시료주입부는 열안정성이 좋고 탄성이 좋은 실리콘 고무와 같은 격막이 있는 시료기화실로서 컬럼온도와 동일하거나 또는 그 이상의 온도를 유지할 수 있는 가열기구가 갖추어져야 하고, 또한 이들 온도를 조절할 수 있는 기구 및 이를 측정할 수 있는 기구가 갖추어져야 한다.

나) 주입부는 충진컬럼(packed column) 또는 캐필러리컬럼(capillary column)에 적합한 것이어야 하고, 미량주사기를 이용하여 수동으로 시료를 주입하거나 또는 자동주입장치를 이용하여 시료를 주입할 수 있어야 한다.

2) 컬럼오븐

가) 컬럼오븐의 내용적은 분석에 필요한 길이의 컬럼을 수용할 수 있는 크기이어야 한다. 또한 컬럼내부의 온도를 조절할 수 있는 가열기구 및 이를 측정할 수 있는 측정기구가 갖추어져야 한다.

나) 오븐 내 전체온도가 균일하게 조절되고 가열 및 냉각이 신속하여야 한다. 설정온도에 대한 온도조절 정밀도는 ±0.5 ℃의 범위이내, 전원의 전압변동 10%에 대하여도 온도변화가 ±0.5 ℃ 범위이내이어야 한다.

다) 충진컬럼과 캐필러리컬럼의 일반적인 특성을 비교하면 다음 표와 같다.

인자	충진컬럼	캐필러리컬럼
길이(m)	1 ~ 5	5 ~ 100
내경(mm)	2 ~ 4	0.1 ~ 0.8
컬럼의 주요재질	유리, 스테인레스 스틸	fused silica
운반기체유량(mL/min)	10 ~ 100	0.5 ~ 10
운반기체압력(psig)	10 ~ 40	3 ~ 40
이론단수(단수/m)	2,000 ~ 3,000	5,000 이상
총 이론단수	5,000(2 m인 경우)	150,000(50 m인 경우)
피크당 성분용질량(ug)	10	0.05 미만
고정상필름두께(μm)	1 ~ 10	0.1 ~ 2

라) 최근에는 캐필러리컬럼이 주요 사용되며, 그 종류는 제조회사별로 다양하다. 다음 표는 캐필러리컬럼의 대표적인 규격과 그 특성을 비교한 것이다.

분리관 내경(mm)	시료 용질량(ng)	효율(이론단수/m)	최적유량(mL/min)
0.20	5 ~ 30	5,000	0.4
0.25	50 ~ 100	4,170	0.6
0.32	400 ~ 500	3,330	1.0
0.53	1,000 ~ 2,000	1,670	2.8
0.75	10,000 ~ 15,000	1,170	5.6

3) 검출기

가) 검출기의 온도를 조절할 수 있는 가열기구 및 이를 측정할 수 있는 측정기구가 갖추어져야 한다.

나) 검출기는 감도가 좋고 안정성과 재현성이 있어야 하며, 시료에 대하여 선형적으로 감응해야 하고, 약 400 ℃까지 작동가능 해야 한다.

다) 검출기는 시료의 화학종과 운반기체의 종류에 따라 각기 다르게 감도를 나타내므로 선택에 주의해야 하고, 검출기를 오랫동안 사용하면 감도가 저하되므로 용매에 담궈 씻거나 분해하여 부드러운 붓으로 닦아 주는 등 감도를 유지할 수 있도록 해야 한다.

라) 검출기의 종류 중 하나인 불꽃이온화검출기(FID)의 작동원리는 분리관에서 분리된 물질이 검출기 내부로 들어와 수소가스와 혼합되고 혼합된 기체는 공기가 통과하고 있는

젯(jet)으로 들어가서 젯위에 형성된 2,100 ℃ 정도의 불꽃안에서 연소가 되면서 이온화가 이루어지는 것이다. 발생된 이온은 직류전위차를 측정할 수 있는 전극에 의해 전류의 양으로 변환되는데, 이는 전하를 띤 이온의 농도에 비례하게 되며 다음과 같은 특징이 있다.

- 검출기에 공급되는 공기와 수소의 비율은 기기제조사와 모델에 따라 다르지만 대개 수소는 30~40 mL/분, 공기는 200~500 mL/분 정도이다. 이러한 공급기체의 비율은 검출기의 감응도에 영향을 미치므로 반드시 기기 제조사가 권고한 대로 유량을 맞추어야 한다.
- FID는 성분의 탄소수에 비례하여 높은 감응도를 보이는데, 일반적인 유기화합물에 대한 감응수준은 10 ~ 100 pg이며, 직선범위는 1×10^7 수준이다.
- FID에 감응하지 않는 화학성분들은 H_2O, CO_2, CO, N_2, NH_4, O_2, SO_2, SiO_4 등이다.
- FID는 불꽃을 사용하므로 검출기의 온도가 너무 낮은 경우에는 검출기내부에 수분이 응축되어 기기가 부식될 가능성이 있으므로 적어도 80 ~ 100 ℃이상의 온도를 유지할 필요가 있다.

마) 검출기의 종류 중 하나인 전자포획검출기(ECD)의 작동원리는 시료와 운반가스가 β선을 방출하는 검출기를 통과할 때 이 β선에 의해 운반가스(흔히 질소를 사용함)의 원자로부터 많은 전자를 방출하게 만들고 따라서 일정한 전류가 흐르게 하는 것이다. 그러나 운반기체와 함께 이송되는 시료성분인 유기화합물에 의해 운반기체에서 방출된 전자와 결합하기 때문에 검출기로부터 나오는 전류량은 유기화합물의 농도에 비례하여 감소하게 된다.

- ECD는 할로겐, 과산화물, 퀴논, 니트로기와 같은 전기음성도가 큰 작용기에 대하여 대단히 예민하게 반응한다.
- 아민, 알콜류, 탄화수소와 같은 화합물에는 감응하지 않는다.
- 염소를 함유한 농약의 검출에 널리 사용되고, ECD를 통과한 화합물은 파괴되지 않는다는 장점이 있다.
- 검출한계는 약 50 pg 정도이고, 1×10^7까지 반응의 직선성을 가진다.

바) 검출기의 종류 중 하나인 불꽃광전자검출기(FPD)의 작동원리는 시료가 검출기 내부에 형성된 불꽃을 통과할 때 연소하는 과정에서 화합물들이 에너지가 높은 상태로 들뜨게 되고, 다시 바닥상태로 돌아올 때 특정한 빛을 내놓는 불꽃 발광현상을 이용한 것이다. 이 빛은 광증배관에 의해 수집되고 측정되며 광학필터에 의해 황 및 인을 함유

한 화합물에 매우 높은 선택성을 갖게 된다.

사) 이상의 검출기이외에도, 질소인검출기(NPD), 열전도도검출기(TCD), 광이온화검출기(PID)등이 있다.

4) 운반기체

운반기체는 충전물이나 시료에 대하여 불활성이고 사용하는 검출기의 작동에 적합하고 순도는 99.99% 이상이어야 한다. 일반적으로 검출기 종류에 따라 쓰이는 운반기체의 종류 및 특징은 다음과 같다.

검출기 종류	운반기체	특　　징
FID	질소	적합
	수소, 헬륨	사용가능
ECD	질소	가장 우수한 감도제공
	알곤/메탄	가장 넓은 시료농도범위에서 직선성을 가짐
FPD	질소	적합

다. 조작방법

1) 설치조건

가) 설치장소는 진동이 없고, 분석에 사용되는 유해물질을 안전하게 처리하게 할 수 있으며, 부식가스나 먼지가 적고 상대습도 85%이하의 직사광선이 비춰지지 않는 곳이 적절하다.

나) 공급전원은 지정된 전력용량 및 주파수이어야 하고, 전원변동은 지정전압의 ±10% 이내로서 주파수변동이 없어야 한다.

다) 대형변압기, 고주파 가열로와 같은 것으로부터 전자기 유도를 받지 않아야 하고, 접지저항은 10 Ω 이하이어야 한다.

2) 장치의 설치 및 점검

가) 장치를 설치하고 가스배관을 연결한 다음, 가스의 누출이 없는지 확인해야 한다. 장치에 가스를 공급하는 가스통은 넘어지지 않도록 고정해야 한다.

나) 각 분석 방법에 규정된 칼럼을 참고하여 선택된 칼럼을 장치에 부착한 후 운반기체의 압력을 사용압력 이상으로 올려 연결부에 가스누출이 일어나는지 여부를 비눗물 등을 이용하여 점검한다.

3) 분석을 위한 장비의 가동

가) 각 분석 방법에 규정된 내용과 기기회사의 권고내용을 참고하여 기기의 조건을 설정하고 최적화시킨다.

나) 분석시스템의 바탕선(base line)의 안정상태를 확인한다.

다) 시료를 주입하여 분석하고자 하는 물질이 다른 물질과 완전히 분리가 일어나는지 여부를 확인한 다음 실제 시료분석을 실시한다.

라. 정성 및 정량분석

1) 정성분석은 동일조건하에서 표준물질의 피크 머무름시간(retention time) 값과 미지 물질의 머무름시간 값을 비교하여 실시한다. 일반적으로 5~30분 정도에서 측정하는 피크의 머무름시간은 반복시험을 할 때 ±3% 오차범위 이내여야 한다.

2) 정량분석은 각 분석 방법에서 규정된 방법에 따라 시험하여 크로마토그램의 재현성, 시료분석의 양, 피크면적 또는 높이의 관계, 회수율(탈착효율) 등을 고려하여 분석한다.

3) 검출한계는 분석기기의 검출한계와 분석 방법의 검출한계로 구분되며, 분석기기의 검출한계라 함은 최종시료 중에 포함된 분석대상물질을 검출할 수 있는 최소량을 말하고, 분석 방법의 검출한계라 함은 작업환경측정 시료 중에 포함된 분석대상물질을 검출할 수 있는 최소량을 말하며, 구하는 요령은 다음과 같다.

- 기기 검출한계 : 분석대상물질을 용매에 일정 양을 주입한 후 이를 점차 희석하여 가면서 분석기기가 반응하는 가능한 낮은 농도를 확인한 후, 이 최저 농도를 7회 반복 분석하여 반복 시 기기의 반응 값들로부터 표준편차를 가한 후 다음과 같이 검출한계 및 정량한계를 구한다.

• 검출한계 : 3.143 × 표준편차

• 정량한계 : 검출한계 × 4

- 분석 방법의 검출한계 : 분석기기가 검출할 수 있는 가능한 저농도의 분석대상물질을 시료채취기구에 직접 주입시켜 흡착시킨 후, 시료 전처리 방법과 동일한 방법으로 탈착시켜, 이를 7회 반복 분석하여 기기 검출한계 및 정량한계 계산방법과 동일한 방법으로 구한다.

2. 원자흡광광도계

가. 원리 및 적용범위

분석대상 원소가 포함된 시료를 불꽃이나 전기열에 의해 바닥상태의 원자로 해리시키고, 이 원자의 증기층에 특정파장의 빛을 투과시키면 바닥상태의 분석대상 원자가 그 파장의 빛을 흡수하여 들뜬 상태의 원자로 되는데, 이 때 흡수하는 빛의 세기를 측정하는 분석기기로서 허용기준 대상 유해인자 중 금속 및 중금속의 분석 방법에 적용한다.

나. 주요 구성

원자흡광광도계는 광원, 원자화장치, 단색화장치, 검출부의 주요 요소로 구성되어 있어야 한다.

1) 광원

가) 광원은 분석하고자 하는 금속의 흡수파장의 복사선을 방출하여야 하며, 주로 속빈음극램프가 사용된다.

나) 전류를 필요 이상 높여주면 발광선의 폭이 넓어져 흡광도가 감소하고 검량선의 직선성이 떨어지므로 속빈음극램프에 사용하는 전류는 추천치 이하로 사용하는 것이 바람직하다.

다) 전류와 전압을 램프에 일정하게 공급할 수 있고 사용되는 전류량은 정밀하게 조절될 수 있어야 한다.

2) 원자화 장치

원자화 장치는 불꽃원자화장치와 비불꽃원자화장치 두 가지로 분류된다. 불꽃원자화방법은 조연제와 연료를 적절히 혼합하여 최적의 불꽃온도와 화학적 분위기를 유도하여 원자화시키는 방법으로 빠르고 정밀도가 좋으며 매질효과에 의한 영향이 적다는 장점이 있는 방법으로 대부분의 금속물질을 분석하는데 널리 사용된다. 비불꽃원자화방법은 전열고온로법(graphite furnace)과 기화법이 있으며, 전열고온로법은 감도가 좋아 미량의 생체시료 중 금속성분을 분석하는데 주로 사용되고 있으며, 기화법은 화학적 반응을 유도하여 분석하고자 하는 원소를 시료로부터 기화시켜 분석하는 방법으로 이 방법 또한 미량분석이 가능하므로 수은이나 비소의 분석에 사용된다.

시료 분석에 널리 사용되는 불꽃원자화 장치의 원자화 단계 및 각 단계에서 주의해야 할 사항은 다음과 같다.

가) 분석 시 표준용액과 시료용액의 분무현상은 동일해야 한다. 이를 위해 표준용액이나 시료의 물성, 특히 표면장력과 점도까지도 동일한 것이 좋으므로 용매의 조성 및 사용되는 산의 농도가 동일하게 관리되어야 한다.

나) 불꽃속으로 진입하는 입자의 크기가 미세하고 균일할수록 원자화가 골고루 일어나 흡광도가 안정적으로 생성된다.

다) 연료가스 및 산화가스가 용액입자에 얼마나 잘 혼합되느냐에 따라 분석 시 감도 및 재현성이 달라진다. 따라서 모든 가스는 추천등급에 맞아야 하고, 유량이 적절히 조절되어서 버너로 보내져야하며, 분무장치가 막히는 일이 없도록 해야 한다.

라) 불꽃을 만들기 위한 연료가스와 조연가스의 조합에는 프로판-공기, 수소-공기, 아세틸렌-공기, 아세틸렌-아산화질소 등이 있다. 작업환경분야 분석에 가장 널리 사용되는 것은 아세틸렌-공기와 아세틸렌-아산화질소로서 분석대상 금속에 따라 이

를 적절히 선택하여 사용해야 한다.

3) 단색화 장치

단색화 장치는 슬릿, 거울, 렌즈 및 회절발로 구성된 장치로 입사된 빛 중에 원하는 파장의 빛만을 골라내기 위해 사용되며, 분석대상 금속에 따라 슬릿의 폭을 바꾸어 목적하는 분석선 만을 선택해 내야 한다. 이때 슬릿의 폭은 목적하는 분석선을 분리해 낼 수 있는 범위내에서 되도록 넓게 설정하는 것이 좋다.

4) 검출부

검출부는 단색화장치에서 나오는 빛의 세기를 측정 가능한 전기적 신호로 증폭시킨 후 이 전기적 신호를 판독장치를 통해 흡광도나 흡광율 또는 투과율 등으로 표시한다. 일반적으로 증폭장치로 사용되는 것은 광전증배관이다.

다. 조작방법

1) 설치조건

가) 설치장소는 진동이 없고, 분석에 사용되는 유해물질을 안전하게 처리하게 할 수 있으며, 부식가스나 먼지가 적고 상대습도 85%이하의 직사광선이 비춰지지 않는 곳이 적절하다.

나) 공급전원은 지정된 전력용량 및 주파수이어야 하고, 전원변동은 지정전압의 ±10% 이내로서 주파수변동이 없어야 한다.

다) 대형변압기, 고주파 가열로와 같은 것으로부터 전자기 유도를 받지 않아야 하고, 접지저항은 10 Ω 이하이어야 한다.

2) 장치의 설치 및 점검

장치를 설치하고 가스배관을 연결한 다음, 가스의 누출이 없는지 확인해야 한다. 장치에 가스를 공급하는 가스통은 넘어지지 않도록 고정해야 한다.

3) 분석을 위한 장비의 가동

가) 각 분석 방법에 규정된 내용과 기기회사의 권고내용을 참고하여 기기의 조건을 설정하고 최적화시킨다.

– 광원의 최적화

• 광원에서 방사되는 복사선이 버너의 적정높이에서 평행하게 지나가도록 램프위치를 설정해야 한다. 기기마다 램프의 수직과 수평위치를 조절하는 나사가 있으므로 이것을 조절하면서 흡광도를 관찰하여 가장 최대의 흡광도를 나타내고 변화가 적은 램프위치를 설정한다.

• 제조회사가 제시한 기기의 작동지침서에는 대부분 금속별로 2개 이상의 고유파장

이 주어져 있다. 이러한 파장 중에서 분석예상농도를 분석하는데 가장 적절한 파장을 선택하도록 한다.

- 원자화 장치의 최적화
  - 분무장치에서 시료의 원자화에 가장 큰 영향을 미치는 변수는 시료방울의 크기이다. 따라서 유입된 시료는 분무장치의 유리구슬에 효율적으로 충돌되어 작은 물방울로 분산되어야 한다.
  - 시료주입량이 너무 느리면 흡광도가 낮고, 너무 빠르면 용매의 과잉공급으로 불꽃이 불안정해진다. 따라서 적정 주입량은 보통 분당 2~5 mL이나 기기마다 적정유량을 참조하는 것이 바람직하다.
  - 분석조건에 따라 적정불꽃의 상태(산화상태 또는 환원상태)와 버너의 높이를 조절하여 최대의 흡광도가 일어나는 조건을 찾아야 한다.

나) 기기회사가 제시한 농도에서 그에 해당하는 적절한 흡광도가 얻어지는지를 확인한다. 적절한 흡광도가 얻어지지 않을 때는 시료주입량, 버너의 위치, 불꽃의 상태, 광원의 전류량 조절 등을 통해 원하는 흡광도가 얻어질 수 있도록 조정해야 한다. 다음은 최적화 상태를 확인하는 방법이다.

- 기기제조회사가 제시한 작동지침서에서 제시한 금속별 최적농도 범위 내에서 표준용액을 조제하고 그 중 한 농도를 선택한다.
- 앞서 설명한 기기의 최적화에 영향을 미치는 변수들을 차례대로 조절하여 가장 높은 흡광도를 나타내는 기기상태와 조건을 설정한다.
- 가장 높은 흡광도를 나타내는 상태에서 정확도와 정밀도를 제공할 수 있는지를 확인한다.

다) 적정흡광도가 이루어지면 공시료, 표준용액 및 현장시료의 분석을 실시한다.

라. 정성 및 정량분석

1) 원자흡광분석에 있어 검량선은 저농도 영역에서는 양호한 직선성을 나타내지만 고농도 영역에서는 여러 가지 원인에 의해 휘어진다. 따라서 정량을 행하는 경우 직선성을 나타내는 농도나 흡광도 영역에서 시험을 실시하여야 한다.

2) 정량분석은 각 분석 방법에 규정된 방법에 따라 시험하여 흡광도의 재현성, 회수율 등을 고려하여 분석한다.

3) 검출한계는 분석기기의 검출한계와 분석 방법의 검출한계로 구분되며, 분석기기의 검출한계란 최종시료 중에 포함된 분석대상물질을 검출할 수 있는 최소량을 말하고, 분석 방법의 검출한계란 노출 농도 측정 시료 중에 포함된 분석대상물질을 검출할 수 있는

최소량을 말하며, 구하는 요령은 가스크로마토그래피법에서 규정한 방법과 동일하다.

3. 고성능액체크로마토그래피

가. 원리 및 적용범위

고성능액체크로마토그래피(HPLC)는 끓는점이 높아 가스크로마토그래피를 적용하기 곤란한 고분자화합물이나 열에 불안정한 물질, 극성이 강한 물질들을 고정상과 액체이동상 사이의 물리화학적 반응성의 차이를 이용하여 서로 분리하는 분석기기로서, 허용기준 대상 유해인자 중 포름알데히드, 2,4-톨루엔디이소시아네이트 등의 정성 및 정량분석 방법에 작용한다.

나. 주요 구성

고성능액체크로마토그래피는 용매, 탈기장치(degassor), 펌프, 시료주입기, 칼럼, 그리고 검출기로의 주요구성요소를 가지며 검출기에서 나오는 신호결과를 처리해 주는 데이터 처리시스템이 있어야 한다.

1) 용매

가) 용매를 저장하는 용기는 유리 또는 폴리에틸렌 재질로 만들어져 있는 것을 사용하며, 시료분석에 영향을 주지 않아야 한다.

나) 용매는 HPLC용 등급의 고순도 용매만을 사용해야 하고, 초순수가 용매로 사용되는 경우에는 저항값이 18 MΩ 이상의 것을 사용해야 한다.

다) 두 용매를 혼합하여 사용하는 경우 혼화성 지수의 차가 15미만이어야 하고, 시료는 반드시 용매(이동상)에 녹아야 하지만 이 이동상은 고정상을 녹여서는 안 된다.

라) 용매는 사용하는 파장에서 흡광이 일어나지 않아야 한다.

마) 다음은 HPLC 용매로 사용되는 주요물질의 혼화성지수를 나타낸 것이다.

물질명	혼화성지수	물질명	혼화성지수
acetone	15	ethyl acetate	19
acetonitrile	11	ethyl ether	23
n-butyl acetate	22	heptane	29
n-butyl alcohol	15	hexane	29
chlorobenzene	21	iso-octane	29
chloroform	19	isobutyl alcohol	15
cyclohexane	28	isopropyl alcohol	15
dichloromethane	20	methanol	12
n,n-dimethyl foramide	12	methyl ethyl ketone	17
dimethylsulfoxide	9	tetrahydrofuran	17
1,4-dioxane	17	toluene	23

2) 탈기장치

이동상 중의 용존산소, 질소, 기포 등을 제거하여 칼럼 내에서 이동상에 대한 댐핑현상을 줄여주는 장치이다. 탈기방법으로는 이동상 용매에 헬륨가스를 주입하여 기포 등을 제거하는 헬륨퍼징방법(helium sparging), 이동상 용매를 사용하기 전에 막여과지를 이용하여 여과시키는 방법(vacuum filteration), 초음파를 이용하여 탈기시키는 방법(sonication)이 있다.

3) 펌프

이동상으로 사용되는 용매를 저장용기로부터 시료주입기를 거쳐 칼럼으로 연속적으로 밀어주어 최종적으로 검출기를 통과하여 이동상인 용매와 시료주입기를 통해 주입된 시료가 밖으로 나올 수 있도록 압력을 가해주는 장치로, 이러한 펌프가 기본적으로 갖추어야 할 요건은 다음과 같다.

가) 펌프내부는 용매와의 화학적인 반응이 없어야 한다.

나) 최소한 500 psi의 고압에도 견딜 수 있어야 하고, 0.1 – 10 mL/min 정도의 유량조절이 가능해야 한다.

다) 일정한 유속과 압력을 유지할 수 있어야 한다.

라) 기울기 용리가 가능해야 한다.

4) 시료주입기

분석하고자 하는 시료를 이동상인 용매의 흐름에 실어주는 장치로서, 시료주입용 밸브를 이용하는 방법이 가장 일반적으로 사용된다. 시료주입기는 수동형 시료주입기와 자동형 시료주입기가 있다.

5) 칼럼

물질의 분리가 일어나는 곳으로 일반적으로 스테인레스 스틸을 사용하여 만든 관모양의 용기에 충진제를 채워서 사용하는데, 분석하고자 하는 시료의 종류에 따라서 칼럼의 직경과 길이 및 충진제의 종류를 선택하여 사용할 수 있다.

일반적으로 많이 사용되는 칼럼은 길이 10～30 cm, 내경 4.6 mm, 충진제의 크기 5 μm, 이론단수 40,000～60,000 단/m인 것이며, 이러한 분석용 칼럼을 보호하기 위한 가드 칼럼(guard column)이 사용되기도 한다. 가드 칼럼은 5～10 cm 정도의 길이이며 분석 칼럼의 수명을 연장시키고, 오염물질을 제거하는 역할을 한다. 보통 가드칼럼은 분석용 칼럼과 같은 충진제를 사용하며 분석용 칼럼 앞단에 설치한다. 칼럼의 내경에 따른 이동상의 최적유량은 칼럼의 제조사마다 다르며 다음은 일반적인 최적 유속을 나타낸 것이다.

내경(mm)	길이(cm)	유량	
		입경(5 um)	입경(3 um)
4.0~4.6	3~25	1.0~2.0	-
4.0~4.6	3~10	-	2.0~4.0
3.2	4~0	0.5	0.7
2.1	15~30	0.2	0.3
1.0	3~10	0.05	0.07

6) 검출기

HPLC에 사용되는 검출기로는 자외선-가시광선검출기(ultraviolet-visible detector), 굴절율검출기(refractive index detector), 전기화학검출기(electrochemical detector), 형광검출기(fluorescence detector), 전기전도도검출기(electrical conductivity detector), 질량분석계(mass spectrometer) 등 여러 종류가 있으나, 노출 농도 측정시료에 주로 사용하는 검출기는 자외선-가시광선검출기와 형광검출기이다.

가) 자외선-가시광선검출기

HPLC 검출기 중에서 가장 많이 사용되는 검출기로서 분석대상물질이 자외선-가시광선영역에서 흡수하는 에너지의 양을 측정하는 검출기이다. 광원에서 특정파장의 빛이 광로를 거쳐 검출기 셀 내의 시료에 투사되면 특정파장의 빛이 시료에 의해 흡수된다. 검출기에서는 이러한 빛의 흡수량을 전기적 신호로 나타내어 이 신호의 크기로서 시료의 정량분석이 이루어진다.

나) 형광검출기

분자는 외부로부터 에너지를 흡수하면 들뜬상태(exciting state)로 되었다가 안정화되기 위해 에너지를 방출하면서 기저상태(ground state)로 돌아가려는 성질을 가지고 있는데, 이러한 과정에서 빛이나 열 또는 소리 등을 발생시킨다. 형광검출기는 이러한 에너지평형상태 중 형광을 발생하는 화합물을 특이적으로 검출하는 검출기로서 자외선-가시광선검출기와 같은 흡광도검출기에 비해 10~100배 이상의 좋은 감도를 가진다.

다. 조작방법

1) 설치조건

가) 설치장소는 진동이 없고, 분석에 사용되는 유해물질을 안전하게 처리하게 할 수 있으며, 부식가스나 먼지가 적고 상대습도 85%이하의 직사광선이 비춰지지 않는 곳이

적절하다.

나) 공급전원은 지정된 전력용량 및 주파수이어야 하고, 전원변동은 지정전압의 ±10%이내로서 주파수변동이 없어야 한다.

다) 대형변압기, 고주파 가열로와 같은 것으로부터 전자기 유도를 받지 않아야 하고, 접지저항은 10 Ω 이하이어야 한다.

2) 분석을 위한 장비의 가동

가) 각 분석 방법에 규정된 내용과 기기회사의 권고내용을 참고하여 기기의 조건을 설정하고 최적화시킨다.

나) 분석시스템의 바탕선(base line)의 안정상태를 확인한다.

다) 시료를 주입하여 분석하고자 하는 물질이 다른 물질과 완전히 분리가 일어나는지 여부를 확인한 다음 실제 시료분석을 실시한다.

라. 정성 및 정량분석

1) 전체시스템을 작동시켜 유속을 1～2 mL/분으로 고정시킨 다음 이동상 용매를 흘려보내면서 펌프의 압력 및 검출기의 신호가 일정하게 유지될 때까지 기다린 다음, 기기의 바탕선이 안정화 되면 각 분석 방법에서 규정한 표준용액조제방법을 참고하여 표준용액을 조제한 다음 이를 기기에 주입하여 검량선을 작성한다.

2) 검량선 작성 후 실제 시료 등을 주입하여 정성 및 정량분석을 실시한다.

3) 검출한계는 분석기기의 검출한계와 분석 방법의 검출한계로 구분되며, 분석기기의 검출한계라 함은 최종시료 중에 포함된 분석대상물질을 검출할 수 있는 최소량을 의미하고, 분석 방법의 검출한계라 함은 노출 농도 측정 시료 중에 포함된 분석대상물질을 검출할 수 있는 최소량을 의미하며, 구하는 요령은 가스크로마토그래피법에서 규정한 방법과 동일하다.

4. 분광광도계

가. 원리 및 적용범위

일반적으로 빛(백색광)이 물질에 닿으면 그 빛은 물질이 표면에서 반사, 물질의 표면에서 조금 들어간 후 반사, 물질에 흡수 또는 물질을 통과하는 빛으로 나누어지는데, 물질에 흡수되는 빛의 양(흡광도)은 그 물질의 농도에 따라 다르다. 분광광도계는 이와 같은 빛의 원리를 이용하여 일정한 파장에서 시료용액의 흡광도를 측정하여 그 파장에서 빛을 흡수하는 물질의 양을 정량하는 원리를 갖는 분석기기이다. 사용하는 파장대는 주로 자외선(180～320 nm)이나 가시광선(320～800 nm) 영역이다.

나. 주요 구성

분광광도계는 광원, 파장선택장치, 시료용기(큐벳 홀더, cuvette holder), 그리고 검출기와 지시기로 구성되어 있다.

1) 광원

가) 시료 중에 존재하는 흡광물질의 농도를 측정하는데 필요한 일정한 파장의 빛을 낼 수 있어야 한다.

나) 대부분의 분광광도계는 가시광선 범위의 분석에는 텅스텐을 사용하고, 자외선 범위의 분석에는 수소 등을 사용한다.

2) 파장선택장치

프리즘이나 회절격자와 같은 단색화 장치가 있어 원하는 파장범위의 빛을 시료에 투과할 수 있도록 해야 한다.

3) 시료용기부

시료용액의 흡광도가 측정되는 곳으로 파장선택장치로부터 나온 일정한 파장의 빛에 의하여 시료가 조사되는 장소로, 외부로부터 빛이 완전히 차단될 수 있어야 한다.

가) 두 개 이상의 큐벳을 사용할 때에는 표준화된 한 벌의 큐벳을 사용해야 한다. 표준화된 큐벳이란 빛의 50%를 통과시키는 용액에 대하여 큐벳사이의 흡광도 차이가 1% 이하인 것을 말한다.

나) 큐벳은 항상 큐벳홀더의 정위치에 위치시켜야 한다.

다) 큐벳에 여러 종류의 흠이 있거나 지문, 용매 등이 묻어 있을 수 있는데, 이들 역시 흡광도에 영향을 미치기 때문에 조심스럽게 잘 닦은 후 사용하도록 해야 한다.

4) 검출기와 지시기

시료용액을 통과한 빛 에너지를 전기에너지로 변환하여 시료용액의 흡광도를 나타낼 수 있어야 한다.

다. 조작방법

1) 설치조건

가) 설치장소는 진동이 없고, 분석에 사용되는 유해물질을 안전하게 처리하게 할 수 있으며, 부식가스나 먼지가 적고 상대습도 85%이하의 직사광선이 비춰지지 않는 곳이 적절하다.

나) 공급전원은 지정된 전력용량 및 주파수이어야 하고, 전원변동은 지정전압의 ±10%이내로서 주파수변동이 없어야 한다.

다) 대형변압기, 고주파 가열로와 같은 것으로부터 전자기 유도를 받지 않아야 하고, 접지저항은 10 Ω 이하이어야 한다.

2) 분석을 위한 장비의 가동

가) 각 분석 방법에 규정된 내용과 기기회사의 권고내용을 참고하여 기기의 조건을 설정하고 최적화시킨다.

나) 분석시스템의 바탕선(base line)의 안정상태를 확인한다.

다) 시료를 주입하여 분석하고자 하는 물질의 흡광도가 적정한지를 확인한 다음 실제 시료분석을 실시한다.

라. 정성 및 정량분석

1) 전체시스템을 작동시켜 최적화 시킨 후, 각 분석 방법에서 규정한 대로 바탕 공시료와 표준용액을 조제한다.

2) 바탕 공시료를 시료용기(cuvette)에 넣고 투광도가 100%되게 조절한다.

3) 표준용액을 농도순서에 따라 차례로 시료용기에 넣고 흡광도를 측정한 다음 검량선을 작성한다.

4) 검량선 작성 후 현장시료를 넣어 분석한 후 검량선으로부터 농도를 구한다.

5) 검출한계는 분석기기의 검출한계와 분석 방법의 검출한계로 구분되며, 분석기기의 검출한계란 최종시료 중에 포함된 분석대상물질을 검출할 수 있는 최소량을 말하고, 분석방법의 검출한계란 노출 농도 측정 시료 중에 포함된 분석대상물질을 검출할 수 있는 최소량을 말하며, 구하는 요령은 가스크로마토그래피법에서 규정한 방법과 동일하다.

5. 위상차현미경

가. 원리 및 적용범위

위상차현미경은 표본에서 입자를 투과한 빛과 투과하지 않은 빛 사이에서 발생하는 미세한 위상의 차이를 진폭의 차이로 바꾸어 현미경 표본 내의 얇고 투명한 입자를 높은 명암비로 또렷하게 관찰할 수 있도록 고안된 광학현미경의 한 종류인 분석기기이다. 허용기준 대상 유해인자 중 석면의 공기 중 섬유농도 정량분석에 적용한다.

나. 주요 구성

Köhler 조명을 잘 구현할 수 있는 투과조명방식이며 Binocular 타입 이상의 현미경을 사용한다.

1) 광원

가) 표본을 밝고 균일하게 조명하기위한 것으로 30W 이상의 할로겐램프를 사용한다.

나) 광원 상에 그린필터(λ≒530 nm) 또는 블루필터가 장착되어 있어야 한다.

2) 집광기

가) 표본의 일정부위를 빛을 모아 일정한 개구수로 조명하기 위한 것으로 대물렌즈의 개

구수보다 큰 개구수를 갖는 것을 사용한다.

나) 시야 상에서 40배 대물렌즈의 위상판 고리 이미지와 중첩되는 크기의 집광고리가 있는 것을 사용한다.

3) 재물대

X, Y-축으로 이동 가능한 형태로 슬라이드 고정을 위한 표본고정 클립이 있는 것을 사용한다.

4) 대물렌즈

가) 위상차 이미지 구현을 위해 위상차판이 삽입되어 있는 확대배율 40배의 위상차대물렌즈로 개구수가 0.65~0.75인 것을 사용한다.

5) 대안렌즈

가) Wide-eyefield 또는 Huygenian 타입의 10배 배율의 렌즈를 사용해야 한다.

다) Walton-Beckett 그래티큘 삽입이 가능한 형태의 렌즈여야 한다.

6) Walton-Beckett 그래티큘

가) 400배 배율로 관찰 시 시야 상 그래티큘 원의 지름이 100±2 μm를 만족해야 한다.

나) 원의 지름 선상에 수직으로 3 μm와 5 μm의 스케일이 있어 섬유의 크기를 쉽게 가늠 할 수 있어야 한다.

다) 그래티큘 원 주위에 섬유의 길이를 가늠할 수 있는 있는 5, 10, 20 μm의 선과 길이 대 지름의 비 3:1의 섬유 형태가 인쇄되어 있는 그레티큘을 사용해야 한다.

다. 조작방법

1) 설치・운반조건

가) 현미경의 설치장소는 바닥이 평평하며 진동이 없고, 먼지가 발생하지 않는 곳에 설치하도록 한다.

나) 현미경을 옮길 때에는 광학계에 충격이 가지 않도록 한손으로는 지지 손잡이(Arm)를 잡고 한손으로는 현미경 바닥을 받치고 옮긴다.

2) 분석을 위한 장비의 가동

가) 위상차현미경의 좋은 이미지 관찰을 위하여 Köhler illumination을 구현하여 기기의 조건을 설정하고 최적화시킨다.

나) HSE/NPL 터스트 슬라이드를 이용하여 현미경의 해상도를 확인한다.

다) 스테이지 마이크로미터(stage micrometer, 0.01mm/div 이상)를 이용하여 Walton-Beckett 그래티큘의 지름을 측정하여 계수면적을 계산한다.

라. 계수분석

1) 길이가 5 μm보다 크고 길이 대 넓이의 비가 3:1 이상인 섬유만 계수한다.
2) 섬유가 계수면적 내에 있으면 1개로, 섬유의 한쪽 끝만 있으면 1/2개로 계수한다.
3) 계수면적 내에 있지 않고 밖에 있거나 계수면적을 통과하는 섬유는 세지 않는다.
4) 섬유다발뭉치는 각 섬유의 끝단이 뚜렷이 보이지 않으면 1개로 계수하고, 뚜렷하게 보이면 각각 계수한다.
5) 100개의 섬유가 계수될 때 까지 최소 20개 이상 충분한 수의 계수면적을 계수하되, 계수한 면적의 수가 100개를 넘지 않도록 한다.

제3장 노출 농도 측정 및 분석 방법

제1절 납 및 그 무기화합물

1. 적용범위

이 방법은 산업안전보건법 제39조의2에 따라 작업장 내 납[Pb, CAS No. 7439-92-1] 및 그 무기화합물 노출 농도의 허용기준 초과여부를 확인하기 위해 적용한다.

2. 시료채취

가. 시료채취기

막여과지(직경 : 37 mm, 공극 : 0.8 μm, cellulose ester membrane)와 패드(backup pad)가 장착된 3단 카세트를 사용한다.

나. 시료채취용 펌프

작업자의 정상적인 작업 상황에서 작업자에게 부착 가능해야 하며, 적정유량(1~4 L/분)에서 8시간 동안 연속적으로 작동이 가능해야 한다.

다. 유량보정

시료채취기와 펌프를 유연성튜브로 연결한 후, 비누거품 유량보정기를 사용하여 적정유량(1~4 L/분)으로 보정한다. 유량보정은 시료채취 전·후에 실시한다.

라. 시료채취

시료채취 직전 시료채취기의 마개를 열고 유연성튜브를 이용하여 시료채취기와 펌프를 연결한다. 개인시료 채취의 경우 펌프를 근로자에게 장착시키고 시료채취기는 근로자의 호흡영역에 부착하여 시료를 채취한다.

마. 시료채취량

시료채취 시의 펌프유량 및 채취총량은 다음 표의 정보를 참고하여 시료 채취할 때 여과지에 채취된 먼지의 무게가 2 mg을 초과하지 않도록 펌프의 유량 및 시료채취 시간을 조절하여 시료채취를 한다.

※ 과도하게 시료채취가 되는 경우 시료채취기 내부 벽에 분석대상물질이 포함된 먼지 등이 흡착되는 경우가 발생할 수 있다.

시료채취		
유량 (L/분)	총 량(L)[1]	
	최소	최대
1～4	200	1500

[1] 작업장의 공기 중 납의 농도가 0.05 mg/m^3 존재 시 시간가중평균농도의 평가를 위한 기준임.

바. 시료운반, 시료안정성, 현장공시료

채취된 시료는 시료채취기의 마개를 완전히 밀봉한 후 상온, 상압 상태에서 운반하며, 상온에서 보관하여도 안정하다. 현장공시료의 개수는 채취된 총 시료 수의 10% 이상 또는 시료세트 당 2～10개를 준비한다.

※ 현장공시료는 시료채취에 사용하지 않은 시료채취기로 마개를 막아 두어야 하며, 시료채취에 활용되지 않은 점만 제외하고 모두 현장시료와 동일하게 취급·운반한다.

3. 분석

가. 분석기기

유도결합플라즈마분광광도계(ICP) 또는 원자흡광광도계(AAS)를 사용한다.

나. 회화장비

가열판(Hot plate) 또는 마이크로웨이브(Microwave) 회화기를 사용한다.

다. 표준용액

1,000 μm/ml의 표준용액 또는 동등 이상의 납 표준용액을 사용한다.

라. 전처리 시약

1) 가열판 전처리

가) 회화용액 : 진한질산과 진한과염소산을 부피비로 4:1 혼합하여 사용한다.

나) 희석용액 : 회화용액을 5% 농도로 희석하여 사용한다.

2) 마이크로웨이브 회화기 전처리

가) 회화용액은 진한질산 또는 진한염산을 사용한다.

※ 모든 산은 취급할 때 흄후드 내에서 행해야 하며, 피부 및 눈에 산 접촉을 방지하기 위해 보안경, 보호장갑 등을 착용하고 작업을 수행해야 한다.

마. 회수율 검증시료 제조

1) 회수율 시험을 위한 첨가량을 결정한다. 첨가량은 현장시료의 납 농도를 모두 포함하는 범위이어야 한다.

2) 납 표준용액을 이용하여 계산된 첨가량이 될 수 있도록 적당량을 미량주사기로 취해 시료채취 시와 동일한 막여과지에 떨어뜨린다. 동일 첨가량을 가진 각기 다른 여과지에 떨어뜨려 동일 농도수준에서 총 3개의 회수율 검증용 시료를 조제하도록 하고, 서로 다른 세 가지 농도수준에서 동일한 요령으로 회수율 검증시료를 조제하도록 한다.

※ 일반적으로 저농도, 중농도, 그리고 고농도의 각 농도수준에서 각각 동일한 첨가량으로 3개의 첨가시료를 조제하기 때문에 총 9개의 회수율 검증용 첨가시료가 조제된다.

3) 하룻밤 정도 실온에서 놓아둔다.

바. 시료 전처리

1) 가열판을 이용한 시료 전처리

가) 시료채취기로부터 막여과지를 핀셋 등을 이용하여 비이커에 옮긴다.

나) 여과지가 들어간 비이커에 제조한 회화용액 5 ml를 넣고 유리덮개로 덮은 후, 실온에서 30분 정도 놓아둔다.

다) 가열판 위로 비이커를 옮긴 후 120 ℃에서 회화용액이 약 0.5 ml 정도가 남을 때까지 가열시킨다.

라) 유리덮개를 열고 회화용액 2 ml를 다시 첨가하여 가열시킨다. 비이커 내의 회화용액이 투명해 질 때까지 이 과정을 반복한다.

마) 비이커 내의 회화용액이 투명해지면 유리덮개를 열고 비이커와 접한 유리덮개 내부를 초순수로 헹구어 잔여물이 비이커에 들어가도록 한다. 유리덮개는 제거하고 비이커 내의 용액량이 거의 없어져 건조될 때 까지 증발시킨다.

바) 희석용액 2~3 ml를 비이커에 가해 잔유물을 다시 용해시킨 다음 10 ml용량플라스크에 옮긴 후 희석용액을 가해 최종용량이 10 ml가 되게 한다.

※ 최종 용량은 시료내의 납 농도를 고려하여 20 ml 또는 25 ml로 만들어 사용해도 된다.

2) 마이크로웨이브를 이용한 시료 전처리

가) 시료채취기로부터 막여과지를 핀셋 등을 이용하여 들어낸 후, 마이크로웨이브의 베셀(vessel)에 옮긴다.

나) 질산 1~3 ml를 넣거나 또는 질산 1~3 ml에 염산 1 ml를 추가하여 넣는다.

다) 베셀의 뚜껑을 닫고 마이크로웨이브 내의 회전판위에 장착시킨 후, 마이크로웨이브 회화기의 운전조건(온도, 압력, 시간 등)을 설정하여 회화한다.

라) 마이크로웨이브의 작동이 멈추면 베셀이 식을 때까지 기다린 후, 흄후드 내에서 베셀의 뚜껑을 조심스럽게 연다.

마) 베셀 내의 용액을 10～25 ml 용량플라스크에 옮긴 후 베셀 내부를 초순수로 헹군 후 헹군 용액을 동일 용량플라스크에 넣고 초순수를 가해 최종 용량이 10～25 ml가 되도록 한다.

사. 검량선 작성과 정도관리

1) 분석기기(ICP, AAS)의 감도 등을 고려하여 5개의 농도수준을 표준용액으로 하여 검량선을 작성한다. 이때 표준용액의 농도 범위는 현장시료 농도범위를 포함하는 것이어야 한다.

※ 가열판을 이용한 전처리 시료의 표준용액 제조는 희석용액을 사용하며, 마이크로웨이브로 회화기를 이용한 표준용액 제조시의 산 농도는 시료속의 산농도와 동일하게 한다.

2) 검량선 작성용 표준용액 시료와 공시료를 이용하여 검량선을 작성한다. 한번 작성한 검량선에 따라 10개의 시료를 분석한 후, 분석기기 반응에 대한 재현성을 확인하기 위해 1개의 표준용액 시료를 분석하여 그 재현성을 점검하도록 한다.

3) 작업장에서 채취된 현장시료, 회수율 검증시료, 현장공시료 및 공시료를 분석한다.

4) 분석된 회수율 검증시료를 통해 아래와 같이 회수율을 구한다.

회수율(RE, recovery) = 검출량/첨가량

아. 기기분석

1) 유도결합플라즈마분광광도계(ICP) 또는 원자흡광광도계(AAS)의 기기를 작동시켜 최적화시킨 후 283.3 nm에서 배경보정상태로 납 흡광도를 측정하도록 한다. 만일 방해물질이 존재할 경우 283.3 nm 이외의 다른 파장을 선택하여 분석한다.

※ 작업장 공기 중에 칼슘(calcium), 황산염(sulfate), 인산염(phosphate), 요오드화물(iodide), 불화물(fluoride), 또는 아세테이트(acetate)가 고농도로 존재하는 작업장에서 채취된 시료를 AAS로 분석할 때는 분석장비의 배경보정(background correction)을 실시하는 것이 좋다.

2) 표준용액, 공시료, 현장시료, 그리고 회수율 검증시료를 흡입시켜 납의 흡광도를 측정한다.

3) 검출한계 및 시료채취분석오차

이 방법의 검출한계는 0.062 μg/시료(ICP)와 2.6 μg/시료(AAS)이며, 시료채취분석오차는 0.171(ICP 분석), 0.198(AAS 분석)이다.

자. 농도

다음 식에 의해 작업장의 공기 중 납 및 그 무기화합물의 농도를 계산한다.

$$C,\ mg/m^3 = \frac{(C_s^{1)}V_s^{2)} - C_b^{3)}V_b^{4)})}{V^{5)} \times RE^{6)}}$$

1) : 시료에서 납 농도, μg/ml

2) : 시료의 최종용량, ml

3) : 공시료에서 납 농도, μg/ml

4) : 공시료의 최종용량, ml

5) : 시료공기 채취 총량, L

6) : 평균 회수율

제2절 니켈(불용성 무기화합물)

1. 적용범위

이 방법은 산업안전보건법 제39조의 2에 따라 작업장 내 니켈[Ni, CAS No. 7440-02-0](불용성 무기화합물) 노출 농도의 허용기준 초과여부를 확인하기 위해 적용한다.

국문명	영문명	화학식	CAS No.
탄산니켈	Nickel carbonate	$NiCO_3$	235-715-9
수산화니켈	Nickel hydroxide	$Ni(OH)_2$	-
니켈(II)산화물	Nickel monoxide	NiO	-
황화니켈	Nickel sulphide	NiS	-
니켈황화물	Nickel subsulphide	Ni_3S_2	12035-72-2

2. 시료채취

가. 시료채취기

막여과지(직경 : 37 mm, 공극 : 0.8 μm, cellulose ester membrane)와 패드(backup pad)가 장착된 3단 카세트를 사용한다.

나. 시료채취용 펌프

작업자의 정상적인 작업 상황에서 작업자에게 부착 가능해야 하며, 적정유량(1~3 L/분)에서 8시간 동안 연속적으로 작동이 가능해야 한다.

다. 유량보정

시료채취기와 펌프를 유연성튜브로 연결한 후, 비누거품 유량보정기를 사용하여 적정유량(1~3 L/분)으로 보정한다. 유량보정은 시료채취 전·후에 실시한다.

라. 시료채취

시료채취 직전 시료채취기의 마개를 열고 유연성튜브를 이용하여 시료채취기와 펌프를 연결한다. 개인시료 채취의 경우 펌프를 근로자에게 장착시키고 시료채취기는 근로자의 호흡영역에 부착하여 시료를 채취한다.

마. 시료채취량

시료채취 시의 펌프유량 및 채취총량은 다음 표의 정보를 참고하여 시료 채취할 때 여과지에 채취된 먼지의 무게가 2 mg을 초과하지 않도록 펌프의 유량 및 시료채취 시간을 조절하여 시료채취를 한다.

※ 과도하게 시료채취가 되는 경우 시료채취기 내부 벽에 분석대상물질이 포함된 먼지 등이 흡착되는 경우가 발생할 수 있다. 따라서 이러한 경우가 발생하지 않도록 적정량의 시료를 채취하도록 해야 한다.

시료채취		
유량 (L/분)	총 량(L)[1]	
	최소	최대
1~3	5	1000

[1] 작업장의 공기 중 니켈농도가 1 mg/m^3 존재 시 시간가중평균농도의 평가를 위한 기준임.

바. 시료운반, 시료안정성, 현장공시료

채취된 시료는 시료채취기의 마개를 완전히 밀봉한 후 상온, 상압 상태에서 운반하며, 상온에서 보관하여도 안정하다. 현장공시료의 개수는 채취된 총 시료 수의 10% 이상 또는 시료세트 당 2~10개를 준비한다.

※ 현장공시료는 시료채취에 사용하지 않은 시료채취기로 마개를 막아 두어야 하며, 시료채취에 활용되지 않은 점만 제외하고 모두 현장시료와 동일하게 취급·운반한다.

3. 분석

가. 분석기기

유도결합플라즈마분광광도계(ICP) 또는 원자흡광광도계(AAS)를 사용한다.

나. 회화장비

가열판(Hot plate) 또는 마이크로웨이브(Microwave) 회화기를 사용한다.

다. 표준용액

1,000 μg/ml의 표준용액 또는 동등 이상의 니켈 표준용액을 사용한다.

라. 전처리 시약

1) 가열판 전처리

가) 회화용액 : 진한질산과 진한과염소산을 부피비로 4:1 혼합하여 사용한다.

나) 희석용액 : 회화용액을 5% 농도로 희석하여 사용한다.

2) 마이크로웨이브 회화기 전처리

가) 회화용액은 진한질산 또는 진한염산을 사용한다.

※ 모든 산은 취급할 때 흄후드 내에서 행해야 하며, 피부 및 눈에 산 접촉을 방지하기 위해 보안경, 보호장갑 등을 착용하고 작업을 수행해야 한다.

마. 회수율 검증시료 제조

1) 회수율 시험을 위한 첨가량을 결정한다. 첨가량은 현장시료의 니켈 농도를 모두 포함하는 범위이어야 한다.

2) 니켈 표준용액을 이용하여 계산된 첨가량이 될 수 있도록 적당량을 미량주사기로 취해 시료채취 시와 동일한 막여과지에 떨어뜨린다. 동일 첨가량을 가진 각기 다른 여과지에 떨어뜨려 동일 농도수준에서 총 3개의 회수율 검증용 시료를 조제하도록 하고, 서로 다른 세 가지 농도수준에서 동일한 요령으로 회수율 검증시료를 조제하도록 한다.

※ 일반적으로 저농도, 중농도, 그리고 고농도의 각 농도수준에서 각각 동일한 첨가량으로 3개의 첨가시료를 조제하기 때문에 총 9개의 회수율 검증용 첨가시료가 조제된다.

3) 하룻밤 정도 실온에서 놓아둔다.

바. 시료 전처리

1) 가열판을 이용한 시료 전처리

가) 시료채취기로부터 막여과지를 핀셋 등을 이용하여 비이커에 옮긴다.

나) 여과지가 들어간 비이커에 제조한 회화용액 5 ml를 넣고 유리덮개를 덮은 후, 실온에서 30분 정도 놓아둔다.

다) 가열판위로 비이커를 옮긴 후 120 ℃에서 회화용액이 약 0.5 ml 정도가 남을 때까지 가열시킨다.

라) 유리덮개를 열고 회화용액 2 ml를 다시 첨가하여 가열시킨다. 비이커 내의 회화용액

이 투명해 질 때까지 이 과정을 반복한다.

마) 비이커 내의 회화용액이 투명해지면 유리덮개를 열고 비이커와 접한 유리덮개 내부를 초순수로 헹구어 잔여물이 비이커에 들어가도록 한다. 유리덮개는 제거하고 비이커 내의 용액량이 거의 없어져 건조될 때 까지 증발시킨다.

바) 희석용액 2~3 ml를 비이커에 가해 잔유물을 다시 용해시킨 다음 10 ml용량플라스크에 옮긴 후 희석용액을 가해 최종용량이 10 ml가 되게 한다.

※ 최종 용량은 시료내의 니켈 농도를 고려하여 20 ml 또는 25 ml로 만들어 사용해도 된다.

2) 마이크로웨이브 회화기를 이용한 시료 전처리

가) 시료채취기로부터 막여과지를 핀셋 등을 이용하여 들어낸 후, 마이크로웨이브의 베셀(vessel)에 옮긴다.

나) 질산 1~3 ml를 넣거나 또는 질산 1~3 ml에 염산 1 ml를 추가하여 넣는다.

다) 베셀의 뚜껑을 닫고 마이크로웨이브 내의 회전판위에 장착시킨 후, 마이크로웨이브 회화기의 운전조건(온도, 압력, 시간 등)을 설정하여 회화한다.

라) 마이크로웨이브의 작동이 멈추면 베셀이 식을 때까지 기다린 후, 흄후드 내에서 베셀의 뚜껑을 조심스럽게 연다.

마) 베셀 내의 용액을 10~25 ml 용량플라스크에 옮긴 후 베셀 내부를 초순수로 헹군 후 헹군 용액을 동일 용량플라스크에 넣고 초순수를 가해 최종 용량이 10~25 ml가 되게 한다.

사. 검량선 작성과 정도관리

1) 분석기기(ICP, AAS)의 감도 등을 고려하여 5개의 농도수준을 표준용액으로 하여 검량선을 작성한다. 이때 표준용액의 농도 범위는 현장시료 농도범위를 포함하는 것이어야 한다.

※ 가열판을 이용한 전처리 시료의 표준용액 제조는 희석용액을 사용하며, 마이크로웨이브로 회화기를 이용한 표준용액 제조시의 산 농도는 시료속의 산 농도와 동일하게 한다.

2) 검량선 작성용 표준용액 시료와 공시료를 이용하여 검량선을 작성한다. 한번 작성한 검량선에 따라 10개의 시료를 분석한 후, 분석기기 반응에 대한 재현성을 확인하기 위해 1개의 표준용액 시료를 분석하여 그 재현성을 점검하도록 한다.

3) 작업장에서 채취된 현장시료, 회수율 시험시료, 현장공시료 및 공시료를 분석한다.

4) 분석된 회수율 검증시료를 통해 아래와 같이 회수율을 구한다.

회수율(RE, recovery) = 검출량/첨가량

아. 기기분석

1) 유도결합플라즈마분광광도계(ICP) 또는 원자흡광광도계(AAS)의 기기를 작동시켜 최적화시킨 후 232.0 nm에서 배경보정상태로 니켈 흡광도를 측정하도록 한다. 만일 방해물질이 존재할 경우 232.0 nm 이외의 다른 파장을 선택하여 분석한다.

2) 표준용액, 공시료, 현장시료, 그리고 회수율 검증시료를 흡입시켜 니켈의 흡광도를 측정한다.

3) 검출한계 및 시료채취분석오차

이 방법의 검출한계는 0.020 μg/시료(ICP)와 0.16 μg/시료(AAS)이며, 시료채취분석오차는 0.116(ICP 분석), 0.120(AAS 분석)이다.

자. 농도

다음 식에 의해 작업장의 공기 중 니켈(불용성 무기화합물)의 농도를 계산한다.

$$C,\ mg/m^3 = \frac{(C_s^{1)} V_s^{2)} - C_b^{3)} V_b^{4)})}{V^{5)} \times RE^{6)}}$$

1) : 시료에서 니켈 농도, μg/ml

2) : 시료의 최종용량, ml

3) : 공시료에서 니켈 농도, μg/ml

4) : 공시료의 최종용량, ml

5) : 시료공기 채취 총량, L

6) : 평균 회수율

제3절 디메틸포름아미드

1. 적용범위

이 방법은 산업안전보건법 제39조의 2에 따라 작업장 내 디메틸포름아미드[$NHCO(CH_3)_2$, CAS No. 68-12-2] 노출 농도의 허용기준 초과여부를 확인하기 위해 적용한다.

2. 시료채취

가. 시료채취기

실리카겔관(silica gel 150 mg/75 mg, 또는 동등 이상의 흡착성능을 갖는 흡착튜브)을 사용한다.

나. 시료채취용 펌프

작업자의 정상적인 작업 상황에서 작업자에게 부착 가능해야 하며, 적정유량(0.01~1 L/

분)에서 8시간 동안 연속적으로 작동이 가능해야 한다.

다. 유량보정

시료채취기와 펌프를 유연성튜브로 연결한 후, 비누거품 유량보정기를 사용하여 적정유량(0.01~1 L/분)으로 보정한다. 유량보정은 시료채취 전・후에 실시한다.

라. 시료채취

시료채취 직전 실리카겔관의 양 끝단을 절단한 후 유연성튜브를 이용하여 실리카겔관과 펌프를 연결한다. 개인시료 채취의 경우 펌프를 근로자에게 장착시키고 시료채취기는 근로자의 호흡영역에 부착하여 시료를 채취한다.

마. 시료채취량

시료채취 시의 펌프유량 및 채취총량은 다음 표의 정보를 참고하여 시료 채취할 때 실리카겔관의 파과가 일어나지 않도록 펌프의 유량 및 시료채취 시간을 조절하여 시료채취를 한다.

※ 흡착제로 사용되는 실리카겔은 흡습성이 높은 물질이다. 따라서 작업장 공기 중의 습도가 과도하게 높으면 디메틸포름아미드의 흡착을 방해할 수 있다.

시료채취			파과 시 농도 및 채취공기량[1]	
유량(L/분)	총 량(L)			
	최소	최대	채취공기량(L)	농도(mg/m^3)
0.01~1	15	80	159	46.22

[1] OSHA의 평가결과로 파과기준은 5%임(46.22 mg/m^{3}에서 159 L 이상 포집 시 5%이상 파과).

바. 시료운반, 시료안정성, 현장공시료

채취된 시료는 실리카겔관의 마개로 완전히 밀봉한 후 상온, 상압 상태에서 운반하며, 시료보관시의 시료안정성은 25 ℃에서 약 5일이다. 현장공시료의 개수는 채취된 총 시료 수의 10% 이상 또는 시료세트 당 2~10개를 준비한다.

※ 현장공시료는 시료채취에 사용하지 않은 실리카겔관의 양 끝단을 절단한 후 즉시 마개로 막아 두어야 하며, 시료채취에 활용되지 않은 점만 제외하고 모두 현장시료와 동일하게 취급·운반한다.

※ 디메틸포름아미드의 분석을 방해하거나 방해할 수 있다고 의심되는 물질이 작업장 공기 중에 존재한다면 관련정보를 시료분석자에게 시료전달시 제공하여야 한다.

3. 분석

가. 분석기기

불꽃이온화검출기(FID)가 장착된 가스크로마토그래피를 사용한다.

나. 시약

크로마토그래피 분석등급의 메탄올과 디메틸포름아미드를 사용한다.

※ 표준용액 및 시료 전처리는 반드시 후드 안에서 작업을 수행해야 한다.

다. 탈착효율 검증시료 제조

탈착효율 검증용 시료분석은 시료 배치(batch)당 최소한 한 번씩은 행해져야 하며, 탈착효율 검증용 시료조제는 다음과 같은 요령으로 조제하여 사용하도록 한다.

1) 3개 농도수준(저, 중, 고농도)에서 각각 3개씩의 실리카겔관과 공시료로 사용할 실리카겔관 3개를 준비한다.

2) 미량 주사기를 이용하여 탈착효율 검증용 용액(stock solution)의 일정량(계산된 농도)을 취해 실리카겔관의 앞층 실리카겔에 직접 주입한다. 탈착효율 검증용 저장용액은 1)에서 언급한 3개의 농도수준이 포함될 수 있도록 디메틸포름아미드의 원액 또는 메탄올에 희석된 디메틸포름아미드 용액을 말한다.

3) 탈착효율 검증용 저장용액을 주입한 실리카겔관은 즉시 마개를 막고 하룻밤 정도 실온에 놓아둔다.

라. 시료 전처리

1) 실리카겔관 앞층과 뒷층의 실리카겔을 각각 다른 바이엘에 담는다.

2) 바이엘에 피펫으로 1.0 ml의 메탄올을 넣고 즉시 마개로 막는다.

3) 초음파수욕조에 넣고 1시간 이상 초음파 처리를 한다.

마. 검량선 작성과 정도관리

1) 검출한계에서 정량한계의 10배 농도범위까지 최소 5개 이상의 농도수준을 표준용액으로 하여 검량선을 작성한다. 표준용액의 농도 범위는 현장시료 농도범위를 포함해야한다.

2) 표준용액의 조제는 적당량의 디메틸포름아미드를 취해 메탄올에 넣어 혼합시킨 후 이를 메탄올로 연속적으로 희석시켜 원하는 농도 범위의 표준용액을 조제하는 희석식 표준용액 조제방법을 사용한다.

3) 표준용액 검증용 표준용액(standard matching solution) : 조제된 표준용액이 정확히 만들어졌는지 이를 검증할 수 있는 표준용액 2개를 만들어 검증하도록 한다.

4) 작업장에서 채취된 현장시료, 탈착효율 검증시료, 현장공시료 및 공시료를 분석한다.

5) 분석된 탈착효율 검증용 시료를 통해 아래와 같이 탈착효율을 구한다.

탈착효율(DE, desorption efficiency) = 검출량/주입량

바. 기기분석

가스크로마토그래피를 이용한 디메틸포름아미드의 분석은 머무름 시간이 동일한 방해물질 및 다른 화학물질의 존재여부에 따라 칼럼의 종류와 분석기기의 분석조건 등을 다르게 하여 분석하도록 한다. 다음에 예시된 기기분석 조건을 참고하여 디메틸포름아미드 분석이 용이하도록 가스크로마토그래피를 최적화 시킨다.

1) 분석조건

칼럼	- Capillary, 30 m × 0.32 mm ID : 0.5 μm film DB WAX
시료주입량	1 μl
운반가스	질소 또는 헬륨가스
온도조건	시료도입부 : 200 ℃
	검출기 : 250 ℃
	오븐 : 35 ℃(3분)~150 ℃(8 ℃/분)

2) 현장시료, 탈착효율 검증시료, 현장공시료 및 공시료의 디메틸포름아미드에 해당하는 피크 면적 또는 높이를 측정한다.

3) 검출한계 및 시료채취분석오차

이 방법의 검출한계는 50μg/시료이며, 시료채취분석오차는 0.117이다.

사. 농도

다음 식에 의해 작업장의 공기 중 디메틸포름아미드의 농도를 계산한다.

$$C,\ ppm = \frac{(W_f^{1)} + W_b^{2)} - B_f^{3)} - B_b^{4)}) \times 24.45^{5)}}{V^{6)} \times DE^{7)} \times 73.10^{8)}}$$

1) : 시료 앞층에서 분석된 디메틸포름아미드의 질량, μg

2) : 시료 뒷층에서 분석된 디메틸포름아미드의 질량, μg

3) : 공시료들의 앞층에서 분석된 디메틸포름아미드의 평균질량, μg

4) : 공시료들의 뒷층에서 분석된 디메틸포름아미드의 평균질량, μg

5) : 작업환경표준상태(25 ℃, 1 기압)에서 공기부피

6) : 시료채취 총량, L

7) : 평균 탈착효율

8) : 디메틸포름아미드의 분자량

제4절 벤젠

1. 적용범위

이 방법은 산업안전보건법 제39조의 2에 따라 작업장 내 벤젠[C_6H_6, CAS No. 71-43-2] 노출 농도의 허용기준 초과여부를 확인하기 위해 적용한다.

2. 시료채취

가. 시료채취기

활성탄관(coconut shell charcoal, 길이: 7 cm, 외경: 6 mm, 내경: 4 mm, 앞층: 100 mg, 뒷층: 50 mg, 20/40 mesh 또는 이와 동등성능 이상의 흡착성능을 갖는 흡착관)을 사용한다.

나. 시료채취용 펌프

작업자의 정상적인 작업 상황에서 작업자에게 부착 가능해야 하며, 적정유량(0.01~0.20 L/분)에서 8시간 동안 연속적으로 작동이 가능해야 한다.

다. 유량보정

시료채취기와 펌프를 유연성튜브로 연결한 후, 비누거품 유량보정기를 사용하여 적정유량(0.01~0.20 L/분)으로 보정한다. 유량보정은 시료채취 전・후에 실시한다.

라. 시료채취

시료채취 직전 활성탄관의 양 끝단을 절단한 후 유연성튜브를 이용하여 활성탄과 펌프를 연결한다. 개인시료 채취의 경우 펌프를 근로자에게 장착시키고 시료채취기는 근로자의 호흡영역에 부착하여 시료를 채취한다.

마. 시료채취량

시료채취 시의 펌프유량 및 채취총량은 다음 표의 정보를 참고하여 시료 채취할 때 활성탄관의 파과가 일어나지 않도록 펌프의 유량 및 시료채취 시간을 조절하여 시료채취를 한다.

※ 작업장 공기 중의 습도가 과도하게 높으면 활성탄관안에서 수분의 응축현상이 발생하게 된다. 응축된 수분은 벤젠이 활성탄관에 흡착되는 것을 방해하므로 수분의 응축현상이 발생한 시료는 측정시료로 사용하지 말아야 한다.

시료채취			파과 시 농도 및 채취공기량	
유량(L/분)	총 량(L)[1]			
	최소	최대	채취공기량(L)	농도(mg/m³)
0.01~0.20	5	30	〉 45	30

[1] 8시간 시간가중평균으로 1 ppm 벤젠 농도 기준임.

바. 시료운반, 시료안정성, 현장공시료

채취된 시료는 활성탄관의 마개로 완전히 밀봉한 후 상온, 상압 상태에서 운반하며, 시료 보관시의 시료안정성은 5 ℃에서 약 30일이다. 현장공시료의 개수는 채취된 총 시료 수의 10% 이상 또는 시료세트 당 2~10개를 준비한다.

※ 현장공시료는 시료채취에 사용하지 않은 활성탄관의 양 끝단을 절단한 후 즉시 마개로 막아 두어야 하며, 시료채취에 활용되지 않은 점만 제외하고 모두 현장시료와 동일하게 취급·운반한다.

※ 벤젠의 분석을 방해하거나 방해할 수 있다고 의심되는 물질이 작업장 공기 중에 존재한다면 관련정보를 시료분석자에게 시료전달시 제공하여야 한다.

3. 분석

가. 분석기기

불꽃이온화검출기(FID)가 장착된 가스크로마토그래피를 사용한다.

나. 시약

크로마토그래피 분석등급의 이황화탄소와 벤젠을 사용한다.

※ 표준용액 및 시료 전처리는 반드시 후드 안에서 작업을 수행해야 한다.

다. 탈착효율 검증시료 제조

탈착효율 검증용 시료분석은 시료 배치(batch)당 최소한 한 번씩은 행해져야 하며, 탈착효율 검증용 시료조제는 다음과 같은 요령으로 조제하여 사용하도록 한다.

1) 3개 농도수준(저, 중, 고농도)에서 각각 3개씩의 활성탄관과 공시료로 사용할 활성탄관 3개를 준비한다.

2) 미량 주사기를 이용하여 탈착효율 검증용 용액(stock solution)의 일정량(계산된 농도)을 취해 활성탄관의 앞층 활성탄에 직접 주입한다. 탈착효율 검증용 저장용액은 1)에서 언급한 3개의 농도수준이 포함될 수 있도록 벤젠원액 또는 이황화탄소에 희석된 벤젠용액을 말한다.

3) 탈착효율 검증용 저장용액을 주입한 활성탄관은 즉시 마개를 막고 하룻밤 정도 실온에 놓아둔다.

라. 시료 전처리

1) 활성탄관 앞층과 뒷층의 활성탄을 각각 다른 바이엘에 담는다.

2) 각 바이엘에 피펫으로 1.0 ml의 이황화탄소를 넣고 즉시 마개로 막는다.

3) 가끔 흔들어 주면서 실온에서 최소한 30분 이상 놓아둔다.

마. 검량선 작성과 정도관리

1) 검출한계에서 정량한계의 10배 농도범위까지 최소 5개 이상의 농도수준을 표준용액으로 하여 검량선을 작성한다. 표준용액의 농도 범위는 현장시료 농도범위를 포함해야한다.
2) 표준용액의 조제는 적당량의 벤젠을 취해 이황화탄소에 넣어 혼합시킨 후 이를 이황화탄소로 연속적으로 희석시켜 원하는 농도 범위의 표준용액을 조제하는 희석식 표준용액 조제방법을 사용한다.
3) 표준용액 검증용 표준용액(standard matching solution) : 조제된 표준용액이 정확히 만들어졌는지 이를 검증할 수 있는 표준용액 2개를 만들어 검증하도록 한다.
4) 작업장에서 채취된 현장시료, 탈착효율 검증시료, 현장공시료 및 공시료를 분석한다.
5) 분석된 탈착효율 검증용 시료를 통해 아래와 같이 탈착효율을 구한다.

탈착효율(DE, desorption efficiency) = 검출량/주입량

바. 기기분석

가스크로마토그래피를 이용한 벤젠의 분석은 머무름 시간이 동일한 방해물질및 다른 화학물질의 존재여부에 따라 칼럼의 종류와 분석기기의 분석조건 등을 다르게 하여 분석하도록 한다. 다음에 예시된 기기분석 조건을 참고하여 벤젠분석이 용이하도록 가스크로마토그래피를 최적화 시킨다.

1) 분석조건

칼럼	- 2 m × 2 mm ID glass column packed with 15% silicone on silanized, acid washed Chromosorb W - Capillary, fused silica: 30 m × 0.32 mm ID : 1 μm film 100% PEG
시료주입량	1 μl
운반가스	질소 또는 헬륨가스
온도조건	시료도입부 : 250 ℃
	검출기 : 300 ℃
	오븐 : 50 ℃

2) 현장시료, 탈착효율 검증시료, 현장공시료 및 공시료의 벤젠에 해당하는 피크 면적 또는 높이를 측정한다.
3) 검출한계 및 시료채취분석오차

이 방법의 검출한계는 0.5 μg/시료이며, 시료채취분석오차는 0.114이다.

사. 농도

다음 식에 의해 작업장의 공기 중 벤젠의 농도를 계산한다.

$$C,\ ppm = \frac{(W_f^{1)} + W_b^{2)} - B_f^{3)} - B_b^{4)}) \times 24.45^{5)}}{V^{6)} \times DE^{7)} \times 78.11^{8)}}$$

1) : 시료 앞층에서 분석된 벤젠의 질량, μg

2) : 시료 뒷층에서 분석된 벤젠의 질량, μg

3) : 공시료들의 앞층에서 분석된 벤젠의 평균질량, μg

4) : 공시료들의 뒷층에서 분석된 벤젠의 평균질량, μg

5) : 작업환경표준상태(25 ℃, 1 기압)에서 공기부피

6) : 시료채취 총량, L

7) : 평균 탈착효율

8) : 벤젠의 분자량

제5절 2-브로모프로판

1. 적용범위

이 방법은 산업안전보건법 제39조의 2에 따라 작업장 내 2-브로모프로판[$(CH_3)2CHBr$, CAS No. 75-26-3] 노출 농도의 허용기준 초과여부를 확인하기 위해 적용한다.

2. 시료채취

가. 시료채취기

활성탄관(coconut shell charcoal, 길이 : 7 cm, 외경 : 6 mm, 내경 : 4 mm, 앞층 : 100 mg, 뒷층 : 50 mg, 20/40 mesh 또는 이와 동등성능 이상의 흡착성능을 갖는 흡착관)을 사용한다.

나. 시료채취용 펌프

작업자의 정상적인 작업 상황에서 작업자에게 부착 가능해야 하며, 적정유량(0.01~0.20 L/분)에서 8시간 동안 연속적으로 작동이 가능해야 한다.

다. 유량보정

시료채취기와 펌프를 유연성튜브로 연결한 후, 비누거품 유량보정기를 사용하여 적정유량(0.01~0.20 L/분)으로 보정한다. 유량보정은 시료채취 전·후에 실시한다.

라. 시료채취

시료채취 직전 활성탄관의 양 끝단을 절단한 후 유연성튜브를 이용하여 활성탄과 펌프를

연결한다. 개인시료 채취의 경우 펌프를 근로자에게 장착시키고 시료채취기는 근로자의 호흡영역에 부착하여 시료를 채취한다.

마. 시료채취량

시료채취 시의 펌프유량 및 채취총량은 다음 표의 정보를 참고하여 시료 채취할 때 활성탄관의 파과가 일어나지 않도록 펌프의 유량 및 시료채취 시간을 조절하여 시료채취를 한다.

※ 작업장 공기 중의 습도가 과도하게 높으면 활성탄관안에서 수분의 응축현상이 발생하게 된다. 응축된 수분은 2-브로모프로판이 활성탄관에 흡착되는 것을 방해하므로 수분의 응축현상이 발생한 시료는 측정시료로 사용하지 말아야 한다.

시료채취			파과 시 농도 및 채취공기량	
유량(L/분)	총 량(L)			
	최소	최대	채취공기량(L)	농도(mg/m^3)
0.01~0.20	0.1	12	–[1)]	–

[1)] 연구된 결과가 없음.

바. 시료운반, 시료안정성, 현장공시료

채취된 시료는 활성탄관의 마개로 완전히 밀봉한 후 상온, 상압 상태에서 운반하며, 시료 보관시의 시료안정성은 5 ℃에서 약 30일이다. 현장공시료의 개수는 채취된 총 시료 수의 10% 이상 또는 시료세트 당 2~10개를 준비한다.

※ 현장공시료는 시료채취에 사용하지 않은 활성탄관의 양 끝단을 절단한 후 즉시 마개로 막아 두어야 하며, 시료채취에 활용되지 않은 점만 제외하고 모두 현장시료와 동일하게 취급・운반한다.

※ 2-브로모프로판의 분석을 방해하거나 방해할 수 있다고 의심되는 물질이 작업장 공기 중에 존재한다면 관련정보를 시료분석자에게 시료전달시 제공하여야 한다.

3. 분석

가. 분석기기

불꽃이온화검출기(FID)가 장착된 가스크로마토그래피를 사용한다.

나. 시약

크로마토그래피 분석등급의 이황화탄소와 2-브로모프로판을 사용한다.

※ 표준용액 및 시료 전처리는 반드시 후드 안에서 작업을 수행해야 한다.

다. 탈착효율 검증시료 제조

탈착효율 검증용 시료분석은 시료 배치(batch)당 최소한 한 번씩은 행해져야 하며, 탈착효율 검증용 시료조제는 다음과 같은 요령으로 조제하여 사용하도록 한다.

1) 3개 농도수준(저, 중, 고농도)에서 각각 3개씩의 활성탄관과 공시료로 사용할 활성탄관 3개를 준비한다.
2) 미량 주사기를 이용하여 탈착효율 검증용 용액(stock solution)의 일정량(계산된 농도)을 취해 활성탄관의 앞층 활성탄에 직접 주입한다. 탈착효율 검증용 저장용액은 1)에서 언급한 3개 농도수준이 포함될 수 있도록 2-브로모프로판 원액 또는 이황화탄소에 희석된 2-브로모프로판 용액을 말한다.
3) 탈착효율 검증용 저장용액을 주입한 활성탄관은 즉시 마개를 막고 하룻밤 정도 실온에 놓아둔다.

라. 시료 전처리

1) 활성탄관 앞층과 뒷층의 활성탄을 각각 다른 바이엘에 담는다.
2) 각 바이엘에 피펫으로 1.0 ml의 이황화탄소를 넣고 즉시 마개로 막는다.
3) 가끔 흔들어 주면서 실온에서 최소한 30분 이상 놓아둔다.

마. 검량선 작성과 정도관리

1) 검출한계에서 정량한계의 10배 농도범위까지 최소 5개 이상의 표준용액으로 검량선을 작성한다. 표준용액의 농도 범위는 현장시료 농도범위를 포함해야한다.
2) 표준용액의 조제는 적당량의 2-브로모프로판을 취해 이황화탄소에 넣어 혼합시킨 후 이를 이황화탄소로 연속적으로 희석시켜 원하는 농도 범위의 표준용액을 조제하는 희석식 표준용액 조제방법을 사용한다.
3) 표준용액 검증용 표준용액(standard matching solution) : 조제된 표준용액이 정확히 만들어졌는지 이를 검증할 수 있는 표준용액 2개를 만들어 검증하도록 한다.
4) 작업장에서 채취된 현장시료, 탈착효율 검증시료, 현장공시료 및 공시료를 분석한다.
5) 탈착효율 검증시료는 아래와 같이 탈착효율을 구한다.

$$\text{탈착효율(DE, desorption efficiency)} = \text{검출량}/\text{주입량}$$

바. 기기분석

가스크로마토그래피를 이용한 2-브로모프로판의 분석은 머무름 시간이 동일한 방해물질 및 다른 화학물질의 존재여부에 따라 칼럼의 종류와 분석기기의 분석조건 등을 다르게 하여 분석하도록 한다. 다음에 예시된 기기분석 조건을 참고하여 2-브로모프로판 분석이 용이하도록 가스크로마토그래피를 최적화 시킨다.

1) 분석조건

칼럼	- Capillary, fused silica : 30 m × 0.32-mm ID : 1.8-um film phenyl/methyl polysiloxane, RTx-502.2
시료주입량	1 μl
운반가스	질소 또는 헬륨가스
온도조건	시료도입부 : 200 ℃
	검출기 : 250 ℃
	오븐 : 35 ℃(3분)~150 ℃(8 ℃/분)

2) 현장시료, 탈착효율 검증시료, 현장공시료 및 공시료의 2-브로모프로판에 해당하는 피크 면적 또는 높이를 측정한다.

3) 검출한계 및 시료채취분석오차

이 방법의 검출한계는 1.0 μg/시료이며, 시료채취분석오차는 0.107이다.

사. 농도

다음 식에 의해 작업장의 공기 중 2-브로모프로판의 농도를 계산한다.

$$C,\ ppm = \frac{(W_f^{1)} + W_b^{2)} - B_f^{3)} - B_b^{4)}) \times 24.45^{5)}}{V^{6)} \times DE^{7)} \times 123.00^{8)}}$$

1) : 시료 앞층에서 분석된 2-브로모프로판의 질량, μg

2) : 시료 뒷층에서 분석된 2-브로모프로판의 질량,μg

3) : 공시료들의 앞층에서 분석된 2-브로모프로판의 평균질량, μg

4) : 공시료들의 뒷층에서 분석된 2-브로모프로판의 평균질량, μg

5) : 작업환경표준상태(25 ℃, 1기압)에서 공기부피

6) : 시료채취 총량, L

7) : 평균 탈착효율

8) : 2-브로모프로판의 분자량

제6절 석면

1. 적용범위

이 방법은 산업안전보건법 제39조의 2에 따라 작업장 내 석면 노출 농도의 허용기준 초과여부를 확인하기 위해 적용한다.

석면 종류	화학식	CAS No.
백석면	$Mg_3(Si_2O_5)(OH)_4$	12001-29-5
갈석면	$(Mg, Fe)_7Si_8O_{22}(OH)_2$	12172-73-5
청석면	$Na_2Fe_{32}+Fe_{23}+Si_8O_{22}(OH)_2$	12001-28-4
트레모라이트-석면	$Ca_2(Mg, Fe)_5Si_8O_{22}(OH)_2$	77536-68-6
악티노라이트-석면	$Ca_2Mg_5(Si_8O_{22})(OH)_2$	77536-66-4
안소필라이트-석면	$(Mg, Fe)_7Si_8O_{22}(OH)_2$	77536-67-5

2. 시료채취

가. 시료채취기

셀룰로오즈 에스테르 막여과지(공극 : 0.45~1.2 μm, 직경 : 25 mm)와 패드가 장착된 길이가 약 50 mm의 전도성 카울(extension cowl)이 있는 3단 카세트(직경 25 mm)를 사용한다.

나. 시료채취용 펌프

작업자의 정상적인 작업 상황에서 작업자에게 부착 가능해야 하며, 적정유량(0.5~16 L/분)에서 8시간 동안 연속적으로 작동이 가능해야 한다.

다. 유량보정

시료채취기와 펌프를 유연성튜브로 연결한 후, 비누거품 유량보정기를 사용하여 적정유량(0.5~16 L/분)으로 보정한다. 유량보정은 시료채취 전·후에 실시한다.

라. 시료채취

시료채취 직전 시료채취기와 펌프를 유연성튜브로 연결한다. 개인시료 채취의 경우 펌프를 근로자에게 장착시키고 시료채취기는 근로자의 호흡영역에 부착 시킨다. 이 때 3단 카세트의 상단부 뚜껑을 열어(open face) 시료를 채취하며, 카세트의 열린 면이 작업장 바닥 쪽을 향하도록 한다.

마. 시료채취량

시료채취 시의 펌프유량 및 채취총량은 섬유계수의 정밀도를 높이기 위해 섬유밀도가 100~1,300개/mm^2이 되도록 유량과 채취시간을 조정한다. 참고가 되는 사항은 다음과 같다.

1) 먼지가 많고 섬유농도가 0.1개/cc 정도에서는 1~4 L/분의 유량으로 8시간 동안 시료를 채취한다. 그러나 먼지가 많은 환경에서는 공기채취량을 400 L보다 적게 한다.
2) 석면농도가 높고 먼지가 많은 곳에서는 여과지를 여러 번 바꿔 연속 시료채취 한다.

3) 간헐적으로 노출되는 경우, 고유량(7~17 L/분)으로 짧은 시간동안 채취한다.

4) 비교적 깨끗한 대기에서 석면의 농도가 0.1 개/cc보다 적으면 정량가능한 양이 채취되도록 충분한 공기량(3,000~10,000 L)을 채취한다. 그러나 이때에도 여과지 표면적의 50% 이상이 먼지로 덮이지 않도록 해야 하며, 과대먼지가 채취되면 계수결과에 오차를 유발하게 된다.

시료채취		
유량 (L/분)	총 량(L)	
	최소	최대
0.5~16	400[1]	-[2]

[1] 공기 중의 농도가 약 0.1개/cc일 때 기준임

[2] 여과지필터면적(mm^2)당 100~1,300개의 섬유가 채취되도록 시료채취 총량 결정

바. 시료운반, 시료안정성, 현장공시료

채취된 시료는 3단 카세트의 마개를 완전히 밀봉한 후 상온, 상압 상태에서 운반하며, 시료보관 시 상온에서 보관하여도 시료는 안정하다. 현장공시료의 개수는 채취된 총 시료수의 10% 이상 또는 시료세트 당 2~10개를 준비한다.

※ 현장공시료는 3단 카세트의 상단 뚜껑을 열고 현장채취시간과 동일한 시간대에 깨끗한 장소(상자나 가방)에 보관한다. 현장시료채취가 끝나면 현장공시료 역시 상단뚜껑을 닫고 현장시료와 동일하게 취급하여 실험실로 운반한다.

※ 시료운반 과정에서 시료채취기에 충격 등이 가해지면 시료의 손실이 발생할 수 있다.

사. 주의사항

1) 석면이외의 섬유상 물질이나 입자상 물질이라 할지라도 체인상으로 연결된 경우 석면섬유와 구분이 쉽지 않으므로 계수에 방해물질로 작용할 수 있다.

2) 석면을 방해하거나 방해할 수 있다고 의심되는 물질(유리섬유, 세라믹섬유, 암면, 기타 섬유상 물질 등)이 작업장 공기 중에 존재한다면 관련정보를 시료분석자에게 시료전달시 제공하여야 한다.

3. 분석

가. 기기 및 시약

1) 위상차현미경(PCM, phase contrast microscope)

대안렌즈(10×), 대물렌즈(40~45×), 구경수차(numerical aperture, 0.65~0.75), 그린필터(λ = 530 nm)를 사용한다.

2) 시약

크로마토그래피 분석등급의 아세톤 및 트리아세틴을 사용한다.

3) 슬라이드글라스 및 커버슬립

25 × 75 mm, 두께 1 mm의 슬라이드글라스를 사용하며, 커버슬립은 23 × 35 mm(대물렌즈에 맞는 두께 사용, 일반적으로, No. 1.5를 사용함)를 사용한다.

4) 현미경 계수자

Walton−Beckett graticule(Type G−22)을 사용한다.

※ 400배율 시야상에서 Walton−Beckett graticule의 지름은 100±2 μm의 크기여야한다. 100 μm의 시야면적은 0.00785 mm^2이다.

※ Walton−Beckett graticule의 지름은 스테이지 마이크로미터(stage micrometer, 0.01 mm division)를 사용하여 측정한다.

5) HSE/NPL 위상차 테스트 슬라이드

6) 아세톤 증기화 장치

삼각플라스크(200～250 ml)에 유리관(길이 16～22 cm)이 연결된 고무마개를 끼운다. 이때 마개에 구멍을 뚫어 유리관을 플라스크 안으로 10～12 cm 정도 들어가게 하고, 고무관 밖의 유리관(8～10 cm)은 알코올램프를 사용하여 수평으로 20～30도 가량 구부린다. 아세톤 증기화 장치는 상품으로 상용화된 슬라이드글라스 투명화용 '가열알루미늄블록(heated aluminium block)'을 사용해도 된다.

나. 시료 전처리

1) 슬라이드글라스와 커버슬립을 깨끗이 닦는다.

2) 아세톤 증기화장치 안에 아세톤을 40～60 ml를 넣은 후 60～70 ℃정도로 가열한다.

3) 아세톤 증기화장치를 서서히 가열하여 아세톤을 끓인다.

※ 아세톤 증기는 유리관을 통해 나오게 되는데, 이 증기는 폭발위험성이 있으므로 불꽃이 없는 가열판을 사용해야 하며, 반드시 흄후드 내에서 실험을 실시하도록 한다.

4) 핀셋으로 필터의 가장자리를 잡고 3단 카세트에서 조심스럽게 꺼낸 후 시료를 채취한 면이 위쪽을 향하도록 슬라이드 글라스위에 올려놓는다.

5) 수용 칼의 날을 따라 굴리듯이 움직여서 필터를 이등분한다(37 mm를 사용한 경우 여과지를 1/4등분한다)

6) 절단한 필터를 올린 슬라이드를 아세톤 증기화장치의 증기가 나오는 부분에서 1～2 cm정도 앞에서 2～5초간 증기를 쐬면 여과지가 투명하게 된다.

※ 유리관을 통해 아세톤 증기가 충분하게 나오는지 확인하기 위해서는 슬라이드글라스

의 여과지가 없는 부위를 대어보면 된다. 2～3 cm의 응축반점이 생기면 증기가 충분하므로 여과지를 투명화 시키면 된다. 여과지가 휘어지면 증기가 충분하지 않은 상태이며, 투명화 시키는 과정에서 아세톤이 여과지로 떨어지지 않도록 주의하고, 유리관 구멍은 주기적으로 닦아주도록 한다.

7) 마이크로피펫을 사용하여 3～3.5 μl의 트리아세틴을 떨어뜨린다.

※ 트리아세틴은 커버슬립을 덮었을 때 전체를 투명하게 채울 수 있는 양을 사용한다. 25 mm 필터를 이등분하여 사용하는 경우 약 3～4 방울의 트리아세틴 양이 적당하다. 과량의 양을 사용하는 경우 필터에 채취된 섬유의 이동이 일어날 수 있으므로 주의한다.

8) 커버슬립을 주의하여 비스듬하게 여과지 위에 기포가 생기지 않도록 얹는다.

※ 커버슬립을 얹은 후 밀거나 과하게 누르면 필터에 채취된 섬유의 이동이 일어날 수 있으므로 주의한다.

9) 커버슬립의 가장자리를 라커나 매니큐어로 칠하여 밀봉한다.

※ 습도가 높은 곳에서 채취한 시료나 아세톤에 수분이 많은 경우 투명화가 느리게 진행되거나, 아세톤 증기가 슬라이드에 남아있을 경우 가열판의 온도를 50 ℃로 가열하여 아세톤 증기를 증발시킨다. 이때 온도가 너무 높으면 트리아세틴이 증발하여 기포가 생길 수 있으므로 주의한다.

다. 분석과정

1) 위상차 현미경의 위상차이미지 형성 조건을 위한 최적화를 시킨다.
2) HSE/NPL 테스트슬라이드를 이용하여 위상차현미경의 분해능을 확인한다(매회 분석을 시작하기 전에 주기적으로 확인한다).
3) 현미경 재물대에 전처리한 시료를 올려놓고 400배 또는 450배에서 초점을 조절하여 맞춘 후 다음 규정에 따라 석면섬유를 계수한다.
4) 길이가 5 μm보다 크고 길이 대 넓이의 비가 3:1 이상인 섬유만 계수한다.
5) 섬유가 계수면적 내에 있으면 1개로, 섬유의 한쪽 끝만 있으면 1/2개로 계수한다.
6) 계수면적 내에 있지 않고 밖에 있거나 계수면적을 통과하는 섬유는 세지 않는다.
7) 100개의 섬유가 계수될 때 까지 최소 20개 이상 충분한 수의 계수면적을 계수하되, 계수한 면적의 수가 100개를 넘지 않도록 한다.
8) 섬유다발뭉치는 각 섬유의 끝단이 뚜렷이 보이지 않으면 1개로 계수하고, 뚜렷하게 보이면 각각 계수한다.
9) 계수면적의 이동은 여과지의 한 끝에서 수평으로 반대 끝까지 간 다음, 수직으로 약간

움직여 다시 수평으로 이동시키면 된다.

※ 첫 계수면적 선정 시 렌즈로부터 잠깐 눈을 돌린 후 재물대를 이동시켜 이를 선정한다.

※ 전처리한 필터의 한부분에 치우치지 않게 전체적인 면적을 골고루 계수한다. 계수면적의 이동은 여과지의 한쪽 끝에서 반대 쪽 끝까지 계수하고, 수직으로 조금 움직여 다시 반대편 방향으로 계수한다.

※ 섬유덩어리가 계수면적의 1/6을 차지하면 그 계수면적은 버리고 다른 것을 선정한다. 버린 계수 면적은 총 계수면적에 포함시키지 않는다.

※ 계수면적을 옮길 때 계속해서 미세조정 손잡이로 초점을 맞추면서 섬유를 측정한다. 작은 직경의 섬유는 매우 희미하게 보이나 전체석면계수에 큰 영향을 미친다.

라. 정도관리

1) 시료채취 및 운반과정의 오염여부를 확인하기 위해 현장공시료를 분석하도록 한다.

2) 실험실내의 오염이 의심되는 경우 실험실 공시료를 분석하도록 한다.

3) 외부 공기 중 석면정도관리 프로그램에 참여해야 한다.

4) 검출한계 및 시료채취분석오차

이 방법의 검출한계는 7개/mm^{2}이며, 시료채취분석오차는 0.300이다.

마. 농도

다음 식에 의해 작업장의 공기 중 석면(섬유)농도를 계산한다.

1) 다음 식에 의하여 섬유밀도를 계산한다.

$$E^{1)} = \frac{(F^{2)}/n_f^{3)} - B^{4)}/n_b^{5)})}{A_f^{6)}}$$

$^{1)}$: 단위면적당 섬유밀도, 개/mm^2

$^{2)}$: 시료의 계수 섬유수, 개

$^{3)}$: 시료의 계수 시야수

$^{4)}$: 공시료의 평균 계수 섬유수, 개

$^{5)}$: 공시료의 계수 시야수

$^{6)}$: 석면계수자 시야면적, 0.00785 mm^2(graticule의 직경이 100 μm일 때)

2) 공기중 석면(섬유) 농도

위에서 계산한 섬유밀도를 이용하여 다음과 같이 계산한다.

$$C = \frac{(E)(Ac)}{V \cdot 10^3}$$

C : 개/cc

E : 단위면적당 섬유 밀도

Ac : 여과지의 유효 면적(실측하여 사용함)

V : 시료공기 채취량(L)

제7절 6가 크롬화합물

1. 적용범위

이 방법은 산업안전보건법 제39조의 2에 따라 작업장 내 6가 크롬화합물[Cr(Ⅵ), CAS No. 7440-47-3] 노출 농도의 허용기준 초과여부를 확인하기 위해 적용한다.

2. 시료채취

가. 시료채취기

PVC 여과지(직경 : 37 mm, 공극 : 5.0 μm, polyvinyl chloride membrane)와 패드(backup pad)가 장착된 3단 카세트를 사용한다.

나. 시료채취용 펌프

작업자의 정상적인 작업 상황에서 작업자에게 부착 가능해야 하며, 적정유량(1~4 L/분)에서 8시간 동안 연속적으로 작동이 가능해야 한다.

다. 유량보정

시료채취기와 펌프를 유연성튜브로 연결한 후, 비누거품 유량보정기를 사용하여 적정유량(1~4 L/분)으로 보정한다. 유량보정은 시료채취 전·후에 실시한다.

라. 시료채취

시료채취 직전 시료채취기의 마개를 열고 유연성튜브를 이용하여 시료채취기와 펌프를 연결한다. 개인시료 채취의 경우 펌프를 근로자에게 장착시키고 시료채취기는 근로자의 호흡영역에 부착하여 시료를 채취한다.

마. 시료채취량

시료채취 시의 펌프유량 및 채취총량은 다음 표의 정보를 참고하여 시료 채취할 때 여과지에 채취된 먼지의 무게가 1 mg을 초과하지 않도록 펌프의 유량 및 시료채취 시간을 조절하여 시료채취를 한다.

시료채취		
유량 (L/분)	총 량(L)	
	최소	최대
1~4	100[1)]	1000

1) 작업장의 공기 중 6가크롬 농도가 0.1 mg/m^3 존재 시 시간가중평균농도의 평가를 위한 기준임.

바. 시료운반, 시료안정성, 현장공시료

채취된 시료는 시료채취기의 마개를 완전히 밀봉한 후 실험실로 운반하여 냉장보관 한다. 분석은 시료채취 후 2주 이내에 분석하도록 한다. 현장공시료의 개수는 채취된 총 시료수의 10% 이상 또는 시료세트 당 2~10개를 준비한다.

※ 6가 크롬 도금공정에서 채취된 시료는 시료채취 후 즉시 여과지를 꺼내 바이엘에 넣고 추출용액(2% 수산화나트륨/3% 탄산나트륨) 5ml를 첨가하여 여과지를 완전히 적신 후 마개로 밀봉하여 냉장보관 한다.

※ 스테인리스강(stainless steel) 용접공정에서 채취된 시료의 경우는 시료채취 후 8일 이내에 분석하도록 한다.

3. 분석

가. 분석기기

전도도 또는 분광 검출기가 장착된 이온크로마토그래피이어야 한다.

나. 표준용액

1,000 μg/ml의 표준용액 또는 동등 이상의 6가 크롬 표준용액을 사용한다.

다. 추출용액

2%수산화나트륨/3% 탄산나트륨 : 1 L 용량플라스크에 20 g의 수산화나트륨(NaOH)과 30 g의 탄산나트륨(Na_2CO_3)을 넣고 초순수로 녹인 후 눈금이 정확히 1 L가 되게 제조한다.

라. 용리액(eluent)

1) 전도도 검출기 : 7.0 mM 탄산나트륨/0.5 mM 수산화나트륨

4 L 용량플라스크에 탄산나트륨 2.97 g을 초순수로 녹인 후 0.1 M 수산화나트륨(8 g/L) 20 ml를 넣는다. 초순수로 용량플라스크의 눈금까지 채운다.

2) 분광 검출기 : 250mM 황산염/100 mM 수산화암모늄

1 L 용량플라스크에 황산암모늄 33 g을 초순수로 녹인 후 수산화암모늄 6.5 ml를 넣는다. 초순수로 용량플라스크의 눈금까지 채운다.

마. 발색시약 용액(post-column reagent)

2 mM 1,5-디페닐카바자이드/10% 메탄올/1N 황산을 제조하여 사용한다.

1) 1,5-디페닐카바자이드(1,5-diphenylcarbazide) 0.5 g을 100 ml 용량플라스크에 넣어 메탄올로 녹인 후 눈금까지 채운다.

2) 1 L 용량플라스크에 초순수를 넣고 황산(H2SO4) 28 ml를 첨가하고 1)용액을 넣은 후 1 L가 되도록 눈금까지 채운다.

바. 회수율 검증시료 제조

1) 회수율 시험을 위한 첨가량을 결정한다. 첨가량은 현장시료의 6가 크롬 농도를 모두 포함하는 범위이어야 한다.

2) 6가 크롬 표준용액을 이용하여 계산된 첨가량이 될 수 있도록 적당량을 미량주사기로 취해 시료채취 시와 동일한 PVC 여과지에 떨어뜨린다. 동일 첨가량을 가진 각기 다른 여과지에 떨어뜨려 동일 농도수준에서 총 3개의 회수율 검증용 시료를 조제하도록 하고, 서로 다른 세 가지 농도수준에서 동일한 요령으로 회수율 검증시료를 조제하도록 한다.

※ 일반적으로 저농도, 중농도, 그리고 고농도의 각 농도수준에서 각각 동일한 첨가량으로 3개의 첨가시료를 조제하기 때문에 총 9개의 회수율 검증용 첨가시료가 조제된다.

3) 하룻밤 정도 실온에서 놓아둔다.

사. 시료 전처리

1) 시료채취기로부터 필터를 핀셋을 이용해 꺼낸 후 50 ml 비이커에 넣고, 추출용액을 5.0 ml 첨가한다. 바이엘에 추출용액으로 담구어 운반 보관한 시료는 필터와 용액을 50 ml 비이커에 넣은 후 추출용매로 바이엘을 2~3번 헹구어 비이커에 담는다.

※ 시료에 Cr(III)이 존재한다면 비이커에 담긴 시료용액에 질소가스를 5분 정도 불어(버블링) 넣어준다.

※ 수용성 6가 크롬화합물만 존재 한다면 추출용매 대신 초순수를 사용할 수 있다.

※ 작업장 공기 중에 철, 구리, 니켈, 또는 바나듐이 존재하여 시료채취가 6가 크롬화합물과 동시에 채취된다면 분석과정에서 방해물질로 작용할 수 있다. 이러한 방해물질의 영향은 알카리 추출방법을 사용함으로써 최소화시킬 수 있다.

2) 비이커에 유리덮개를 덮고 135 ℃ 정도의 가열판위에서 45분 정도 가끔 흔들어 주면서 가열시킨다.

※ 시료용액을 너무 오랫동안 가열하여 완전히 증발시키거나 건조시키면 안 된다. 여

과지의 색깔이 갈색으로 변할 정도로 가열하면 Cr(VI)이 PVC 여과지와 반응하여 손실될 수 있으므로 주의한다.

※ 페인트 스프레이 공정에서 채취한 6가 크롬화합물 경우 90분 이상 가열이 필요할 수도 있다.

3) 용액을 식힌 후 10~25 ml의 용량플라스크에 옮긴다. 이때 초순수로 비이커를 2~3번 헹구어 시료손실이 없도록 한다.

아. 검량선 작성과 정도관리

1) 시료농도(0~250 μg/시료) 범위가 포함될 수 있도록 최소 5개 이상의 농도수준을 표준용액으로 하여 검량선을 작성한다. 이때 표준용액의 농도 범위는 현장시료 농도범위를 포함하는 것이어야 한다.

2) 표준용액의 조제는 25 ml 용량플라스크에 추출용액 5 ml를 넣고 일정량의 6가 크롬 표준용액을 첨가한 후 초순수로 최종부피가 25 ml가 되게 하는 방식으로 조제토록 한다.

3) 작업장에서 채취된 현장시료, 회수율 시험시료, 현장공시료 및 공시료를 분석한다.

4) 분석된 회수율 검증시료를 통해 아래와 같이 회수율을 구한다.

회수율(RE, recovery) = 검출량/첨가량

자. 기기분석

이온크로마토그래피를 작동시켜 기기를 최적화 시킨 후 측정하도록 한다.

1) 분석조건

가) 전도도 검출기 사용

칼럼	Dionex HPIC-AG5 guard, HPIC-AS5 separator, anion suppressor
시료주입량	50 μl
전도도 설정	1 us full scale
용리액	7.0 mM Na_2CO_3/0.5 mM NaOH, Na_2CO_3
유량	2 ml/분

나) 분광 검출기 사용

칼럼	IonPac NG1 guard, IonPac AS7 separator, anion suppressor
시료주입량	50~100 μl
유량	1.5 ml/분
용리액	250 mM $(NH_4)_2SO_4$ + 100 mM NH_4OH
발색용액	2 mM 1,5-diphenylcarbazide/10% MeOH/1N H_2SO
발색용액 유량	0.5 ml/분
파장	540 nm

2) 검출한계 및 시료채취분석오차

이 방법의 검출한계는 3.5 μg/시료이며, 시료채취분석오차는 0.130이다.

차. 농도

다음 식에 의해 작업장의 공기 중 6가 크롬 및 그 화합물의 농도를 계산한다.

$$C,\ mg/m^3 = \frac{(C_s^{1)} V_s^{2)} - C_b^{3)} V_b^{4)})}{V^{5)} \times RE^{6)}}$$

1) : 시료에서 6가 크롬 농도, μg/ml

2) : 시료의 최종용량, ml

3) : 공시료에서 6가 크롬 농도, μg/ml

4) : 공시료의 최종용량, ml

5) : 시료공기 채취 총량, L

6) : 평균 회수율

제8절 이황화탄소

1. 적용범위

이 방법은 산업안전보건법 제39조의 2에 따라 작업장 내 이황화탄소[CS_2, CAS No. 75-15-0] 노출 농도의 허용기준 초과여부를 확인하기 위해 적용한다.

2. 시료채취

가. 시료채취기

건조관(길이 7 cm, 외경 : 6 mm, 내경 : 4 mm, 270 mg의 황산나트륨, 22 ℃의 상대습도 100%인 공기 6 L를 완전 제습할 수 있는 성능을 가질 것)과 활성탄관(coconut shell charcoal, 길이 : 7 cm, 외경 : 6 mm, 내경 : 4 mm, 앞층: 100 mg, 뒷층 : 50 mg,

20/40 mesh 또는 이와 동등성능 이상의 흡착성능을 갖는 흡착관)을 직렬로 연결하여 사용한다.

나. 시료채취용 펌프

작업자의 정상적인 작업 상황에서 작업자에게 부착 가능해야 하며, 적정유량(0.01~0.20 L/분)에서 8시간 동안 연속적으로 작동이 가능해야 한다.

다. 유량보정

시료채취기와 펌프를 유연성튜브로 연결한 후, 비누거품 유량보정기를 사용하여 적정유량(0.01~0.20 L/분)으로 보정한다. 유량보정은 시료채취 전·후에 실시한다.

라. 시료채취

시료채취 직전 활성탄관의 양 끝단을 절단한 후 유연성튜브를 이용하여 활성탄과 펌프를 연결한다. 개인시료 채취의 경우 펌프를 근로자에게 장착시키고 시료채취기는 근로자의 호흡영역에 부착하여 시료를 채취한다.

마. 시료채취량

시료채취 시의 펌프유량 및 채취총량은 다음 표의 정보를 참고하여 시료 채취할 때 활성탄관의 파과가 일어나지 않도록 펌프의 유량 및 시료채취 시간을 조절하여 시료채취를 한다.

※ 황화수소가 작업장 공기 중에 존재해도 방해물질로 작용하지 않는 것으로 평가되었으며, 공기 중의 습도는 시료채취를 방해하기는 하지만 시료채취기에 연결된 건조관을 통해 제거하면 그 영향을 최소화 시킬 수 있다.

시료채취			파과 시 농도 및 채취공기량	
유량(L/분)	총 량(L)			
	최소	최대	채취공기량(L)	농도(mg/m³)
0.01~0.20	2	25	32.4	40

바. 시료운반, 시료안정성, 현장공시료

채취된 시료는 활성탄관의 마개로 완전히 밀봉한 후 상온, 상압 상태에서 운반하며, 시료보관시의 시료안정성은 25 ℃에서 약 1주일, 그리고 0 ℃에서는 6주일 정도이다. 현장공시료의 개수는 채취된 총 시료 수의 10% 이상 또는 시료세트 당 2~10개를 준비한다.

※ 현장공시료는 시료채취에 사용하지 않은 활성탄관의 양 끝단을 절단한 후 즉시 마개로 막아 두어야 하며, 시료채취에 활용되지 않은 점만 제외하고 모두 현장시료와 동일하

게 취급·운반한다.

※ 이황화탄소의 분석을 방해하거나 방해할 수 있다고 의심되는 물질이 작업장 공기 중에 존재한다면 관련정보를 시료분석자에게 시료전달시 제공하여야 한다.

3. 분석

가. 분석기기

불꽃광전자검출기(FPD)가 장착된 가스크로마토그래피를 사용한다.

나. 시약

크로마토그래피 분석등급의 톨루엔과 이황화탄소를 사용한다.

※ 표준용액 및 시료 전처리는 반드시 후드 안에서 작업을 수행해야 한다.

다. 탈착효율 검증시료 제조

탈착효율 검증용 시료분석은 시료 배치(batch)당 최소한 한 번씩은 행해져야 하며, 탈착효율 검증용 시료조제는 다음과 같은 요령으로 조제하여 사용하도록 한다.

1) 3개 농도수준(저, 중, 고농도)에서 각각 3개씩의 활성탄관과 공시료로 사용할 활성탄관 3개를 준비한다.

2) 미량 주사기를 이용하여 탈착효율 검증용 용액(stock solution)의 일정량(계산된 농도)을 취해 활성탄관의 앞층 활성탄에 직접 주입한다. 탈착효율 검증용 저장용액은 1)에서 언급한 3개 농도수준이 포함될 수 있도록 이황화탄소 원액 또는 톨루엔에 희석된 이황화탄소 용액을 말한다.

3) 탈착효율 검증용 저장용액을 주입한 활성탄관은 즉시 마개를 막고 하룻밤 정도 실온에 놓아둔다.

라. 시료 전처리

1) 건조관을 활성탄관으로부터 분리한 후 활성탄관 앞층과 뒷층의 활성탄을 각각 다른 바이엘에 담는다.

2) 각 바이엘에 피펫으로 1.0 ml의 톨루엔을 넣고 즉시 마개로 막는다.

3) 가끔 흔들어 주면서 실온에서 최소한 60분 이상 놓아둔다.

마. 검량선 작성과 정도관리

1) 검출한계에서 정량한계의 10배 농도범위까지 최소 5개 이상의 농도수준을 표준용액으로 하여 검량선을 작성한다. 표준용액의 농도 범위는 현장시료 농도범위를 포함해야한다.

2) 표준용액의 조제는 적당량의 이황화탄소를 취해 톨루엔에 넣어 혼합시킨 후 이를 톨루엔으로 연속적으로 희석시켜 원하는 농도 범위의 표준용액을 조제하는 희석식 표준용액 조제방법을 사용한다.

3) 표준용액 검증용 표준용액(standard matching solution) : 조제된 표준용액이 정확히 만들어졌는지 이를 검증할 수 있는 표준용액 2개를 만들어 검증하도록 한다.

4) 작업장에서 채취된 현장시료, 탈착효율 검증시료, 현장공시료 및 공시료를 분석한다.

5) 탈착효율 검증시료는 아래와 같이 탈착효율을 구한다.

탈착효율(DE, desorption efficiency) = 검출량/주입량

바. 기기분석

가스크로마토그래피를 이용한 이황화탄소의 분석은 머무름 시간이 동일한 방해물질 및 다른 화학물질의 존재여부에 따라 칼럼의 종류와 분석기기의 분석조건 등을 다르게 하여 분석하도록 한다. 다음에 예시된 기기분석 조건을 참고하여 이황화탄소 분석이 용이하도록 가스크로마토그래피를 최적화 시킨다.

1) 분석조건

칼럼	- Glass, 2 m × 6-mm OD, 5% OV-17 on 80/100 mesh GasChrom Q - Capillary, fused silica DB-5
시료주입량	1 μl
운반가스	질소 또는 헬륨가스
온도조건	시료도입부 : 150 ℃
	검출기 : 145 ℃
	오븐 : 30 ℃(3분)

2) 현장시료, 탈착효율 검증시료, 현장공시료 및 공시료의 이황화탄소에 해당하는 피크 면적 또는 높이를 측정한다.

3) 검출한계 및 시료채취분석오차

이 방법의 검출한계는 0.02 mg/시료이며, 시료채취분석오차는 0.129이다.

사. 농도

다음 식에 의해 작업장의 공기 중 이황화탄소의 농도를 계산한다.

$$C,\ ppm = \frac{(W_f^{1)} + W_b^{2)} - B_f^{3)} - B_b^{4)}) \times 24.25^{5)}}{V^{6)} \times DE^{7)} \times 76.14^{8)}}$$

[1)] : 시료 앞층에서 분석된 이황화탄소의 질량, μg

2) : 시료 뒷층에서 분석된 이황화탄소의 질량, ㎍

3) : 공시료들의 앞층에서 분석된 이황화탄소의 평균질량, ㎍

4) : 공시료들의 뒷층에서 분석된 이황화탄소의 평균질량, ㎍

5) : 작업환경표준상태(25 ℃, 1 기압)에서 공기부피

6) : 시료채취 총량, L

7) : 평균 탈착효율

8) : 이황화탄소의 분자량

제9절 카드뮴 및 그 화합물

1. 적용범위

이 방법은 산업안전보건법 제39조의 2에 따라 작업장 내 카드뮴[Cd, CAS No. 7440-43-9] 및 그 화합물 노출 농도의 허용기준 초과여부를 확인하기 위해 적용한다.

2. 시료채취

가. 시료채취기

막여과지(직경 : 37 mm, 공극 : 0.8 ㎛, cellulose ester membrane)와 패드(backup pad)가 장착된 3단 카세트를 사용한다.

나. 시료채취용 펌프

작업자의 정상적인 작업 상황에서 작업자에게 부착 가능해야 하며, 적정유량(1~3 L/분)에서 8시간 동안 연속적으로 작동이 가능해야 한다.

다. 유량보정

시료채취기와 펌프를 유연성튜브로 연결한 후, 비누거품 유량보정기를 사용하여 적정유량(1~3 L/분)으로 보정한다. 유량보정은 시료채취 전·후에 실시한다.

라. 시료채취

시료채취 직전 시료채취기의 마개를 열고 유연성튜브를 이용하여 시료채취기와 펌프를 연결한다. 개인시료 채취의 경우 펌프를 근로자에게 장착시키고 시료채취기는 근로자의 호흡영역에 부착하여 시료를 채취한다.

마. 시료채취량

시료채취 시의 펌프유량 및 채취총량은 다음 표의 정보를 참고하여 시료 채취할 때 여과지에 채취된 먼지의 무게가 2 mg을 초과하지 않도록 펌프의 유량 및 시료채취 시간을 조절하여 시료채취를 한다.

※ 과도하게 시료채취가 되는 경우 시료채취기 내부 벽에 분석대상물질이 포함된 먼지 등

이 흡착되는 경우가 발생할 수 있다. 따라서 이러한 경우가 발생하지 않도록 적정량의 시료를 채취하도록 해야 한다.

시료채취		
유량 (L/분)	총 량(L)[1]	
	최소	최대
1~3	25	1500

[1] 작업장의 공기 중 카드뮴 농도가 0.1 mg/m^3 존재 시 시간가중평균농도의 평가를 위한 기준임.

바. 시료운반, 시료안정성, 현장공시료

채취된 시료는 시료채취기의 마개를 완전히 밀봉한 후 상온, 상압 상태에서 운반하며, 상온에서 보관하여도 안정하다. 현장공시료의 개수는 채취된 총 시료 수의 10% 이상 또는 시료세트 당 2~10개를 준비한다.

※ 현장공시료는 시료채취에 사용하지 않은 시료채취기로 마개를 막아 두어야 하며, 시료채취에 활용되지 않은 점만 제외하고 모두 현장시료와 동일하게 취급·운반한다.

3. 분석

가. 분석기기

유도결합플라즈마분광광도계(ICP) 또는 원자흡광광도계(AAS)를 사용한다.

나. 회화장비

가열판(Hot plate) 또는 마이크로웨이브(Microwave) 회화기를 사용한다.

다. 표준용액

1,000 μg/ml의 표준용액 또는 동등 이상의 카드뮴 표준용액을 사용한다.

라. 전처리 시약

1) 가열판 전처리

가) 회화용액 : 진한질산과 진한과염소산을 부피비로 4:1 혼합하여 사용한다.

나) 희석용액 : 회화용액을 5% 농도로 희석하여 사용한다.

2) 마이크로웨이브 회화기 전처리

가) 회화용액은 진한질산 또는 진한염산을 사용한다.

※ 모든 산은 취급할 때 흄후드 내에서 행해야 하며, 피부 및 눈에 산 접촉을 방지하기 위해 보안경, 보호장갑 등을 착용하고 작업을 수행해야 한다.

마. 회수율 검증시료 제조

1) 회수율 시험을 위한 첨가량을 결정한다. 첨가량은 현장시료의 카드뮴 농도를 모두 포함하는 범위이어야 한다.

2) 카드뮴 표준용액을 이용하여 계산된 첨가량이 될 수 있도록 적당량을 미량주사기로 취해 시료채취 시와 동일한 막여과지에 떨어뜨린다. 동일 첨가량을 가진 각기 다른 여과지에 떨어뜨려 동일 농도수준에서 총 3개의 회수율 검증용 시료를 조제하도록 하고, 서로 다른 세 가지 농도수준에서 동일한 요령으로 회수율 검증시료를 조제하도록 한다.

※ 일반적으로 저농도, 중농도, 그리고 고농도의 각 농도수준에서 각각 동일한 첨가량으로 3개의 첨가시료를 조제하기 때문에 총 9개의 회수율 검증용 첨가시료가 조제된다.

3) 하룻밤 정도 실온에서 놓아둔다.

바. 시료 전처리

1) 가열판을 이용한 시료 전처리

가) 시료채취기로부터 막여과지를 핀셋 등을 이용하여 비이커에 옮긴다.

나) 여과지가 들어간 비이커에 제조한 회화용액 5 ml를 넣고 유리덮개로 덮은 후, 실온에서 30분 정도 놓아둔다.

다) 가열판위로 비이커를 옮긴 후 120 ℃에서 회화용액이 약 0.5 ml 정도가 남을 때까지 가열시킨다.

라) 유리덮개를 열고 회화용액 2 ml를 다시 첨가하여 가열시킨다. 비이커 내의 회화용액이 투명해 질 때까지 이 과정을 반복한다.

마) 비이커 내의 회화용액이 투명해지면 유리덮개를 열고 비이커와 접한 유리덮개 내부를 초순수로 헹구어 잔여물이 비이커에 들어가도록 한다. 유리덮개는 제거하고 비이커 내의 용액량이 거의 없어져 건조될 때 까지 증발시킨다.

바) 희석용액 2~3 ml를 비이커에 가해 잔유물을 다시 용해시킨 다음 10 ml용량플라스크에 옮긴 후 희석용액을 가해 최종용량이 10 ml가 되게 한다.

※ 최종 용량은 시료내의 카드뮴 농도를 고려하여 20 ml 또는 25 ml로 만들어 사용해도 된다.

2) 마이크로웨이브를 이용한 시료 전처리

가) 시료채취기로부터 막여과지를 핀셋 등을 이용하여 들어낸 후, 마이크로웨이브의 베셀(vessel)에 옮긴다.

나) 질산 1~3 ml를 넣거나 또는 질산 1~3 ml에 염산 1 ml를 추가하여 넣는다.

다) 베셀의 뚜껑을 닫고 마이크로웨이브 내의 회전판위에 장착시킨 후, 마이크로웨이브 회화기의 운전조건(온도, 압력, 시간 등)을 설정하여 회화한다.

라) 마이크로웨이브의 작동이 멈추면 베셀이 식을 때까지 기다린 후, 흄후드 내에서 베셀의 뚜껑을 조심스럽게 연다.

마) 베슬 내의 용액을 10～25 ml 용량플라스크에 옮긴 후 베셀 내부를 초순수로 헹군 후 헹군 용액을 동일 용량플라스크에 넣고 초순수를 가해 최종 용량이 10～25 ml가 되게 한다.

사. 검량선 작성과 정도관리

1) 분석기기(ICP, AAS)의 감도 등을 고려하여 5개의 농도수준을 표준용액으로 하여 검량선을 작성한다. 이때 표준용액의 농도 범위는 현장시료 농도범위를 포함하는 것이어야 한다.

※ 가열판을 이용한 전처리 시료의 표준용액 제조는 희석용액을 사용하며, 마이크로웨이브로 회화기를 이용한 표준용액 제조시의 산 농도는 시료속의 산농도와 동일하게 한다.

2) 검량선 작성용 표준용액 시료와 공시료를 이용하여 검량선을 작성한다. 한번 작성한 검량선에 따라 10개의 시료를 분석한 후, 분석기기 반응에 대한 재현성을 확인하기 위해 1개의 표준용액 시료를 분석하여 그 재현성을 점검하도록 한다.

3) 작업장에서 채취된 현장시료, 회수율 검증시료, 현장공시료 및 공시료를 분석한다.

4) 분석된 회수율 검증시료를 통해 아래와 같이 회수율을 구한다.

회수율(RE, recovery) = 검출량/첨가량

아. 기기분석

1) 유도결합플라즈마분광광도계(ICP) 또는 원자흡광광도계(AAS)의 기기를 작동시켜 최적화시킨 후 228.8 nm에서 배경보정상태로 카드뮴 흡광도를 측정하도록 한다. 만일 방해물질이 존재할 경우 228.8 nm 이외의 다른 파장을 선택하여 분석한다.

2) 표준용액, 공시료, 현장시료, 그리고 회수율 검증시료를 흡입시켜 카드뮴의 흡광도를 측정한다.

3) 검출한계 및 시료채취분석오차

이 방법의 검출한계는 0.0075 μg/시료(ICP)와 0.05 μg/시료(AAS)이며, 시료채취분석오차는 0.082(ICP 분석, 0.132(AAS 분석)이다.

자. 농도

다음 식에 의해 작업장의 공기 중 카드뮴 및 그 화합물의 농도를 계산한다.

$$C,\ mg/m^3 = \frac{(C_s^{1)}V_s^{2)} - C_b^{3)}V_b^{4)})}{V^{5)} \times RE^{6)}}$$

1) : 시료에서 카드뮴 농도, ㎍/ml

2) : 시료의 최종용량, ml

3) : 공시료에서 카드뮴 농도, ㎍/ml

4) : 공시료의 최종용량, ml

5) : 시료공기 채취 총량, L

6) : 평균 회수율

제10절 2,4-톨루엔디이소시아네이트

1. 적용범위

이 방법은 산업안전보건법 제39조의 2에 따라 작업장 내 2,4-톨루엔디이소시아네이트 [$CH_3C_6H_3(NCO)_2$, CAS No. 584-84-9] 노출 농도의 허용기준 초과여부를 확인하기 위해 적용한다.

2. 시료채취

가. 시료채취기

1-2PP(1-(2-pryridyl)piperazine))이 코팅된 유리섬유여과지가 장착된 37 mm 3단 카세트 홀더를 사용한다.

1) 디클로로메탄에 1-2PP를 첨가하여 0.2 mg/ml 농도로 조제한다.

2) 1) 용액 0.5 ml를 취하여 37 mm 유리섬유 여과지의 시료채취 면에 골고루 도포한다.

3) 상온에서 공기를 건조시킨 후 진공오븐에 넣고 진공을 가해 용매인 디클로로메탄이 완전히 제거되도록 한다.

※ 처리가 끝난 여과지는 사용 전 까지는 반드시 냉장보관 하도록 한다.

나. 시료채취용 펌프

작업자의 정상적인 작업 상황에서 작업자에게 부착 가능해야 하며, 적정유량(1~2 L/분)에서 8시간 동안 연속적으로 작동이 가능해야 한다.

다. 유량보정

시료채취기와 펌프를 유연성튜브로 연결한 후, 비누거품 유량보정기를 사용하여 적정유량(1~2 L/분)으로 보정한다. 유량보정은 시료채취 전・후에 실시한다.

라. 시료채취

시료채취 직전 시료채취기의 마개를 열고 유연성튜브를 이용하여 시료채취기와 펌프를 연결한다. 개인시료 채취의 경우 펌프를 근로자에게 장착시키고 시료채취기는 근로자의 호흡영역에 부착하여 시료를 채취한다.

마. 시료채취량

시료채취 시의 채취총량은 작업장의 2,4−톨루엔디이소시아네이트 추정농도를 고려하여 펌프의 유량 및 시료채취 시간을 조절하여 시료채취를 한다.

※ 작업장 공기 중에 아민류(amines), 알콜류, 그리고 카르복실산류 등과 같이 1−2PP와 반응할 수 있는 물질이 존재하면 2,4−톨루엔디이소시아네이트와 경쟁하게 되므로 간섭물질로 작용할 수 있다.

시료채취			시료채취 효율
유량(L/분)	총 량(L)		
	최소	최대	
1∼2	20	900	0.95∼1.05

바. 시료운반, 시료안정성, 현장공시료

채취된 시료는 3단 카세트의 마개를 막고 햇빛으로부터 차단하여 실험실로 운반한다. 시료는 냉장보관을 하도록 하며 시료채취 전의 1−2PP가 코팅된 유리섬유여과지가 장착된 3단 카세트(시료채취기)는 반드시 냉장보관 하도록 한다. 현장공시료의 개수는 채취된 총 시료 수의 10% 이상 또는 시료세트 당 2∼10개를 준비한다.

※ 현장공시료는 시료채취에 사용하지 않은 시료채취기를 사용하며(3단 카세트가 모두 체결된 상태로 공기유입구와 출구가 마개로 막힌 상태를 말함), 현장공시료는 시료채취에 활용되지 않은 점만 제외하고 모두 현장시료와 동일하게 취급·운반하여야 한다.

※ 2,4−톨루엔디이소시아네이트의 분석을 방해하거나 방해할 수 있다고 의심되는 물질이 작업장 공기 중에 존재한다면 관련정보를 시료분석자에게 시료전달시 제공하여야 한다.

3. 분석

가. 분석기기

자외선−가시광선 검출기 또는 형광 검출기가 장착된 고성능액체크로마토그래피를 사용한다.

나. 시약

2,4−톨루엔디이소시아네이트(2,4−toluene diisocyanate), 노말헥산(n−hexane), 아세토니트릴(acetonitrile, ACN), 디메틸설폭사이드(Dimethylsulfoxide, DMSO), 디클로로

메탄(Dichloromethane), 암모늄 아세테이트(Ammonium acetate) 등 HPLC 등급의 시약을 사용한다.

※ 표준용액 및 시료 전처리는 반드시 후드 안에서 작업을 수행해야 한다.

다. 회수율 검증시료 제조

회수율 검증용 시료분석은 시료 배치(batch)당 최소한 한 번씩은 행해져야 하며, 회수율 검증용 시료조제는 다음과 같은 요령으로 조제하여 사용하도록 한다.

1) 3개 농도수준(저, 중, 고농도)에서 각각 3개씩의 1,2-PP가 코팅된 유리섬유 여과지와 공시료용으로 사용할 1,2-PP가 코팅된 유리섬유 여과지 3개를 준비한다.

2) 적당 무게의 2,4-톨루엔디이소시아네이트를 디클로로메탄에 녹인 후 미량 주사기를 이용하여 유리섬유여과지에 주입한다.

3) 하룻밤 정도 실온에 놓아둔다.

라. 시료 전처리

1) 카세트 홀더에 들어 있는 유리섬유여과지를 핀셋으로 꺼낸 후 37 mm 이상의 바닥직경을 가진 비이커나 시료용기에 넣는다. 이때 유리섬유여과지가 접히지 않도록 주의한다.

2) 각 비이커 또는 용기에 2.0 ml의 추출용액(ACN과 DMSO를 부피비 9:1로 혼합한 용액)을 놓고 즉시 밀봉하거나 마개로 막는다.

3) 유리섬유여과지와 용기바닥 사이에서 발생할 수 있는 기포를 제거하기 위해 약간 흔들어 준 후 1시간 정도 놓아둔다.

마. 검량선 작성과 정도관리

1) 검출한계에서 정량한계의 10배 농도범위까지 최소 5개 이상의 농도수준을 표준용액으로 하여 검량선을 작성한다. 표준용액의 농도 범위는 현장시료 농도범위를 포함해야한다.

2) 표준용액 제조는 상업적으로 구매한 표준원액(2,4-톨루엔디이소시아네이트와 1,2-pp의 유도체화한 용액)으로 제조하거나 다음의 방법으로 제조하여 사용한다. 표준용액은 시료분석 때마다 만들어 사용한다.

가) 2,4-톨루엔디이소시아네이트 3.5 g에 디클로로메탄을 가해 녹인 후 부피가 25 ml가 되게 한다.

나) 1-2PP 7.25 g에 디클로로메탄을 가해 녹인 후 부피가 100 ml가 되게 한다.

다) 가)의 용액을 나)의 용액에 저으면서 서서히 첨가시키다. 용액 첨가가 끝나면 35 ℃에서 10분간 가열한다.

라) 용액의 부피가 10 ml 정도 될 때 까지 가열이 끝나면 이 용액에 질소가스를 퍼지(purging)시킨다.

마) 퍼지(purging)가 끝난 용액에 노말헥산을 넣어 침전시킨다(노말헥산이 첨가되기 전에 약간의 침전이 일어날 수도 있다).

바) 침전물을 여과시킨 후 여과된 침전물에 소량의 디클로로메탄를 가하여 녹인 후 다시 노말헥산을 가하여 재 침전시킨다.

사) 침전물을 다시 여과시킨 후 노말헥산으로 세척하고 진공건조 시킨다. 이렇게 하면 약 9 g의 이소시아네이트 유도체를 얻을 수 있다.

아) 디이소시아네이트 유도체 적당량을 DMSO에 녹여 표준원액(stock solution)을 만든다. 이 유도체안의 2,4-톨루엔디이소시아네이트 무게는 다음과 같다.

$$2,4\text{-톨루엔디이소시아네이트 무게} = \text{유도체 무게} \times 0.3479$$

자) 아)에서 조제한 표준원액을 아세토니트릴 용매로 희석하여 원하는 농도의 표준용액을 조제한다.

3) 작업장에서 채취된 현장시료, 회수율 검증시료, 현장공시료 및 공시료를 분석한다.

4) 분석된 회수율 검증시료를 통해 아래와 같이 회수율을 구한다.

$$\text{회수율(RE, recovery)} = \text{검출량/첨가량}$$

바. 기기분석

고성능액체크로마토그래피를 다음에 예시된 기기분석 조건을 참고하여 2,4-톨루엔디이소시아네이트의 분석이 용이하도록 기기를 최적화 시킨다.

1) 분석조건

칼럼	- Supecosil, LC-8-DB, 3 μm particle size, 7.5 cm × 4.6 mm; 2-cm guard column, 10 μm particle size - Hypersil ODS 5 μm, 10 cm × 4.6 mm - 10 μm Alltech C8, 25 cm × 4.6 mm
시료주입량	10~25 μl
자외선-가시광선 검출기 사용시 파장	254 mm 또는 313 mm
형광 검출기 사용시 파장	240 nm excitation, 370 nm emission
이동상	0.01 M ammonium acetate in 37.5/62.6 ACN/water adjusted to pH 6.2
유량	1 ml/분

※ 이동상 조제 방법 : 아세토니트릴과 초순수를 부피비로 37.5 : 62.5로 혼합한 것을 용매로 사용하며, 아세트산암모늄 0.77 g을 약 500 ml의 혼합용매에 넣어 녹인 후 혼합용매를 추

가해 최종용액 부피가 1 L가 되게 한 다음, 초산을 약간 가해 pH 6.2가 되게 한다.

2) 현장시료, 회수율 검증시료, 현장공시료 및 공시료의 2,4-톨루엔디이소시아네이트에 해당하는 피크 면적 또는 높이를 측정한다.

3) 검출한계 및 시료채취분석오차

이 방법의 검출한계는 19 ng/시료이며, 시료채취분석오차는 0.168이다.

사. 농도

다음 식에 의해 작업장의 공기 중 2,4-톨루엔디이소시아네이트의 농도를 계산한다.

$$C,\ mg/m^3 = \frac{W^{1)} - B^{2)}}{V^{3)} \times RE^{4)}}$$

1) : 시료에서 분석된 2,4-톨루엔디이소시아네이트의 질량, ㎍

2) : 공시료에서 분석된 2,4-톨루엔디이소시아네이트의 질량, ㎍

3) : 시료채취 총량, L

4) : 평균 회수율

제11절 트리클로로에틸렌

1. 적용범위

이 방법은 산업안전보건법 제39조의 2에 따라 작업장 내 트리클로로에틸렌[C_2HCl_3, CAS No. 79-01-6] 노출 농도의 허용기준 초과여부를 확인하기 위해 적용한다.

2. 시료채취

가. 시료채취기

활성탄관(coconut shell charcoal, 길이 : 7 cm, 외경 : 6 mm, 내경 : 4 mm, 앞층 : 100 mg, 뒷층 : 50 mg, 20/40 mesh 또는 이와 동등성능 이상의 흡착성능을 갖는 흡착관)을 사용한다.

나. 시료채취용 펌프

작업자의 정상적인 작업 상황에서 작업자에게 부착 가능해야 하며, 적정유량(0.01~0.20 L/분)에서 8시간 동안 연속적으로 작동이 가능해야 한다.

다. 유량보정

시료채취기와 펌프를 유연성튜브로 연결한 후, 비누거품 유량보정기를 사용하여 적정유량(0.01~0.20 L/분)으로 보정한다. 유량보정은 시료채취 전·후에 실시한다.

라. 시료채취

시료채취 직전 활성탄관의 양 끝단을 절단한 후 유연성튜브를 이용하여 활성탄과 펌프를 연결한다. 개인시료 채취의 경우 펌프를 근로자에게 장착시키고 시료채취기는 근로자의 호흡영역에 부착하여 시료를 채취한다.

마. 시료채취량

시료채취 시의 펌프유량 및 채취총량은 다음 표의 정보를 참고하여 시료 채취할 때 활성탄관의 파과가 일어나지 않도록 펌프의 유량 및 시료채취 시간을 조절하여 시료채취를 한다.

※ 작업장 공기 중의 습도가 과도하게 높으면 활성탄관안에서 수분의 응축현상이 발생하게 된다. 응축된 수분은 트리클로로에틸렌이 활성탄관에 흡착되는 것을 방해하므로 수분의 응축현상이 발생한 시료는 작업환경측정시료로 사용하지 말아야 한다.

시료채취			파과 시[2] 농도 및 채취공기량	
유량(L/분)	총 량(L)[1]			
	최소	최대	채취공기량(L)	농도(mg/m³)
0.01~0.20	1	30	〉 23.3	1306

[1] 8시간 시간가중평균으로 100 ppm 트리클로로에틸렌 농도 기준임.

[2] OSHA의 평가결과로 파과기준은 5%임(1,306 mg/m³에서 23.3 L 이상 포집시 5%이상 파과).

바. 시료운반, 시료안정성, 현장공시료

채취된 시료는 활성탄관의 마개로 완전히 밀봉한 후 상온, 상압 상태에서 운반하며, 시료 보관시의 시료안정성은 5 ℃에서 약 30일이다. 현장공시료의 개수는 채취된 총 시료 수의 10% 이상 또는 시료세트 당 2~10개를 준비한다.

※ 현장공시료는 시료채취에 사용하지 않은 활성탄관의 양 끝단을 절단한 후 즉시 마개로 막아 두어야 하며, 시료채취에 활용되지 않은 점만 제외하고 모두 현장시료와 동일하게 취급・운반한다.

※ 트리클로로에틸렌의 분석을 방해하거나 방해할 수 있다고 의심되는 물질이 작업장 공기 중에 존재한다면 관련정보를 시료분석자에게 시료전달시 제공하여야 한다.

3. 분석

가. 분석기기

불꽃이온화검출기(FID)가 장착된 가스크로마토그래피를 사용한다.

나. 시약

크로마토그래피 분석등급의 이황화탄소와 트리클로로에틸렌을 사용한다.

※ 표준용액 및 시료 전처리는 반드시 후드 안에서 작업을 수행해야 한다.

다. 탈착효율 검증시료 제조

탈착효율 검증용 시료분석은 시료 배치(batch)당 최소한 한 번씩은 행해져야 하며, 탈착효율 검증용 시료조제는 다음과 같은 요령으로 조제하여 사용하도록 한다.

1) 3개 농도수준(저, 중, 고농도)에서 각각 3개씩의 활성탄관과 공시료로 사용할 활성탄관 3개를 준비한다.

2) 미량 주사기를 이용하여 탈착효율 검증용 용액(stock solution)의 일정량(계산된 농도)을 취해 활성탄관의 앞층 활성탄에 직접 주입한다. 탈착효율 검증용 저장용액은 1)에서 언급한 3개 농도수준이 포함될 수 있도록 트리클로로에틸렌 원액 또는 이황화탄소에 희석된 트리클로로에틸렌 용액을 말한다.

3) 탈착효율 검증용 저장용액을 주입한 활성탄관은 즉시 마개를 막고 하룻밤 정도 실온에 놓아둔다.

라. 시료 전처리

1) 활성탄관 앞층과 뒷층의 활성탄을 각각 다른 바이엘에 담는다.

2) 각 바이엘에 피펫으로 1.0 ml의 이황화탄소를 넣고 즉시 마개로 막는다.

3) 가끔 흔들어 주면서 실온에서 최소한 30분 이상 놓아둔다.

마. 검량선 작성과 정도관리

1) 검출한계에서 정량한계의 10배 농도범위까지 최소 5개 이상의 농도수준을 표준용액으로 하여 검량선을 작성한다. 표준용액의 농도 범위는 현장시료 농도범위를 포함해야한다.

2) 표준용액의 조제는 적당량의 트리클로로에틸렌을 취해 이황화탄소에 넣어 혼합시킨 후 이를 이황화탄소로 연속적으로 희석시켜 원하는 농도 범위의 표준용액을 조제하는 희석식 표준용액 조제방법을 사용한다.

3) 표준용액 검증용 표준용액(standard matching solution) : 조제된 표준용액이 정확히 만들어졌는지 이를 검증할 수 있는 표준용액 2개를 만들어 검증하도록 한다.

4) 작업장에서 채취된 현장시료, 탈착효율 검증시료, 현장공시료 및 공시료를 분석한다.

5) 탈착효율 검증시료는 아래와 같이 탈착효율을 구한다.

$$탈착효율(DE,\ desorption\ efficiency) = 검출량/주입량$$

바. 기기분석

가스크로마토그래피를 이용한 트리클로로에틸렌의 분석은 머무름 시간이 동일한 방해물질 및 다른 화학물질의 존재여부에 따라 칼럼의 종류와 분석기기의 분석조건 등을 다르게 하여 분석하도록 한다. 다음에 예시된 기기분석 조건을 참고하여 트리클로로에틸렌 분석이 용이하도록 가스크로마토그래피를 최적화 시킨다.

1) 분석조건

칼럼	- Capillary, fused silica: 30 m × 0.32 mm ID : 3 μm film 100% dimethylpolysiloxane - capillary, fused silica: 50 m × 0.22 mm ID : 0.5 - 1.0 μm film 7% cyanopropyl, 96% methylsiloxane
시료주입량	1 μl
운반가스	질소 또는 헬륨가스
온도조건	시료도입부 : 250 ℃
	검출기 : 300 ℃
	오븐 : 50 ℃

2) 현장시료, 탈착효율 검증시료, 현장공시료 및 공시료의 트리클로로에틸렌에 해당하는 피크 면적 또는 높이를 측정한다.

3) 검출한계 및 시료채취분석오차

이 방법의 검출한계는 0.01 mg/시료이며, 시료채취분석오차는 0.198이다.

사. 농도

다음 식에 의해 작업장의 공기 중 트리클로로에틸렌의 농도를 계산한다.

$$C,\ ppm = \frac{(W_f^{1)} + W_b^{2)} - B_f^{3)} - B_b^{4)}) \times 24.45^{5)}}{V^{6)} \times DE^{7)} \times 131.39^{8)}}$$

1) : 시료 앞층에서 분석된 트리클로로에틸렌의 질량, μg

2) : 시료 뒷층에서 분석된 트리클로로에틸렌의 질량, μg

3) : 공시료들의 앞층에서 분석된 트리클로로에틸렌의 평균질량, μg

4) : 공시료들의 뒷층에서 분석된 트리클로로에틸렌의 평균질량, μg

5) : 작업환경표준상태(25 ℃, 1 기압)에서 공기부피

6) : 시료채취 총량, L

7) : 평균 탈착효율

8) : 트리클로로에틸렌의 분자량

제12절 포름알데히드

1. 적용범위

이 방법은 산업안전보건법 제39조의 2에 따라 작업장 내 포름알데히드[HCHO, CAS No. 50-00-0] 노출 농도의 허용기준 초과여부를 확인하기 위해 적용한다.

2. 시료채취

가. 시료채취기

2,4-디니트로페닐히드라진(2,4-DNPH, 2,4-dinitrophenylhydrazine)이 코팅된 실리카겔관(60/100 mesh) 또는 카트리지를 사용한다.

나. 시료채취용 펌프

작업자의 정상적인 작업 상황에서 작업자에게 부착 가능해야 하며, 적정유량(0.03~1.5 L/분)에서 8시간 동안 연속적으로 작동이 가능해야 한다.

다. 유량보정

시료채취기와 펌프를 유연성튜브로 연결한 후, 비누거품 유량보정기를 사용하여 적정유량(0.03~1.5 L/분)으로 보정한다. 유량보정은 시료채취 전・후에 실시한다.

라. 시료채취

시료채취 직전 실리카겔관(또는 카트리지)의 양 끝단을 절단한 후 유연성튜브를 이용하여 실리카겔관(또는 카트리지)과 펌프를 연결한다. 개인시료 채취의 경우 펌프를 근로자에게 장착시키고 시료채취기는 근로자의 호흡영역에 부착하여 시료를 채취한다.

마. 시료채취량

시료채취 시의 펌프유량 및 채취총량은 다음 표의 정보를 참고하여 시료 채취할 때 실리카겔관의 파과가 일어나지 않도록 펌프의 유량 및 시료채취 시간을 조절하여 시료채취를 한다.

시료채취			파과 시 농도	
유량(L/분)	총 량(L)			
	최소	최대	채취공기량(L)	농도(mg/m³)
0.03~1.5	1	15	551)	1.2

[1] 평가당시 습도는 10%이며, 5%가 파과된 경우 시료채취기에 흡착된 포름알데히드 양임.

바. 시료운반, 시료안정성, 현장공시료

채취된 시료는 실리카겔관의 마개로 완전히 밀봉한 후 상온, 상압 상태에서 운반하며, 시료보관시의 시료안정성은 5 ℃에서 약 30일이다. 현장공시료의 개수는 채취된 총 시료수의 10% 이상 또는 시료세트 당 2~10개를 준비한다.

※ 현장공시료는 시료채취에 사용하지 않은 실리카겔관의 양 끝단을 절단한 후 즉시 마개로 막아 두어야 하며, 시료채취에 활용되지 않은 점만 제외하고 모두 현장시료와 동일하게 취급·운반한다.

사. 주의사항

공기 중의 오존은 실리카겔에 코팅되어 있는 2,4-디니트로페닐히드라진을 소비하여 없애는 역할을 하고, 또한 포름알데히드 유도체를 분해하는 것으로 평가되었다. 따라서 공기 중의 오존농도가 높다고 의심되는 경우 오존을 제거하기 위한 오존 스크러버를 시료채취기 전단에 연결하여 사용하는 것이 좋다. 케톤류와 다른 알데히드물질도 2,4-디니트로페닐히드라진과 반응하여 유도체물질을 생성한다. 그러나 이러한 물질은 칼럼을 이용하여 포름알데히드 유도체와 분리하여 정량할 수 있다.

3. 분석

가. 분석기기

자외선-가시광선 검출기가 장착된 고성능액체크로마토그래피를 사용한다.

나. 시약

HPLC 분석등급의 포름알데히드(37%), 아세토니트릴을 사용한다.

다. 표준용액(2,4-DNPH-HOHC)

2,4-디니트로페닐히드라진-포름알데히드 100 μg/ml의 표준용액을 사용하거나 2,4-디니트로페닐히드라진 시약으로 표준용액을 합성하여 사용한다.

1) 표준용액 합성방법

가) 2 M HCl 용액 1 L를 조제 : 진한 염산 172 ml를 1 L 용량플라스크에 넣은 후 증류수를 서서히 첨가하여 1 L로 만든다.

나) 2,4-디니트로페닐히드라진 8 g을 정확히 달아 가)에서 조제한 2 M HCl 용액에 첨가한 후 20~25 ℃에서 1 시간 정도 저으면서 포화시킨다.

다) 0.45 μm 친수성 여과지를 사용하여 여과한다.

라) 다)에서 여과된 용액에 나)에서 첨가한 2,4-디니트로페닐히드라진 보다 2 몰라(molar) 이상의 포름알데히드를 첨가한 후 20~25 ℃에서 저으면서 30분에서 1시간 정도 방치한다.

마) 라)에서 형성된 진한 노란색의 하이드라존(hydranone)을 다시 여과한다. 이 때 2 M HCl 용액 50 ml씩 3회 반복하여 하이드라존를 세척하고 난 후 다시 증류수 50 ml씩

사용하여 3회 반복 세척한다.

바) 50~60 ℃에서 필터를 건조시킨다.

사) 바)에서 건조된 유도체를 적당량 정확히 달아 아세토니트릴 용액에 녹여 표준저장용액을 만든다.

※ 하이드라존 1 μg은 포름알데히드 농도로 약 0.143 μg에 해당하며 정확한 농도는 HPLC나 다른 표준용액을 이용하여 순도를 검증한 후 사용해야 한다.

라. 포름알데히드 저장용액(stock solution)

37% 포르말린 용액을 사용하여 조제하거나 상업적 제품을 구매하여 사용한다.

1) pH 적정을 이용한 조제

가) 37% 포르말린 용액 2.7 ml에 초순수를 가하여 1L가 되게 한다.(약 3개월간 안정)

나) 1.13 M 황산나트륨 5 ml를 50 ml 비이커에 넣고 자석교반기로 저어주면서 산 또는 염기용액을 가하여 pH를 8.5~10으로 조정하고 pH 농도를 기록한다.

다) 가)에서 조제한 용액 10 ml를 나)의 용액에 가한다. 이때 pH는 11 이상이 되는데 0.02 N 황산용액을 가하여 나)에서의 pH로 맞춘다.(약 17 ml 정도의 산이 필요함) pH 농도를 지나치게 되면 0.01 N 수산화나트륨으로 재 조절한다.

라) 농도계산

$$C_s,\ mg/ml = \frac{30.0^{1)}(N_a^{2)}V_a^{3)} - N_b^{4)}V_b^{5)})}{V_s^{6)}}$$

1) : 30.0 g/equivalent of formaldehyde

2) : 황산의 노르말농도, 0.02 N

3) : 적정에 사용된 황산의 부피, ml

4) : 역적정에 사용된 수산화나트륨의 노르말농도, 0.01 N

5) : 역적정에 사용된 수산화나트륨의 부피, ml

6) : 다)에서 첨가한 포름알데히드 저장용액의 부피, 10 ml

2) 지시약 적정을 이용한 조제

가) 250 ml 용량플라스크에 0.1 M 황산나트륨 50 ml와 지시약인 0.04% thymophthalein(w/v) 3 방울을 넣는다.

※ 0.04% thymophthalein(w/v)는 에탄올과 물을 50:50으로 하는 용매에 중량/부피비로 0.04%가 되도록 조제한다.

나) 0.1 N 황산용액 1~2방울 정도를 가)에 떨어뜨려 색이 완전히 무색이 되도록 한다.

※ 0.04% thymophthalein(w/v) 지시약은 당량점 이상의 pH에서는 푸른색(blue color)을 나타내고, 당량점이하의 pH에서는 무색을 나타낸다.

다) 가)에서 조제된 포름알데히드 저장용액을 3.0~12.0 ml를 정확히 취하여 나)용액에 첨가한 후 0.1 N 황산용액으로 이 혼합물을 적정한다. 당량점은 색깔이 무색으로 변하는 지점이다.

라) 농도계산

$$C_s,\ mg/mL = \frac{30.0^{1)}(N_a^{2)} \times V_a^{3)})}{V_s^{4)}}$$

1) : 30.0 g/equivalent of formaldehyde

2) : 황산의 노르말농도, 0.1 N

3) : 적정에 사용된 황산의 부피, ml

4) : 다)에서 첨가한 포름알데히드 저장용액의 부피, ml

마. 탈착효율시료 제조

탈착효율 검증 시료분석은 시료 배치(batch)당 최소한 한 번씩은 행해져야 하며, 탈착효율 검증용 시료조제는 다음과 같은 요령으로 조제하여 사용하도록 한다.

1) 3개 농도수준(저, 중, 고농도)에서 각각 3개씩의 실리카겔관과 공시료용으로 사용할 실리카겔관 3개를 준비한다.
2) 미량 주사기를 이용하여 포름알데히드 저장용액(stock solution)의 일정량(계산된 농도)을 취해 실리카겔관 앞층 실리카겔에 직접 주입한다. 탈착효율 검증용 저장용액은 1)에서 언급한 3개의 농도수준이 포함될 수 있도록 아세토니트릴을 이용하여 적당히 희석하여 사용한다.
3) 탈착효율 검증용 저장용액을 주입한 실리카겔관은 즉시 마개를 막고 하룻밤 정도 실온에 놓아둔다.

바. 시료 전처리

1) 흡착튜브의 앞층과 뒷층의 실라카겔을 각각 다른 4 ml 바이엘에 담는다.
2) 각 바이엘에 2.0 ml의 아세토니트릴을 넣고 즉시 마개로 막는다.
3) 가끔 흔들어 주면서 실온에서 최소한 30분 이상 놓아둔다.

※ 카트리지를 사용하여 포름알데히드를 채취한 경우 아세토니트릴로 추출하되 카트리지 제조회사가 권고한 대로 추출을 시행하도록 한다.

사. 검량선 작성과 정도관리

1) 검출한계에서 정량한계의 10배 농도범위까지 최소 5개 이상의 농도수준을 표준용액으로 하여 검량선을 작성한다. 이때 표준용액의 농도 범위는 현장시료의 농도범위를 포함하는 것이어야 한다.

2) 2,4-DNPH-포름알데히드 표준용액을 희석하여 표준용액을 제조한다.

3) 작업장에서 채취된 현장시료, 탈착효율 검증시료, 현장공시료 및 공시료를 분석한다.

4) 탈착효율 검증시료는 아래와 같이 탈착효율을 구한다.

탈착효율(DE, desorption efficiency) = 검출량/주입량

아. 기기분석

고성능액체크로마토그래피를 다음에 예시된 기기분석 조건을 참고하여 2,4-디페닐히드라존(포름알데히드 유도체) 분석이 용이하도록 기기를 최적화 시킨다.

1) 분석조건

칼럼	3.9 × 150-mm, stainless steel, packed with 5 μm C-18, Symmetry
시료주입량	20 μl
검출기	UV, 360 nm
이동상	아세토니트릴 : 초순수= 45 : 55
유량	1.3 ml/분

2) 현장시료, 탈착검증용 시료, 현장공시료 및 공시료의 포름알데히드에 해당하는 피크 면적 또는 높이를 측정한다.

3) 검출한계 및 시료채취분석오차

이 방법의 검출한계는 0.07 μg/시료이며, 시료채취분석오차는 0.171이다.

자. 농도

다음 식에 의해 작업장의 공기 중 포름알데히드의 농도를 계산한다.

$$\text{C, ppm} = \frac{(W_f^{1)} + W_b^{2)} - B_f^{3)} - B_b^{4)}) \times 24.45^{5)}}{V^{6)} \times DE^{7)} \times 30.0^{8)}}$$

1) : 시료 앞층에서 분석된 포름알데히드 질량, μg

2) : 시료 뒷층에서 분석된 포름알데히드 질량, μg

3) : 공시료들의 앞층에서 분석된 포름알데히드 평균질량, μg

[4] : 공시료들의 뒷층에서 분석된 포름알데히드 평균질량, μg

[5] : 작업환경표준상태(25℃, 1기압)에서 공기부피

[6] : 시료채취 총량, L

[7] : 평균 탈착효율

[8] : 포름알데히드 분자량

※ 포름알데히드 저장용액을 실리카겔관에 직접 주입하여 이를 탈착시켜 표준용액을 조제한 경우 표준용액 조제시 탈착효율이 이미 보정된 것이므로 평균 탈착효율은 적용하지 않아도 된다.

※ 2,4-DNPH-포름알데히드 표준용액을 사용하여 검량선을 작성한 후에 시료 농도를 유도체 농도 값으로 계산한 경우에는 유도체 농도를 포름알데히드 농도로 변환하기 위해 시료에서 발견된 유도체 질량 값에 0.143를 곱해준다.

제13절 노말헥산

1. 적용범위

이 방법은 산업안전보건법 제39조의 2에 따라 작업장 내 노말헥산[C_6H_{14}, CAS No. 110-54-3] 노출 농도의 허용기준 초과여부를 확인하기 위해 적용한다.

2. 시료채취

가. 시료채취기

활성탄관(coconut shell charcoal, 길이 : 7 cm, 외경 : 6 mm, 내경 : 4 mm, 앞층 : 100 mg, 뒷층 : 50 mg, 20/40 mesh 또는 이와 동등성능 이상의 흡착성능을 갖는 흡착관)을 사용한다.

나. 시료채취용 펌프

작업자의 정상적인 작업 상황에서 작업자에게 부착 가능해야 하며, 적정유량 (0.01~0.20 L/분)에서 8시간 동안 연속적으로 작동이 가능해야 한다.

다. 유량보정

시료채취기와 펌프를 유연성튜브로 연결한 후, 비누거품 유량보정기를 사용하여 적정유량(0.01~0.20 L/분)으로 보정한다. 유량보정은 시료채취 전·후에 실시한다.

라. 시료채취

시료채취 직전 활성탄관의 양 끝단을 절단한 후 유연성튜브를 이용하여 활성탄과 펌프를 연결한다. 개인시료 채취의 경우 펌프를 근로자에게 장착시키고 시료채취기는 근로자의 호흡영역에 부착하여 시료를 채취한다.

마. 시료채취량

시료채취 시의 펌프유량 및 채취총량은 다음 표의 정보를 참고하여 시료 채취할 때 활성탄관의 파과가 일어나지 않도록 펌프의 유량 및 시료채취 시간을 조절하여 시료채취를 한다.

※ 작업장 공기 중의 습도가 과도하게 높으면 활성탄관안에서 수분의 응축현상이 발생하게 된다. 응축된 수분은 노말헥산이 활성탄관에 흡착되는 것을 방해하므로 수분의 응축현상이 발생한 시료는 측정시료로 사용하지 말아야 한다.

시료채취			파과 시 농도 및 채취공기량	
유량(L/분)	총 량(L)			
	최소	최대	채취공기량(L)	농도(mg/m^3)
0.01~0.20	–[1)]	4	–	–

1) 관련 연구결과가 없음.

바. 시료운반, 시료안정성, 현장공시료

채취된 시료는 활성탄관의 마개로 완전히 밀봉한 후 상온, 상압 상태에서 운반하며, 시료보관시의 시료안정성은 5 ℃에서 약 30일이다. 현장공시료의 개수는 채취된 총 시료 수의 10% 이상 또는 시료세트 당 2~10개를 준비한다.

※ 현장공시료는 시료채취에 사용하지 않은 활성탄관의 양 끝단을 절단한 후 즉시 마개로 막아 두어야 하며, 시료채취에 활용되지 않은 점만 제외하고 모두 현장시료와 동일하게 취급·운반한다.

※ 노말헥산의 분석을 방해하거나 방해할 수 있다고 의심되는 물질이 작업장 공기 중에 존재한다면 관련정보를 시료분석자에게 시료전달시 제공하여야 한다.

3. 분석

가. 분석기기

불꽃이온화검출기(FID)가 장착된 가스크로마토그래피를 사용한다.

나. 시약

크로마토그래피 분석등급의 이황화탄소와 노말헥산을 사용한다.

※ 표준용액 및 시료 전처리는 반드시 후드 안에서 작업을 수행해야 한다.

다. 탈착효율 검증시료 제조

탈착효율 검증용 시료분석은 시료 배치(batch)당 최소한 한 번씩은 행해져야 하며, 탈착효율 검증용 시료조제는 다음과 같은 요령으로 조제하여 사용하도록 한다.

1) 3개 농도수준(저, 중, 고농도)에서 각각 3개씩의 활성탄관과 공시료로 사용할 활성탄관 3개를 준비한다.

2) 미량 주사기를 이용하여 탈착효율 검증용 용액(stock solution)의 일정량(계산된 농도)을 취해 활성탄관의 앞층 활성탄에 직접 주입한다. 탈착효율 검증용 저장용액은 1)에서 언급한 3개의 농도수준이 포함될 수 있도록 노말헥산의 원액 또는 이황화탄소에 희석된 노말헥산 용액을 말한다.

3) 탈착효율 검증용 저장용액을 주입한 활성탄관은 즉시 마개를 막고 하룻밤 정도 실온에 놓아둔다.

라. 시료 전처리

1) 활성탄관 앞층과 뒷층의 활성탄을 각각 다른 바이엘에 담는다.

2) 각 바이엘에 피펫으로 1.0 ml의 이황화탄소를 넣고 즉시 마개로 막는다.

3) 가끔 흔들어 주면서 실온에서 최소한 30분 이상 놓아둔다.

마. 검량선 작성과 정도관리

1) 검출한계에서 정량한계의 10배 농도범위까지 최소 5개 이상의 농도수준을 표준용액으로 하여 검량선을 작성한다. 표준용액의 농도 범위는 현장시료 농도범위를 포함해야한다.

2) 표준용액의 조제는 적당량의 노말헥산을 취해 이황화탄소에 넣어 혼합시킨 후 이를 이황화탄소로 연속적으로 희석시켜 원하는 농도 범위의 표준용액을 조제하는 희석식 표준용액 조제방법을 사용한다.

3) 표준용액 검증용 표준용액(standard matching solution) : 조제된 표준용액이 정확히 만들어졌는지 이를 검증할 수 있는 표준용액 2개를 만들어 검증하도록 한다.

4) 작업장에서 채취된 현장시료, 탈착효율 검증시료, 현장공시료 및 공시료를 분석한다.

5) 탈착효율 검증시료는 아래와 같이 탈착효율을 구한다.

$$\text{탈착효율(DE, desorption efficiency)} = \text{검출량/주입량}$$

바. 기기분석

가스크로마토그래피를 이용한 노말헥산의 분석은 머무름 시간이 동일한 방해물질 및 다른 화학물질의 존재여부에 따라 칼럼의 종류와 분석기기의 분석조건 등을 다르게 하여 분석하도록 한다. 다음에 예시된 기기분석 조건을 참고하여 노말헥산 분석이 용이하도록 가스크로마토그래피를 최적화 시킨다.

1) 분석조건

칼럼	- Capillary, fused silica : 30 m × 0.32 mm ID : 3 μm film 100% dimethylpolysiloxane - capillary, fused silica : 50 m × 0.22 mm ID : 0.5 - 1.0 μm film 7% cyanopropyl, 96% methylsiloxane
시료주입량	1 μl
운반가스	질소 또는 헬륨가스
온도조건	시료도입부 : 250 ℃
	검출기 : 300 ℃
	오븐 : 35 ℃(8분), 7.5 ℃/분, 230 ℃(1분)

2) 현장시료, 탈착효율 검증시료, 현장공시료 및 공시료의 노말헥산에 해당하는 피크 면적 또는 높이를 측정한다.

3) 검출한계 및 시료채취분석오차

이 방법의 검출한계는 0.4 μg/시료이며, 시료채취분석오차는 0.120이다.

사. 농도

다음 식에 의해 작업장의 공기 중 노말헥산의 농도를 계산한다.

$$C,\ ppm = \frac{(W_f^{1)} + W_b^{2)} - B_f^{3)} - B_b^{4)}) \times 24.45^{5)}}{V^{6)} \times DE^{7)} \times 86.18^{8)}}$$

1) : 시료 앞층에서 분석된 노말헥산의 질량, μg

2) : 시료 뒷층에서 분석된 노말헥산의 질량, μg

3) : 공시료들의 앞층에서 분석된 노말헥산의 평균질량, μg

4) : 공시료들의 뒷층에서 분석된 노말헥산의 평균질량, μg

5) : 작업환경표준상태(25 ℃, 1 기압)에서 공기부피

6) : 시료채취 총량, L

7) : 평균 탈착효율

8) : 노말헥산의 분자량

제4장 측정 농도의 평가 방법

1. 측정한 유해인자의 시간가중평균값 및 단시간 노출값을 구한다.

가. X1(시간가중평균값)

$$X1 = \frac{C_1 \cdot T_1 + C_2 \cdot T_2 + \cdots + C_n \cdot T_n}{8}$$

C : 유해인자의 측정농도(단위 : ppm, mg/m^3 또는 개/cm^3)

T : 유해인자의 발생시간(단위 : 시간)

나. X2(단시간 노출값)

STEL 허용기준이 설정되어 있는 유해인자가 작업시간내 간헐적(단시간)으로 노출되는 경우에는 15분간씩 측정하여 단시간 노출값을 구한다.

※ 단, 시료채취시간(유해인자의 발생시간)은 8시간으로 한다.

2. X1(X2)을 허용기준으로 나누어 Y(표준화 값)를 구한다.

$$Y(\text{표준화 값}) = \frac{X1(X2)}{\text{허용기준}}$$

3. 95%의 신뢰도를 가진 하한치를 계산한다.

하한치 = Y - 시료채취분석오차

4. 허용기준 초과여부 판정

가. 하한치 〉 1일 때 허용기준을 초과한 것으로 판정한다.

나. 상기 1.나.의 값을 구한 경우 이 값이 허용기준 TWA를 초과하고 허용기준 STEL 이하인 때에는 다음 어느 하나 이상에 해당되면 허용기준을 초과한 것으로 판정한다.

- 1회 노출지속시간이 15분 이상인 경우
- 1일 4회를 초과하여 노출되는 경우
- 각 회의 간격이 60분 미만인 경우

[별지 제1호 서식] 〈삭 제〉

[별지 제2호 서식] 〈삭 제〉

[별지 제3호 서식]

<table>
<tr><td colspan="2">정도관리 참여신청서</td><td>처리기간
30일</td></tr>
<tr><td colspan="3">1. 참여기관 개요</td></tr>
<tr><td>기 관 명</td><td colspan="2"></td></tr>
<tr><td>소 재 지</td><td colspan="2"></td></tr>
<tr><td>전 화 번 호</td><td colspan="2"></td></tr>
<tr><td>분 석 자</td><td colspan="2">(서명 또는 인)</td></tr>
<tr><td>기 관 구 분</td><td colspan="2">○ 사업장위탁측정기관(　　)
○ 사업장자체측정기관(　　)</td></tr>
<tr><td colspan="3">2. 정도관리 참여 분야
○ 유기화합물분야 (　　)
○ 금 속 류 분 야 (　　)

「산업안전보건법」 제42조 제8항에 따라 작업환경측정 정도관리 참여를 신청합니다.

년　　월　　일
기관 책임자　　　　(서명 또는 인)

한국산업안전보건공단 산업안전보건연구원장 귀하</td></tr>
<tr><td colspan="3">첨부서류 1. 기관의 인력 및 설비현황(최초 참여 및 인력, 설비 변경시에만 해당)</td></tr>
</table>

[별지 제4호 서식]

자율정도관리 참여신청서	처리기간
	30일

1. 참여기관 개요

기 관 명	
소 재 지	
전 화 번 호	
분 석 자	(서명 또는 인)
기 관 구 분	○ 사업장위탁측정기관(　　) ○ 사업장자체측정기관(　　)　　○ 기타 (　　　　　　)

2. 정도관리 참여 분야
   ○ 유기화합물분야 (　　)
   ○ 금 속 류 분 야 (　　)

「작업환경측정 및 지정측정기관 평가 등에 관한 고시」 제64조의2에 따라 자율정도관리 참여를 신청합니다.

년　　월　　일

기관 책임자　　　　(서명 또는 인)

한국산업안전보건공단 산업안전보건연구원장 귀하

[별지 제5호 서식]

관리번호

작업환경측정 정도관리 인정서(기관)

기 관 명 :
대 표 자 :
법인(사업자)등록번호 :
주 소 :
유 효 기 간 :

「작업환경측정 및 지정측정기관 평가 등에 관한 고시」 제60조의2에 따라 정도관리에 적합하였음을 인정합니다.

년 월 일

한국산업안전보건공단 산업안전보건연구원장

[별지 제6호 서식]

관리번호

작업환경측정 정도관리 인정서(분석자)

성　　　명 :
생 년 월 일 :
소 속 기 관 :
유 효 기 간 :

「작업환경측정 및 지정측정기관 평가 등에 관한 고시」 제60조의2에 따라 정도관리에 적합하였음을 인정합니다.

년　　월　　일

한국산업안전보건공단 산업안전보건연구원장

[별지 제7호 서식]

<table>
<tr><th colspan="5">지정측정기관평가 이의신청서</th></tr>
<tr><td colspan="2">접 수 일 자</td><td></td><td>접 수 번 호</td><td></td></tr>
<tr><td rowspan="5">이
의
신
청
기
관</td><td>기 관 명</td><td></td><td>사업자등록번호</td><td></td></tr>
<tr><td>담당자 성명</td><td></td><td>전 화 번 호</td><td></td></tr>
<tr><td rowspan="2">주 소
(소 재 지)</td><td rowspan="2"></td><td>모 사 전 송 번 호
(FAX)</td><td></td></tr>
<tr><td>전 자 우 편 주 소
(e-mail)</td><td></td></tr>
<tr></tr>
<tr><td colspan="2">이의신청 분야</td><td colspan="3">■ 평가항목 ( ) ______________________
■ 평가점수 ( )
※ 해당하는 분야에 (√)체크하여 주시기바랍니다.
※ 평가항목인 경우에는 에_항목번호를 적어주시기 바랍니다.</td></tr>
<tr><td colspan="2">이의신청 내용</td><td colspan="3"></td></tr>
<tr><td colspan="2">기타 사항</td><td colspan="3"></td></tr>
<tr><td colspan="5">「작업환경측정 및 지정측정기관 평가 등에 관한 고시」 제77조에 따라 위와 같이 이의신청서를 제출합니다.

년 월 일
이의신청인 (서명 또는 인)

한국산업안전보건공단 이사장 귀하</td></tr>
</table>

210mm×297mm(일반용지 60g/m^2, 재활용품)

참고문헌

Abramowitz, M., *Contrast Methods in Microscopy: Transmitted Light*, Vol. 2, Olympus Corporation, Lake Success, NY, 1987.

Berger, E.H., Royster, L.H., Royster, J.D., Driscoll, D.P., and Layne, M., Eds., *The Noise Manual*, 5th ed., AIHA Press, Akron, OH, 2000.

Cassinelli, M.E., and O'Connor, P.F., Eds., *NIOSH Manual of Analytical Methods*(NMAM), 4th ed., DHHS and NIOSH Publication No. 94-113, U.S. Government Printing Office, Washington, D.C., 1994.

Chou, J., *Hazardous Gas Monitors-A Practical Guide to Selection*, Operation and Applications, McGrawHill Book Company, New York, NY, 2000.

Cohen, B.S. and McCammon, C.S., Eds., *Air Sampling Instruments for Evaluation of Atmospheric Contaminants*, 9th ed., The American Conference of Governmental Industrial Hygienists, Cincinnati, OH, 2001.

DiNardi, S., Ed., *The Occupational Environment: Its Evaluation and Control*, AIHA Press, Fairfax, VA, 1997.

Eastman Kodak Company, The Human Factors Section, Health, Safety and Human Factors Laboratory, *Ergonomic Design for People at Work, Vol. 1, Workplace, Equipment, and Environmental Design and Information Transfer*, Van Nostrand Reinhild, New York, NY, 1989.

Eastman Kodak Company, The Ergonomics Group, Health and Environmental Laboratories, *Ergonomic Design for People at Work, Vol. 2, The Design of Jobs, including Work Patterns, Hours of Work, Manual of Materials Handing Tasks, Methods to Evaluate Job Demands, and the Physiological Basis of Work*, Van Nostrand Reinhold, New York, NY, 1989.

Gollnick, D.A., *Basic Radiation Protection Technology*, 4th ed., Pacific Radiation Corporation, Altadena, CA, 2000.

Kenkel, J., *Analytical Chemistry Refresher Manual*, Lewis Publishers, Inc., Chelsea, MI, 1992.

Macher, J.M., Ammann, H.A., Burge, H.A., Milton, D.K., and Morey, P.R., Eds.,

Bioaerosols: Assessment and Control, The American Conference of Governmental Industrial Hygienists, Cincinnati, OH, 1999.

Malansky, C.J. and Malansky, S.P., *Air Monitoring Instrumentation: A Manual for Emergency, Investigatory, and Remedial Responders*, Van Nostrand Reinhold, New York, NY, 1993.

Mulhausen J.R. and Damiano J., *A Strategy for Assessing and Monitoring Occupational Exposures*, AIHA Press, Fairfax, VA, 1998.

Plog, B.A., Ed., *Fundamentals of Industrial Hygienists*, 5th ed., National Safety Council, Chicago, IL, 2002.

The American Conference of Governmental Industrial Hygienists, *Threshold Limit Values and Biological Exposure Indices for 2002*, ACGIH, Cincinnati, OH, 2002.

The American Conference of Governmental Industrial Hygienists, *Documentation of the Threshold Limit Values and Biological Exposure Indices*, 7th ed., ACGIH Worldwide, Cincinnati, OH, 2001.

The American Conference of Governmental Industrial Hygienists, *Industrial Ventilation: A Manual of Recommended Practice*, 24th ed., ACGIH Worldwide, Cincinnati, OH, 2001.

The American Industrial Hygiene Association, *Fundamentals of Analytical Procedures in Industrial Hygiene*, AIHA, Akron, OH, 1987.

The American Thoracic Society, *Standardization of Spirometry–1994 Update, Respiratory Care*, 152, 1107~1136, 1995.

The American Thoracic Society, *AARC Clinical Practice Guideline Spirometry–1996 Update, Respiratory Care*, 41, 629~636, 1996.

The Occupational Safety and Health Administration, *OSHA Technical Manual*, Commerce Clearing House, Chicago, IL, 1999.

The Occupational Safety and Health Administration, Code of Federal Regulations, Title 29 Sections 1901.134 and 1910.1000, Government Institutes, Rockville, MD, 1993.

The U.S. Department of Health, Education, and Welfare/National Institute for Occupational Safety and Health, *Occupational Exposure Sampling Strategy Manual*, DHEW/NIOSH Publication No. 77~173, U.S. Government Printing Office, Washington, D.C., 1977.

Vincent, J.H., Ed., *Particle Size Selective–Sampling for Particulate Air Contaminants*, ACGIH, Cincinnati, OH, 1999.

Wight, G.D., *Fundamentals of Air Sampling*, Lewis Publishersm Inc., Chelsea, MI, 1994.

찾아보기

ㄱ ㅏ

ㄴ ㅏ

ㄷ ㅏ

라

마

바

사

아

자

차

카

타

파

하

저자 소개

Michael S. Bisesi 박사는 오하이오주립 의학대학 응용보건학부 공중보건학과의 학과장이자 교수로 재직하는 환경 및 산업 보건 과학자이자 산업위생기술사이다.

역자 소개

신은상 동남보건대학교 환경보건과

이정주 용인대학교 산업보건학과

장봉기 순천향대학교 환경보건과

지동하 대전보건대학교 환경보건과

작업환경측정 및 평가 정가 25,000원

저자 : Michael S. Bisesi
역자 : 신은상 · 이정주 · 장봉기 · 지동하

발행인 : 임정대
발행처 : 도서출판 **화수목**

인쇄 : 2015년 9월 1일 초판
발행 : 2015년 9월 7일 초판

등록 : 제2014-000166호

주소 : 서울시 마포구 신촌로 2길 5-15
전화 : 02-338-9119
팩스 : 02-335-2201

ISBN : 979-11-86290-17-0 (93530)